地震勘探理论与方法

文晓涛　林　凯　周东勇　吴　昊　编著

科学出版社

北　京

内 容 简 介

本书共分 4 篇 22 章，主要包括地震勘探的基本原理、地震资料采集方法与技术、地震资料处理基本方法、地震资料解释方法与技术等内容。在《地震勘探原理、方法和解释》一书的基础上，本书加强了对地震勘探基础理论、基本方法的阐述，增加了经实践检验的、行之有效的新方法和新技术。本书以理论指导实践为特色，内容全面、实例丰富，具有广泛的适应性和较强的实用性。

本书可供地球物理学、勘查技术与工程等专业及相关专业的高校本科生和研究生使用，也可供在相关专业领域从事研究和生产工作的专业技术人员参考阅读。

图书在版编目（CIP）数据

地震勘探理论与方法 / 文晓涛等编著. -- 北京 : 科学出版社, 2025. 3. -- ISBN 978-7-03-081342-8

Ⅰ. P631.4

中国国家版本馆 CIP 数据核字第 2025CC4459 号

责任编辑：黄 桥 / 责任校对：韩卫军
责任印制：罗 科 / 封面设计：墨创文化

科学出版社出版
北京东黄城根北街 16 号
邮政编码：100717
http://www.sciencep.com
四川青于蓝文化传播有限责任公司 印刷
科学出版社发行 各地新华书店经销
*
2025 年 3 月第 一 版 开本：787×1092 1/16
2025 年 3 月第一次印刷 印张：20
字数：474 000

定价：92.00 元

（如有印装质量问题，我社负责调换）

前　言

在地球物理勘探中，地震勘探是一种重要的勘探方法。地震勘探是利用人工激发产生的地震波在弹性不同的地层内的传播规律来勘探地下的地质情况。地震波在地下传播过程中，地层岩石的弹性参数发生变化会引起地震波场发生变化，并产生反射、折射和透射现象。通过人工接收变化后的地震波，经数据处理、解释后即可反演出地下地质结构及岩性，达到地质勘查的目的。地震勘探适用于成层性好的地层，而油气一般都位于成层性较好的沉积岩内，因此该方法是进行油气勘探的主要地球物理方法。据统计，现有约95%的油气田都是用地震勘探方法发现的。除了用于油气勘探，该方法在煤田勘探、工程地质勘探，以及地壳和上地幔深部结构探测中也发挥着重要的作用。它与其他地球物理勘探方法相比，具有精度高、分辨率高、探测深度大的优势。

地震勘探方法可分为反射波法、折射波法和透射波法三大类。不同方法有不同的勘探精度和不同的适应性，目前地震勘探以反射波法为主。地震勘探的主要过程可分为三个阶段：野外地震数据采集、地震数据计算机处理、地震数据解释，最终得到地质结果。地震勘探始于 19 世纪中叶。1845 年，R. 马利特曾用人工激发的地震波测量弹性波在地壳中的传播速度，这可以说是地震勘探方法的萌芽。在第一次世界大战期间，交战双方都曾利用重炮后坐力产生的地震波确定对方的炮位。反射波地震勘探方法是地震勘探的主流方法，最早起源于 1913 年前后 R. 费森登的工作，但当时的技术尚未达到能够实际应用的水平。1921 年，J.C. 卡彻将反射波法地震勘探投入实际应用，在美国俄克拉何马州首次记录到人工地震产生的清晰的反射波。1930 年，通过反射波法地震勘探工作，美国在该地区发现了三个油田。从此，反射波法进入工业应用的阶段。经过百余年的发展，地震勘探已由二维勘探发展到三维、四维勘探。地震勘探仪器已由早期的光电照相记录地震仪、20 世纪七八十年代的模拟磁带记录地震仪发展到目前的万道地震仪和数字检波器。与此同时，计算机并行计算、人工智能技术也已广泛应用于地震勘探，这些方法、技术的引入为地震勘探的发展提供了广阔的前景。

随着人工智能和地震勘探行业的快速发展，目前急需一本与之相适应的系统介绍地震勘探原理与方法的书籍。为此，成都理工大学组织一线教学骨干编写了本书。本书主要面向地质、矿产、能源相关专业本科生，同时兼顾相关专业研究生的学习需求。全书共分为 4 篇 22 章，第一篇包括第 1～7 章，介绍地震勘探的基本原理；第二篇包括第 8～12 章，介绍地震资料采集方法与技术；第三篇包括第 13～18 章，介绍地震资料处理基本方法；第四篇包括第 19～22 章，介绍地震资料解释方法与技术。

本书受以下项目资助：①国家自然科学基金项目“基于频变信息的流体识别及流体可动性预测”（编号：41774142）、“含流体孔隙介质倾斜入射地震平面波一阶近似解析理论研究”（编号：42104131）、“基于生成对抗网络倾角预测反演插值的地震数据重建与规则化”（编号：42204136）；②四川省自然科学基金项目“四川盆地深部碳酸盐岩储层含油气预测方法研究”（编号：2022NSFSC1140）、“基于交叠组稀疏约束的叠前弹性参数反演方法”（编号：2022NSFSC1136）。

本书的写作主要由文晓涛教授、林凯博士、周东勇博士、吴昊博士完成。感谢潘晓博士、李超博士对本书编写所做的工作。同时，还需要感谢研究生杨小江、秦子雨、肖为、龚伟、李波、李垒、刘炀、罗川、安智谛、唐超、刘军、张雨强、江鹏、刘云等对本书编写所做的贡献。由于研究生人数较多，这里不便一一列举，他们的部分成果将在参考文献中罗列。在此，向所有参考文献的作者表达敬意。

由于作者的水平和研究能力有限，尽管已经非常细心，但书中仍然可能存在疏漏之处，还请各位专家、同仁批评指正。

作　者

2024年12月

目　　录

第一篇　地震勘探的基本原理

第二篇　地震资料采集方法与技术

第三篇 地震资料处理基本方法

第四篇　地震资料解释方法与技术

第一篇　地震勘探的基本原理

第1章 地震地质模型基本分类

地震勘探的区域主要是沉积岩地区，相对火成岩、变质岩而言，沉积岩具有沉积稳定、横向变化缓慢、成层性好的特点。但经多次地壳运动，地层出现各种各样的褶皱、断裂、剥蚀、风化等地质现象，从而导致相对简单的地质结构有时会变得异常复杂。为使问题可解，有必要从实际地质介质的性质、结构、成分、形状等特征出发，在不同假设条件下，对地质结构分类，建立不同的地震地质模型，使问题得以简化。

1.1 理想弹性介质、黏弹性介质和塑性介质

理想弹性介质。当介质受外力后立即发生形变，而外力消失后立即完全恢复为原来状态的介质称为理想弹性介质，也称为完全弹性介质，或完全弹性体。波在完全弹性介质中传播时无能量损耗，有能量损耗则为非理想弹性介质。

黏弹性介质。当地震波在非理想弹性介质中传播时，要发生能量转换，如动能转换成热能，这时地震波的能量要损耗，这种现象称为介质对弹性波的吸收作用。其原因主要是介质颗粒间的内摩擦力，这种内摩擦力也称为黏滞力，因此称这种非理想弹性介质为黏弹性介质。黏弹性介质受外力后不是立即发生形变，而是在一定时间内发生形变，外力消失后也不是立即恢复原状，而是经过一段时间才能恢复原状。在自然界中这种介质大量存在。

塑性介质。介质受外力后发生形变，而外力消失后不能完全恢复原状，这种现象称为塑性形变，能发生塑性形变的介质称为塑性介质。

自然界大部分物体在外力作用下既可显示为弹性，也可显示为塑性，这与物体所处的状态（如温度、压力）有关，更重要的条件是作用力的大小和时间的长短。作用力小且延续时间短，大部分固体可近似看成理想弹性体；作用力大且延续时间长，则多数固体显示出塑性，甚至破碎。

在地震勘探中，震源附近易形成破碎带，因为震源（外力）的作用较大。向外逐渐扩展变成塑性带。远离震源处，介质受力作用变得很小（位移小于1mm），且作用时间短（小于100ms）。因此，在地震波传播的范围内，绝大多数岩石可近似看成理想弹性体，如图1.1-1所示。

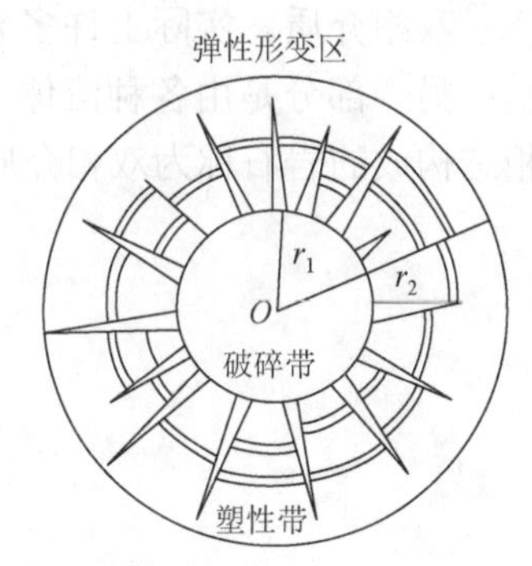

图1.1-1 各带距震源距离示意图

1.2 各向同性介质和各向异性介质

弹性性质与空间方向无关的介质称为各向同性介质，反之则称为各向异性介质。岩

石弹性性质的方向性取决于组成岩石的矿物质点的空间方向性及矿物质点的排列结构和岩石成分，矿物质点的空间方向性又由矿物晶体的结构决定。但由于矿物晶体的粒度远远小于地震波波长，因此晶体引起的各向异性可被忽略，而引起介质各向异性的主要因素是矿物质点的排列结构。

1.3 均匀介质、层状介质和连续介质

介质的均匀性和非均匀性取决于弹性性质随空间的分布，特别是表现在由弹性性质决定的波传播速度的空间分布上。

均匀介质。其是指波在空间每个点上传播速度相同的介质，亦即速度不随空间坐标的变化而变化的介质。反之，若速度随空间坐标的变化而变化的介质是非均匀介质。注意，均匀性和各向同性是两个不同的概念。均匀性是属于整体的属性，而各向同性是属于局部的属性。均匀介质不一定是各向同性介质，而各向同性介质一般是均匀的（如均匀的木材，在顺木纹和垂直木纹方向上其性质是不同的）。

层状介质。当非均匀介质中介质的性质表现出成层性，在层内是均匀的，则称这种介质为层状介质。层状介质模型具有很大的实际意义，因为沉积岩地区岩石一般都具有很好的成层性。

连续介质。当层状介质中的层厚度无限减小，层数无限增加，这时速度随深度连续变化的介质称为连续介质。如果地下存在数套岩性不同的地层，而每一套地层又为连续介质，则称这种介质为层状连续介质。

1.4 单相介质和双相介质

单相介质。仅考虑单一性质岩相的介质称为单相介质。

双相介质。实际上许多岩石往往由两部分组成：一部分是构成岩石的骨架，称为基质；另一部分是由各种流体（或气体）充填的孔隙。由岩石骨架和孔隙中的充填物两种相态构成的岩石称为双相介质。

第 2 章　均匀、各向同性、理想弹性介质中的三维波动方程

在不同的介质模型中，地震波传播有不同的规律，各种不同的传播规律需用不同的传播方程描述。一般介质模型越复杂，其描述地震波传播的方程就越复杂。通常研究地震波的传播问题是由简单介质模型到复杂介质模型，均匀、各向同性、理想弹性介质是一种最简单的介质模型。

2.1　弹性波传播方程

2.1.1　应力、应变与运动微分方程

1. *应力*

当遇到外力作用时，物体内部产生的反抗形变的力，称为内力。单位面积上所受的内力称为应力。如图 2.1-1 所示，对于作用面 $\Delta S'$ 而言，该面受到的应力 σ 可分解为沿法线方向的应力分量和沿切向的应力分量，而沿切向的应力分量又可分解为沿 x 和 y 方向的两个独立分量。

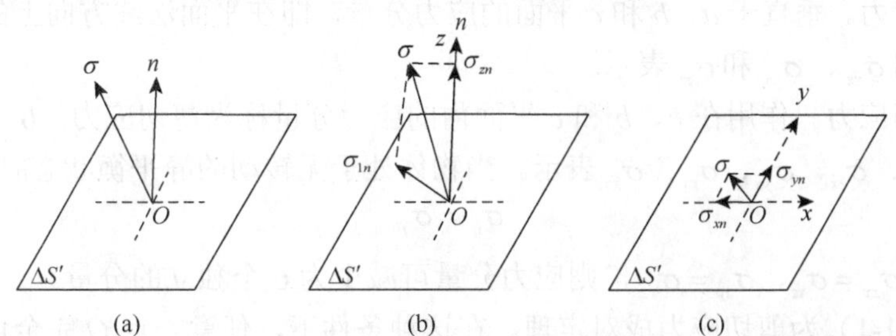

图 2.1-1　作用在 $\Delta S'$ 上的应力和它在 x、y、z 三个方向上的分量

（a）应力 σ 的方向与 $\Delta S'$ 的法线方向 n 是不一致的；（b）将 σ 分解到 n（相当于 z 坐标）方向得到法向应力 σ_{zn} 和剪切应力 σ_{1n}；（c）剪切应力又可分解为 x 和 y 方向的应力分量 σ_{xn} 和 σ_{yn}

过任意一点 O 将存在无穷多个平面，每一个平面上都存在 3 个应力分量，无穷多个平面则会有无穷多个应力分量。但是，可以证明，只有 9 个应力分量是独立的，其他的应力分量都可以通过这 9 个应力分量转换获得。

任意一个定点都可以用 3 个相互垂直的平面［图 2.1-2（a）］来表示所有过该点的其

余平面，这三个平面用 a、b 和 c 表示。过 O 点的垂直坐标系为 $O\text{-}xyz$，则应力的 9 个独立应力分量如图 2.1-2（b）所示。

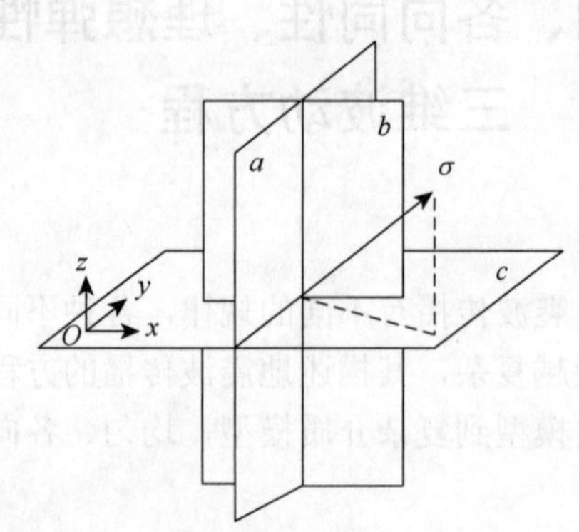

(a) 通过O点，由三个相互垂直的平面（a、b和c）组成一个平面系列

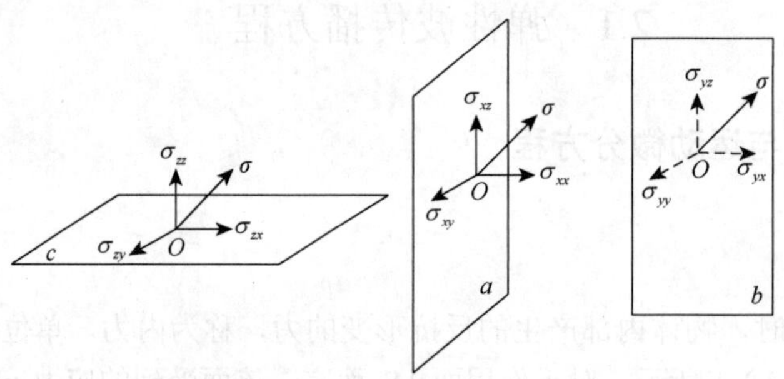

(b) 9个独立的应力分量及它们在a、b和c平面上的关系

图 2.1-2 过 O 点的 9 个独立的应力分量示意图

（1）正应力。垂直于 a、b 和 c 平面的应力分量，即在平面法线方向上的应力分量称为正应力，用 σ_{xx}、σ_{yy} 和 σ_{zz} 表示。

（2）剪切应力。作用在 a、b 和 c 平面内的应力分量称为剪切应力。6 个剪切应力分量用 σ_{xy}、σ_{yz}、σ_{zx}、σ_{yx}、σ_{zy}、σ_{xz} 表示。当物体处于无转动的静平衡状态时，则有

$$\sigma_{ij} = \sigma_{ji} \tag{2.1-1}$$

即 $\sigma_{xy} = \sigma_{yx}$、$\sigma_{zx} = \sigma_{xz}$、$\sigma_{zy} = \sigma_{yz}$，则应力分量可减少为 6 个独立的分量。

称式（2.1-1）为剪切应力成对定理。在这种条件下，任意一点 O 完全可以用 6 个应力分量确定该点的应力。

2. 应变

当弹性体受到应力作用后，体积和形状将产生变化，统称为应变。

（1）体积应变。物体只发生体积变化而无形状变化的应变，称为体积应变。它是正应力作用的结果。

（2）形状应变。物体只发生形状变化的应变称为形状应变。它是剪切应力作用的结果。

经推导，正应变和剪切应变分别为

$$e_{xx}=\frac{\partial u}{\partial x},\quad e_{yy}=\frac{\partial v}{\partial y},\quad e_{zz}=\frac{\partial w}{\partial z} \tag{2.1-2}$$

$$\begin{cases} e_{xy}=e_{yx}=\dfrac{1}{2}\left(\dfrac{\partial v}{\partial x}+\dfrac{\partial u}{\partial y}\right) \\ e_{xz}=e_{zx}=\dfrac{1}{2}\left(\dfrac{\partial w}{\partial x}+\dfrac{\partial u}{\partial z}\right) \\ e_{yz}=e_{zy}=\dfrac{1}{2}\left(\dfrac{\partial v}{\partial z}+\dfrac{\partial w}{\partial y}\right) \end{cases} \tag{2.1-3}$$

式中，u、v、w 分别是 x、y、z 三个方向的位移。

在无限小应变条件下，体积应变可表示为三个方向正应变之和，即

$$\theta = e_{xx}+e_{yy}+e_{zz} \tag{2.1-4}$$

3. 应力和应变的关系及弹性系数

1）应力与应变的关系方程

前述已经分析了任意一点的应力和应变状态，在外力作用下，它们对于任何一个平衡的连续介质都是正确的。但是，所有这些分析都未涉及弹性体本身的特性。只有把应力和应变联系起来，找出存在于弹性体中的应力与应变之间的关系，才能反映弹性介质的物理特性。这个关系就是物态方程。它是从一个实验中总结出来的规律，这个规律就是广义胡克定律。

广义胡克定律表明，当固体在弹性极限范围内，应力和应变成正比，即在弹性限度以内，在固体中任何一点的 6 个应力分量呈线性函数，其数学形式可表示为

$$\begin{cases} \sigma_{xx}=c_{11}e_{xx}+c_{12}e_{yy}+c_{13}e_{zz}+c_{14}e_{yx}+c_{15}e_{zx}+c_{16}e_{zy} \\ \sigma_{yy}=c_{21}e_{xx}+c_{22}e_{yy}+c_{23}e_{zz}+c_{24}e_{yx}+c_{25}e_{zx}+c_{26}e_{zy} \\ \sigma_{zz}=c_{31}e_{xx}+c_{32}e_{yy}+c_{33}e_{zz}+c_{34}e_{yx}+c_{35}e_{zx}+c_{36}e_{zy} \\ \sigma_{xy}=c_{41}e_{xx}+c_{42}e_{yy}+c_{43}e_{zz}+c_{44}e_{yx}+c_{45}e_{zx}+c_{46}e_{zy} \\ \sigma_{zx}=c_{51}e_{xx}+c_{52}e_{yy}+c_{53}e_{zz}+c_{54}e_{yx}+c_{55}e_{zx}+c_{56}e_{zy} \\ \sigma_{yz}=c_{61}e_{xx}+c_{62}e_{yy}+c_{63}e_{zz}+c_{64}e_{yx}+c_{65}e_{zx}+c_{66}e_{zy} \end{cases} \tag{2.1-5}$$

式中，系数 $c_{ij}\,(i,j=1,2,3,4,5,6)$ 是弹性体的弹性系数，它反映了介质的物理特性。式 (2.1-5) 共有 36 个未知的弹性系数。

1927 年，勒夫证明，当弹性能是应变的单值函数时，弹性系数 $c_{ij}=c_{ji}$。因此 36 个弹性系数可以减少到 21 个。

当固体是各向同性弹性介质时，勒夫进一步证明了弹性系数可以减少到两个，它们就是拉梅系数 μ 和 λ，即

$$\begin{cases} c_{12}=c_{13}=c_{21}=c_{23}=c_{31}=c_{32}=\lambda \\ c_{44}=c_{55}=c_{66}=2\mu \\ c_{11}=c_{22}=c_{33}=\lambda+2\mu \end{cases} \tag{2.1-6}$$

式（2.1-5）可变为

$$\begin{cases}\sigma_{xx}=\lambda(e_{xx}+e_{yy}+e_{zz})+2\mu e_{xx}\\ \sigma_{yy}=\lambda(e_{xx}+e_{yy}+e_{zz})+2\mu e_{yy}\\ \sigma_{zz}=\lambda(e_{xx}+e_{yy}+e_{zz})+2\mu e_{zz}\\ \sigma_{xy}=2\mu e_{xy}\\ \sigma_{xz}=2\mu e_{xz}\\ \sigma_{yz}=2\mu e_{yz}\end{cases} \tag{2.1-7}$$

将式（2.1-4）代入式（2.1-7），可得

$$\begin{cases}\sigma_{xx}=\lambda\theta+2\mu e_{xx}\\ \sigma_{yy}=\lambda\theta+2\mu e_{yy}\\ \sigma_{zz}=\lambda\theta+2\mu e_{zz}\\ \sigma_{xy}=2\mu e_{xy}\\ \sigma_{xz}=2\mu e_{xz}\\ \sigma_{yz}=2\mu e_{yz}\end{cases} \tag{2.1-8}$$

式（2.1-8）是广义胡克定律的拉梅形式。该式建立了 6 个独立的应力分量与 6 个独立的应变分量的线性函数关系式。它是由介质的拉梅系数 λ、μ 和体积应变 θ 所确定的。

2）弹性系数（模量）分析

假设弹性体是各向同性的，即在各个方向上抵抗形变的能力是相同的。当应力在弹性极限范围内，应力和应变应该遵守胡克定律，即应力和应变成正比。其比例系数就是弹性系数。下面分析常用的弹性系数。

（1）杨氏模量 E 和泊松比 υ。

图 2.1-3（a）表示在拉应力 σ_{xx} 的作用下，弹性体在应力 x 方向上伸长了 Δx，而在 y 和 z 方向上都压缩了 ΔR。图 2.1-3（b）表示在压缩应力 σ_{zz} 作用下，弹性体在 z 方向上缩短了，而在 x 和 y 方向上都伸长了。应力和拉伸（或压缩）应变都满足正比关系。

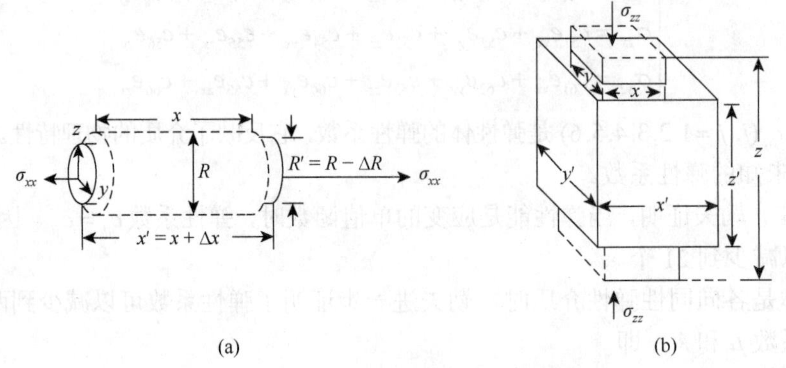

图 2.1-3 各向同性弹性体的拉伸（压缩）试验示意图

（a）在拉应力 σ_{xx} 作用下，圆柱弹性体在 x 方向上伸长了 Δx，而圆柱体半径缩小了 ΔR（相当于在 y 和 z 方向上缩短了 $\Delta Y=\Delta Z=\Delta R$）；（b）在压缩应力 σ_{zz} 作用下，弹性体在 z 方向上缩短了，而在 x 和 y 方向都伸长了

在应力方向上，其数学表达式为

$$\sigma_{xx} = Ee_{xx} \text{或} E = \frac{\sigma_{xx}}{e_{xx}} \tag{2.1-9}$$

在垂直于应力方向上，应力仍与垂直方向上的应变 e_{yy} 和 e_{xx} 成正比，其数学表达式为

$$\sigma_{zz} = -\frac{E}{\upsilon}e_{yy} = -\frac{E}{\upsilon}e_{xx} \tag{2.1-10}$$

将式（2.1-9）代入式（2.1-10），整理后得

$$e_{xx} = -\frac{1}{\upsilon}e_{yy} = -\frac{1}{\upsilon}e_{zz} \tag{2.1-11}$$

或者

$$\upsilon = -\frac{e_{yy}}{e_{xx}} = -\frac{e_{zz}}{e_{xx}}$$

由上面各式可以得出以下结论。

第一，E 称为杨氏模量，它反映了弹性体的抗压（拉）能力。E 越大则弹性体越不易拉长（或压缩），反之亦然。

第二，υ 称为泊松比，它反映弹性体横向拉伸（或压缩）对纵向压缩（拉伸）的影响。υ 越大则纵向压缩量越小。

第三，式中负号表示纵、横向应变增量的方向是相反的。

在求杨氏模量时，一般只考虑物体在一个方向上受力，如式（2.1-7）中的 σ_{xx}（或者 σ_{zz}），其余 5 个应力分量都为零，只取该式的前三个方程，则为

$$\begin{cases} \sigma_{xx} = (\lambda+2\mu)e_{xx} + \lambda(e_{yy}+e_{zz}) \\ 0 = (\lambda+2\mu)e_{yy} + \lambda(e_{xx}+e_{zz}) \\ 0 = (\lambda+2\mu)e_{zz} + \lambda(e_{xx}+e_{yy}) \end{cases}$$

求解该方程组得

$$e_{xx} = \frac{\lambda+\mu}{\mu(3\lambda+2\mu)}\sigma_{xx}$$

$$e_{yy} = e_{zz} = -\frac{\lambda}{2\mu(3\lambda+2\mu)}\sigma_{xx}$$

代入式（2.1-9）和式（2.1-11）得

$$E = \frac{\sigma_{xx}}{e_{xx}} = \frac{\mu(3\lambda+2\mu)}{\lambda+\mu} \tag{2.1-12}$$

$$\upsilon = -\frac{e_{yy}}{e_{xx}} = \frac{\lambda}{2(\lambda+\mu)} \tag{2.1-13}$$

（2）剪切模量、压缩模量（体变系数）和体积应变。

由式（2.1-7）可知：

$$\mu = \frac{1}{2}\frac{\sigma_{xy}}{e_{xy}} = \frac{1}{2}\frac{\sigma_{xz}}{e_{xz}} = \frac{1}{2}\frac{\sigma_{yz}}{e_{yz}} \tag{2.1-14}$$

式中，μ 为剪切模量，是阻止弹性体产生剪切应变的弹性系数。在剪切应力相同条件下，μ 越大则剪切应变 (e_{xy}, e_{xz}, e_{yz}) 越小。

如果物体是受三对互相垂直的正应力作用，每一对正应力除了在自身方向上产生拉伸（或压缩）外，还在垂直方向上产生压缩（或拉伸）。由式（2.1-9）和式（2.1-10）可知：

$$e_{xx} = \frac{\sigma_{xx}}{E} - \upsilon\frac{\sigma_{yy}}{E} - \upsilon\frac{\sigma_{zz}}{E}$$

$$e_{yy} = \frac{\sigma_{yy}}{E} - \upsilon\frac{\sigma_{xx}}{E} - \upsilon\frac{\sigma_{zz}}{E}$$

$$e_{zz} = \frac{\sigma_{zz}}{E} - \upsilon\frac{\sigma_{yy}}{E} - \upsilon\frac{\sigma_{xx}}{E}$$

将上述三个方程式相加，整理后得

$$e_{xx} + e_{yy} + e_{zz} = \frac{1-2\upsilon}{E}(\sigma_{xx} + \sigma_{yy} + \sigma_{zz})$$

再令 $H = \sigma_{xx} + \sigma_{yy} + \sigma_{zz}$，将式（2.1-4）代入上式，可得

$$H = \frac{E\theta}{1-2\upsilon} \tag{2.1-15}$$

称式（2.1-15）为体积应变的胡克定律。

关于 θ 的物理含义已在式（2.1-4）中作了说明。实际上，人们还常采用反映介质耐压特性的弹性模量——压缩模量 K，也称体变系数。令 K 为

$$K = \frac{(\sigma_{xx} + \sigma_{yy} + \sigma_{zz})/3}{e_{xx} + e_{yy} + e_{zz}} = \frac{H/3}{\theta} \tag{2.1-16}$$

式（2.1-16）的分子是平均正压力，分母是体积应变 θ。介质在相同的正应力作用下，K 越大则体积应变越小，因此 K 反映了介质的耐压程度。

将式（2.1-15）代入式（2.1-16），整理后得

$$K = \frac{E}{3(1-2\upsilon)} = \lambda + \frac{2}{3}\mu \tag{2.1-17}$$

对于一个稳定的物体，上述的弹性系数 λ、μ、E、υ、K 都是正值。由式（2.1-17）知 K 和 υ 若为正值，则只有

$$0 < \upsilon < \frac{1}{2}(0 < \upsilon < 0.5)$$

当 $\upsilon \to \frac{1}{2}$ 时，$K \to \infty$，表示物体是不可压缩的。流体的 υ 为 0.5，大多数岩石的 υ 为 0.25 左右，但最硬的岩石可降到 0.05。

2.1.2　弹性波的波动方程

弹性波动力学研究的是弹性体内质点的相对运动状态。在这种情况下，位移向量不仅是空间的函数，也是时间的函数。其任意一单元的运动状况应符合牛顿第二定律（弹性体运动微分方程），可将应力、应变和运动微分方程归纳为三组基本方程。

1. 应变和应力的关系方程

它反映了物体受力后的弹性状态，也称物态方程。

$$\begin{cases} \sigma_{xx} = \lambda\theta + 2\mu e_{xx} \\ \sigma_{yy} = \lambda\theta + 2\mu e_{yy} \\ \sigma_{zz} = \lambda\theta + 2\mu e_{zz} \\ \sigma_{xy} = 2\mu e_{xy} \\ \sigma_{yz} = 2\mu e_{yz} \\ \sigma_{xz} = 2\mu e_{xz} \end{cases} \tag{2.1-18}$$

2. 应变和位移的关系方程

它反映了弹性体在空间的几何关系。

$$\begin{cases} e_{xx} = \dfrac{\partial u}{\partial x}, \quad e_{yy} = \dfrac{\partial v}{\partial y}, \quad e_{zz} = \dfrac{\partial w}{\partial z} \\ e_{xy} = e_{yx} = \dfrac{1}{2}\left(\dfrac{\partial v}{\partial x} + \dfrac{\partial u}{\partial y}\right) \\ e_{xz} = e_{zx} = \dfrac{1}{2}\left(\dfrac{\partial w}{\partial x} + \dfrac{\partial u}{\partial z}\right) \\ e_{yz} = e_{zy} = \dfrac{1}{2}\left(\dfrac{\partial v}{\partial z} + \dfrac{\partial w}{\partial y}\right) \end{cases} \tag{2.1-19}$$

3. 运动微分方程

它反映了弹性体受外力作用后的运动状态。

$$\begin{cases} \dfrac{\partial \sigma_{xx}}{\partial x} + \dfrac{\partial \sigma_{xy}}{\partial y} + \dfrac{\partial \sigma_{xz}}{\partial z} + \rho F_x = \rho \dfrac{\partial^2 u}{\partial t^2} \\ \dfrac{\partial \sigma_{yx}}{\partial x} + \dfrac{\partial \sigma_{yy}}{\partial y} + \dfrac{\partial \sigma_{yz}}{\partial z} + \rho F_y = \rho \dfrac{\partial^2 v}{\partial t^2} \\ \dfrac{\partial \sigma_{zx}}{\partial x} + \dfrac{\partial \sigma_{zy}}{\partial y} + \dfrac{\partial \sigma_{zz}}{\partial z} + \rho F_z = \rho \dfrac{\partial^2 w}{\partial t^2} \end{cases} \tag{2.1-20}$$

式中，F_x、F_y、F_z 为单位质量介质所受外力 $\boldsymbol{F}$ 的三个分量。

以上共 15 个方程和 15 个未知数（6 个应力、6 个应变和 3 个位移分量）。将式（2.1-19）代入式（2.1-18）中，则可消除应变分量，得到式（2.1-21）：

$$\begin{cases}\sigma_{xx}=\lambda\theta+2\mu\dfrac{\partial u}{\partial x}\\ \sigma_{yy}=\lambda\theta+2\mu\dfrac{\partial v}{\partial y}\\ \sigma_{zz}=\lambda\theta+2\mu\dfrac{\partial w}{\partial z}\\ \sigma_{xy}=\mu\left(\dfrac{\partial v}{\partial x}+\dfrac{\partial u}{\partial y}\right)\\ \sigma_{yz}=\mu\left(\dfrac{\partial w}{\partial y}+\dfrac{\partial v}{\partial z}\right)\\ \sigma_{xz}=\mu\left(\dfrac{\partial w}{\partial x}+\dfrac{\partial u}{\partial z}\right)\end{cases} \tag{2.1-21}$$

将式（2.1-21）代入式（2.1-20）中，消去应力分量，经整理后得出用位移分量表示的弹性力学方程：

$$\begin{cases}\mu\nabla^2\mu+(\lambda+\mu)\dfrac{\partial\theta}{\partial x}+\rho F_x=\rho\dfrac{\partial^2 u}{\partial t^2}\\ \mu\nabla^2 v+(\lambda+\mu)\dfrac{\partial\theta}{\partial y}+\rho F_y=\rho\dfrac{\partial^2 v}{\partial t^2}\\ \mu\nabla^2 w+(\lambda+\mu)\dfrac{\partial\theta}{\partial z}+\rho F_z=\rho\dfrac{\partial^2 w}{\partial t^2}\end{cases} \tag{2.1-22}$$

写成矢量形式：

$$\mu\nabla^2\boldsymbol{U}+(\lambda+\mu)\mathrm{grad}\theta+\rho\boldsymbol{F}=\rho\frac{\partial^2\boldsymbol{U}}{\partial t^2} \tag{2.1-23}$$

该式称为矢量弹性波方程，式中矢量 $\boldsymbol{U}$ 表示介质质点受外力 $\boldsymbol{F}$ 作用后的位移，称为位移矢量，$\boldsymbol{U}=\boldsymbol{U}(u,v,w)$，$u$、$v$、$w$ 为 x、y、z 三个坐标轴的位移分量。矢量 $\boldsymbol{F}$ 表示对介质作用的外力，称为力矢量，$\boldsymbol{F}=\boldsymbol{F}(F_x,F_y,F_z)$，$F_x$、$F_y$、$F_z$ 为三个力分量。常量 λ 和 μ 是介质的弹性系数，分别为拉梅（Lame）常数和剪切模量；常量 ρ 是介质的密度。标量 θ 称为体积应变，它与位移满足以下关系：

$$\theta=\mathrm{div}\boldsymbol{U}=\frac{\partial u}{\partial x}+\frac{\partial v}{\partial y}+\frac{\partial w}{\partial z} \tag{2.1-24}$$

算符 ∇^2 为拉普拉斯（Laplace）算子，$\nabla^2=\dfrac{\partial^2}{\partial x^2}+\dfrac{\partial^2}{\partial y^2}+\dfrac{\partial^2}{\partial z^2}$。

2.2　纵、横波波动方程

在弹性波方程中，外力 $\boldsymbol{F}$ 既包含了胀缩力（正压力），也包含了旋转力（剪切力）；位移 $\boldsymbol{U}$ 也包含体变和形变两部分。若对弹性波方程式（2.1-23）两边取散度或旋度，就可将弹性波方程分离为纵、横波方程。

对式（2.1-23）两边取散度（div），可得方程：

$$\frac{\partial^2\theta}{\partial t^2}-\frac{\lambda+2\mu}{\rho}\nabla^2\theta=\mathrm{div}\boldsymbol{F} \tag{2.2-1}$$

若令

$$V_{\mathrm{P}}^2=\frac{\lambda+2\mu}{\rho} \tag{2.2-2}$$

式（2.2-1）可写为

$$\frac{\partial^2\theta}{\partial t^2}-V_{\mathrm{P}}^2\nabla^2\theta=\mathrm{div}\boldsymbol{F} \tag{2.2-3}$$

式中，$\mathrm{div}\boldsymbol{F}$ 为胀缩力；V_{P} 为纵波传播速度。该式描述了在只有胀缩力的作用时，弹性介质只产生与体积应变 θ 有关的扰动。称式（2.2-3）为用位移表示的纵波波动方程。

同样，若对式（2.1-23）两边取旋度（rot），并令 $w=\mathrm{rot}\boldsymbol{U}$，可得方程：

$$\frac{\partial^2 w}{\partial t^2}-\frac{\mu}{\rho}\nabla^2 w=\mathrm{rot}\boldsymbol{F} \tag{2.2-4}$$

令

$$V_{\mathrm{S}}^2=\frac{\mu}{\rho} \tag{2.2-5}$$

式（2.2-4）可写为

$$\frac{\partial^2 w}{\partial t^2}-V_{\mathrm{S}}^2\nabla^2 w=\mathrm{rot}\boldsymbol{F} \tag{2.2-6}$$

式中，$\mathrm{rot}\boldsymbol{F}$ 为旋转力；V_{S} 为横波传播速度。该式描述了在只有旋转力作用时，弹性介质只产生与形变 w 有关的扰动。称式（2.2-6）为用位移表示的横波波动方程。

为使纵、横波方程简单化，可进一步用位函数表达纵、横波方程。已知 $\boldsymbol{U}$ 和 $\boldsymbol{F}$ 是矢量，根据亥姆霍兹（Helmholtz）定理：任一矢量函数，若它的散度和旋度有意义，则该矢量场可分解为无旋部分和有旋部分，即

$$\begin{cases}\boldsymbol{U}=U_{\mathrm{P}}+U_{\mathrm{S}}\\ \boldsymbol{F}=F_{\mathrm{P}}+F_{\mathrm{S}}\end{cases} \tag{2.2-7}$$

并且总可以找到一个标量位 φ 和矢量位 $\boldsymbol{\varPsi}$ 使下式成立：

$$\begin{cases}\boldsymbol{U}=U_{\mathrm{P}}+U_{\mathrm{S}}=\mathrm{grad}\varphi+\mathrm{rot}\boldsymbol{\varPsi}\\ \boldsymbol{F}=F_{\mathrm{P}}+F_{\mathrm{S}}=\mathrm{grad}\phi+\mathrm{rot}\boldsymbol{\psi}\end{cases} \tag{2.2-8}$$

式中，φ 为位移场的标量位；$\boldsymbol{\varPsi}$ 为位移场的矢量位；ϕ 为标量力位；$\boldsymbol{\psi}$ 为矢量力位。

将式（2.2-8）分别代入式（2.2-3）和式（2.2-6），可得用位函数表示的纵、横波波动方程：

$$\frac{\partial^2\varphi}{\partial t^2}-V_{\mathrm{P}}^2\nabla^2\varphi=\phi \tag{2.2-9}$$

$$\frac{\partial^2\boldsymbol{\varPsi}}{\partial t^2}-V_{\mathrm{S}}^2\nabla^2\boldsymbol{\varPsi}=\boldsymbol{\psi} \tag{2.2-10}$$

若矢量位 $\boldsymbol{\varPsi}=\boldsymbol{\psi}(\psi_x,\psi_y)$，则式（2.2-10）也可写成标量方程：

$$\begin{cases}\dfrac{\partial^2\psi_x}{\partial t^2}-V_S^2\nabla^2\psi_x=\psi_x\\[2ex]\dfrac{\partial^2\psi_y}{\partial t^2}-V_S^2\nabla^2\psi_y=\psi_y\end{cases}\tag{2.2-11}$$

式（2.2-9）、式（2.2-11）是标量位函数表示的三分量标量波动方程，式（2.2-9）是标量纵波波动方程，式（2.2-11）是标量横波波动方程。

在以上传播方程中，若纵、横波速度V_P、V_S分别为常数，则表示均匀、各向同性、理想弹性介质中波的传播规律；若纵、横波速度$V_P=V_P(x,y,z)$、$V_S=V_S(x,y,z)$，则可表示非均匀、各向同性、理想弹性介质中波的传播规律。但对各向异性、黏弹性介质及双向介质模型的波传播方程需要重新建立。

第 3 章　无限大均匀各向同性介质中弹性波场及特征

波动方程反映了波传播的基本规律，若给定具体条件，可通过求解波动方程实现地震波场的正、反演。波动方程的解就是波函数，波函数的变化规律描述了地震波场的特征。

3.1　无限大均匀各向同性介质中的平面波

在地震勘探中，一般是用点源激发地震波，点源激发的地震波以球面波形式向外传播，因此，讨论球面波的波场特征更具有实际意义。但在下面一些情况下，可将球面波近似为平面波，讨论波函数的变化规律更简便。

如图 3.1-1 所示，如果球面波的半径 OQ 足够大或者观测范围 PR 足够小时，平面波波前 $P'R'$ 可近似表示球面波波前 PR 。设

$$\boldsymbol{U} = A\exp\left[\frac{\mathrm{i}2\pi f}{V}(k_1 x + k_2 y + k_3 z - Vt)\right]\boldsymbol{d} \qquad (3.1\text{-}1)$$

式中，$\boldsymbol{d}$ 为三维单位矢量。将其代入弹性波方程，得到满足，则可认为 $\boldsymbol{U}$ 为弹性波方程的位移解。

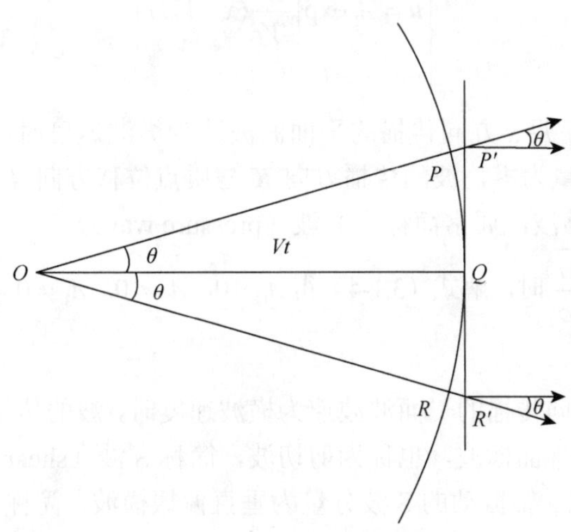

图 3.1-1　球面波与平面波关系

在式（3.1-1）中，A 为振幅项，决定位移的大小；$\dfrac{2\pi f}{V} = \dfrac{\omega}{V}$ 为简谐波参数，f 为频率，ω 为角频率（或称圆频率），V 为波速；i 为虚数符号，$\mathrm{e}^{\mathrm{i}\varphi} = \cos\varphi + \mathrm{i}\sin\varphi$ ，仅考虑实数时为简谐波；$k_1 x + k_2 y + k_3 z - Vt$ 为传播项，$k_1 x + k_2 y + k_3 z - Vt = 0$ 为平面方程，$\boldsymbol{K} = \boldsymbol{K}(k_1, k_2, k_3)$ 为平面的法向量，对固定的时间 t ，平面方程表示以 $\boldsymbol{K}$ 为法向量的平面，波前均在这个平面上。

称式（3.1-1）表达的波函数为平面简谐波，当 $\boldsymbol{K}$ 是任意矢量时，也称为沿任意方向传播的平面简谐波。

若取 $\boldsymbol{K}$ 沿 x 方向，即 $k_1=1$，$k_2=k_3=0$，则

$$\boldsymbol{U}=A\exp\left[\frac{\mathrm{i}\omega}{V}(x-Vt)\right]\boldsymbol{d} \tag{3.1-2}$$

其位移分量:

$$\begin{cases} u=A_1\exp\left[\dfrac{\mathrm{i}\omega}{V}(x-Vt)\right] \\ v=A_2\exp\left[\dfrac{\mathrm{i}\omega}{V}(x-Vt)\right] \\ w=A_3\exp\left[\dfrac{\mathrm{i}\omega}{V}(x-Vt)\right] \end{cases} \tag{3.1-3}$$

将式（3.1-3）代入弹性波分量式，可得

$$\begin{cases} A_1[(\lambda+2\mu)-\rho V^2]=0 \\ A_2(\mu-\rho V^2)=0 \\ A_3(\mu-\rho V^2)=0 \end{cases} \tag{3.1-4}$$

（1）当 $V=V_{\mathrm{P}}=\sqrt{\dfrac{\lambda+2\mu}{\rho}}$ 时，解式（3.1-4）得 $A_1\neq 0$，而 $A_2=A_3=0$，从而有

$$\begin{cases} u=A_1\exp\left[\dfrac{\mathrm{i}\omega}{V}(x-V_{\mathrm{P}}t)\right] \\ v=w=0 \end{cases} \tag{3.1-5}$$

式（3.1-5）说明，沿 x 方向传播的平面波波速为纵波速度时，沿 x 方向的位移分量 $u\neq 0$，而其他位移分量为零，波的传播方向 $\boldsymbol{K}$ 与质点位移方向 $\boldsymbol{d}$ 一致($\boldsymbol{K}//\boldsymbol{d}$)，故称为平面纵波，也称为胀缩波，通常简称为 P 波（pressure wave）。

（2）当 $V=V_{\mathrm{S}}=\sqrt{\dfrac{\mu}{\rho}}$ 时，解式（3.1-4）得 $A_1=0$，$A_2\neq 0$，$A_3\neq 0$，从而有 $u=0$，$v\neq 0$，$w\neq 0$。

结论说明，沿 x 方向传播的平面波波速为横波速度时，波的传播方向与质点位移方向垂直($\boldsymbol{K}\perp\boldsymbol{d}$)，故称为平面横波，也称为剪切波，简称 S 波（shear wave）。S 波有两个质点振动方向，称质点沿 z 轴振动的 S 波分量为垂直偏振横波，简称 SV 波；质点沿 y 轴振动的 S 波分量称为水平偏振横波，简称 SH 波。

总之，弹性波由 3 个相互垂直的分量组成，故称为三分量地震波，它们分别为 P 波、SV 波和 SH 波。

3.2　无限大均匀各向同性介质中的球面波

据弹性波动理论，在均匀各向同性介质中，力源的类型与所产生的波具有一一对应

的关系，即胀缩力产生纵波，旋转（剪切）力产生横波。以下分别讨论胀缩点源产生的球面纵波和旋转点源产生的球面横波。

3.2.1　胀缩点源与球面纵波

1. 地震勘探中的胀缩点源

在地震勘探中广泛用炸药作为激发震源。在均匀各向同性介质中，炸药爆炸后有一个均匀的力垂直作用在半径为 a 的球形空腔壁上。当空腔半径 $a \to 0$，或空腔为相对无限大空间时，用该方法产生的震源可看作一个胀缩点源。点源的力位函数可用下式表示：

$$\phi(t)=\begin{cases}0, & t<0\\ \phi(t), & 0\leqslant t\leqslant \Delta t\\ 0, & t>\Delta t\end{cases} \tag{3.2-1}$$

该式也称为胀缩点源的初始条件。

2. 球面纵波的传播方程解

在均匀各向同性介质中激发点源，点源所产生的胀缩力的作用面具有球对称性，因此所产生的波面是一个球面，故称为球面波。

已知纵波波动方程为式（2.2-9），当力位函数 $\phi(t)=0$ 时，波动方程为

$$\frac{\partial^2\varphi}{\partial t^2}-V_{\mathrm{P}}^2\nabla^2\varphi=0 \tag{3.2-2}$$

这是直角坐标系中的波动方程，称为传播方程。为求解方便，可将式（3.2-2）转换到球坐标系：

$$\frac{\partial^2\varphi_1}{\partial t^2}-V_{\mathrm{P}}^2\frac{\partial^2\varphi_1}{\partial r^2}=0 \tag{3.2-3}$$

式中，$\varphi_1=r\varphi$，r 方向为球面法线方向。该式为球坐标一维波动方程，可用达朗贝尔法解得

$$\varphi_1=r\varphi=f_1\left(t-\frac{r-a}{V_{\mathrm{P}}}\right)+f_2\left(t+\frac{r-a}{V_{\mathrm{P}}}\right) \tag{3.2-4}$$

式中，$f_1\left(t-\frac{r-a}{V_{\mathrm{P}}}\right)$为发散波；$f_2\left(t+\frac{r-a}{V_{\mathrm{P}}}\right)$为会聚波，按实际物理含义，最后满足波动方程的解为

$$\varphi=\frac{1}{r}f_1\left(t-\frac{r-a}{V_{\mathrm{P}}}\right) \tag{3.2-5}$$

式中，f_1 为任意函数。

当考虑 $0\leqslant t\leqslant \Delta t$ 时，力位函数不为零，即需求解非齐次方程：

$$\frac{\partial^2\varphi}{\partial t^2}-V_{\mathrm{P}}^2\nabla^2\varphi=\phi(t) \tag{3.2-6}$$

将点源用半径 $r=a$ 的小球体代替，设小球体体积为 W，对式（3.2-6）求体积分，并令球半径 $r\to 0$，可得

$$\lim_{r\to 0}\int_W \frac{\partial^2\varphi}{\partial t^2}\mathrm{d}W - V_\mathrm{P}^2\lim_{r\to 0}\int_W \mathrm{div}(\mathrm{grad}\varphi)\mathrm{d}W = \lim_{r\to 0}\int_W \phi(t)\mathrm{d}W \tag{3.2-7}$$

若令

$$\phi_1(t) = \lim_{r\to 0}\int_W \phi(t)\mathrm{d}W \tag{3.2-8}$$

求解式（3.2-7）积分方程。

式（3.2-7）左端第一项：

$$\lim_{r\to 0}\int_W \frac{\partial^2\varphi}{\partial t^2}\mathrm{d}W = \lim_{r\to 0}\iiint_W \frac{1}{r}\frac{\partial^2 f_1}{\partial t^2}\mathrm{d}W = \lim_{r\to 0}\frac{\partial^2 f_1}{\partial t^2}\frac{1}{r}\iiint_W \mathrm{d}W$$

而

$$\iiint_W \mathrm{d}W = \frac{4}{3}\pi r^3$$

因此，

$$\lim_{r\to 0}\frac{\partial^2 f_1}{\partial t^2}\frac{1}{r}\iiint_W \mathrm{d}W = \lim_{r\to 0}\frac{\partial^2 f_1}{\partial t^2}\frac{4}{3}\pi r^2 = 0$$

式（3.2-7）左端第二项，按高斯-奥斯特罗格拉德斯基公式：任意一个矢量场，若在空间域 W 中该场的一阶导数存在，则该场边界 S 上的通量等于在 W 域中散度的体积分，即

$$\iiint_W \mathrm{div}(\mathrm{grad}\varphi)\mathrm{d}W = \iint_S \mathrm{grad}\varphi\cdot\boldsymbol{n}\mathrm{d}S$$

$$\lim_{r\to 0}\iiint_W \mathrm{div}(\mathrm{grad}\varphi)\mathrm{d}W = \lim_{r\to 0}\iint_S \mathrm{grad}\varphi\cdot\boldsymbol{n}\mathrm{d}S$$

而

$$\mathrm{grad}\varphi\cdot\boldsymbol{n} = \frac{\partial\varphi}{\partial r}$$

因此，式（3.2-7）可写为

$$-V_\mathrm{P}^2\lim_{r\to 0}\iint_S \frac{\partial\varphi}{\partial r}\mathrm{d}S = \phi_1(t) \tag{3.2-9}$$

将式（3.2-5）代入式（3.2-9），可得

$$-V_\mathrm{P}^2\lim_{r\to 0}\iint_S \frac{\partial\varphi}{\partial r}\mathrm{d}S = -V_\mathrm{P}^2\lim_{r\to 0}\iint_S\left[-\frac{f_1}{r^2}-\frac{f_1'}{rV_\mathrm{P}}\right]\mathrm{d}S = -V_\mathrm{P}^2\lim_{r\to 0}\left[-\frac{f_1}{r^2}-\frac{f_1'}{rV_\mathrm{P}}\right]\iint_S \mathrm{d}S$$

$$= -V_\mathrm{P}^2\lim_{r\to 0}\left[-4\pi\left(f_1+\frac{r}{V_\mathrm{P}}f_1'\right)\right] = 4\pi V_\mathrm{P}^2 f_1$$

再代入式（3.2-9），可得

$$f_1\left(t-\frac{r}{V_\mathrm{P}}\right) = \frac{1}{4\pi V_\mathrm{P}^2}\phi_1\left(t-\frac{r}{V_\mathrm{P}}\right)$$

再代入式（3.2-5），可得力位函数不为零的波动方程解为

$$\varphi(r,t)=\frac{1}{4\pi rV_{\mathrm{P}}^{2}}\phi_{1}\left(t-\frac{r}{V_{\mathrm{P}}}\right) \tag{3.2-10}$$

该式是用震源函数 $\phi_1(t)$ 表示的波动方程位移位解，其中 $\phi_1(t)$ 也称为震源强度。

3. 球面纵波的位移解

在地震勘探中，接收到的地震波振幅值反映的是质点位移，为此需求取位移解。利用位移矢量与位移位的关系，球面纵波的位移为

$$\boldsymbol{U}_{\mathrm{P}}=\operatorname{grad}\varphi=\frac{\partial\varphi}{\partial r}\frac{\boldsymbol{r}}{r}=\frac{-1}{4\pi V_{\mathrm{P}}^{2}}\left[\frac{1}{r^{2}}\phi_{1}\left(t-\frac{r}{V_{\mathrm{P}}}\right)+\frac{1}{rV_{\mathrm{P}}}\left(\phi_{1}'\left(t-\frac{r}{V_{\mathrm{P}}}\right)\right)\right]\frac{\boldsymbol{r}}{r} \tag{3.2-11}$$

该式的物理含义为球面纵波以速度 V_{P} 沿 $\boldsymbol{r}$ 方向向外传播；位移函数与震源强度（震源函数）$\phi_1(t)$ 及其一阶导数有关；位移幅度与传播距离 r 及 r^2 成反比；质点位移方向与波的传播方向 $(\boldsymbol{r})$ 一致；$t-\dfrac{r}{V_{\mathrm{P}}}$ 表示延迟位；质点位移在一维空间内振动，称此波为线性极化波。

3.2.2　旋转点源与球面横波

如果所讨论纵波的各种假设条件不变，仅将震源的性质由胀缩力变为旋转力，依照纵波方程的解法，可得旋转点源作用下，横波波动方程位移位的解：

$$\psi=\frac{1}{4\pi rV_{\mathrm{S}}^{2}}\psi\left(t-\frac{r}{V_{\mathrm{S}}}\right) \tag{3.2-12}$$

位移解为

$$\boldsymbol{U}_{\mathrm{S}}=U_{\mathrm{S}r}\boldsymbol{e}_{r}+U_{\mathrm{S}\alpha}\boldsymbol{e}_{\alpha}+U_{\mathrm{S}\beta}\boldsymbol{e}_{\beta} \tag{3.2-13}$$

式中，$\boldsymbol{e}_r$、$\boldsymbol{e}_\alpha$、$\boldsymbol{e}_\beta$ 为球坐标系中的 3 个单位矢量，其中，

$$\begin{cases}
U_{\mathrm{S}r}=0\\
U_{\mathrm{S}\alpha}=\dfrac{1}{4\pi V_{\mathrm{S}}^{2}}\left\{\dfrac{1}{r^{2}}\left[\psi_{y}\left(t-\dfrac{r}{V_{\mathrm{S}}}\right)\cos\beta-\psi_{x}\left(t-\dfrac{r}{V_{\mathrm{S}}}\right)\sin\beta\right]\right.\\
\qquad\left.+\dfrac{1}{rV_{\mathrm{S}}}\left[\psi_{y}'\left(t-\dfrac{r}{V_{\mathrm{S}}}\right)\cos\beta-\psi_{x}'\left(t-\dfrac{r}{V_{\mathrm{S}}}\right)\sin\beta\right]\right\}\\
U_{\mathrm{S}\beta}=\dfrac{1}{4\pi V_{\mathrm{S}}^{2}}\left\{\dfrac{1}{r^{2}}\left[\psi_{z}\left(t-\dfrac{r}{V_{\mathrm{S}}}\right)\sin\alpha-\psi_{z}\left(t-\dfrac{r}{V_{\mathrm{S}}}\right)\cos\alpha\cos\beta\right.\right.\\
\qquad\left.-\psi_{y}\left(t-\dfrac{r}{V_{\mathrm{S}}}\right)\cos\alpha\sin\beta\right]+\dfrac{1}{rV_{\mathrm{S}}}\left[\psi_{z}'\left(t-\dfrac{r}{V_{\mathrm{S}}}\right)\sin\alpha\right.\\
\qquad\left.\left.-\psi_{x}'\left(t-\dfrac{r}{V_{\mathrm{S}}}\right)\cos\alpha\cos\beta-\psi_{y}'\left(t-\dfrac{r}{V_{\mathrm{S}}}\right)\cos\alpha\sin\beta\right]\right\}
\end{cases} \tag{3.2-14}$$

式（3.2-14）为球坐标中的 3 个位移分量，ψ_x、ψ_y、ψ_z 是震源强度 ψ 的 3 个分量。式（3.2-14）的物理含义为球面横波以速度 V_S 沿 $\boldsymbol{r}$ 方向向外传播；位移分量函数与震源强度 $\psi(t)$ 及其一阶导数有关；位移幅度与传播距离 r 及 r^2 成反比；波的传播方向 $(\boldsymbol{r})$ 与质点位移方向 $(\boldsymbol{e}_\alpha$、$\boldsymbol{e}_\beta)$ 垂直，质点位移方向有两个，沿 $\boldsymbol{e}_\alpha$ 方向的质点位移称为垂直偏振横波（SV 波），沿 $\boldsymbol{e}_\beta$ 方向的质点位移称为水平偏振横波（SH 波）；$t-\dfrac{r}{V_S}$ 为延迟位；横波仍为线性极化波。

3.3 地震波的动力学特征

由震源激发的纵（横）波经地下传播并被人们在地面或井中接收到的地震波，通常是一个一定长度的脉冲振动，用数学公式表示就是 3.2 节讨论的位移或位移解。该式是一个函数表达式，它描述了介质质点的振动规律，应用信号分析领域中的广义术语，可称为振动信号，在地球物理领域称为地震子波。对一个随时间变换的振动信号，描述其特征的参数有振动幅度（简称振幅）A、振动频率 f（或周期 T）、初相位 φ，若考虑信号随空间变化，则还有波长 λ 或波数 k。用于描述地震波振动特征的参数 A、f、T、φ、λ、k 为地震波动力学参数。所谓地震波的动力学特征就是由地震波的动力学参数来体现的。以下以球面纵波为例进行讨论。

3.3.1 球面纵波的传播特点

在球面纵波位移解 $\boldsymbol{U}_P$ 的表达式［式（3.2-11）］中，其振幅既与传播距离 r^2、r 有关，又与震源函数 $\phi_1(t)$ 及 $\phi_1'(t)$ 有关。下面分两种情况讨论。

1. 近震源情况

当靠近震源时，r 比较小，有条件 $\dfrac{1}{r^2} \gg \dfrac{1}{r}$，则

$$\boldsymbol{U}_P \approx \frac{-1}{4\pi r^2 V_P^2}\phi_1\left(t-\frac{r}{V_P}\right)\frac{\boldsymbol{r}}{r} \tag{3.3-1}$$

可见在近震源时，质点位移 $\boldsymbol{U}_P$ 与震源函数 $\phi_1(t)$ 成正比，与 r^2 成反比。

2. 远震源情况

当波传播远离震源时，r 比较大，这时有 $\dfrac{1}{r} \gg \dfrac{1}{r^2}$，则

$$\boldsymbol{U}_P \approx \frac{-1}{4\pi r V_P^3}\phi_1'\left(t-\frac{r}{V_P}\right)\frac{\boldsymbol{r}}{r} \tag{3.3-2}$$

在远离震源时，质点位移 $\boldsymbol{U}_P$ 与震源函数 $\phi_1(t)$ 的一阶导数 $\phi'(t)$ 成正比，与传播距离 r 成反比。

综合两种情况可得出以下结论。

（1）在近震源区，质点振动规律（波函数）主要由震源函数 $\phi_1(t)$ 确定，而在远震源区，质点振动规律主要由震源函数的一阶导数 $\phi_1'(t)$ 确定。这说明随着传播距离 r 的变化，地震子波函数在不断发生变化，也说明了地震子波的复杂性。

（2）在近震源区，位移振幅与 r^2 呈反比衰减，且衰减较快。在远震源区，位移振幅与 r 呈反比衰减，衰减较慢。当 r 很大时，地震波振幅逐渐趋于稳定。

3. 波前、波带及波尾

通常地震勘探是在远离震源区的位置观测地震波，因此，在上述讨论远震源情况的基础上，要进一步讨论有关波前、波带和波尾的概念。

已知远离震源时，质点位移函数由震源函数 $\phi_1(t)$ 的一阶导数 $\phi_1'(t)$ 确定，而 $\phi_1'(t)$ 又是由 $\phi_1(t)$ 确定的。按照胀缩点源的定义，假设点源是一脉冲震源并于 $t=0$ 时开始作用，作用延续时间为 Δt，则震源函数为

$$\phi_1(t)=\begin{cases}0, & t<0\\ \phi_1(t), & 0\leqslant t\leqslant\Delta t\\ 0, & t>\Delta t\end{cases} \tag{3.3-3}$$

其一阶导数 $\phi_1'\left(t-\dfrac{r}{V_{\mathrm{P}}}\right)$ 可表示为

$$\phi_1'\left(t-\frac{r}{V_{\mathrm{P}}}\right)=\begin{cases}0, & t-\dfrac{r}{V_{\mathrm{P}}}<0\\ \phi_1'\left(t-\dfrac{r}{V_{\mathrm{P}}}\right), & 0\leqslant t-\dfrac{r}{V_{\mathrm{P}}}\leqslant\Delta t\\ 0, & t-\dfrac{r}{V_{\mathrm{P}}}>\Delta t\end{cases} \tag{3.3-4}$$

由式（3.3-4）可知 $\phi_1'\left(t-\dfrac{r}{V_{\mathrm{P}}}\right)$ 的存在条件：

$$0\leqslant t-\frac{r}{V_{\mathrm{P}}}\leqslant\Delta t \tag{3.3-5}$$

当 $t=t_1$ 时，波动在空间的存在范围是

$$V_{\mathrm{P}}(t_1-\Delta t)\leqslant r\leqslant V_{\mathrm{P}}t_1 \tag{3.3-6}$$

或

$$r_1\leqslant r\leqslant r_2 \tag{3.3-7}$$

式中，$r_1=V_{\mathrm{P}}(t_1-\Delta t)$，$r_2=V_{\mathrm{P}}t_1$，$\Delta r=r_2-r_1=\Delta tV_{\mathrm{P}}$。

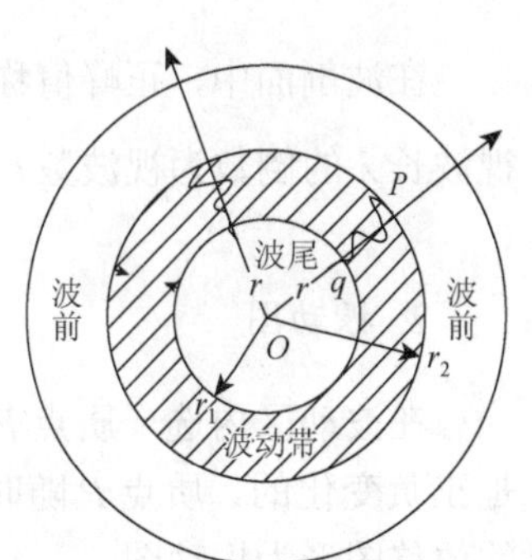

图 3.3-1　波前、波尾及波动带

该式的含义可用图 3.3-1 表示，即波从 O 点出发，经 $t=t_1-\Delta t$ 时间到达 r_1 点，再经过 Δt 时间到达 r_2 点。由于波的振动延续范围为 Δr，故当 r_2 点开始振动时，r_1 点振动正好停止，因此，称以 Or_2 为半径的球面为波前；称以 Or_1 为半径的球面为波尾；称波前到

波尾之间正在振动的部位为波动带，简称波带。这样可由波前、波尾将无限大空间划分为 3 个区域：$r \leqslant r_1$ 称为波尾区，表示波动已经停止的区域，代表了波后的状态；$r_1 < r \leqslant r_2$ 称为波动区，表示波动正在进行的区域；$r > r_2$ 称为波前区，表示尚未波动的区域，代表了波前的状态。

在波动区，因为位移 $\boldsymbol{U}_{\mathrm{P}}$ 是由震源函数的一阶导数确定的，所以相邻质点的位移状态是不相同的，有部分相邻介质可能是相互靠近，形成介质的局部密集带，称为压缩带。而有些介质彼此分开，形成局部疏松带，称为膨胀带。这些压缩带和膨胀带不间断交替更换，使地震波不断向前传播，这就是纵波（胀缩波）的传播特点。

3.3.2 地震波的波剖面和振动图

地震波传播除速度外主要与两个参数有关，即时间 (t) 和空间位置 (r)。分别考虑：当时间一定时，不同位置质点的位移状态；当位置不变时，质点随时间振动的情况，可得出波剖面和振动图的概念。

1. 波剖面

考虑波动带内的情况，当时间 $t=t_1$ 时，波动带内沿波传播方向 $(\boldsymbol{r})$ 各质点的位移状态图形，称为波剖面。若用正值表示压缩，用负值表示膨胀，则波剖面可用图 3.3-2（a）表示。

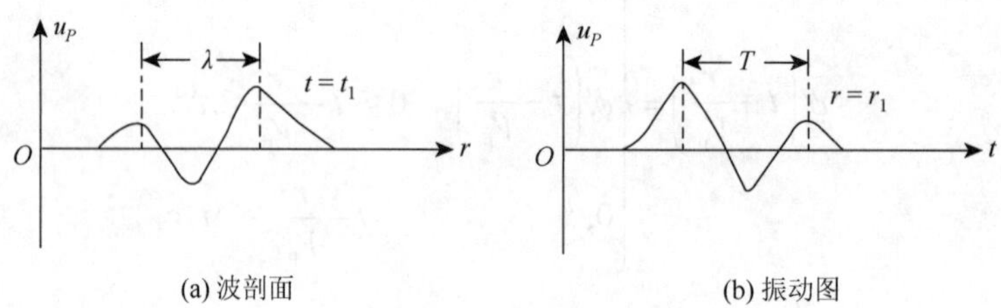

图 3.3-2 地震波的波剖面和振动图

在波剖面中，正峰值称为波峰，负峰值称为波谷，相邻波峰之间的距离为视波长 λ，视波长 λ 的倒数为视波数 $k=\dfrac{1}{\lambda}$。

2. 振动图

在波动区内选一质点 P，波动中膨胀和压缩是交替进行的，所以对 P 点而言位移也是正负变化的，质点 P 随时间的位移变化状态可用图 3.3-2（b）表示，称该质点随时间的位移图形为振动图。

振动图的极值（正或负）称为波的相位，极值的大小称为波的振幅，相邻正极值（或负极值）之间的时间间隔为视周期 T，视周期 T 的倒数为视频率 $f=1/T$。视波长 λ 与视周期 T 的关系为 $\lambda = T \cdot v$。

在地震勘探中，是将检波器放在地表或地下（井中）某一位置接收地震波，所以地震仪接收的单道记录为振动图，而由空间阵列检波器接收的多道记录包含了振动图和波剖面两部分。

3.3.3　地震波的能量和球面扩散

地震波在介质中的运动方程：

$$U = A\cos\left(\omega\left(t-\frac{r}{v}\right)+\varphi_0\right) \tag{3.3-8}$$

式中，A 为振幅；ω 为角频率；φ_0 为初始相位；r 为传播距离；v 为波传播速度；U 为质点位移；t 为时间。

为与杨氏模量区别，此处将能量写作 EN，则单位质量下地震波动能为

$$\mathrm{dEN}_r = \frac{1}{2}u^2\mathrm{d}m \tag{3.3-9}$$

式中，dm 为质点质量；u 为波振动的速度。质点质量 dm 为介质密度 ρ 与单位体积 dV 的乘积，表达式如下：

$$\mathrm{d}m = \rho\mathrm{d}V \tag{3.3-10}$$

波的振动速度 u 通过运动方程对时间求导得到，表达式如下：

$$u = \frac{\partial y}{\partial t} = \frac{\partial A\cos\left(\omega\left(t-\frac{r}{v}\right)+\varphi_0\right)}{\partial t} = -A\omega\sin\left(\omega\left(t-\frac{r}{v}\right)+\varphi_0\right) \tag{3.3-11}$$

将式（3.3-10）与式（3.3-11）代入式（3.3-9），得

$$\mathrm{dEN}_r = \frac{1}{2}\rho A^2\omega^2\sin^2\left(\omega\left(t-\frac{r}{v}\right)+\varphi_0\right)\mathrm{d}V \tag{3.3-12}$$

单位质量下地震波势能：

$$\mathrm{dEN}_p = \frac{1}{2}k(\mathrm{d}y)^2 \tag{3.3-13}$$

式中，k 为弹性系数。根据胡克定律可知，弹性系数 k 与质点位移 y、受力 F 存在以下关系：

$$k = \frac{\mathrm{d}F}{\mathrm{d}y} \tag{3.3-14}$$

同时，质点位移 y、受力 F 与传播距离 x、受力面积 S 存在以下关系：

$$\frac{\mathrm{d}F}{\mathrm{d}S} = E\frac{\mathrm{d}y}{\mathrm{d}x} \tag{3.3-15}$$

式中，E 为杨氏模量。结合式（3.3-14）与式（3.3-15）得到传播距离 x 与弹性系数 k 的关系式：

$$k = \frac{E\mathrm{d}S}{\mathrm{d}x} \tag{3.3-16}$$

于是，式（3.3-13）转换为

$$\mathrm{dEN}_p=\frac{1}{2}\frac{E\mathrm{d}S}{\mathrm{d}x}(\mathrm{d}y)^2=\frac{1}{2}E\mathrm{d}S\mathrm{d}x\left(\frac{\mathrm{d}y}{\mathrm{d}x}\right)^2=\frac{1}{2}E\mathrm{d}V\left(\frac{\mathrm{d}y}{\mathrm{d}x}\right)^2 \tag{3.3-17}$$

又根据运动方程可知：

$$\frac{\mathrm{d}y}{\mathrm{d}x}=-A\frac{\omega}{v}\sin\left(\omega\left(t-\frac{r}{v}\right)+\varphi_0\right) \tag{3.3-18}$$

而杨氏模量与波速存在如下关系：

$$E=v^2\rho \tag{3.3-19}$$

于是，式（3.3-17）转化为

$$\mathrm{dEN}_p=\frac{1}{2}v^2\rho\cdot\mathrm{d}V\cdot\left\{-A\frac{\omega}{v}\sin\left(\omega\left(t-\frac{r}{v}\right)+\varphi_0\right)\right\}^2=\frac{1}{2}\rho A^2\omega^2\sin^2\left(\omega\left(t-\frac{r}{v}\right)+\varphi_0\right)\mathrm{d}V \tag{3.3-20}$$

于是，地震波的能量计算公式如下：

$$\mathrm{dEN}=\mathrm{dEN}_r+\mathrm{dEN}_p=\rho A^2\omega^2\sin^2\left(\omega\left(t-\frac{r}{v}\right)+\varphi_0\right)\mathrm{d}V \tag{3.3-21}$$

上式说明，波的能量与振幅的平方、频率的平方及介质的密度成正比。将包含在介质中单位体积内的能量，称为能量密度e：

$$e=\frac{\mathrm{EN}}{\mathrm{d}V}\propto\rho A^2\omega^2 \tag{3.3-22}$$

定义单位时间通过介质面积S的能量为能流通量，则单位时间通过单位面积的波的能量为能流密度或波的强度I，因为实际地震勘探是在波前的单位面积上观测波的能量信息的，如果时间$\mathrm{d}t$内通过面积$\mathrm{d}S$的能量为$e\cdot v\cdot\mathrm{d}t\cdot\mathrm{d}S$，则波的强度$I$为

$$I=\frac{e\cdot v\cdot\mathrm{d}t\cdot\mathrm{d}S}{\mathrm{d}t\cdot\mathrm{d}S}=e\cdot v\propto\rho A^2\omega^2 v \tag{3.3-23}$$

式中，v为波传播速度。所以波强度正比于波振幅的平方、频率的平方及介质的密度和波传播速度。

以下研究球面波的能量密度。图3.3-3为一个从中心O发出的球面纵波的波前示意图，两个球面的半径分别为r_1和r_2，以r_1、r_2为半径的球面与以Ω为立体角的锥体相交的面积分别为S_1和S_2，相交域内锥体的侧面积为S_3。由于球面波沿r方向传播，S_3中无能量流通，波仅从S_1面流入，从S_2面流出，因此，通过S_1面和S_2面的能流通量应相等，即有

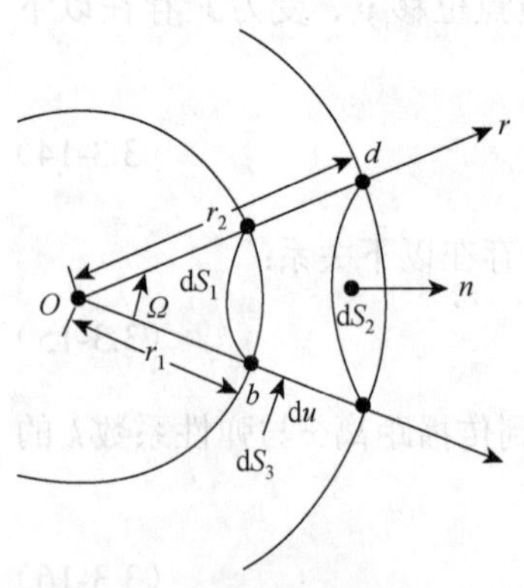

图3.3-3　球面波能量密度示意图

$$I_{S_1}S_1=I_{S_2}S_2 \tag{3.3-24}$$

式中，I_{S_1}、I_{S_2}分别为S_1面和S_2面的能流密度。显然有关系：

$$\frac{I_{S_1}}{I_{S_2}}=\frac{S_2}{S_1}=\frac{A_1^2}{A_2^2} \tag{3.3-25}$$

或

$$\frac{I_{S_1}}{I_{S_2}}=\frac{S_2}{S_1}=\frac{\Omega r_2^2}{\Omega r_1^2}=\frac{r_2^2}{r_1^2} \tag{3.3-26}$$

从以上两点可得出结论。

（1）波的强度（即波的能流密度）I 与传播距离的平方成反比。

（2）波的振幅 A 与传播距离成反比。

形成这种关系的物理解释是随着传播距离 r 的增大，球面越来越大，在能量守恒的条件下，相同的能量重新分配在越来越大的球面上，这必然造成能流密度 I 随 r 的增大而减小，I 减小，振幅 A 也随之减小。把这种现象称为球面扩散或几何扩散。球面扩散不存在能量损失问题，仅是能量重新分配，这种能量变化与地下岩石弹性参数无关。

3.3.4　地震波的谱分析

在上述讨论中已知，地震波场可用振动图和波剖面描述，而振动图和波剖面的特征由动力学参数 A、f（或 T）、φ、$\lambda(k)$ 表示。怎么才能知道地震波的频率成分或波数？傅里叶（Fourier）变换是进行地震波频谱和波数谱分析的数学工具。

根据傅里叶变换理论，设时间域非周期函数（振动图信号）为 $x(t)$，则 $x(t)$ 的傅里叶变换为

$$\begin{cases} X(f)=\int_{-\infty}^{\infty}x(t)\mathrm{e}^{-\mathrm{i}2\pi ft}\mathrm{d}t \\ x(t)=\int_{-\infty}^{\infty}X(f)\mathrm{e}^{\mathrm{i}2\pi ft}\mathrm{d}f \end{cases} \tag{3.3-27}$$

式中，$X(f)$ 为频率域复函数，称为 $x(t)$ 的频谱。由于复函数可表示为

$$X(f)=X_\tau(f)+\mathrm{i}X_i(f)=|X(f)|\,\mathrm{e}^{\mathrm{i}\varphi(f)}=A(f)\mathrm{e}^{\mathrm{i}\varphi(f)} \tag{3.3-28}$$

其中，

$$\begin{cases} A(f)=\sqrt{X_\tau^2(f)+X_i^2(f)} \\ \varphi(f)=\arctan\left[\dfrac{x_i(f)}{x_\tau(f)}\right] \end{cases} \tag{3.3-29}$$

式中，$A(f)$ 称为 $x(t)$ 的振幅谱；$\varphi(f)$ 称为 $x(t)$ 的相位谱。由振幅谱可知时间函数 $x(t)$ 中包含的简谐波频率成分，以及各频率简谐波的幅度值；由相位谱可知参与叠加 $x(t)$ 的各频率简谐波的初相位。以上过程为振动图的频谱分析。若将振动图转换为波剖面函数，仿照以上方法，则可完成波剖面的波数谱分析。通常对二维地震记录做二维傅里叶变换，即可一次完成频率-波数谱分析。

3.4　地震波的运动学特征

地震勘探对波动的研究不仅考虑动力学特征，而且更多地利用波传播时间和空间距离之间的关系，确定地下地质构造，即地震波的运动学特征。下面介绍几个有关运动学方面的著名原理。

3.4.1　惠更斯-菲涅耳原理

惠更斯（Huygens）于 1690 年首先提出惠更斯原理，其要点是任意时刻波前上的每一个点都可以看作是一个新的点源，由它产生二次扰动，形成元波前，而以后（下一个时刻的）新波前的位置可以认为是该时刻各元波前的包络（图 3.4-1）。惠更斯原理表明，可以从已知波前求出以后各时间的波前位置。该原理虽给出了地震波传播的空间几何位置，但没有涉及波到达该位置的物理状态。

菲涅耳（Fresnel）弥补了惠更斯原理的不足，他认为由波前上各点所形成的新扰动（二次扰动）都可以传播到空间任一点 M，形成互相干涉的叠加扰动。该叠加扰动就是 M 点的总扰动，这就使得惠更斯原理有了明确的物理意义，故称为惠更斯-菲涅耳原理。

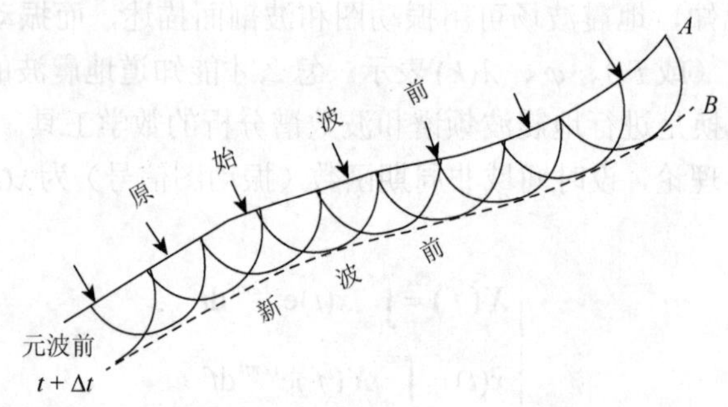

图 3.4-1　惠更斯原理示意图

3.4.2　绕射积分理论——基尔霍夫积分公式

惠更斯-菲涅耳原理从理论上描述了波的传播，但没有解决具体如何计算某一点的波场问题。1983 年，德国学者基尔霍夫（Kirchhoff）在惠更斯-菲涅耳原理的基础上，认为波前上任一个新点源发出的元波是一种广义的绕射子波，在空间任意一点的波长就是所有绕射子波的积分和。他从波动方程出发经严格的数学证明，得出了可适用普遍条件的、能精确描述 $M(x,y,z)$ 点波场的绕射积分公式——基尔霍夫积分公式：

$$\varphi(x,y,z,t)=\frac{1}{4\pi}\int_W\frac{[\phi]}{r}\mathrm{d}W-\frac{1}{4\pi}\oint_S\left\{[\varphi]\frac{\partial}{\partial n}\left(\frac{1}{r}\right)-\frac{1}{vr}\frac{\partial r}{\partial n}\left[\frac{\partial\varphi}{\partial t}\right]-\frac{1}{r}\left[\frac{\partial\varphi}{\partial n}\right]\right\}\mathrm{d}s \tag{3.4-1}$$

当封闭区域 W 内无源（或震源已作用结束）时，曲面 S 上的二次扰动引起 M 点扰动的积分和为

$$\varphi(x,y,z,t)=-\frac{1}{4\pi}\oint_S\left\{[\varphi]\frac{\partial}{\partial n}\left(\frac{1}{r}\right)-\frac{1}{vr}\frac{\partial r}{\partial n}\left[\frac{\partial\varphi}{\partial t}\right]-\frac{1}{r}\left[\frac{\partial\varphi}{\partial n}\right]\right\}\mathrm{d}s \tag{3.4-2}$$

以上两式中 φ 为震源函数，[ ] 表示延迟位，n 为 S 面的外法线，r 为 S 面任一点至 M 点的连线。

已知$\left(t-\frac{r}{V}\right)$时刻$S$面上的波场$[\varphi]$、$\left[\frac{\partial\varphi}{\partial n}\right]$、$\left[\frac{\partial\varphi}{\partial t}\right]$及距离$r$，即可由式（3.4-2）计算得到$t$时刻$M(x,y,z)$点的波场值。

3.4.3　费马原理及波的射线

费马（Fermat）原理阐明，波沿着垂直波前的路径传播时间最短。这个路径就是波的射线。费马原理说明波沿射线传播的旅行时比其他任何路径传播的旅行时都小，这就是费马的最小时间原理。

费马原理纯粹从空间上描述了波的传播问题，即波是沿射线传播的。从能量的观点来看，波沿一条射线传播这样一种观念与上述惠更斯-菲涅耳原理，尤其是绕射积分理论是否矛盾？实际上，费马原理是从运动学的规律描述波的传播，本书称这种理论为射线理论。而绕射积分理论是从动力学的角度描述波的传播，本书称这种理论为波动理论。射线理论仅是波动理论的一种近似表示，二者既有统一性，又有差别。图 3.4-2 说明了二者的统一性与差别。在图 3.4-2 中，设S面是由点源M_0发出的任意时刻的元波前位置，其半径为r_0，波前上的任意小面元用 ds 表示，M是球面S外的一点，它至 ds 的距离为r，用θ表示 ds 的外法线n与r的夹角。

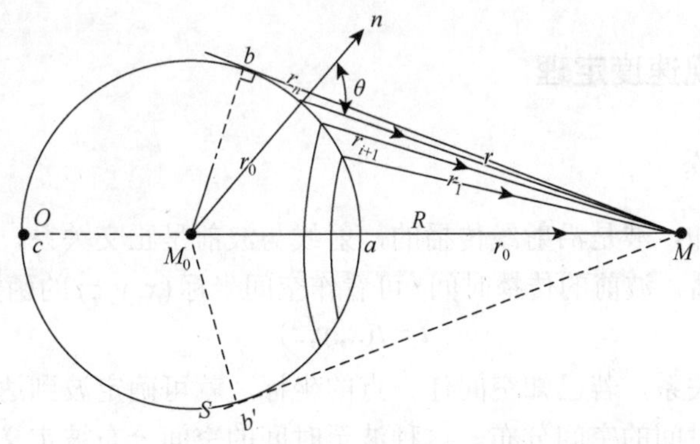

图 3.4-2　倾斜因子示意图

如果由M_0点发出的球面简谐波其振幅为A，角频率为ω，S面上 ds 处的二次波动为

$$\frac{A}{r_0}\mathrm{e}^{\mathrm{i}\omega\left(t-\frac{r_0}{V}\right)}\Rightarrow\frac{A}{r_0}\mathrm{e}^{-\mathrm{i}kr_0} \tag{3.4-3}$$

式中，$k=\frac{\omega}{V}$，并略去了周期因子$\mathrm{e}^{\mathrm{i}\omega t}$。

根据惠更斯-菲涅耳原理，则S面上所有 ds 对M点的扰动叠加为

$$\varphi(M,t)=\frac{A\mathrm{e}^{-\mathrm{i}kr_0}}{r_0}\oint_S\frac{\mathrm{e}^{-\mathrm{i}kr}}{r}\cdot k(\theta)\mathrm{d}s \tag{3.4-4}$$

其中，

$$k(\theta)=\frac{i}{2\lambda}(1+\cos\theta) \tag{3.4-5}$$

称为倾斜因子；i 表示相位超前 $\frac{\pi}{2}$。下面分别讨论 S 面上 a、b、c 三点的 ds 对 M 点扰动的贡献大小。

（1）在 a 点，$n=r_a$，$\theta=0$，故 $\cos\theta=1$，

$$k(\theta)=\frac{i}{\lambda},\quad \varphi_a(M,t)=\frac{A\mathrm{e}^{-ikr_0}}{r_0}\cdot\frac{i\mathrm{e}^{-ikr_a}}{\lambda r_a}$$

（2）在 b 点，$n\perp r_b$，$\theta=90°$，故 $\cos\theta=0$，

$$k(\theta)=\frac{i}{2\lambda},\quad \varphi_b(M,t)=\frac{A\mathrm{e}^{-ikr_0}}{r_0}\cdot\frac{i\mathrm{e}^{-ikr_b}}{2\lambda r_b}$$

（3）在 c 点，$n=-r_c$，$\theta=180°$，故 $\cos\theta=-1$，

$$k(\theta)=0,\quad \varphi_c(M,t)=0$$

由以上三点对 M 点的扰动贡献可见，a 点对 M 点的贡献最大，向两边逐渐减小，在 b 点其贡献仅为 a 点的一半，到达 c 点时，贡献减为零。因此，可以说 S 面上的二次扰动对 M 点扰动的能量贡献主要集中在 a 点附近的菲涅耳带内，而菲涅耳带中心 a 点到 M 点的连线正好是震源 M_0 到 M 点的射线。所以波传播的主要能量集中在射线方向或者集中在射线附近。由此可见，射线理论是波动理论的一种近似，而且波的动力学和运动学是趋于一致的。

3.4.4　时间场和视速度定理

1. 时间场的概念

由费马原理可知，波是沿射线传播的，射线与波前呈正交关系，因此，也可以认为波前在空间向前传播，波前的传播时间 t 可看作空间坐标 (x,y,z) 的函数，即

$$t=t(x,y,z) \tag{3.4-6}$$

根据这一函数关系，若已知空间任一点的坐标，就可确定波到达任一点的时间，因此也就确定了波至时间的空间分布。这种波至时间的空间分布被定义为时间场，而确定这个场的函数 $t=t(x,y,z)$ 则被称为时间场函数。

时间场是标量场，在时间场中，同一波前的时间相同，称为等时面，其方程为

$$M(x,y,z)=t_i \tag{3.4-7}$$

$M(x,y,z)$ 是等时面上的点，显然不同时刻在介质中传播的波前位置应同该时刻的等时面重合。如图 3.4-3、图 3.4-4 所示，在均匀介质中由点源激发的球面波等时面是一簇同心球面，而平面波的等时面则是一列平行的平面。

在时间场中，等时面与射线正交，所以时间场的梯度方向就是射线方向。假定波在某一时刻 t_1 位于 Q_1 位置，经过 Δt 时间后于 $t_2=t_1+\Delta t$ 时刻到达 Q_2 位置，Q_1 与 Q_2 之间的垂直距离为 ΔS，波传播速度为 $V(x,y,z)$，则按梯度的定义：

$$|\operatorname{grad}t|=\lim_{\Delta t\to 0}\frac{\Delta t}{\Delta S}=\frac{\mathrm{d}t}{\mathrm{d}S}=\frac{1}{V(x,y,z)}=\tau \tag{3.4-8}$$

其中，τ 称为时间场变化率，也称为慢度。进一步对式（3.4-8）求平方，可得射线方程式为

$$\tau^2 = \left(\frac{\partial t}{\partial x}\right)^2 + \left(\frac{\partial t}{\partial y}\right)^2 + \left(\frac{\partial t}{\partial z}\right)^2 = \frac{1}{V^2(x,y,z)} \tag{3.4-9}$$

该式描述了在射线理论近似的条件下，在速度分布为 $V(x,y,z)$ 的介质中传播的任意体波的时间场，它是几何地震学的基本方程。

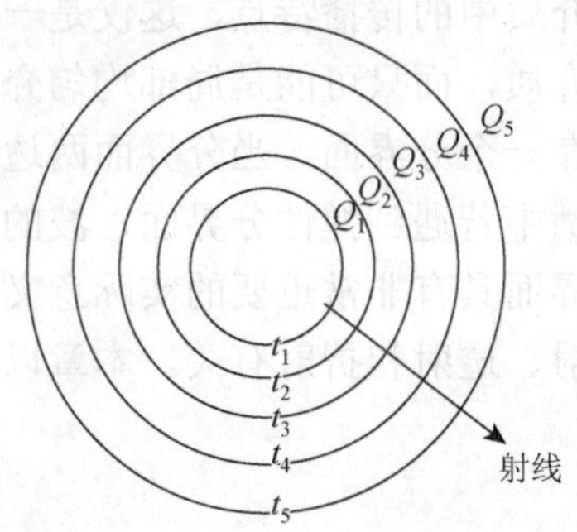

图 3.4-3　球面波等时面示意图

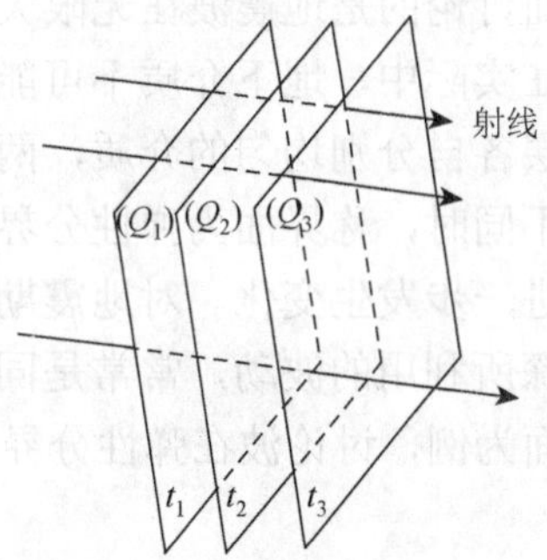

图 3.4-4　平面波等时面示意图

2. 视速度定理

由射线理论可知，波沿射线传播。如果在射线方向观测波传播的速度，则该速度为真速度。如图 3.4-5 所示，$\Delta S = SP$ 表示在 Δt 时间内沿射线传播的距离，则真速度 V 为

$$V = \frac{\Delta S}{\Delta t} \tag{3.4-10}$$

在地震勘探中，很难做到沿射线观测真速度，假如在水平面 S 及 P' 两点之间观测速度，由于 P 及 P' 均在 Q_2 等时面上，对观测者来说，好像波以 V'' 速度经 Δt 时间从 S 点传播到 P' 点，该速度 V'' 称为视速度。

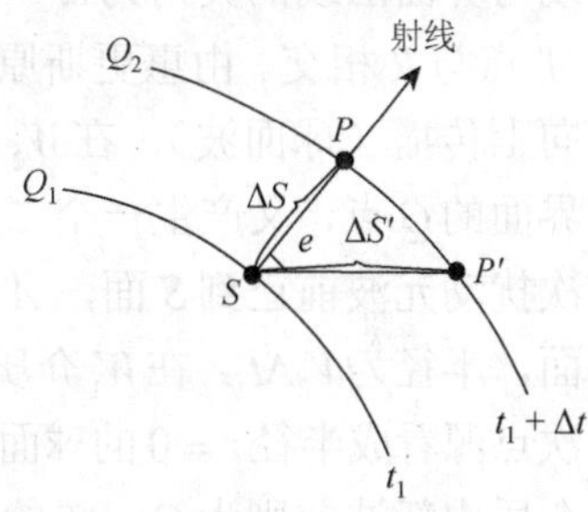

图 3.4-5　视速度定义示意图

$$V'' = \frac{\Delta S'}{\Delta t} \tag{3.4-11}$$

由于

$$\Delta S = \Delta S' \cos e \text{ 或 } \Delta S' = \frac{\Delta S}{\cos e} \tag{3.4-12}$$

则

$$V'' = \frac{\Delta S}{\Delta t} \cdot \frac{1}{\cos e} = \frac{V}{\cos e} \tag{3.4-13}$$

该式建立了真速度和视速度之间的关系，称为视速度定理。

视速度定理说明，当射线与水平面的夹角 $e = 0°$ 时（相当于波沿地表传播），$V'' = V$，此时视速度等于真速度；当 $e = 90°$ 时（相当于射线垂直地面），$V'' = \infty$，这时波同时达到两观测点，好像波以无穷大速度在传播一样；当 $0° < e < 90°$ 时，视速度总是大于真速度。

第 4 章　地震波的反射、透射和折射

前面讨论的是地震波在无限大、均匀各向同性介质中的传播特点，这仅是一种理论设想。在实际中，地下介质不可能是无限大的均匀介质，而只可能是局部均匀介质。假设有两层各自分别均匀的介质，两层介质之间就存在一个分界面，当分界面两边介质弹性参数不同时，称界面为弹性分界面。弹性波在传播中若遇到弹性分界面，波的动力学特征会进一步发生变化。对地震勘探来说，弹性分界面具有非常重要的实际意义，因为地震勘探所利用的波动，常常是同这些界面上的反射、透射和折射有关。本章以一个弹性分界面为例，讨论波在弹性分界面上的变化规律。

4.1　平面波的反射和透射

图 4.1-1 中，设 R 为一个弹性分界面，R 上部介质 W_1 的速度为 V_1、密度为 ρ_1，下部介质 W_2 的速度为 V_2、密度为 ρ_2。有一平面 P 波从 W_1 介质倾斜入射到界面 R，入射波射线与界面法线的夹角为 α。α 称为入射角，AB 为波前。在 t 时刻，波前由 AB 到达 $A'B'$，A' 点与 R 相交。由惠更斯原理可知，A' 点可看作一个二次新点源，在 W_1 介质中以 V_1 速度向上传播（球面波），在 W_2 介质中以 V_2 向下传播（球面波）。再经 Δt 时间，B' 点传播到界面的 Q 点，又产生一个二次新点源向介质四周传播。这时 A' 点在 W_1 介质中新产生的二次扰动元波前已到 S 面，A' 点到 S 面的半径为 $V_1\Delta t$，在 W_2 介质中的二次扰动元波前到 T 面，半径为 $V_2\Delta t$。在 W_1 介质中新波前应是二次点源产生的元波前的包络，若将 Q 点的二次点源看成半径 $r=0$ 的球面，则 W_1 介质中的新波前为 Q、S 的切线，射线为 c、d。在 W_2 介质中新波前则为 Q、T 的切线，射线为 e、f。

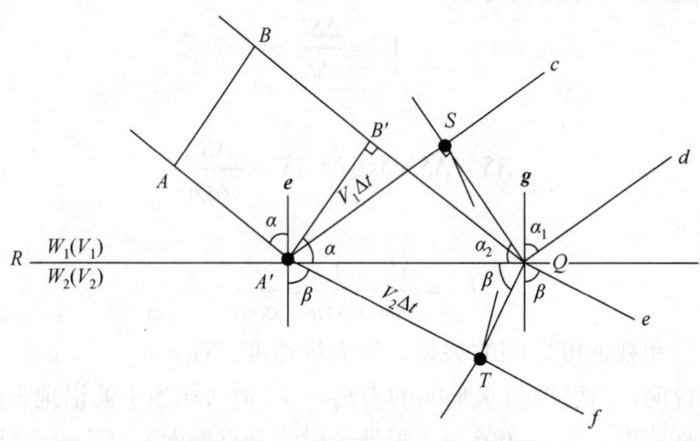

图 4.1-1　平面波的反射和透射

从图 4.1-1 中可以看出：

$$\begin{cases} A'S = B'Q = V_1\Delta t \\ \angle A'B'Q = \angle A'SQ = 90° \\ A'Q\text{共边} \end{cases} \tag{4.1-1}$$

因为

$$\triangle A'SQ \cong \triangle A'B'Q \tag{4.1-2}$$

$$\alpha = \alpha_1 \tag{4.1-3}$$

又

$$\begin{cases} B'Q = V_1\Delta t = A'Q\sin\alpha \\ A'T = V_2\Delta t = A'Q\sin\beta \end{cases} \tag{4.1-4}$$

根据式（4.1-4）可得

$$\frac{\sin\alpha_1}{V_1} = \frac{\sin\beta}{V_2} \tag{4.1-5}$$

再结合式（4.1-3），可写为

$$\frac{\sin\alpha}{V_1} = \frac{\sin\alpha_1}{V_1} = \frac{\sin\beta}{V_2} = P \tag{4.1-6}$$

在 W_1 介质中产生的新波前 QS，同入射波波前 $A'B'$ 在同一个介质内，称为反射波，反射波射线与界面法线的夹角 α_1 为反射角。在 W_2 介质中产生的新波前 QT 称为透射波，透射波射线与界面法线的夹角 β 为透射角。

式（4.1-6）称为斯涅尔（Snell）定律，P 称为射线参数。该式反映了在弹性分界面上入射波、反射波和透射波射线之间的角度关系。其中也称 $\frac{\sin\alpha}{V_1} = \frac{\sin\alpha_1}{V_1}$ 为反射定律，$\frac{\sin\alpha}{V_1} = \frac{\sin\beta}{V_2}$ 为折射定律。

如果界面两边速度分别为 V_{P_1}、V_{P_2}、V_{S_1}、V_{S_2}，包括不同波类（纵波和横波）的反射和透射，则斯涅尔定律可扩展写成：

$$\frac{\sin\alpha}{V_{P_1}} = \frac{\sin\alpha_1}{V_{P_1}} = \frac{\sin\alpha_2}{V_{S_1}} = \frac{\sin\beta_1}{V_{P_2}} = \frac{\sin\beta_2}{V_{S_2}} = P \tag{4.1-7}$$

式中，α_1、α_2 分别为纵波和横波的反射角；β_1、β_2 分别为纵波和横波的透射角。

4.2　弹性分界面波的转换和能量分配

当入射波遇到弹性分界面，波要产生反射、透射，反射角和透射角与入射角的关系均满足斯涅尔定律。这样弹性分界面使一个波变成了多个波，随之波的能量也要发生变化。这类问题属于弹性分界面上的动力学问题，也就是属于弹性波动方程的边界问题，即根据弹性分界面上的边界条件求解弹性波动方程，确定各种波之间的能量分配关系。

4.2.1　假设条件和边界条件

（1）设弹性分界面 R 两边的介质 W_1 和 W_2 都是均匀和各向同性的，它们的弹性系数和密度分别为 $\begin{cases} W_1: \lambda_1、\mu_1、\rho_1 \\ W_2: \lambda_2、\mu_2、\rho_2 \end{cases}$，并有一平面 P 波在 xOz 平面内入射到界面 R，入射角为 α。

（2）第一组边界条件——应力连续条件：根据作用力与反作用力的关系，在界面 R 上，W_1 介质域内的质点作用于 W_2 介质域质点的应力应该等于 W_2 介质域质点作用于 W_1 介质域质点的应力，即满足应力连续条件。

（3）第二组边界条件——位移连续条件：当应力在介质的弹性限度内时，W_1 介质和 W_2 介质在界面 R 上不会产生断裂和滑动，因此在界面上应满足质点位移连续的条件。

4.2.2　波的转换

假设弹性分界面两边的弹性系数不同，因此，在 W_1 介质和 W_2 介质中存在着 4 种不同的传播速度，它们分别是

$$\begin{cases} W_1: V_{\mathrm{P}_1} = \sqrt{\dfrac{\lambda_1 + 2\mu_1}{\rho_1}}, V_{\mathrm{S}_1} = \sqrt{\dfrac{\mu_1}{\rho_1}} \\ W_2: V_{\mathrm{P}_2} = \sqrt{\dfrac{\lambda_2 + 2\mu_2}{\rho_2}}, V_{\mathrm{S}_2} = \sqrt{\dfrac{\mu_2}{\rho_2}} \end{cases} \tag{4.2-1}$$

式中，V_{P_1}、V_{S_1} 分别为 W_1 介质中的纵、横波速度；V_{P_2}、V_{S_2} 分别为 W_2 介质中的纵、横波速度。

在 W_1 介质中 P 波以 α 的入射角倾斜入射到界面 R 的 O 点，在界面 R 上应有两个应力分量，即正应力和剪切应力，因而在界面 R 的 O 点将产生体积应变和剪切应变，将 O 点看作二次新点源，即有两种不同类型的波分别在 W_1 介质和 W_2 介质中传播，这些波的射线与界面法线夹角满足斯涅尔定律。所产生的 4 个波连同入射波可用图 4.2-1 表示。

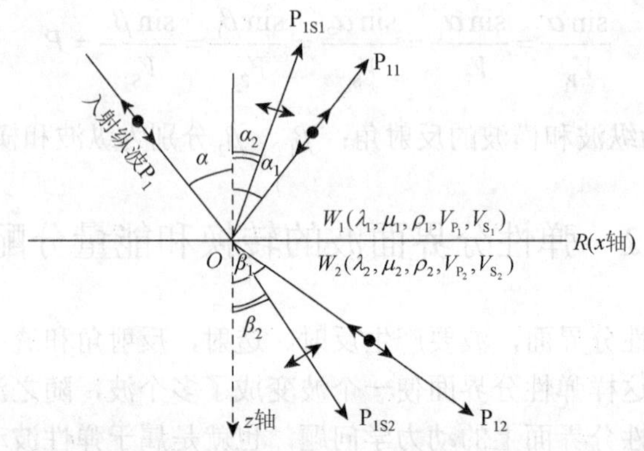

图 4.2-1　纵波入射时波转换示意图

图 4.2-1 中 P_1 表示入射纵波，入射角为 α；P_{11} 表示反射 P 波，反射角为 α_1；P_{1S1} 表示反射 S 波，反射角为 α_2；P_{12} 表示透射 P 波，透射角为 β_1；P_{1S2} 表示透射 S 波，透射角为 β_2。α、α_1、α_2、β_1、β_2 之间的关系满足式（4.1-7）。

地震勘探中定义：同入射波波形相同的波称为同类波，即 P_{11}、P_{12} 为 P_1 的同类波，常用 P-P 波表示；与入射波的波形不相同的波称为转换波，即 P_{1S1}、P_{1S2} 为 P_1 的转换波，常用 P-SV 波表示。如果入射波为 SV 波，同样道理，可有同类波 SV-SV 波，转换波 SV-P 波。对于 SH 波入射，当界面为水平界面，介质为各向同性介质时，不产生转换波。

4.2.3　各种波的能量分配关系

设入射波 P_1 为平面简谐纵波，则包括反射和透射纵、横波的 5 个波函数或位移矢量为

$$\begin{cases} \boldsymbol{U}_{P_1} = a \cdot \mathrm{e}^{\mathrm{i}\omega\left(t-\frac{r}{V_{P_1}}\right)}\boldsymbol{d} = a \cdot \mathrm{e}^{\mathrm{i}\omega\left(t-\frac{x\sin\alpha+z\cos\alpha}{V_{P_1}}\right)}\boldsymbol{d} \\ \boldsymbol{U}_{P_{11}} = a_{P_{11}} \cdot \mathrm{e}^{\mathrm{i}\omega\left(t-\frac{r}{V_{P_{11}}}\right)}\boldsymbol{d} = a_{P_{11}} \cdot \mathrm{e}^{\mathrm{i}\omega\left(t-\frac{x\sin\alpha_1-z\cos\alpha_1}{V_{P_1}}\right)}\boldsymbol{d} \\ \boldsymbol{U}_{P_{1S1}} = a_{P_{1S1}} \cdot \mathrm{e}^{\mathrm{i}\omega\left(t-\frac{r}{V_{S_1}}\right)}\boldsymbol{d} = a_{P_{1S1}} \cdot \mathrm{e}^{\mathrm{i}\omega\left(t-\frac{x\sin\alpha_2-z\cos\alpha_2}{V_{S_1}}\right)}\boldsymbol{d} \\ \boldsymbol{U}_{P_{12}} = b_{P_{12}} \cdot \mathrm{e}^{\mathrm{i}\omega\left(t-\frac{r}{V_{P_{12}}}\right)}\boldsymbol{d} = b_{P_{12}} \cdot \mathrm{e}^{\mathrm{i}\omega\left(t-\frac{x\sin\beta_1+z\cos\beta_1}{V_{P_{12}}}\right)}\boldsymbol{d} \\ \boldsymbol{U}_{P_{1S2}} = b_{P_{1S2}} \cdot \mathrm{e}^{\mathrm{i}\omega\left(t-\frac{r}{V_{S_2}}\right)}\boldsymbol{d} = b_{P_{1S2}} \cdot \mathrm{e}^{\mathrm{i}\omega\left(t-\frac{x\sin\beta_2+z\cos\beta_2}{V_{S_2}}\right)}\boldsymbol{d} \end{cases} \tag{4.2-2}$$

式中，a 为入射波 P_1 的振幅值；$a_{P_{11}}$ 为反射 P 波的振幅值；$a_{P_{1S1}}$ 为反射 S 波的振幅值；$b_{P_{12}}$ 为透射 P 波的振幅值；$b_{P_{1S2}}$ 为透射 S 波的振幅值；$\boldsymbol{d}$ 为单位矢量；r 为射线方向或波传播方向。r 用坐标表示则可写成 $r = \pm x\sin\alpha \pm z\sin\alpha$，式中正负号的确定方法为 r 的 x 分量沿 x 轴增大为正，反之为负；r 的 z 分量沿 z 轴增大为正，反之为负。

由 P 波和 S 波的质点振动特性可知，P 波的质点位移方向与射线方向相同，而 S 波的质点位移方向与射线方向垂直，如图 4.2-2 所示。由此可得 5 个位移矢量各自在 x、z 方向的位移分量 $\boldsymbol{U}$ 和 $\boldsymbol{W}$ 为

$$\begin{cases} \boldsymbol{U}_{P_1} = \boldsymbol{U}_{P_1}\sin\alpha, \boldsymbol{W}_{P_1} = \boldsymbol{U}_{P_1}\cos\alpha \\ \boldsymbol{U}_{P_{11}} = \boldsymbol{U}_{P_{11}}\sin\alpha_1, \boldsymbol{W}_{P_{11}} = -\boldsymbol{U}_{P_{11}}\cos\alpha_1 \\ \boldsymbol{U}_{P_{1S1}} = \boldsymbol{U}_{P_{1S1}}\sin\alpha_2, \boldsymbol{W}_{P_{1S1}} = \boldsymbol{U}_{P_{1S1}}\cos\alpha_2 \\ \boldsymbol{U}_{P_{12}} = \boldsymbol{U}_{P_{12}}\sin\beta_1, \boldsymbol{W}_{P_{12}} = \boldsymbol{U}_{P_{12}}\cos\beta_1 \\ \boldsymbol{U}_{P_{1S2}} = \boldsymbol{U}_{P_{1S2}}\sin\beta_2, \boldsymbol{W}_{P_{1S2}} = -\boldsymbol{U}_{P_{1S2}}\cos\beta_2 \end{cases} \tag{4.2-3}$$

将位移分量代入位移边界条件：

$$\begin{cases} \boldsymbol{U}_{1R} = \boldsymbol{U}_{P_1} + \boldsymbol{U}_{P_{11}} + \boldsymbol{U}_{P_{1S1}} = \boldsymbol{U}_{P_{12}} + \boldsymbol{U}_{P_{1S2}} = \boldsymbol{U}_{2R} \\ \boldsymbol{W}_{1R} = \boldsymbol{W}_{P_1} + \boldsymbol{W}_{P_{11}} + \boldsymbol{W}_{P_{1S1}} = \boldsymbol{W}_{P_{12}} + \boldsymbol{W}_{P_{1S2}} = \boldsymbol{W}_{2R} \end{cases} \tag{4.2-4}$$

及应力边界条件：

$$\begin{cases} \lambda_1\left(\dfrac{\partial \boldsymbol{U}_{1R}}{\partial x}+\dfrac{\partial \boldsymbol{W}_{1R}}{\partial z}\right)+2\mu_1\dfrac{\partial \boldsymbol{W}_{1R}}{\partial z}=\lambda_2\left(\dfrac{\partial \boldsymbol{U}_{2R}}{\partial x}+\dfrac{\partial \boldsymbol{W}_{2R}}{\partial z}\right)+2\mu_2\dfrac{\partial \boldsymbol{W}_{2R}}{\partial z} \\ \mu_1\left(\dfrac{\partial \boldsymbol{U}_{1R}}{\partial z}+\dfrac{\partial \boldsymbol{W}_{1R}}{\partial x}\right)=\mu_2\left(\dfrac{\partial \boldsymbol{U}_{2R}}{\partial z}+\dfrac{\partial \boldsymbol{W}_{2R}}{\partial x}\right) \end{cases} \tag{4.2-5}$$

式中，$\boldsymbol{U}_{1R}$、$\boldsymbol{W}_{1R}$ 为 W_1 介质在界面上沿 x、z 方向的总位移分量；$\boldsymbol{U}_{2R}$、$\boldsymbol{W}_{2R}$ 为 W_2 介质在界面上沿 x、z 方向的总位移分量。

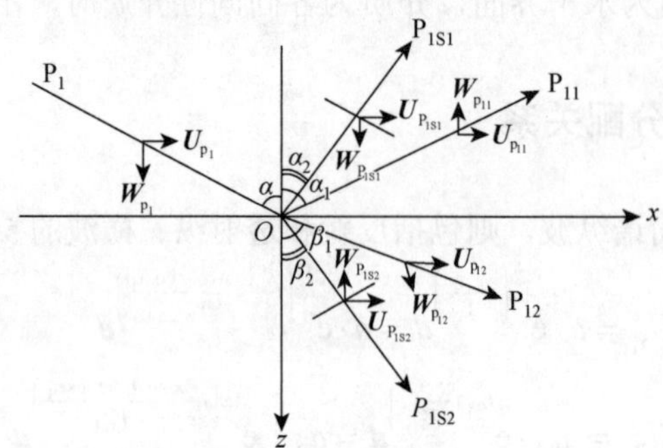

图 4.2-2　位移矢量示意图

求解以上方程组，可得几种波在界面 R（$Z=0$ 为界面）上 O 点所满足的能量矩阵方程：

$$\begin{bmatrix} \sin\alpha_1 & \cos\alpha_2 & -\sin\beta_1 & -\cos\beta_2 \\ \cos\alpha_1 & -\sin\alpha_2 & \cos\beta_1 & -\sin\beta_2 \\ \sin 2\alpha_1 & \dfrac{V_{\mathrm{P}_1}}{V_{\mathrm{S}_1}}\cos 2\alpha_2 & \dfrac{\rho_2}{\rho_1}\dfrac{V_{\mathrm{S}_2}^2}{V_{\mathrm{S}_1}^2}\dfrac{V_{\mathrm{P}_1}}{V_{\mathrm{P}_2}}\sin 2\beta_1 & \dfrac{\rho_2}{\rho_1}\dfrac{V_{\mathrm{S}_2}V_{\mathrm{P}_1}}{V_{\mathrm{S}_1}^2}\cos 2\beta_2 \\ \cos 2\alpha_2 & -\dfrac{V_{\mathrm{S}_1}}{V_{\mathrm{P}_1}}\sin 2\alpha_2 & -\dfrac{\rho_2}{\rho_1}\dfrac{V_{\mathrm{P}_2}}{V_{\mathrm{P}_1}}\cos 2\beta_2 & \dfrac{\rho_2}{\rho_1}\dfrac{V_{\mathrm{S}_2}}{V_{\mathrm{P}_1}}\sin 2\beta_2 \end{bmatrix} \begin{bmatrix} A_{\mathrm{PP}} \\ A_{\mathrm{PS}} \\ B_{\mathrm{PP}} \\ B_{\mathrm{PS}} \end{bmatrix} = \begin{bmatrix} -\sin\alpha_1 \\ \cos\alpha_1 \\ \sin 2\alpha_1 \\ -\cos 2\alpha_2 \end{bmatrix} \tag{4.2-6}$$

式中，$A_{\mathrm{PP}}=\dfrac{a_{\mathrm{P}_{11}}}{a}$ 为反射 P 波（P_{11}）的反射系数；$A_{\mathrm{PS}}=\dfrac{a_{\mathrm{P}_{1S1}}}{a}$ 为反射 S 波（P_{1S1}）的反射系数；$B_{\mathrm{PP}}=\dfrac{b_{\mathrm{P}_{12}}}{a}$ 为透射 P 波（P_{12}）的透射系数；$B_{\mathrm{PS}}=\dfrac{b_{\mathrm{P}_{1S2}}}{a}$ 为透射 S 波（P_{1S2}）的透射系数。

式（4.2-6）也称为策普里兹（Zoeppritz）方程，它表示了反射纵波、反射横波、透射纵波和透射横波之间的能量分配关系。只要知道地层弹性参数、入射波振幅及入射角 α，求解式（4.2-6），则可求得 4 个波的振幅系数。

同样，当 SV 波入射时，可用以上类似方法得到反射 SV-SV 波、SV-P 波和透射 SV-SV 波、SV-P 波的振幅系数所满足的线性方程组。

当 SH 波入射时，只产生反射 SH-SH 波和透射 SH-SH 波，所得到的振幅系数公式是一个二阶线性方程组。

当入射角 $\alpha=0°$ 时，称为法线（垂直）入射，即入射波射线与界面法线平行或射线垂直界面 R。按斯涅尔定律，有 $\alpha=\alpha_1=\alpha_2=\beta_1=\beta_2=0°$，则方程式（4.2-6）变为

$$\begin{cases} A_{PS} - B_{PS} = 0 \\ A_{PP} + B_{PP} = 1 \\ A_{PS} + B_{PS} \dfrac{\rho_2}{\rho_1} \dfrac{V_{S_2}}{V_{S_1}} = 0 \\ A_{PP} - B_{PP} \dfrac{\rho_2}{\rho_1} \dfrac{V_{P_2}}{V_{P_1}} = -1 \end{cases} \tag{4.2-7}$$

解得

$$\begin{cases} A_{PS} = B_{PS} = 0 \\ A_{PP} = \dfrac{\rho_2 V_{P_2} - \rho_1 V_{P_1}}{\rho_2 V_{P_2} + \rho_1 V_{P_1}} \\ B_{PP} = \dfrac{2\rho_1 V_{P_1}}{\rho_2 V_{P_2} + \rho_1 V_{P_1}} \end{cases} \tag{4.2-8}$$

式（4.2-8）称为垂直入射时的反射系数和透射系数公式，由式（4.2-8）可得以下结论。

（1）当 $\alpha = 0°$ 时，$A_{PS} = B_{PS} = 0$，不产生转换波。

（2）令 $z = \rho V$（称为波阻抗），垂直入射时反射波 P_{11} 存在的物理条件是 $z_1 \neq z_2$，即界面 R 两边地层的波阻抗不相等（故反射界面也称为波阻抗界面），通常垂直反射系数为 $R_i = \dfrac{z_{i+1} - z_i}{z_{i+1} + z_i}$。

（3）当 $\rho_2 V_{P_2} > \rho_1 V_{P_1}$ 时，$A_{PP} > 0$，表示入射波与反射波相位一致。

（4）当 $\rho_2 V_{P_2} < \rho_1 V_{P_1}$ 时，$A_{PP} < 0$，表示入射波与反射波相位差 180°，称此现象为半波损失。

（5）当 $B_{PP} > 0$ 时，$B_{PP} = 1 - A_{PP}$，说明透射系数总是大于零，透射总是存在的。

4.2.4　策普里兹方程的近似表达式与适用性

策普里兹方程完整地表述了平面波反射系数与入射角的关系，但其方程组解析解的表达式十分复杂，很难直接分析介质参数对振幅系数的影响。为了明确地表达反射系数与弹性系数的关系，不同的专家利用近似解的方式导出不同的、简化了的策普里兹方程。

由于策普里兹方程比较复杂，不能解出四种波动的振幅与有关参数明确的函数关系，许多学者对策普里兹方程的解析解进行了不同形式的简化。Koefoed（1955，1962）将原来的 7 个独立变量简化为 5 个独立变量。Bortfeld（1961）详细论述了垂直入射的平面纵波反射系数近似计算方法，并给出了区分流体和固体的简化公式。Richards 和 Frasier（1976）在假设相邻地层介质弹性参数变化较小的情况下对策普里兹方程进行了近似表示，给出了以速度和密度相对变化表示的较为简单直观且精度较好的反射系数和透射系数的近似表达式。1980 年，阿基和理查兹（Aki 和 Richards）在经典专著 *Quantitative Seismology*：*Theory and Methods*（《定量地震学：理论与方法》）中对 Richards 和弗雷泽（Frasier）近似方法进行了综合整理，给出了 Aki 近似公式，这也是目前人们将 Richards

和 Frasier 近似称为 Aki 和 Richards 近似（公式）的原因。在他们研究的基础上，许多学者分别从不同角度给出了各种近似形式。其中，Shuey（1985）给出了突出泊松比的相对反射系数近似表达形式；Smith 和 Gidlow（1987）提出了在假设介质速度和密度满足经验公式条件下的加权叠加分析方法并给出了近似式；Hilterman 等（1999）在舒伊（Shuey）近似方程的基础上给出了突出泊松比的另一种近似；郑晓东（1991）、杨绍国和周熙襄（1994）等利用幂级数对策普里兹方程进行了近似表示，给出了物理意义明确的反射系数近似公式；Mallick（1993）给出了用射线参数表示的反射系数近似形式；Fatti 等（1994）给出了以相对波阻抗变化表示的近似方法；Xu 和 Bancroft（1998）给出了直接利用拉梅常数和剪切模量表示的反射系数近似方法；Gray（1999）利用体积模量、拉梅常数和剪切模量的相对变化量对 Richards 近似公式进行了变换，给出了一种与之不同的表达形式。目前流行的近似公式有多种形式，其精度无太大的差异，它们从不同的侧面描述反射系数随入射角变化的特征，并分别适用于不同的情况。不同的近似公式，其背景情况、假设条件、公式形式和参数含义、适用性及应用效果等方面稍有差别。

反射波法地震勘探主要使用产生纵波的震源，接收反射纵波时，上面的公式可以大大地简化，即只考虑平面纵波入射产生的反射纵波振幅随入射角的变化情况。一方面可以减少计算工作量，另一方面更有利于 AVO（amplitude variation with offset，振幅随偏移距变化）技术的研究和应用。下面主要介绍几种重要的简化式子。

1. Bortfeld 简化式

1961 年，博特费尔德（Bortfeld）将策普里兹方程简化为可以区分流体和固体，其简化式为

$$A_{\mathrm{PR}}(\alpha) \cong \frac{1}{2}\ln\left(\frac{V_{\mathrm{P}_2}\cdot\rho_2\cdot\cos\alpha_1}{V_{\mathrm{P}_1}\cdot\rho_1\cdot\cos\alpha_2}\right)+\left(\frac{\sin\alpha_1}{V_{\mathrm{P}_1}}\right)^2\cdot(V_{\mathrm{S}_1}^2-V_{\mathrm{S}_2}^2)\cdot\left[2+\frac{\ln(\rho_1/\rho_2)}{\ln\left(\frac{V_{\mathrm{P}_2}}{V_{\mathrm{P}_1}}\right)-\ln\left(\frac{V_{\mathrm{P}_2}\cdot V_{\mathrm{S}_2}}{V_{\mathrm{P}_1}\cdot V_{\mathrm{S}_1}}\right)}\right] \tag{4.2-9}$$

希尔特曼（Hilterman）在 1983 年修改了 Bortfeld 的公式，给出的反射振幅的近似表达式为

$$\begin{aligned} A_{\mathrm{PR}}(\alpha) \cong & \frac{V_{\mathrm{P}_2}\cdot\rho_2\cdot\cos\alpha_1-V_{\mathrm{P}_1}\cdot\rho_1\cdot\cos\alpha_2}{V_{\mathrm{P}_2}\cdot\rho_2\cdot\cos\alpha_1+V_{\mathrm{P}_1}\cdot\rho_1\cdot\cos\alpha_2} \\ & +\left(\frac{\sin\alpha_1}{V_{\mathrm{P}_1}}\right)^2\cdot(V_{\mathrm{S}_1}+V_{\mathrm{S}_2})\cdot\left[3(V_{\mathrm{S}_1}-V_{\mathrm{S}_2})+2\left(\frac{V_{\mathrm{S}_2}\rho_1-V_{\mathrm{S}_1}\rho_2}{\rho_1+\rho_2}\right)\right] \end{aligned} \tag{4.2-10}$$

上面的式子有两个特点。

（1）第一项只包含纵波速度和密度，不包含横波速度，第二项则包含了纵、横波速度和密度。一般在流体中不产生剪切应力和应变，因此可以把第一项称为流体因子，第二项称为刚性因子。

（2）当沿法线方向（$\alpha=0°$）入射时，反射振幅完全由波阻抗差决定。如果假设两层介质的密度相同，即 $\rho_1=\rho_2$，则可以得到更简单的结果：

$$A_{\mathrm{PR}}(\alpha) \cong \frac{V_{\mathrm{P}_2} \cdot \cos\alpha_1 - V_{\mathrm{P}_1} \cdot \cos\alpha_2}{V_{\mathrm{P}_2} \cdot \cos\alpha_1 + V_{\mathrm{P}_1} \cdot \cos\alpha_2} + \left(\frac{\sin\alpha_1}{V_{\mathrm{P}_1}}\right)^2 \cdot (V_{\mathrm{S}_1}^2 - V_{\mathrm{S}_2}^2) \tag{4.2-11}$$

一般情况下，当入射角小于 50°时，该式是精确的。

2. Aki 和 Richards 简化式

1955 年，科福德（Koefoed）第一次给出了将泊松比与反射系数直接联系起来的策普里兹近似方程，他用 17 组纵波速度、密度和泊松比参数，较为详细地研究了泊松比对两个各向同性介质之间反射/折射面产生的反射系数的影响，最大入射角达到 30°。在此基础上，Aki 和 Richards 在 1980 年进一步研究了泊松比对反射系数的影响，并对策普里兹方程作了进一步的简化。Richards 等认为，在大多数地下介质中，相邻两层介质的弹性参数变化较小，因此 $\Delta V_{\mathrm{P}} / V_{\mathrm{P}}$、$\Delta V_{\mathrm{S}} / V_{\mathrm{S}}$ 和 $\Delta\rho / \rho$ 与其他值比较均为小值，则纵波的反射振幅的表达式可写为

$$R(\alpha) \approx \frac{1}{2}\left(1 - 4 \cdot \frac{V_{\mathrm{S}}^2}{V_{\mathrm{P}}^2} \cdot \sin^2\alpha\right)\frac{\Delta\rho}{\rho} + \frac{\sec^2\alpha}{2} \cdot \frac{\Delta V_{\mathrm{P}}}{V_{\mathrm{P}}} - \sin^2\alpha \cdot \frac{\Delta V_{\mathrm{S}}}{V_{\mathrm{S}}} \tag{4.2-12}$$

式中假设：$V_{\mathrm{P}} = (V_{\mathrm{P}_1} + V_{\mathrm{P}_2}) / 2$ 为平均纵波速度；$\Delta V_{\mathrm{P}} = V_{\mathrm{P}_2} - V_{\mathrm{P}_1}$ 为纵波的速度差；$V_{\mathrm{S}} = (V_{\mathrm{S}_1} + V_{\mathrm{S}_2}) / 2$ 为平均横波速度；$\Delta V_{\mathrm{S}} = V_{\mathrm{S}_2} - V_{\mathrm{S}_1}$ 为横波的速度差；$\rho = (\rho_1 + \rho_2) / 2$ 为平均密度；$\alpha = (\alpha_1 + \alpha_2) / 2$ 为反射角和透射角的平均值，大多数情况下认为反射角和透射角近似相等。

为了将反射振幅与泊松比联系起来，用泊松比 σ 代替横波速度 V_{S}，$\sigma = (\sigma_1 + \sigma_2) / 2$ 为平均泊松比，$\Delta\sigma = (\sigma_2 - \sigma_1)$ 为泊松比差，那么有

$$V_{\mathrm{S}} = V_{\mathrm{P}}\sqrt{\frac{1 - 2\sigma}{2(1 - \sigma)}} \tag{4.2-13}$$

这样就成了突出泊松比的简化式。

3. Shuey 简化式

1985 年，Shuey 进一步研究了泊松比对反射系数的影响，并对策普里兹近似方程作了进一步的简化。Shuey 给出的简化公式是目前人们使用最多的策普里兹近似方程。根据该方程，在实际地震资料处理中形成了一整套深受解释人员欢迎的 AVO 属性剖面，促进了 AVO 技术在油气勘探中的应用。Shuey 认为研究绝对振幅涉及的问题远比研究相对振幅复杂，于是给出了另外一个策普里兹方程的简化式：

$$R(\alpha) / R_0 \approx 1 + A\sin^2\alpha + B(\tan^2\alpha - \sin^2\alpha) \tag{4.2-14}$$

其中，

$$R_0 \approx \frac{1}{2}\left(\frac{\Delta V_{\mathrm{P}}}{V_{\mathrm{P}}} + \frac{\Delta\rho}{\rho}\right), \quad A = A_0 + \frac{1}{(1 - \sigma)^2} \cdot \frac{\Delta\sigma}{R_0}$$

$$A_0 = B - 2(1 + B)\frac{1 - 2\sigma}{1 - \sigma}, \quad B = \frac{\Delta V_{\mathrm{P}} / V_{\mathrm{P}}}{\Delta V_{\mathrm{P}} / V_{\mathrm{P}} + \Delta\rho / \rho}$$

Shuey 近似公式中的 α 为入射角（认为入射角和透射角近似相等），当 α 在一个范围

内连续变化时，弹性界面两边介质的弹性参数的中和影响是有效的。研究表明：当入射角α为0°～30°时，函数$\tan^2\alpha-\sin^2\alpha$趋近于零，即可以认为Shuey近似公式右边第三项对反射系数没有影响，此时的近似公式即为Shuey线性近似方程；当入射角α大于30°时，第三项对反射系数起主导作用。

要研究绝对振幅只需将式（4.2-14）乘以R_0，就得到了以绝对振幅表示的策普里兹方程的近似方程：

$$R(\alpha)\approx R_0+\left[A_0R_0+\frac{\Delta\sigma}{(1-\sigma)^2}\right]\sin^2\alpha+\frac{1}{2}\frac{\Delta V_{\mathrm{P}}}{V_{\mathrm{P}}}(\tan^2\alpha-\sin^2\alpha) \tag{4.2-15}$$

由严格的策普里兹方程导出的简化方程，精度必然受到影响。对各种简化方程与策普里兹方程的比较分析得到，Aki 和 Richards 简化式与 Shuey 二阶简化式在入射角小于80°时，与策普里兹方程计算得到的反射系数（图 4.2-3）误差不大，在正常的地震勘探范围内，完全可以代替策普里兹方程。在入射角小于 30°的情况下，Shuey 线性近似方程计算的反射系数也是完全满足精度要求的。图 4.2-4 是 3 种近似方程计算的反射系数与策普里兹方程计算结果的对比。从图中可以看出，一般情况下，入射角在 30°以内时 3 种近似方程的结果均非常好，入射角大于 30°后 Shuey 线性近似方程计算反射系数的误差就越来越大；中等角度和稍偏大角度（30°至临界角前）时，Shuey 近似方程与 Aki-Richards 近似方程均能满足一般精度，可以代替策普里兹方程；临界角前后或大于临界角时，几种近似方程与策普里兹方程存在较大差异，不能代替策普里兹方程。

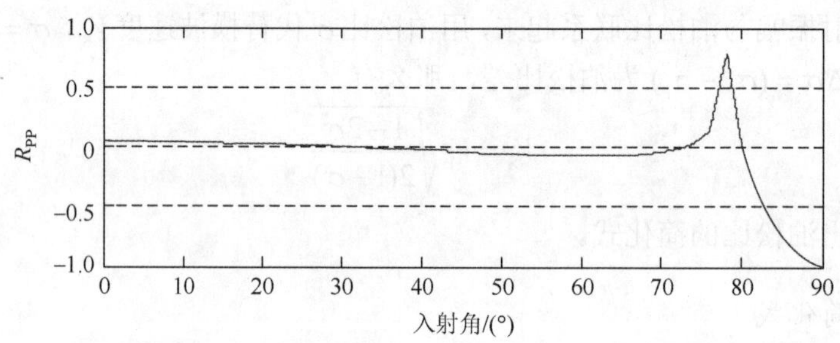

图 4.2-3　由策普里兹方程计算得到的反射系数（入射角从 0°到 90°，临界角为 78°）

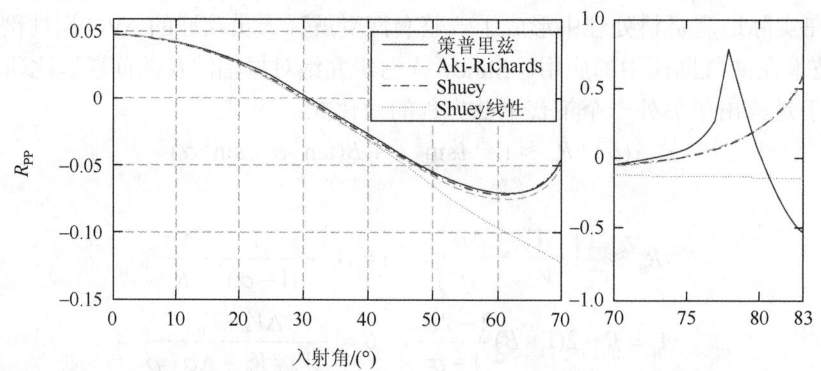

图 4.2-4　不同近似方程计算 P-P 波反射系数（入射角从 0°到 83°，临界角为 78°）

4.3　球面波的折射、反射及透射

对某一平面波而言，是以恒定的 α 角入射到界面的，而球面波入射到平直界面时，入射角 α 是变化的，因此可将球面波看作不同入射角的平面波。首先讨论球面波入射时的折射波形成及传播特点，然后讨论反射波及透射波振幅系数随入射角 α 变化的规律。

4.3.1　折射波的形成及传播特点

当球面波入射到界面时，入射角 α 在 0°～90°变化，由斯涅尔定律：

$$\sin\alpha = \frac{V_{P_1}}{V_{P_2}}\sin\beta_1 \text{ 或 } \sin\beta_1 = \frac{V_{P_2}}{V_{P_1}}\sin\alpha$$

在 $V_{P_1} < V_{P_2}$ 的条件下，透射角 β_1 随入射角 α 的增大而增大，随着 α 的变化，β_1 会出现以下 3 种情况。

（1）当 $\alpha = i_{PP}$ 时，有 $\beta_1 = \frac{\pi}{2}$，则有

$$\begin{cases} \sin i_{PP} = \dfrac{V_{P_1}}{V_{P_2}} \\ i_{PP} = \arcsin\dfrac{V_{P_1}}{V_{P_2}} \end{cases} \tag{4.3-1}$$

这时透射波在 W_2 介质中沿界面 R 滑行，波前垂直界面 R，没有透射波在 W_2 介质中向下传播，称这种现象为全反射，角度 i_{PP} 称为临界角。

（2）当 $\alpha = i_{PP}$ 时，$\beta_1 < \frac{\pi}{2}$ 属于正常透射情况。

（3）当 $\alpha > i_{PP}$ 时，$\sin\beta_1 > 1$（或 $\beta_1 > \frac{\pi}{2}$），数学上不成立，但可由

$$\begin{cases} \cos\beta_1 = \sqrt{1-\sin^2\beta_1} = \pm \mathrm{i}m \\ m = \sqrt{\left(\dfrac{V_{P_2}}{V_{P_1}}\sin\alpha\right)^2 - 1} \end{cases} \tag{4.3-2}$$

加以变换，然后将该关系式代入透射 P 波（P_{12}）位移矢量 $\boldsymbol{U}_{P_{12}}$，便可得

$$\boldsymbol{U}_{P_{12}} = a \cdot B_{PP} \mathrm{e}^{\mp kmz} \mathrm{e}^{\mathrm{i}(\omega t - kx\sin\beta_1)} \boldsymbol{d} \tag{4.3-3}$$

由于 $\cos\beta_1$ 为虚数，故 B_{PP} 也应为复数，即可写为

$$B_{PP} = |B_{PP}| \mathrm{e}^{\mathrm{i}\varphi} \tag{4.3-4}$$

得

$$\boldsymbol{U}_{P_{12}} = a|B_{PP}|\mathrm{e}^{-kmz} \cdot \mathrm{e}^{\mathrm{i}\left(\omega t - \frac{\omega x \sin\beta_1}{V_{P_2}} + \varphi\right)} \boldsymbol{d} \tag{4.3-5}$$

式中，$k=\dfrac{\omega}{V_{P_2}}$。

分析式（4.3-5），可得以下结论。

（1）振幅项中因子e^{-kmz}表示振幅随深度z呈指数衰减，因此，此时透射波是在靠近界面的一薄层内传播。

（2）传播项因子$e^{i\left(\omega t-\frac{\omega x\sin\beta_1}{V_{P_2}}+\varphi\right)}$中，$\dfrac{x}{V_{P_2}}$表示$P_{12}$波是以$V_{P_2}$的速度沿$x$方向传播，即沿界面传播。传播项因子中$+\varphi$表示相位超前$\varphi$角。这些说明透射波已变成在$W_2$介质中沿界面传播的滑行波，而且波前脱离入射波和反射波而产生超前运动。按照波前为等时面，等时面为封闭面的概念，在两波前脱离带必然有一新的扰动来填补，新扰动波前一端与反射波波前相连，一端与滑行波波前相连，这个新扰动就为折射波，由于它先于反射波到达地面，也称为首波、初至波。折射波的射线为一系列角度为i_{PP}的平行线。折射波的产生也可用惠更斯原理解释。折射波的产生及射线、波前与反射波的关系如图 4.3-1 所示。

（3）折射波产生条件（Ⅰ）：$V_{P_2}>V_{P_1}$。因此称折射界面为速度界面。

（4）折射波产生条件（Ⅱ）：$\alpha\geqslant i_{PP}$，当$\alpha<i_{PP}$时不能产生折射波。如图 4.3-2 所示，接收不到折射波的O-B区为盲区，B点为临界点。

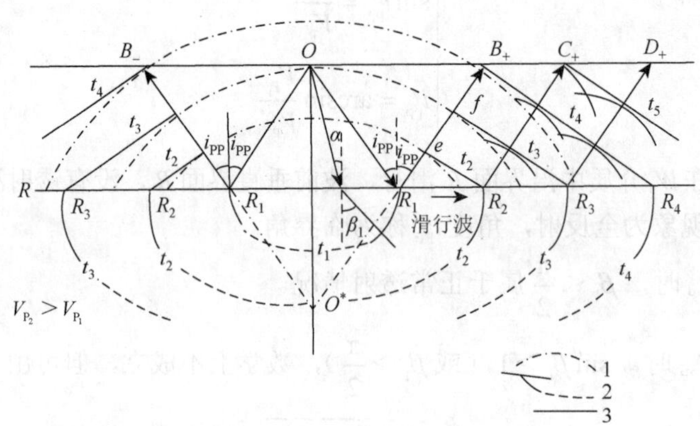

图 4.3-1　折射波形成示意图

1-折射波的波前；2-滑行波的波前；3-射线

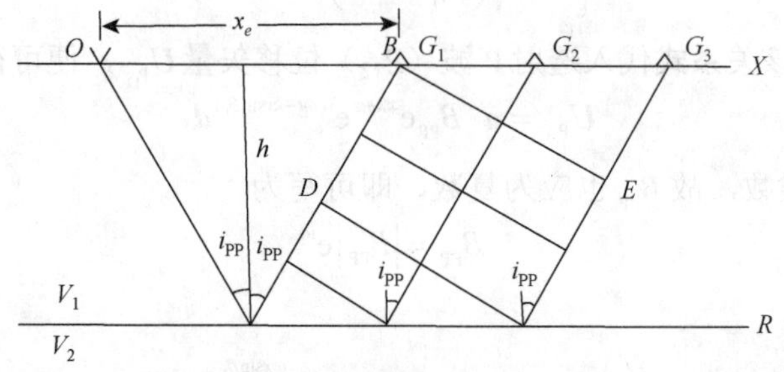

图 4.3-2　折射波的射线及盲区示意图

（5）当$V_{P_2} \gg V_{P_1}$时，i_{PP}较小，在折射层能量几乎全部返回地面，无能量透射下去，形成屏蔽现象。

（6）当$V_{S_2} > V_{S_1}$，$\alpha \geqslant i_{SS}$时，同样可产生折射横波。

4.3.2 反射及透射振幅与入射角的关系曲线

当球面波入射到界面时，入射角可由0°变化到接近90°，除在入射角大于临界角时，透射波变成滑行波并产生折射波外，其他的反射、透射及波形转换均仍按平面波中讨论的规律进行。因此对某一固定的入射角，在已知地层弹性参数的情况下，经求解式（4.2-6），可得各反射及透射波振幅系数，改变入射角依次计算可得各种波振幅随入射角的变化曲线，称其为地震波振幅随入射角变化（amplitude versus angle，AVA）曲线。下面以两种不同的地层模型参数的 AVA 曲线，说明几种波振幅随入射角的变化情况。

（1）当上层介质为密介质，下层介质为疏介质，即$V_{P_1} > V_{P_2}$、$\rho_1 > \rho_2$，P 波从上层介质入射到界面的情况。设$\dfrac{V_{P_2}}{V_{P_1}} = 0.5$，$\dfrac{\rho_2}{\rho_1} = 0.8$，泊松比$\upsilon_1 = 0.3$、$\upsilon_2 = 0.5$时，振幅系数随入射角$\alpha$的变化曲线如图 4.3-3 所示。由图中振幅系数曲线的变化规律可见，在$\alpha < 20°$区段，入射波能量主要分布在非转换波P_{11}和P_{12}上，转换波P_{1S1}、P_{1S2}的振幅很小，$\alpha = 0°$时，P_{1S1}和P_{1S2}的振幅为零。在$20° < \alpha < 56°$区段，P_{11}和P_{12}的振幅开始下降，P_{1S1}、P_{1S2}的振幅上升，甚至P_{1S1}和P_{1S2}的幅值大于P_{11}的幅值。在$56° < \alpha < 68°$区段，P_{12}的幅值继续下降，P_{11}的幅值开始上升，反射 S 波P_{1S1}的幅值仍大于反射 P 波P_{11}的幅值。在$\alpha > 68°$区段，P_{12}的幅值急剧下降，P_{11}的幅值很快上升，该段称为广角反射；S 波能量逐渐下降。

以上曲线说明，反射波振幅随入射角的变化是有规律的，在生产中不同的反射波要在不同区段才能接收到最强的有效信号。当然请注意，不同类型的地质模型，AVA 曲线变化规律是不一样的，利用这一点也可以由 AVA 曲线反演地层参数。

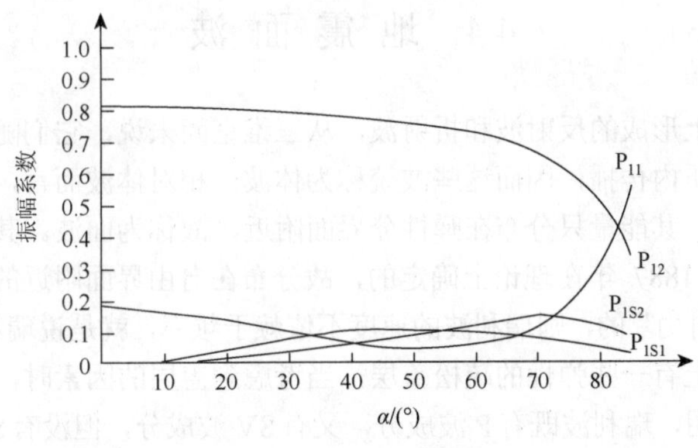

图 4.3-3 模型 I AVA 曲线

（2）当上层介质为疏介质，下层介质为密介质，即$V_{P_2} > V_{P_1}$，P 波从上层介质入射到界面的情况。设 $\frac{V_{P_2}}{V_{P_1}}=2.0$，$\frac{\rho_2}{\rho_1}=0.5$，泊松比 $\upsilon_1=0.3$、$\upsilon_2=0.25$ 时，各波振幅系数随入射角 α 的变化曲线如图 4.3-4 所示。由图可见，在 $\alpha<10°$ 时，能量分布在 P_{12} 上，无反射波 P_{11}，也无 P_{1S1}。随着 α 的增大，P_{12} 能量下降，P_{1S2} 能量上升。在 $\alpha=30°$ 时，P_{12} 能量下降为零，P_{11} 出现，P_{1S1}、P_{1S2} 能量上升。$\alpha=30°$ 为 P 波临界角。当 $\alpha>30°$ 时，P_{11} 能量上升，P_{1S1}、P_{1S2} 能量下降。当 $\alpha=60°$ 时，P_{1S2} 能量下降为零，而 P_{1S1} 能量开始上升，$\alpha=60°$ 为 S 波临界角。比较图 4.3-3 和图 4.3-4 可见，不同地质模型的 AVA 曲线变化很大，这一点也说明了 AVA 曲线的复杂性。

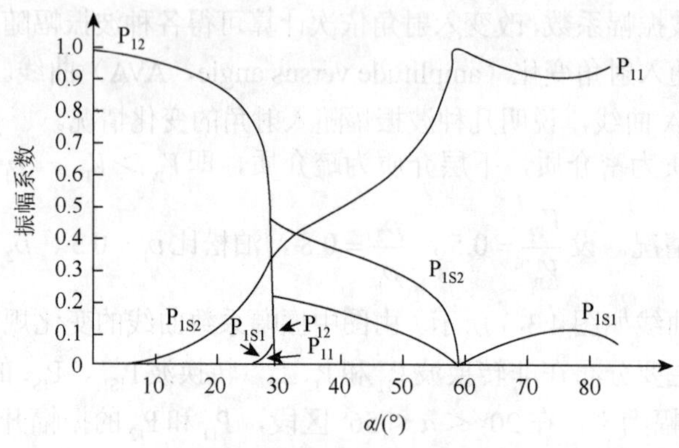

图 4.3-4　模型Ⅱ AVA 曲线

注：P_{1S1} 与 P_{11} 曲线部分重合

在描述以上两个地质模型时，两个主要地层参数就是速度 V 和密度 ρ。通过理论模型计算可知，引起 AVA 曲线剧烈变化的主要因素是速度参数 V，而密度 ρ 的变化对 AVA 曲线的影响相对速度 V 对 AVA 曲线的影响小得多。

4.4　地 震 面 波

在弹性分界面上形成的反射波和折射波，从三维空间来说，它们随着时间的推移，在整个弹性空间的介质内传播，因而这些波统称为体波。相对体波而言，在弹性分界面附近还存在着一类波动，其能量只分布在弹性分界面附近，故称为面波。其是由英国学者瑞利（Rayleigh）首先于 1887 年在理论上确定的，故分布在自由界面附近的面波称为瑞利波。如果表面是完全“自由”的，则瑞利波的速度不依赖于频率，就是说瑞利波没有频散现象，但是如果介质表面上有一些弹性的疏松盖层，当考虑到盖层的因素时，所求得的瑞利波是有频散的。计算表明，瑞利波既有 P 波成分，又有 SV 波成分，但没有 SH 波成分。如果介质表面上有一个弹性的低波速的覆盖层，则覆盖层内部和该层与下面介质的分界面上可能出现 SH 波，这种波叫勒夫（Love）波。另外，在深部两个均匀弹性层之间还存在类似瑞利波的面波，称为斯通莱（Stoneley）波。勒夫波和斯通莱波均有频散现象。在地震勘探中，一般将面波当作干扰波对待，但面波也可利用，称为面波勘探。在地面地震勘探中，人们接收到的主要是瑞利波，所以本节主要讨论瑞利波。

4.4.1　瑞利波的形成及传播特点

瑞利波存在的物理模型是一个半无限弹性空间，空间内充满着弹性系数为 λ 和 μ 、密度为 ρ 的介质，其上面为空气。令 xOy 平面与自由面重合，z 轴垂直自由面向下。为简便起见，仅讨论 xOy 平面内的二维问题（图 4.4-1）。由于瑞利波只存在于自由表面附近且沿 x 轴方向传播，因此研究发现，它是由两个分量（P 、SV）组成的沿 x 轴传播且振幅沿 z 轴方向迅速衰减的一种振动，其两个位移的位函数形式为

$$\begin{cases}\varphi(x,z,t)=A\mathrm{e}^{-\sqrt{k^2-k_\mathrm{P}^2}z}\mathrm{e}^{\mathrm{i}(kx-wt)}\\ \psi(x,z,t)=B\mathrm{e}^{-\sqrt{k^2-k_\mathrm{S}^2}z}\mathrm{e}^{\mathrm{i}(kx-wt)}\end{cases}\tag{4.4-1}$$

式中，$k=\dfrac{w}{V_\mathrm{R}}$，$k_\mathrm{P}=\dfrac{w}{V_\mathrm{P}}$，$k_\mathrm{S}=\dfrac{w}{V_\mathrm{S}}$，$V_\mathrm{R}$ 为瑞利波速度。该式显示出面波的位函数振幅随 z 的增加呈指数衰减。

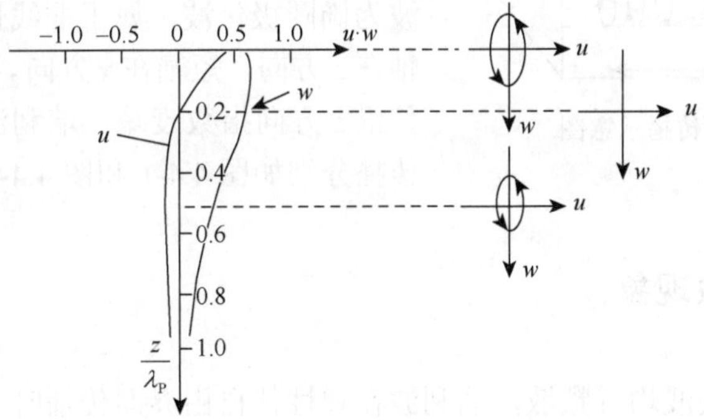

图 4.4-1　瑞利波极化轨迹示意图

有了位函数，即可根据位函数与位移之间的关系，求得瑞利波 x 、z 方向的位移分量 u 和 w 为

$$\begin{cases}u=\dfrac{\partial\varphi}{\partial x}-\dfrac{\partial\psi}{\partial z}\\ w=\dfrac{\partial\varphi}{\partial z}+\dfrac{\partial\psi}{\partial x}\end{cases}\tag{4.4-2}$$

由于瑞利波在自由面传播，则自由面的位移连续条件不成立（无意义），而应考虑应力边界条件。因自由面上的应力为零，则自由面的应力边界条件为

$$\begin{cases}\left.\left(\dfrac{\partial u}{\partial z}+\dfrac{\partial w}{\partial x}\right)\right|_{z=0}=0\\ \left.\left[(V_\mathrm{P}^2-2V_\mathrm{S}^2)\left(\dfrac{\partial u}{\partial x}+\dfrac{\partial w}{\partial z}\right)+2V_\mathrm{S}^2\dfrac{\partial w}{\partial z}\right]\right|_{z=0}=0\end{cases}\tag{4.4-3}$$

将位移函数代入应力边界条件，可得线性方程：

$$\begin{cases}(2k^2-k_{\mathrm{S}}^2)A+2\mathrm{i}k\sqrt{k^2-k_{\mathrm{S}}^2}B=0\\-2\mathrm{i}k\sqrt{k^2-k_{\mathrm{P}}^2}A+(2k^2-k_{\mathrm{S}}^2)B=0\end{cases}\tag{4.4-4}$$

令该方程的系数行列为零，可得

$$(2k^2-k_{\mathrm{S}}^2)^2-4k^2\sqrt{k^2-k_{\mathrm{S}}^2}\sqrt{k^2-k_{\mathrm{P}}^2}=0\tag{4.4-5}$$

该式称为瑞利方程。若将k、k_{P}、k_{S}代入，可见瑞利波的速度V_{R}与频率无关，故自由面的瑞利波无频散。当自由面介质的泊松比$\upsilon=0.25$时，$V_{\mathrm{P}}=\sqrt{3}V_{\mathrm{S}}$，即可求得$V_{\mathrm{R}}=0.9194V_{\mathrm{S}}$，从而有$V_{\mathrm{P}}>V_{\mathrm{S}}>V_{\mathrm{R}}$。当取$z=0$时的位移为$u_0$和$w_0$，则$u_0$和$w_0$满足以下椭圆方程：

$$\frac{u_0^2}{(0.42c)^2}+\frac{w_0^2}{(0.62c)^2}=1\tag{4.4-6}$$

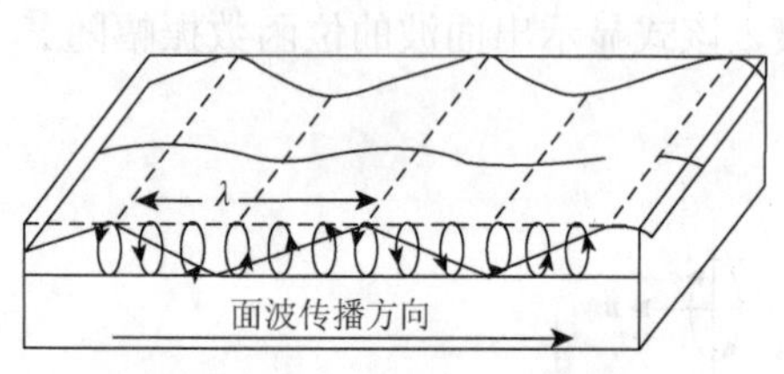

图 4.4-2　瑞利波传播示意图

式中，c为常数。该式说明，瑞利波传播时，介质质点位移轨迹呈逆时针椭圆形运动，因此瑞利波为椭圆极化波，属于非线性极化波。椭圆的长轴在z方向，短轴在x方向。当$z>0$时，面波位移沿z方向指数衰减。瑞利波的位移极化轨迹及传播分别如图 4.4-1 和图 4.4-2 所示。

4.4.2　面波的频散现象

斯通莱波和勒夫波均有频散，瑞利波在弹性体自由界面传播时无频散，但在界面上若有非弹性的疏松盖层时，瑞利波也有频散。可见频散现象是面波有别于体波的一个重要标志，也是面波的一个重要特性。

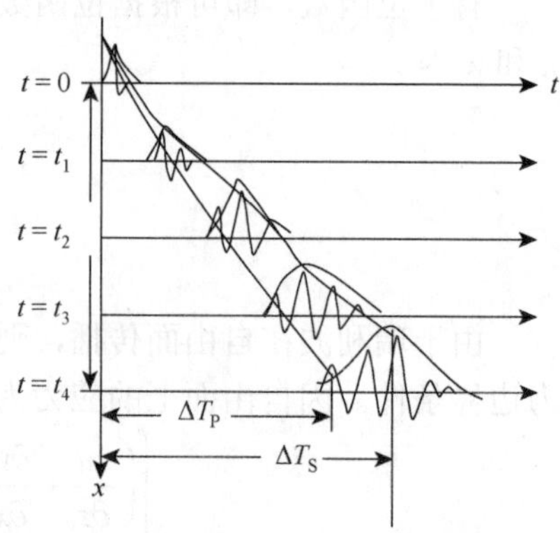

图 4.4-3　面波的相速度和群速度展示

所谓频散（波散）现象是指面波在介质中的传播速度是频率的函数，$V_{\mathrm{R}}=V_{\mathrm{R}}(f)$，即速度随频率而变。面波也是一个脉冲波，根据频谱分析可知，如果面波的传播速度是频率的函数，那么构成面波脉冲的每一个单频波都有其自己传播的速度，物理上称它为相速度V。由于相速度随频率而变，随着时间的推移，各单频波在传播过程中就会产生相位差，若考虑某一时间内（ΔT_{S}）整个面波的传播距离Δx，即可用前时刻面波脉冲包络线的极大值与现时刻存在相位差的各单频波合成后的面波脉冲包络线的极大值之间的距离表示（图 4.4-3），定义该距离与时间的比值为群速度，即U，相速度和群速度及两者的关系为

$$
\begin{cases}
V = \dfrac{\Delta x}{\Delta T_{\mathrm{P}}} \\
U = \dfrac{\Delta x}{\Delta T_{\mathrm{S}}} \\
U = V - \lambda \dfrac{\mathrm{d}V}{\mathrm{d}\lambda}
\end{cases}
\tag{4.4-7}
$$

式中，λ 为波长。

可以看出，群速度 U 可以大于或小于相速度 V，它取决于 $\dfrac{\mathrm{d}V}{\mathrm{d}\lambda}$ 是正值还是负值。正值称为正常频散，负值称为异常频散。由于频散现象，面波的包络变得越来越宽，幅度逐渐减小。面波的频散现象如图 4.4-3 所示。

第 5 章　多层黏弹性介质中弹性波场及特征

当地下介质的层数大于 1 时，称为多层介质。在实际地震勘探中，地层往往有多个分界面，而且地层是非理想弹性介质，称为多层黏弹性介质。本章主要讨论地震波在多层黏弹性介质中的传播规律。

5.1　黏弹性介质中弹性波的传播和大地滤波作用

黏弹性介质也称为非完全弹性介质，是指弹性体受力后不能立即达到稳定形变状态，而是逐渐产生形变，外力取消后，也不能立即恢复原状，而是逐渐复原的介质。这种介质也称为黏滞介质。弹性波在黏滞介质中传播时，由于岩石颗粒之间的内摩擦力，质点振动能量转化成热能而被消耗掉。这种能量转化会使弹性波的波形和振幅均发生变化，即要损失弹性波中的高频成分，振幅将按指数规律衰减。本书称这种现象为地层对弹性波的吸收作用，并称黏滞介质中的内摩擦力为黏滞力。通常用黏滞系数 η 表示黏滞介质的非弹性程度。

波在黏滞介质中传播，要受黏滞力的影响。在不同的固体中，黏滞力的影响所遵循的规律是不同的，其中沃伊特（Voigt）的假设与实验结果最为接近。该假设认为，对某些固体来说，应力和应变的关系应包括两部分：一部分是满足胡克定律的弹性应变，另一部分是与应变的时间变化率有关的黏滞应变。在此假设基础上可得黏滞介质中弹性波传播方程：

$$(\lambda+\mu)\nabla\theta+\mu\nabla^2 U+\eta\nabla^2\frac{\partial U}{\partial t}+\frac{1}{3}\eta\nabla\frac{\partial\theta}{\partial t}=\rho\frac{\partial^2 U}{\partial t^2} \tag{5.1-1}$$

该式称为黏弹性方程。同样对黏弹性方程进行纵、横波分离，可得黏滞 P 波方程和黏滞 S 波方程为

$$\begin{cases}\left[(\lambda+2\mu)+\dfrac{4}{3}\eta\dfrac{\partial}{\partial t}\right]\nabla^2\theta=\rho\dfrac{\partial^2\theta}{\partial t^2}\\[2ex]\left(\mu+\eta\dfrac{\partial}{\partial t}\right)\nabla^2(\nabla\times U)=\rho\dfrac{\partial^2}{\partial t^2}(\nabla\times U)\end{cases} \tag{5.1-2}$$

可见，黏滞介质中的波动方程比完全弹性介质中的方程多了 η，以及与时间变化率有关的项。为了分析这些附加项的作用，以沿 x 方向传播的平面纵波为例，研究在黏滞介质中波的传播特点。

设平面简谐 P 波位移的位函数为 $\varphi(x,t)$，则

$$\varphi(x,t)=\varphi_0\mathrm{e}^{\mathrm{i}(\omega t-Kx)} \tag{5.1-3}$$

并有

$$\theta = \frac{\partial u}{\partial x} = \frac{\partial^2 \varphi}{\partial x^2} = -K^2 \varphi \tag{5.1-4}$$

式中，$K = \dfrac{\omega}{V}$；θ 为体变系数。将 θ 代入黏滞 P 波方程，可解得 K 为

$$K = k - \mathrm{i}\alpha \tag{5.1-5}$$

其中，

$$\begin{cases} k = \left[\dfrac{\rho^2 \omega^4}{(\lambda + 2\mu)^2 + (\eta'\omega)^2} \right]^{1/4} \cos\dfrac{1}{2}\theta \\ \alpha = \left[\dfrac{\rho^2 \omega^4}{(\lambda + 2\mu)^2 + (\eta'\omega)^2} \right]^{1/4} \sin\dfrac{1}{2}\theta \end{cases} \tag{5.1-6}$$

$$\begin{cases} \theta = \arctan\dfrac{\eta'\omega}{\lambda + 2\mu} \\ \eta' = \dfrac{4}{3}\eta \end{cases} \tag{5.1-7}$$

将式（5.1-5）代入式（5.1-3）中，得

$$\varphi(x,t) = \varphi_0 \mathrm{e}^{-\alpha x} \mathrm{e}^{\mathrm{i}(\omega t - kx)} = A(x) \mathrm{e}^{\mathrm{i}\omega\left(t - \frac{k}{V}\right)} \tag{5.1-8}$$

其中，

$$\begin{cases} A(x) = \varphi_0 \mathrm{e}^{-\alpha x} \\ V = \dfrac{\omega}{k} = 1 \Big/ \left[\left(\dfrac{\rho^2}{(\lambda + 2\mu)^2 + (\eta'\omega)^2} \right)^{1/4} \cos\dfrac{1}{2}\theta \right] \end{cases} \tag{5.1-9}$$

式（5.1-8）及式（5.1-9）描述了黏滞介质中平面 P 波位移的位函数表达式和速度 V 的表达式。以上两式的物理含义如下。

（1）振幅 $A(x) = \varphi_0 \mathrm{e}^{-\alpha x}$ 说明位函数振幅随传播距离 x 呈指数衰减。α 称为吸收系数，或令 $\beta = \alpha V$，$A(x) = \varphi_0 \mathrm{e}^{-\beta t}$，$\beta$ 为衰减系数。α 或 β 越大，波的振幅衰减越快。

（2）由于 $\alpha = \alpha(\rho, \omega, \lambda, \mu, \eta')$，$V = V(\rho, \omega, \lambda, \mu, \eta')$，当 ρ、η、λ、μ 不变时，ω 对 α、V 的影响分两种情况讨论。

第一，当 ω 较小（低频波）时，可有 $\eta'\omega \ll \lambda + 2\mu$，$\sin\dfrac{1}{2}\theta \approx \dfrac{1}{2}\dfrac{\eta'\omega}{\lambda + 2\mu}$，则有

$$\alpha \approx \frac{\rho^{1/2} \eta' \omega^2}{2(\lambda + 2\mu)^{3/2}}, \quad V \approx \left(\frac{\lambda + 2\mu}{\rho} \right)^{1/2} = V_{\mathrm{P}} \tag{5.1-10}$$

说明 α 与 ω^2 成正比；速度 V 与频率无关，无频散。

第二，当 ω 较大（高频波）时，有 $\eta'\omega \gg \lambda + 2\mu$，$\sin\dfrac{1}{2}\theta \approx \dfrac{1}{\sqrt{2}}$，则有

$$\alpha \approx \left(\frac{\rho\omega}{2\eta'} \right)^{1/2}, V \approx \left(\frac{2\eta'\omega}{\rho} \right)^{1/2} \tag{5.1-11}$$

说明 α 与 $\sqrt{\omega}$ 成正比；速度 V 与 ω 有关，有频散。

在地震勘探中，地震波的频谱属于低频范围，所以地震波在黏滞介质中仍以速度V_P传播，吸收系数α与ω^2成正比，说明在黏弹性介质中，地震波的高频简谐波分量衰减比低频简谐波分量衰减快。因此，随着传播距离的增大，弹性波高频成分很快地被吸收，而只保留较低的频率成分。这样弹性波在实际介质中传播时，实际介质就相当于一个滤波器，滤掉了较高频率成分而保留了低频分量，这种滤波作用称为大地滤波作用。大地滤波作用使得脉冲地震波频谱变窄，地震波延续度增长，降低了地震勘探的分辨率。大地滤波如图 5.1-1 所示。

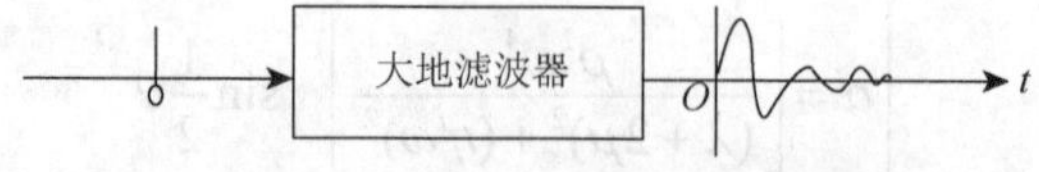

图 5.1-1　大地滤波示意图

另外，地震波的吸收还可以用品质因子来描述。品质因子Q被定义为：在一个周期内（或一个波长距离内），振动所损耗的能量ΔE与$2\pi E$（E为总能量）之比的倒数，即

$$\frac{1}{Q}=\frac{\Delta E}{2\pi E} \tag{5.1-12}$$

Q是一个无量纲的量，Q越大，能量损耗越小。品质因子Q与地层吸收系数α之间的关系为

$$\alpha=\frac{\pi f}{QV_P} \tag{5.1-13}$$

5.2　多层介质中弹性波的传播特征

弹性波在多层介质中传播时，除了保持上述单界的基本特点以外，还涉及许多其他的新情况。

设地下介质有$n+1$层，各层波的传播速度和密度分别为V_{P_1},V_{S_1},ρ_1，$V_{P_2},V_{S_2},\rho_2,\cdots,V_{P_{n+1}}$，$V_{S_{n+1}},\rho_{n+1}$，则有几个弹性分界面$R_i$，$i=1,2,\cdots,n$。当在地表有一个弹性纵波$P_1$斜向下入射时，弹性波在如上给出的多层介质中传播，要在这一套物理界面上形成反射波系、透射波系、折射波系和面波系，波形图要比上述单层介质中的波形图复杂得多。

5.2.1　反射和透射波系

设n个界面均为波阻抗界面，当P_1入射到第一个弹性分界面R_1时，按斯涅尔定律和弹性界面上波的反射和透射规律，便可以在该界面上分裂为两个反射波P_{11}、P_{1S1}和两个透射波P_{12}、P_{1S2}。两个透射波继续入射到R_2，会产生 4 个反射波P_{122}、P_{12S2}、P_{1S22}、P_{1S2P2}和 4 个透射波P_{123}、P_{12S3}、P_{1S23}、P_{1S2P3}。以此类推，每一个波到任一界面均要分裂为 4 个波，即两个反射波和两个透射波，直到第n次界面反射波和透射波的个数为2^{n+1}。本书把这些在界面上第一次反射的波称为一次波。

此外，在一个层内反射上去的波遇到上层界面，就相当于该界面的入射波，同样要在该界面产生向下的反射波和向上的透射波，向下的反射波遇到下层界面又要反射、透射，本书把在某界面反射两次以上的波称为多次波。这样在多层介质中就形成了复杂的反射波系和透射波系，最后地表接收到的反射波为所有反射波的叠加。

5.2.2　折射和面波系

当多层介质的速度模型满足产生折射波条件时，同样会产生折射波系，还有可能形成折射-反射、反射-折射等综合波系。

当瑞利波、斯通莱波和勒夫波均存在时，也会形成面波系。

5.3　地震波的薄层效应

地震波在传播过程中，影响动力学特征的因素，除了上述的扩散、吸收、反射和折射等因素外，多层介质中存在薄层结构也影响地震波的动力学特征。在油气勘探中，相对于地震波的波长，含油、气层一般都比较薄，因此，对薄层的研究很有必要。

5.3.1　地震薄层

在地震勘探中，薄层的概念是相对的。因为地震勘探中定义薄层是以它的纵向分辨率为依据，即对地震子波而言，不能分辨出地层顶、底板反射的地层称为薄层。由于地震子波具有不同的频谱、不同的延续度、不同的波长等，因此薄层厚度的概念是相对的，可以从不同角度来定义薄层的厚度。

通常将厚度Δh满足下列不等式的地层称为地震薄层。

$$\Delta h < \frac{\lambda}{4} \quad 或 \quad 2\Delta h < \frac{\lambda}{2} \tag{5.3-1}$$

式中，λ为简谐振动的波长或脉冲波的视波长。不等式两边除以波的传播速度V，则上式变为

$$\frac{2\Delta h}{V} < \frac{\lambda}{2V} \quad 或 \quad \tau < \frac{T}{2} \tag{5.3-2}$$

式中，τ为波在薄层内传播的双程旅行时；T为简谐振动的周期或脉冲波的视周期。于是薄层也可定义为地震波在该层内传播的双程旅行时小于波的半个周期或半个视周期的那种层。

5.3.2　薄层的干涉效应

现在讨论地震波在薄层内反射时会发生什么情况。图5.3-1是一个典型的薄层模型。在上、下两个厚层中夹有一层厚度为Δh的薄层，薄层中的纵波速度为V_{P_2}，密度为ρ_2，它上下层内的纵波速度分别为V_{P_1}、V_{P_3}，密度分别为ρ_1、ρ_3。于是，这三层的波阻抗分别为$z_1 = V_{P_1} \cdot \rho_1$；$z_2 = V_{P_2} \cdot \rho_2$；$z_3 = V_{P_3} \cdot \rho_3$。

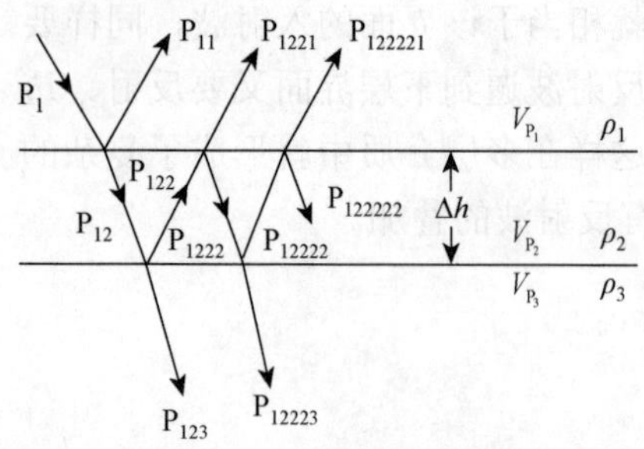

图 5.3-1　薄层的物理模型

若有一平面简谐纵波 P_1 垂直入射（注意：图 5.3-1 上，为了清晰起见，已将垂直入射的射线在图上沿水平方向画成斜线）至薄层顶板时，在该面上产生反射波 P_{11}、透射波 P_{12}。透射波 P_{12} 在薄层底板上产生的反射波 P_{122} 又可在薄层内返回至薄层顶板上产生反射波 P_{1222}，甚至由 P_{1222} 又可以形成 P_{12222} 等波，如图 5.3-1 所示。

在薄层内形成的这些反射波，地震勘探中称为多次波。这些多次波透过薄层顶板成为 P_{1221}、P_{122221} 等波，它们均可在地面上被接收到。根据薄层定义，薄层内的多次波必定和薄层的一次波 P_{1221} 在地面上相互叠加（因为在薄层内多次波的双程旅行时 τ 小于一次波的 1/2 个周期），即当地面上接收到薄层的一次波后，它的振动尚未停止，多次波即到达，在地面上接收到的是这些波互相叠合的总振动。这种一次波同薄层内多次波的相互叠加干涉所产生的效应称为薄层的干涉效应。如果薄层的顶板反射波 P_{11} 的振幅用 A_{11} 表示，通过薄层在其底板的一次波和多次波叠加的总振动用 P'_{11} 表示，其振幅为 A'_{11}，则它们的相对振幅值 $\dfrac{A'_{11}}{A_{11}}$ 反映了经过薄层反射后的能量变化。经计算得

$$\frac{A'_{11}}{A_{11}}=\left[\frac{1-2(b-\delta)\cos 2\pi f\tau+(b-\delta)^2}{1-2b\cos 2\pi f\tau+b^2}\right]^{1/2} \tag{5.3-3}$$

式中，f 为简谐波频率，而

$$\delta=\frac{4z_1z_2(z_3-z_2)}{(z_2-z_1)(z_3+z_2)(z_2+z_1)} \tag{5.3-4}$$

$$b=\frac{(z_1-z_2)(z_3-z_2)}{(z_2+z_1)(z_3+z_2)} \tag{5.3-5}$$

从式（5.3-3）可以看出，经过薄层反射后的复合振动的振幅是与 f、τ、Δh 有关的，因为

$$f\tau=\frac{\tau}{T}=\frac{2\Delta h}{TV}=\frac{2\Delta h}{\lambda} \tag{5.3-6}$$

当薄层厚度一定时，A'_{11} 与频率 f 有关，说明简谐波通过薄层反射后表现出振幅频率特性。

图 5.3-2（a）给出了韵律型薄层（地层参数为 $z_1 < z_2$、$z_2 > z_3$ 或 $z_1 > z_2$、$z_2 < z_3$）的频率特性曲线；图 5.3-2（b）描绘了递变型薄层（地层参数为 $z_1 < z_2 < z_3$ 或 $z_1 > z_2 > z_3$）的频率特性曲线。从图中可以看出，韵律型薄层压抑低频和高频成分的波，相当于一个带通滤波器；而递变型薄层相对地压制了中间频率，低频成分和高频成分得到加强，好似一个带阻滤波器，这说明薄层也具有滤波作用。

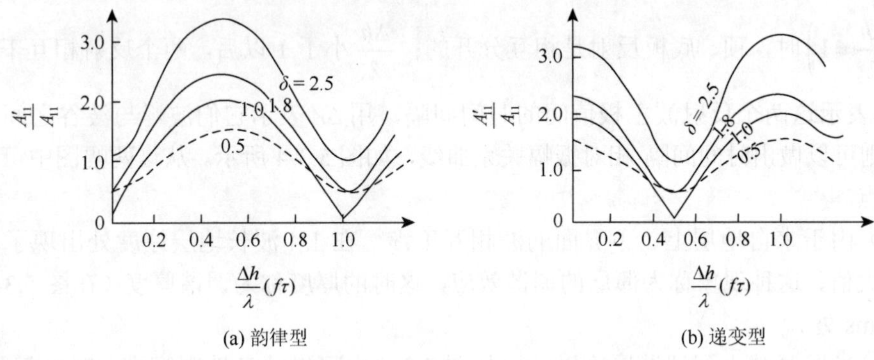

图 5.3-2　薄层频率特性曲线

根据式（5.3-6），薄层的振幅特性还是 $\dfrac{2\Delta h}{\lambda}$ 的函数，说明薄层厚度如果有横向变化，薄层的振幅特性就会发生变化，不同地段的反射波形也不一致。

5.3.3　薄层的调谐效应

薄层的干涉效应除了引起薄层的频率效应外，还具有调谐效应。它在地震勘探中可能成为分辨薄层非常有效的工具。

对薄层厚度变化的尖灭地层的顶、底板的反射，图 5.3-3 展示了这两个反射层上反射波的相互干涉情况。图左侧用波长（λ）表示地层的相对厚度（Δh）。当层厚等于一个

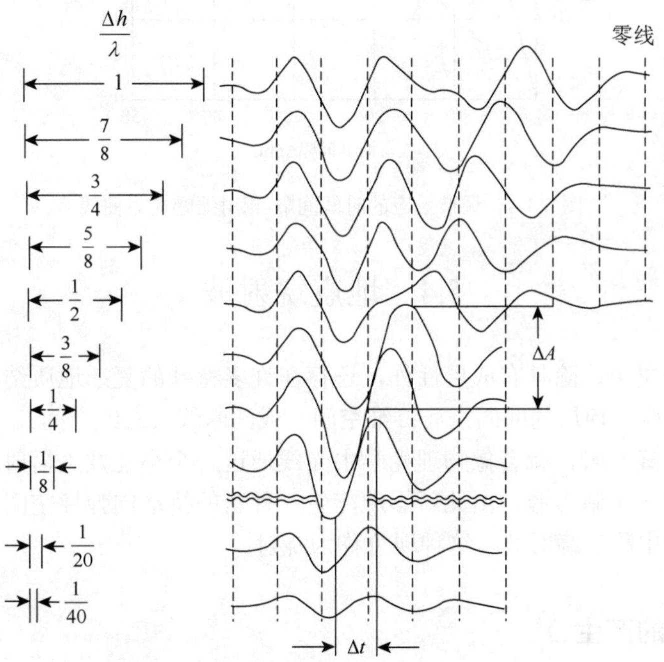

图 5.3-3　薄层干涉的分辨率

波长$\left(\dfrac{\Delta h}{\lambda}=1\right)$时，顶、底板反射是相互分开的；$\dfrac{\Delta h}{\lambda}$小于 1 以后，两个反射相互干涉。如果用 Δt 表示这两个反射波主极值间的时间间隔，用 ΔA 表示它们波峰与波谷之间的相对振幅，则可以做出时间间隔-相对振幅关系曲线，如图 5.3-4 所示。从这两幅图中可以得出以下两点。

（1）由于来自地层上、下界面的波相互干涉，在 1/4 波长地层厚度处出现了相对振幅的极大值，这种现象称为薄层的调谐效应，这时的厚度称为调谐厚度（在图 5.3-4 中相当于 20ms 处）。

（2）当层厚减小到调谐厚度以后，从图 5.3-4 中可以清楚地观察到，时间间隔 Δt 已不再发生变化，波形趋于稳定。

这两个结果说明，调谐振幅出现在 Δt 转为常量的点上。利用薄层的调谐效应可以分辨出 1/4 波长的薄层厚度，即可利用调谐效应来确定薄层的厚度。

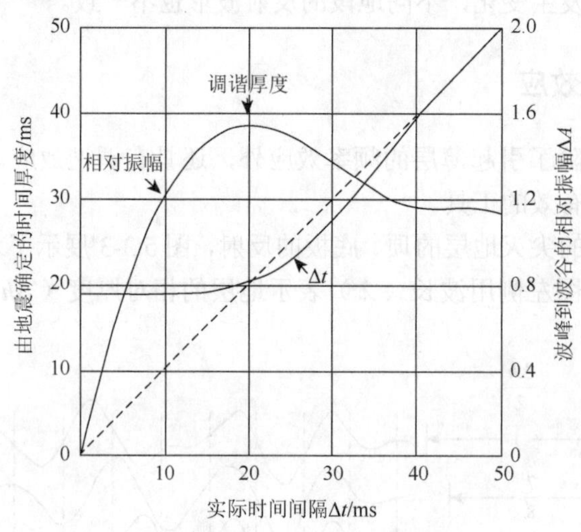

图 5.3-4 调谐效应的时间间隔-相对振幅关系曲线

5.4 地震绕射波

实际地质介质中，除具有成层性外，还存在许多特殊的复杂地质结构，诸如断层、尖灭等，它们构成了地层的间断点（二维空间）或间断线（三维空间）。地震波传播到这些地层间断点（线）时，就会像物理光学中光线通过一个小孔发生衍射现象一样，这些间断点都可看成一个新震源，由此新震源产生一种新的扰动向弹性空间四周传播，这种扰动在地震勘探中称为绕射波，这种现象称为绕射。

5.4.1 绕射波的产生

图 5.4-1 用一个断层物理模型说明绕射的产生。假设一个平面波垂直入射到断层体 *CO*

上，当它在 $t = t_0$ 时刻到达断层体表面时，波前的位置是 COD。在 $t = t_0 + \Delta t$ 时，O 右侧的平面波前继续往下传播至 GH 的位置，而 O 左侧的波前在断层体表面反射到达线段 EF。

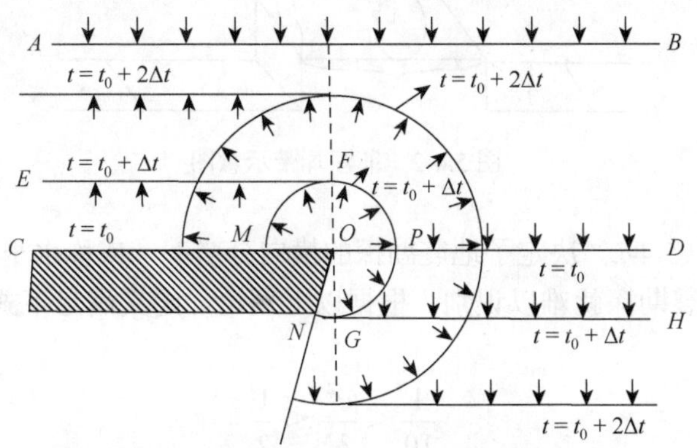

图 5.4-1　断层绕射示意图

根据惠更斯原理作图法可以把 CO 和 OD 上各点作为圆心，并以 V、Δt 为半径作圆弧，这些圆弧的包络线就是 GH 和 EF 的波前，其中以断点 O 为圆心的点构成上行波波前 EF 和下行波波前 GH 之间的转换点，而圆弧 MFG 就是以 O 点为新震源产生的绕射波波前，它在 $t = t_0 + \Delta t$ 时刻把 EF 和 GH 两个波前联系起来。这个绕射波当然也存在于几何圆弧 GN 和 FM 范围内，在 FM 范围内绕射波和反射波相互叠加，因此在断点 O 右侧虽无弹性界面存在，但仍可观测到由 FPG 绕射波波前构成的波动。

严格地说，根据惠更斯原理，实际上波传播到空间每一个点都可以看成一个新的绕射源。例如，欲研究某一弹性界面，当波传播到该界面时，可以把界面上的每一个点都看作新震源，在地面上某一点观测到的反射波，就是由这些反射界面上各新震源产生的绕射波在该观测点上的总叠合。从这个角度看不仅上述断层点、尖灭点等为绕射点，而空间上每一个点实际上都是绕射点，或者说断层点、尖灭点是空间的某些特殊绕射点。如果把空间的每一个点都看作绕射点称为广义绕射，那么断层、尖灭等绕射就称为狭义绕射。以后凡提到绕射现象不加特殊说明的，一般均指狭义绕射。

5.4.2　绕射波产生条件

据绕射积分理论，地面某一质点的振动能量主要来自界面上以 R 为半径的菲涅耳带内的二次扰动，也就是说，地表所观测到的绕射波是地下断点附近一段界面绕射的叠加，而不仅是地下一物理点的绕射。菲涅耳带半径 R 由式（5.4-1）确定。

$$R^2 = \frac{V^2 t}{4f^*} = \frac{h\lambda}{2} \tag{5.4-1}$$

式中，t 为观测点至界面的双程旅行时；f^* 为波的主频；h 为界面深度；λ 为波长；V 为波速。如图 5.4-2 所示，当地质体表面长度 a 满足下面条件时，这样的地质体相当于一个点绕射。

$$a < R \tag{5.4-2}$$

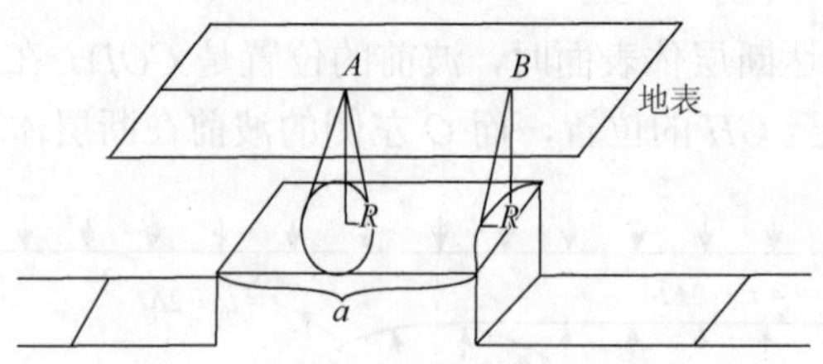

图 5.4-2　菲涅耳带示意图

因此，不等式（5.4-2）决定了地震勘探的横向分辨率（或称水平分辨率），即对长度小于 R 的界面，地震勘探就难以识别。根据以上理论，定义满足下式条件的断块长度为绕射波产生条件：

$$\frac{1}{10} < \frac{a^2}{\lambda h} < \frac{1}{2} \tag{5.4-3}$$

上式说明，当 $\frac{a^2}{\lambda h} \leqslant \frac{1}{10}$ 时，不能产生绕射波（确切地说是绕射源太小，收不到绕射波）。而当 $\frac{a^2}{\lambda h} \geqslant \frac{1}{2}$ 时，这种界面为长反射段，产生的是反射波。如图 5.4-2 中的断块模型，断块中间部位为反射段，而断块两端［满足式（5.4-3）］的部位为两个绕射段，左右产生两个半支绕射波，相位差 180°。在断点的正上方，绕射波的振幅是正常反射波的一半，称为半幅点。

5.5　地震波的波导效应

在特殊地质结构条件下，如在煤田勘探工作中，在夹在上下高速围岩中的低速薄煤层中激发的地震波，在煤层中传播时会在其顶、底板上产生反射，当入射角 α 大于临界角 i 时，由于煤层顶、底板是两个反射系数极大的反射界面，因而地震波在遇到该层的顶板和底板时，其大部分能量会被反射回这一层，即地震波的主要能量都被“局限”在该低速层内而不向围岩“散发”，这个低速薄层好似一个波导层。这种现象称为地震波的波导效应。

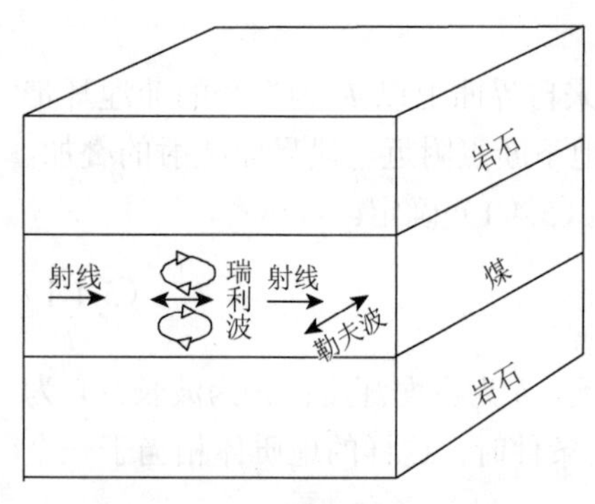

图 5.5-1　地震槽波示意图

自 1963 年以来，德国、英国等国将地震波的波导效应应用于煤田勘探，发展了同层地震勘探技术（或称槽波地震勘探技术）。由于煤层的纵波速度一般是 1200m/s，而围岩速度可高达 3000～4000m/s，因而煤层好像一个波导层。许多实验和实际观测表明，由煤层传播的波主要是勒夫波和瑞利波。前者的质点运动是和煤层平行并垂直射线方向，后者则在垂直于煤层和波前的平面内运动，如图 5.5-1 所示。这种槽波在煤层内具有很强的能量，而在邻近的围岩内振幅随着与煤层的距离增大而呈指数迅速衰减，衰减的速度取决于波的频率，频率越高，衰减越快，这是槽波的特征之一；另一个特征是它具有波散现象，一个短脉冲的响应是一连串长波波列。

波导效应使波的能量主要“局限”在煤层内，因此若沿着煤层在激发点的另一侧布置接收装置，则能接收到较强的直达槽波。当激发点和接收点之间存在断距大于煤层厚度的断层时，则直达槽波遇到断层后，其透射能量会很快消失，因此应用槽波可以研究煤层中的断层。同样，如果激发点和接收点在断层同一侧，则可以利用断层面的反射波来研究断层，如图 5.5-2 所示。

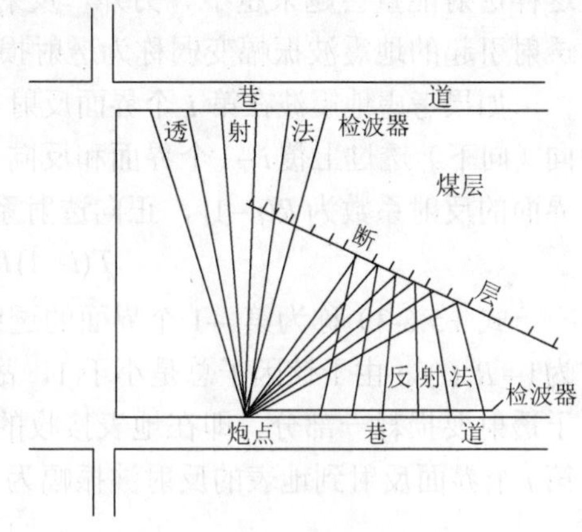

图 5.5-2　反射和透射槽波示意图

5.6　反射波地震记录形成的物理机制

在多层界面的情况下，如果在地面激发地震波，向下传播的地震波在地层界面反射，然后返回到地面被检测器接收，称每个检波点接收到的反射波为一道地震记录。下面讨论地震记录形成的物理机制。

5.6.1　假设条件

（1）地下有 $n+1$ 个水平地层，共有 n 个波阻抗界面，第 i 层的 P 波速度为 V_{Pi}，密度为 ρ_i。第 i 个反射界面的 P 波反射系数为 $R(i)$，P 波透射系数为 $T(i)$。

（2）有一纵波 P_1 垂直向下入射，入射波位移函数为

$$\boldsymbol{U}_{\mathrm{P}} = a\Phi\left(t-\frac{r}{V_{\mathrm{P}}}\right)\frac{\boldsymbol{r}}{r} \tag{5.6-1}$$

其中，

$$a = \frac{\mathrm{e}^{-\alpha r}}{4\pi r V_{\mathrm{P}}^2} \tag{5.6-2}$$

是与波前扩散、介质吸收有关的振幅系数；$\Phi\left(t-\dfrac{r}{V_{\mathrm{P}}}\right)$ 表示子波；r 为波的传播距离。

5.6.2　地震波的透射损失

地震波在地下传播时除波前扩散、地层吸收影响地震波振幅的变化外，当波遇到弹性分界面时，一部分能量反射，一部分能量透射，透射波在下层界面又要反射和透射，

这样透射能量会越来越小。另外，反射波在向上传播时，通过上层界面时也有透射，把透射引起的地震波振幅变弱称为透射损失。

如果考虑地震波在第 i 个界面反射后到达地表的振幅值 a_i，则该反射波振幅要受到正向（向下）透过上覆 $i-1$ 个界面和反向（向上）透过上覆 $i-1$ 个界面的影响。若第 $i-1$ 个界面的反射系数为 $R(i-1)$，正向透射系数为 $T(i-1)$，反向透射系数为 $T'(i-1)$，则有

$$T(i-1)T'(i-1)=1-R^2(i-1) \tag{5.6-3}$$

式（5.6-3）称为第 i–1 个界面的透射损失因子。同理可得第 i 个界面的透射损失因子为 $1-R^2(i)$。由于该因子总是小于 1，故说明地震波每经过一个界面后，入射波的能量由于透射要损耗一部分，即在地表接收的反射波振幅中需要乘以透射层的损失因子。于是第 i 个界面反射到地表的反射波振幅为

$$a_i = a\cdot\left\{\prod_{j=1}^{i=1}[1-R^2(j)]\right\}\cdot R(i) \tag{5.6-4}$$

式中，大括号中的量为第 i 层以上总的透射损失。

5.6.3　地震反射记录

如果地下实际介质存在的 n 个界面都是反射界面，地面可以接收到每一个界面的反射波，于是一个实际地震记录道 $\Delta\tau_j$ 会记录 n 个反射波。设地震记录为 $x(t)$，则

$$x(t)=\sum_{i=1}^{n} a_i\Phi(t-\tau_i) \tag{5.6-5}$$

$$\tau_i=\sum_{j=1}^{i}\Delta\tau_j \tag{5.6-6}$$

式中，τ_j 为第 j 层地层层间双程旅行时；τ_i 为地面到第 i 层的总双程旅行时。如果设一个地震反射波波形延续长度为 Δt，若令

$$\delta t_i=\Delta\tau_i-\Delta t \tag{5.6-7}$$

则 δt_i 体现了能否分辨两相邻反射界面的能力，称为垂直（纵向）分辨率。若 $\delta t_i\geqslant 0$，则两个相邻层的反射波在记录上彼此分开，称为分辨率高；若 $\delta t_i<0$，则两个相邻层的反射波相互重叠，称为分辨率低。地震勘探中要提高分辨率，当 $\Delta\tau_i$ 不变时，则要求有较小的 Δt。

5.6.4　地震道褶积模型

根据实际测井资料可知，在含油气的沉积盆地进行地震勘探时，存在着大量的薄层，有些地区甚至平均不到 3m 就有一个反射面，一个实际地震记录道就是由无数个反射地震子波组成的复合振动，其中具有强反射系数的反射波构成记录上的强振动，称为优势波，而反射系数较小的反射波构成弱振动，称为劣势波。优势波和劣势波的组合就构成目前地震记录道上的各波组和振动背景。于是根据式（5.6-5）可以近似地认为，一个反射地震记录道是地层反射系数序列 R_t 和地震子波 b_t 的褶积（卷积）结果，于是有

$$x(t)=\sum_{n=1}^{N}R_n\cdot b_{t-n}=R_t*b_t \qquad (5.6\text{-}8)$$

这就是地震道褶积模型。显然，地震道褶积模型是简化了的反射记录道线性模型，一般来说它省略了介质吸收、透射损失等诸多因素，但是它具有一定的实用性。

利用地震褶积模型可以正演理论地震记录。图 5.6-1 是正演理论地震记录的示意图，其中图 5.6-1（a）是地震子波；图 5.6-1（b）是反射系数序列；图 5.6-1（c）是褶积过程；图 5.6-1（d）是一个道的理论地震记录。

值得指出的是，实际地震记录可能远非上述这样简单的组合，因为层与层之间可能还会产生层间的多次波，这些层间多次波依然可以返回地面被接收。因此在地面所观测到的不仅是各反射层上反射波的组合，还应包括层间多次波的组合，它们按到达时间先后组合构成真正的实际反射地震记录道的复合振动。

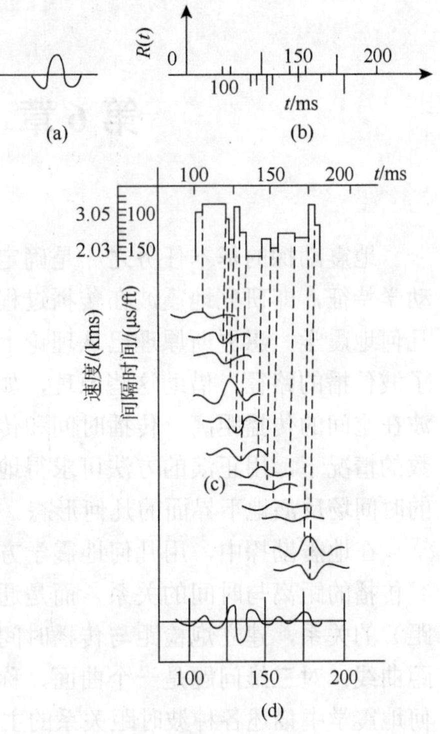

图 5.6-1　正演理论地震记录的示意图

注：1ft = 0.3048m

第 6 章　几何地震学原理

地震勘探的基本任务之一是确定地下的地质构造。完成这个任务主要是利用波的运动学特征，即研究地震波在传播过程中波前的空间位置与其传播时间的几何关系，称为几何地震学。惠更斯原理已从理论上明确了确定波前空间位置的方法，而费马原理阐述了波传播的路径。借助这些原理，如果已知地震波传播速度$V(x,y,z)$，就能够研究地震波在空间的传播距离、传播时间和传播速度之间的关系。在已知地层产状要素和速度参数的情况下，用正演的方法可求得地震波时间场。反之，也可根据地震勘探工作所获得的时间场反演地下界面的几何形态。以上过程称为几何地震学的正、反演问题。

在地震勘探中，用几何地震学方法描述距离与时间的关系时，不是直接描述波沿射线传播的距离与时间的关系，而是通过射线距离与激发点至接收点之间距离（称为炮检距）的关系，建立炮检距与传播时间的关系。这种关系对二维问题是一条曲线，称为时距曲线；对三维问题是一个曲面，称为时距曲面。因此，时距曲线或时距曲面就成为几何地震学中描述各种波时距关系的主要形式。

6.1　地震反射波的运动学

地震反射波运动学是研究在地表激发和观测时，地下各种介质结构产生的反射波时距关系。假设已知地下各种反射界面产状和速度参数，则可采用镜像原理（或称虚震源法）来研究正演问题。

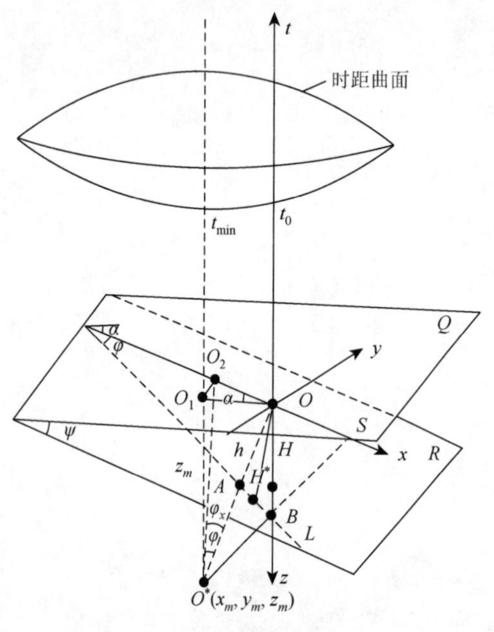

图 6.1-1　反射波时距曲面示意图

6.1.1　反射波时距曲面方程的建立

如图 6.1-1 所示，设地面 Q 为水平面，有一平直反射界面 R 与地面的夹角为 ψ，ψ 称为地层真倾角，界面上部地层的波速度为 V（仅考虑 P 波激发和 P 波接收，V 相当于 V_P），地震测线在地面沿 x 方向布置，测线与界面倾向的夹角为α。现 O 点为激发点，并取激发点 $O(0,0,0)$ 是坐标原点，z 轴垂直向下，地面垂直到界面的深度 H 称为真深度（或铅垂深度），y 轴在地面与 x 轴正交，激发点 O 相对界面 R 的镜像点 $O^*(x_m,y_m,z_m)$ 称为虚震源。

如果 O 点激发地震 P 波，P 波将以球面波形式向下传播，遇到界面 R 产生反射。若沿 x 测线接收反射 P 波，则可接收到来自界面上沿 L 线各点的反射波，称 L 线为反射线（反射点连线）。设 $S(x,0,0)$ 为观测线上任一观测点，则 S 点接收的反射波是来自 L 线上 B 点的反射，其射线传播路径为根据反射定律，射线路径 OBS 所组成的三角形一定是在包含测线 x 且垂直反射界面 R 的平面内，这个平面称为射线平面。在射线平面内，地表 O 点垂直（沿测线方向垂直地面）到界面的距离 H^* 为视深度，反射线 L 上的 A 点（法线）到地面 O 点的距离 h 称为法线深度。反射线 L 与地面的夹角 φ_x 称为视倾角。

针对图 6.1-1 所示的地层模型和观测方式，可以建立以下关系。

（1）当 $\alpha=0$，即 x 轴垂直于界面走向时，射线平面既垂直于地面，又垂直于界面，有 $\varphi_x=\psi$，$H^*=H$；当 $\alpha=90°$ 时，x 轴平行于界面走向，射线平面垂直于界面，有 $\varphi_x=0$，$h=H^*$。

（2）当在平面 Q 任意点 $S(x,y,0)$ 接收反射波时，利用△OBS 和△OO^*S 的关系，可证明距离 $OBS=O^*S$，从而可求得 O 点激发、$S(x,y,0)$ 点接收的反射 P 波传播时间为

$$t=\frac{O^*S}{V}=\frac{1}{V}\sqrt{(x-x_m)^2+(y-y_m)^2+z_m^2} \tag{6.1-1}$$

或

$$\frac{t^2}{\left(\frac{z_m}{V}\right)^2}-\frac{(x-x_m)^2}{z_m^2}-\frac{(y-y_m)^2}{z_m^2}=1 \tag{6.1-2}$$

上式说明，在 O 点激发，在 Q 面 $S(x,y,0)$ 点接收的界面 R 上反射波的到达时间与距离 x 和 y 的关系是一个旋转双曲面，故称时距曲面。时距曲面有以下特征。

（1）当 $x=x_m$、$y=y_m$ 时，t 取最小值，即

$$t_{\min}=\frac{z_m}{V}=\frac{2h\cos\psi}{V} \tag{6.1-3}$$

可见双曲面的极小点在虚震源 $O^*(x_m,y_m,z_m)$ 垂直地面的投影点 $O_1(x_m,y_m,0)$ 的正上方，若将时距曲面垂直投影到地面，则图形为以 O_1 为圆心的一系列同心圆，同一圆弧线为一等时线，如图 6.1-2 所示。

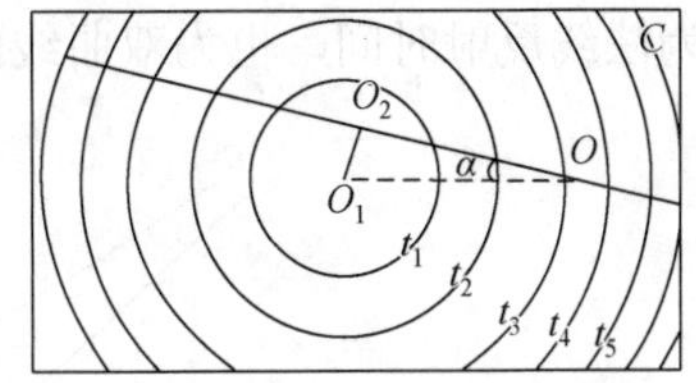

图 6.1-2　反射波时距曲面的等时图

（2）当 $x=y=0$ 时，在 $O(0,0,0)$ 点接收，称为自激自收或法线反射，则

$$t=\frac{2h}{V}=t_0 \tag{6.1-4}$$

式中，t_0 为法线反射时间。

（3）当 $y=0$ 时，称为二维测线或纵测线，这时反射波时距关系则由双曲面变为一个双曲线，称为时距曲线，其方程为

$$t=\frac{1}{V}\sqrt{x^2-2xx_m+4h^2} \tag{6.1-5}$$

各种倾角之间的关系和各种深度之间的关系如下。

（1）真倾角与视倾角的关系，如图 6.1-1 所示。设 O_1 点到 x 轴的垂直投影点为 O_2，由△OO^*O_1、△OO^*O_2 及△OO_1O_2，可建立关系：

$$\sin\varphi_x = \sin\psi\cos\alpha \tag{6.1-6}$$

该式为真倾角、视倾角及测线与倾向夹角 α 之间的关系式。

（2）真深度、视深度和法线深度之间的关系为

$$\begin{cases} H^* = H / \cos\varphi_x \\ H = h / \cos\psi \end{cases} \tag{6.1-7}$$

6.1.2 单水平界面直达波、反射波时距曲线及正常时差

设地下界面为一个水平界面，据二维纵测线时距方程式（6.1-5），当界面水平时 $\varphi = 0$，即有 $x_m = 0$，得水平界面的时距方程为

$$t = \frac{1}{V}\sqrt{x^2 + 4h^2} = \sqrt{t_0^2 + \left(\frac{x}{V}\right)^2} \tag{6.1-8}$$

或

$$\frac{t^2}{t_0^2} - \frac{x^2}{(2h)^2} = 1 \tag{6.1-9}$$

可见，当地层水平时，单层介质反射波时距曲线是一个以坐标原点 O 为对称点的标准双曲线（图 6.1-3），上式中，

$$t_0 = \frac{2h}{V} = t_{\min} \tag{6.1-10}$$

为法线反射时间，也为双曲线的极小点。

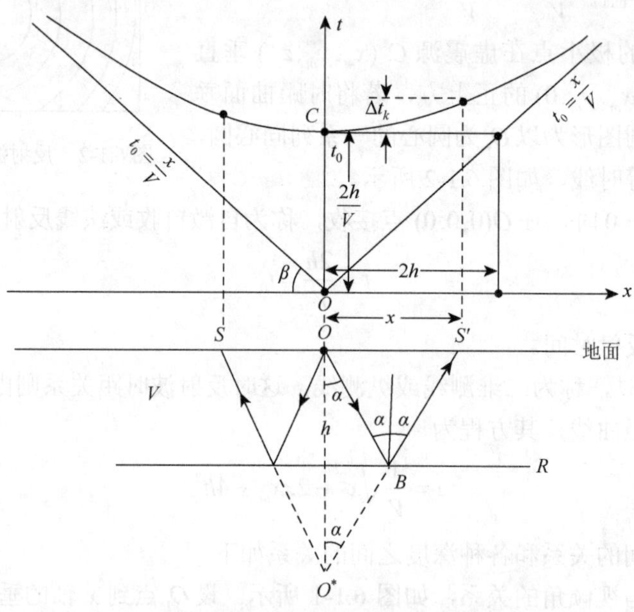

图 6.1-3　一个水平界面的反射波时距曲线图

当界面深度$h \to 0$时，式（6.1-8）成为直线方程，即

$$t = \pm \frac{x}{V} \tag{6.1-11}$$

当x为负时，取－；当x为正时，取＋。

式（6.1-11）为反射波双曲线的渐近线方程，也称为直达波方程，即相当于波沿地表从激发点传播到接收点，这种波称为直达波。

当$2h \gg x$时，可将双曲线方程：

$$t = \frac{2h}{V}\left[1 + \left(\frac{x}{2h}\right)^2\right]^{1/2} \tag{6.1-12}$$

用二项式展开，并省略高次项，则时间t可近似表示为

$$t \approx t_0 + \frac{x^2}{2V^2 t_0} \tag{6.1-13}$$

观察x_1和x_2两接收点之间反射波时差Δt，当取$x_1 = 0$、$x_2 = x$时，有

$$\Delta t = t_2 - t_1 = \frac{x^2}{4Vh} \tag{6.1-14}$$

其中，Δt称为正常时差，在V和h一定时，正常时差取决于炮检距x。可见正常时差是由非零炮检距引起的，即Δt为x点接收的反射波时间t_x与法线反射时间t_0之差。

$$\Delta t = t_x - t_0 = \sqrt{t_0^2 + \left(\frac{x}{V}\right)^2} - t_0 \tag{6.1-15}$$

Δt的变化规律为：与x^2成正比、与速度V成反比、与界面的流线深度h成反比。

另外，由视速度定理可得

$$V^* = \frac{\mathrm{d}x}{\mathrm{d}t} = V\sqrt{1 + \left(\frac{2h}{x}\right)^2} \tag{6.1-16}$$

反射波时距曲线不同部位（对应不同的x）的斜率也可用不同的视速度表示。

6.1.3　单倾斜界面反射波时距曲线和倾角时差

1. 单倾斜界面反射波时距曲线

当地层倾斜时，二维测线反射波时距曲线方程为

$$t = \frac{1}{V}\sqrt{x^2 + 4h^2 - 2xx_m} \tag{6.1-17}$$

一般情况下，二维测线并非完全沿着地层倾向方向布置，在射线平面内反射界面与地面的夹角为视倾角φ_x，如图 6.1-4 所示的界面模型，视倾角与界面的法线深度h及x_m的关系为

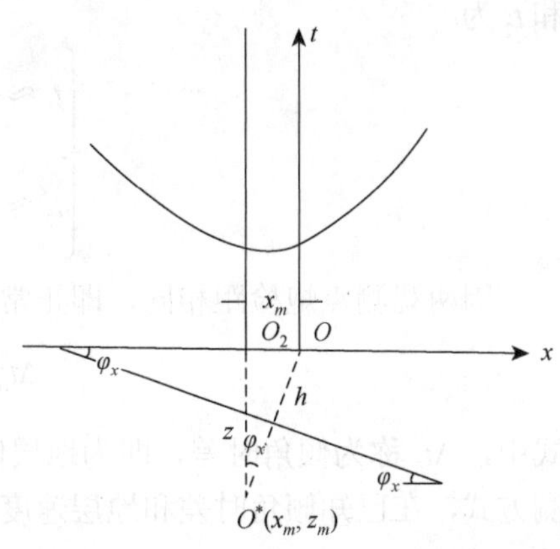

图 6.1-4　一个倾斜界面的反射波时距曲线

$$x_m = -2h\sin\varphi_x \tag{6.1-18}$$

若界面沿 x 正向上倾，则 x_m 取正值，将 x_m 代入时距方程得

$$t = \frac{1}{V}\sqrt{x^2 + 4h^2 + 4hx\sin\varphi_x} \tag{6.1-19}$$

式（6.1-19）也可写为

$$\frac{t^2}{\left(\frac{2h\cos\varphi_x}{V}\right)^2} - \frac{(x + 2h\sin\varphi_x)^2}{(2h\cos\varphi_x)^2} = 1 \tag{6.1-20}$$

可见，单倾斜界面反射波时距曲线仍为一个标准的双曲线，当 $x = x_m$ 时，时间取最小值：

$$t_{\min} = \frac{2h\cos\varphi_x}{V} \tag{6.1-21}$$

为双曲线顶点，说明倾斜地层反射波时距曲线极小点偏离激发点 O，并恒位于激发点的地层上倾一侧，偏离距离与 h 和 φ_x 成正比。式（6.1-20）渐近线方程为

$$t_D = \pm\frac{1}{V}(x + 2h\sin\varphi_x) \tag{6.1-22}$$

其斜率仍为 $\frac{1}{V}$（注意该方程与直达波方程的区别）。

2. 倾角时差

当测线沿界面倾向方向布置时，视倾角 φ_x 就是真倾角 ψ，即式（6.1-19）可写为

$$t = \frac{2h}{V}\sqrt{1 + \frac{x^2 + 4hx\sin\psi}{4h^2}} \tag{6.1-23}$$

将式（6.1-23）进行二项式展开，并略去高次项得

$$t \approx t_0\left(1 + \frac{x^2 + 4hx\sin\psi}{8h^2}\right) \tag{6.1-24}$$

现取激发点 O 两边两个对称的观测点 x 和 $-x$，代入式（6.1-24），可得两点的时间 t_1 和 t_2 为

$$\begin{cases} t_1 \approx t_0\left(1 + \frac{x^2 + 4hx\sin\psi}{8h^2}\right) \\ t_2 \approx t_0\left(1 + \frac{x^2 - 4hx\sin\psi}{8h^2}\right) \end{cases} \tag{6.1-25}$$

因两观测点炮检距相同，即正常时差也相同，则 t_1 与 t_2 的时差 Δt_{d}：

$$\Delta t_{\mathrm{d}} = t_1 - t_2 = \frac{2x\sin\psi}{V} \tag{6.1-26}$$

式中，Δt_{d} 称为倾角时差，即为地层倾斜而引起的时差。对 $\alpha = 0$ 以及中间激发的对称观测方式，在已知倾角时差和地层速度时，即可求得地层倾角：

$$\psi = \arcsin\left(V\frac{\Delta t_{\mathrm{d}}}{2x}\right) \tag{6.1-27}$$

以上所述纵测线是指将激发点和观测点排列在一条直线上，当激发点和观测点不排列在一条直线上时，称为非纵测线。当激发点和观测点排列在一条弯曲线（如沿山沟排列）上时，称为弯曲测线。非纵测线或弯曲测线的时距方程均可表示为

$$t=\frac{1}{V}\sqrt{x_R^2+y_R^2-2x_Rx_m-2y_Ry_m+4h^2} \tag{6.1-28}$$

式中，x_R、y_R 为观测点坐标。该时距曲线一定在旋转双曲面上。

6.1.4　界面曲率对反射波时距曲线的影响

当界面为非平直界面时称为弯曲界面。弯曲界面可分为凸界面和凹界面。当界面弯曲时，反射波时距曲线会发生变化。

1. 凸界面情况

如图 6.1-5 所示，在凸界面顶上 O 点激发，在 O 点两边接收反射波，根据斯涅尔定律，反射波反射线要向两边发散，在曲率较大的凸界面顶部某些区域甚至接收不到反射波。

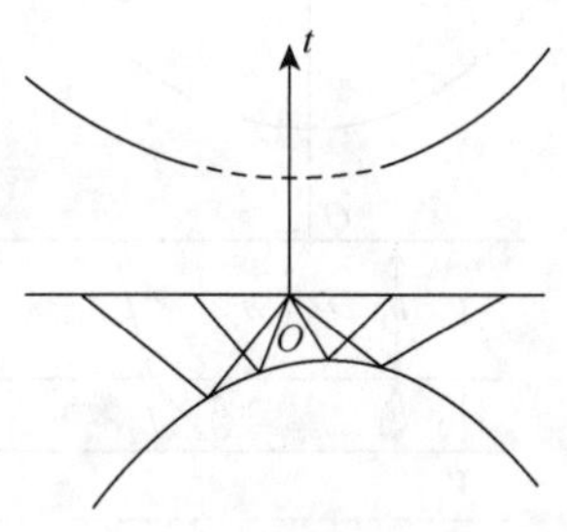

图 6.1-5　凸界面反射波发散

2. 凹界面情况

当界面为凹界面时，设曲界面的曲率半径为 R，界面埋深为 H，可根据 R 及 H 的不同分为以下几种情况。

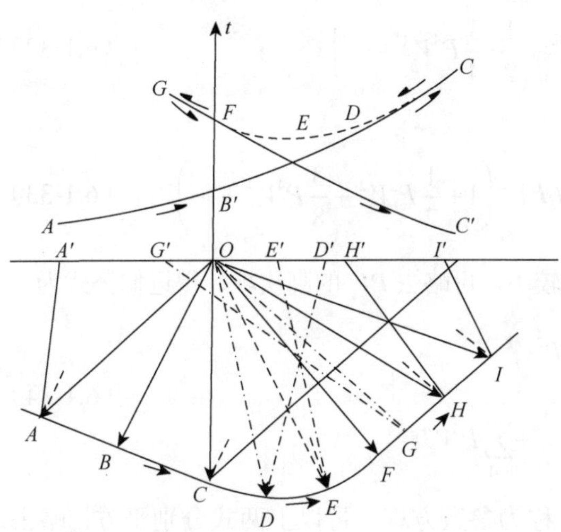

图 6.1-6　凹界面的回转波时距曲线

（1）$R\geqslant H$ 时，产生聚焦现象。反射线向激发点 O 靠拢，形成反射波聚焦现象。尤其是当 $R=H$ 时，半径为 R 的半圆形反射界面上的反射波会聚集于点 O。

（2）$R<H$ 时，产生回转波。当凹界面曲率较大时，曲率半径 R 就会较小，当 $R<H$ 时，产生回转波。如图 6.1-6 所示，一般情况下随着反射点向 x 正方向移动，反射波到达地面的位置也向 x 正方向延伸，而在凹界面 C-G 段，随反射点右移，反射波到达地面的点却向相反方向移动，称 C-G 段的这种反射波为回转波，C、G 点称为回转点。在该两点处，正常反射波和回转波时距曲线相切，回转波时距曲线的极小点与凹界面的最低点相对应。值得注意的是，当测线平行凹界面走向时，可能会存在侧反射问题。这时在地面一维观测可得到地下三维空间的地震信息。该问题也可归属三维地震勘探。

6.1.5　多层介质反射波时距曲线

实际的地质介质特别是沉积岩层，是由多个不同性质的地层组成的，称为层状介质（图 6.1-7）。当各个地层倾角均为零时，称为水平层状介质。

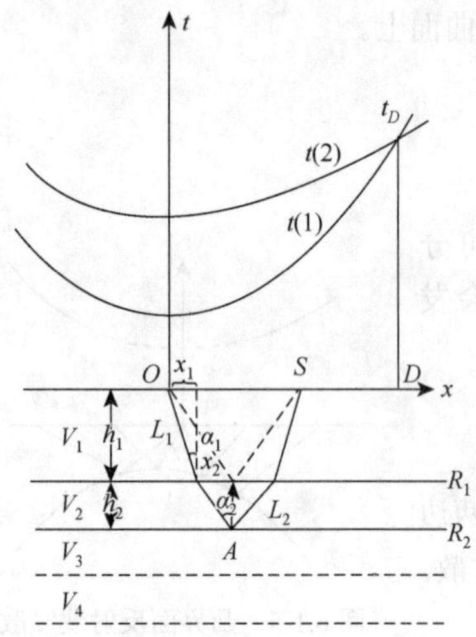

图 6.1-7　多层水平层状介质及其时距曲线示意图

图 6.1-7 表示一个 n 层水平层状介质模型。设 O 点为激发点，有一射线倾斜入射，在第 n 层 A 点反射后到达观测点 S 的时间 t 为

$$t = 2\sum_{i=1}^{n}\frac{L_i}{V_i} = 2\sum_{i=1}^{n}\frac{\Delta h_i}{V_i\cos\alpha_i} \tag{6.1-29}$$

式中，Δh_i 为第 i 层厚度；V_i 为第 i 层速度；α_i 为第 i 层入射角；L_i 为波在第 i 层的传播距离。

由斯涅尔定律：

$$\frac{\sin\alpha_1}{V_1} = \frac{\sin\alpha_2}{V_2} = \cdots = \frac{\sin\alpha_i}{V_i} = P \tag{6.1-30}$$

式中，P 为射线参数，即有

$$\sin\alpha_i = PV_i,\ \cos\alpha_i = \sqrt{1-P^2V_i^2} \tag{6.1-31}$$

由式（6.1-29）和式（6.1-31）可得 $t = 2\sum\limits_{i=1}^{n}\dfrac{\Delta h_i}{V_i\sqrt{1-P^2V_i^2}}$，应用二项式展开，并令 $t_i = \Delta h_i / V_i$ 为层间单程垂直走时，得

$$t = 2\sum_{i=1}^{n}t_i\left(1+\frac{1}{2}P^2V_i^2+\frac{1}{2}\cdot\frac{3}{4}P^4V_i^4+\cdots\right) \tag{6.1-32}$$

同理，也可将炮检距 x 表示为

$$x = 2\sum_{i=1}^{n}\Delta h_i\tan\alpha_i = 2\sum_{i=1}^{n}\frac{\Delta h_i PV_i}{\sqrt{1-P^2V_i^2}} = 2\sum_{i=1}^{n}t_iPV_i^2\left(1+\frac{1}{2}P^2V_i^2+\frac{3}{8}P^4V_i^4+\cdots\right) \tag{6.1-33}$$

在激发点附近接收时，x 比较小，即 α_i 比较小，可略去 PV_i 的高次项，得近似公式为

$$\begin{cases} t \approx t_0 + \sum\limits_{i=1}^{n}t_iP^2V_i^2 \\ x \approx 2\sum\limits_{i=1}^{n}PV_i^2t_i + \sum\limits_{i=1}^{n}P^3V_i^4t_i \end{cases} \tag{6.1-34}$$

式（6.1-34）是以参数 P 为参量的方程，称为参数方程。将以上两式分别平方，略去 PV_i 的高次项，消去参数 P，经化简后得

$$t^2 = t_0^2 + \frac{x^2}{V_\sigma^2} \tag{6.1-35}$$

式中，

$$t_0 = 2\sum_{i=1}^{n} t_i \tag{6.1-36}$$

$$V_\sigma = \left[\frac{\sum_{i=1}^{n} t_i V_i^2}{\sum_{i=1}^{n} t_i} \right]^{1/2} \tag{6.1-37}$$

式中，t_0 为波在反射层以上垂直往返的时间；V_σ 为均方根速度，它是由各层的层速度加权再取均方根求得。

由式（6.1-35）可见，在水平层状介质中，当 x 较小时（$x < H/2$，H 为界面深度），反射波时距曲线可近似为双曲线（实际是高次曲线），这种近似程度随 x 的增大而降低。在双曲线的近似条件下，$V = V_\sigma$，相当于把 n 层以上层状介质等价为具有均方根速度的均匀介质。

对于倾斜层状介质，可得类似水平层状介质的时距曲线方程：

$$t^2 = t_0^2 + \frac{x^2}{V_\varphi^2} \tag{6.1-38}$$

式中，

$$V_\varphi = \frac{V_\sigma}{\cos\varphi_x} \tag{6.1-39}$$

式中，V_φ 为等效速度；φ_x 为反射层视倾角。

由以上讨论可知，在层状介质中波的射线为一系列折线，若定义波沿射线传播的速度为射线速度，用 V_r 表示，则有

$$V_r = \frac{\dfrac{\Delta h_1}{\cos\alpha_1} + \dfrac{\Delta h_2}{\cos\alpha_2} + \cdots + \dfrac{\Delta h_n}{\cos\alpha_n}}{\dfrac{\dfrac{\Delta h_1}{\cos\alpha_1}}{V_1} + \dfrac{\dfrac{\Delta h_2}{\cos\alpha_2}}{V_2} + \cdots + \dfrac{\dfrac{\Delta h_n}{\cos\alpha_n}}{V_n}} \tag{6.1-40}$$

当射线沿界面法线入射时，$\alpha_1 = \alpha_2 = \cdots = \alpha_n = 0$，得

$$\overline{V} = \frac{\Delta h_1 + \Delta h_2 + \cdots + \Delta h_n}{\dfrac{\Delta h_1}{V_1} + \dfrac{\Delta h_2}{V_2} + \cdots + \dfrac{\Delta h_n}{V_n}} = \frac{H}{T} \tag{6.1-41}$$

式中，$\overline{V}$ 为平均速度；H 为界面深度；T 为波单向传播总时间。平均速度与均方根速度之间满足 $\overline{V} < V_\sigma$。

6.1.6　连续介质中波的时间场和反射波时距曲线

层状介质模型是实际介质的一种近似。不少地区，特别是沉积旋回比较明显的地区往往由许多薄层组成。层数无限增多，层厚度 $\Delta h_i \to 0$ 时的介质就称为连续介质。连续介质中速度是空间的连续函数。下面讨论波在连续介质中的运动学特征和时距曲线。

1. 反射波在连续介质中传播的运动学特征

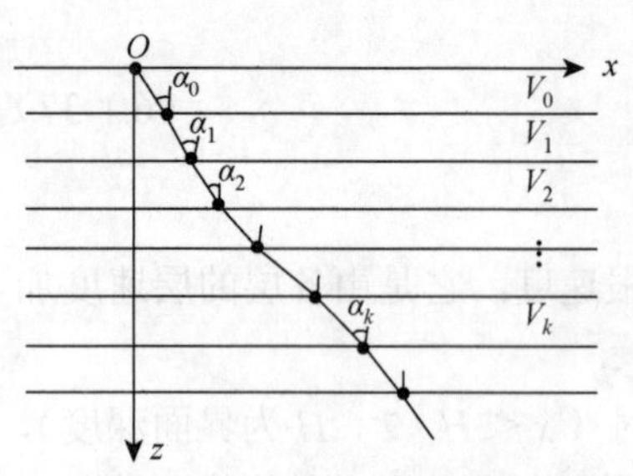

图 6.1-8　连续介质射线模型

在二维空间 x-z 坐标系统内，可以把连续介质看成无限多个具有很小厚度（Δz）的水平层，每层的速度分别为$V_0, V_1, V_2, \cdots$，如果地震波的任一条射线在各薄层中的入射角为$\alpha_0, \alpha_1, \alpha_2, \cdots$（图 6.1-8），则根据斯涅尔定律，有

$$\frac{\sin\alpha_0}{V_0}=\frac{\sin\alpha_1}{V_1}=\frac{\sin\alpha_2}{V_2}=\cdots=\frac{\sin\alpha_k}{V_k}=P$$

不同的入射角α_0可以得出不同的射线路径，它们对应不同的射线参数 P 值。

当介质由层状过渡到连续介质时，速度变成深度 z 的函数，即$V=V(z)$，射线的轨迹亦由折线过渡为曲线，射线在每一深度的入射角也将是深度的函数，$\alpha=\alpha(z)$，由此可得

$$\frac{\mathrm{d}x}{\mathrm{d}z}=\tan\alpha,\quad x=\int_0^z\tan\alpha\mathrm{d}z \tag{6.1-42}$$

若令每一薄层内波传播的路径长度为 $\mathrm{d}s$，则$\mathrm{d}s=\mathrm{d}t\cdot V$或$\frac{\mathrm{d}s}{\mathrm{d}z}=\frac{\mathrm{d}t}{\mathrm{d}z}V$，得

$$\frac{\mathrm{d}t}{\mathrm{d}z}=\frac{1}{V\cos\alpha},\quad t=\int_0^z\frac{\mathrm{d}z}{V\cos\alpha} \tag{6.1-43}$$

由$\sin\alpha=VP$，$\cos\alpha=\sqrt{1-P^2V^2}$，式（6.1-42）和式（6.1-43）可写为

$$\begin{cases}x=\int_0^z\frac{PV}{\sqrt{1-P^2V^2}}\mathrm{d}z\\ t=\int_0^z\frac{1}{V\sqrt{1-P^2V^2}}\mathrm{d}z\end{cases} \tag{6.1-44}$$

式（6.1-44）为连续介质的参数方程。一般而言，联立求解式（6.1-44），消去参数 P，就可得到地震波在连续介质中传播的射线方程、等时线方程及时距曲线方程。但在实际求解中，由于速度是深度的函数，因此当选取不同的速度模型时，求解的结果就会不一样。

通常，速度随深度变化最简单的是一种线性变化关系，即设

$$V(z)=V_0+kz=V_0(1+\beta z) \tag{6.1-45}$$

式中，V_0为$z=0$时的速度；$\beta=\frac{k}{V_0}$，k为常数，指速度随深度的变化率。将式（6.1-45）代入式（6.1-44），可得射线方程及等时线方程。

（1）射线方程：将速度函数$V(z)$代入参数方程 x 的表达式，并求积分可得

$$\begin{aligned}x&=\int_0^z\frac{PV_0(1+\beta z)\mathrm{d}z}{\sqrt{1-P^2V_0^2(1+\beta z)^2}}\\&=\frac{1}{P\beta V_0}\left[\sqrt{1-P^2V_0^2}-\sqrt{1-P^2V_0^2(1+\beta z)^2}\right]\end{aligned} \tag{6.1-46}$$

将 $P=\dfrac{\sin\alpha}{V(z)}=\dfrac{\sin\alpha}{V_0(1+\beta z)}$ 代入式（6.1-46），整理后得

$$x=\frac{1}{\beta\sin\alpha}\left[\sqrt{(1+\beta z)^2-\sin^2\alpha}-(1+\beta z)\cos\alpha\right]\tag{6.1-47}$$

在 $z=0$ 处，$P=\dfrac{\sin\alpha_0}{V_0}$，则式（6.1-46）可写为

$$x=\frac{1}{\beta\tan\alpha_0}-\frac{1}{\beta\sin\alpha_0}\sqrt{1-\sin^2\alpha_0(1+\beta z)^2}\tag{6.1-48}$$

将式（6.1-48）移项后两边平方，得

$$(x-x_1)^2+(z-z_1)^2=r_1^2\tag{6.1-49}$$

式中，$x_1=\dfrac{1}{\beta\tan\alpha_0}$；$z_1=-\dfrac{1}{\beta}$；$r_1=\dfrac{1}{\beta\sin\alpha_0}$。

式（6.1-48）为波在速度模型 $V(z)=V_0(1+\beta z)$ 的连续介质中传播时的射线方程。该方程说明：射线轨迹是以圆心为 (x_1,z_1)、半径为 r_1 的圆弧。圆的大小及圆心位置与入射角 α_0 有关，圆弧一定过 O 点，圆心位于沿 x 方向 $z=-\dfrac{1}{\beta}$ 的直线上，如图 6.1-9 所示。

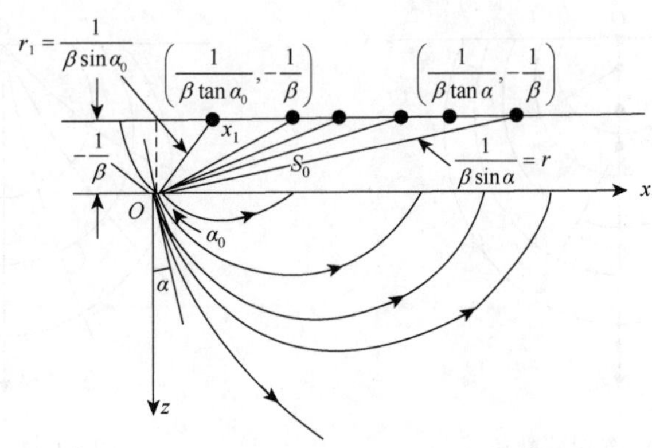

图 6.1-9　$V(z)=V_0(1+\beta z)$ 情况下的射线轨迹

由此可见，在连续介质中，速度随深度线性变化时，地震波的射线是从激发点发出的一簇圆弧曲线。

（2）波前或等时线方程：同样将 $V(z)$ 代入参数方程 t 的表达式，并积分可得

$$t=\frac{1}{V_0\beta}\ln\left[\frac{(1+\beta z)+\sqrt{(1+\beta z)^2-\sin^2\alpha}}{1+\cos\alpha}\right]\tag{6.1-50}$$

对式（6.1-50）两边取指数后平方，经三角函数简化后可解得

$$\cos\alpha=\frac{(1+\beta z)-\mathrm{ch}(V_0\beta t)}{\mathrm{sh}(V_0\beta t)}\tag{6.1-51}$$

$$\sin\alpha=\sqrt{1-\cos^2\alpha}=\frac{1}{\mathrm{sh}(V_0\beta t)}\sqrt{2(1+\beta z)\mathrm{ch}(V_0\beta t)-(1+\beta z)^2-1} \tag{6.1-52}$$

将 $\cos\alpha$ 和 $\sin\alpha$ 代入式（6.1-46），得

$$x=\frac{1}{\beta}\sqrt{2(1+\beta z)\mathrm{ch}(V_0\beta t)-(1+\beta z)^2-1}$$

两边取平方，并利用双曲余弦和双曲正弦之间的关系 $\mathrm{ch}^2(V_0\beta t)+\mathrm{sh}^2(V_0\beta t)=1$，则上式可写为

$$x^2+\left\{z-\frac{1}{\beta}[\mathrm{ch}(V_0\beta t)-1]\right\}^2=\frac{1}{\beta^2}\mathrm{sh}^2(V_0\beta t) \tag{6.1-53}$$

式（6.1-53）为 $V=V_0(1+\beta z)$ 的连续介质中地震波传播的波前或等时线方程。可见 $V=V_0(1+\beta z)$ 连续介质中等时线方程为圆，圆心在 $\left(0,\frac{1}{\beta}[\mathrm{ch}(V_0\beta t)-1]\right)$ 处，半径为 $\frac{1}{\beta}\mathrm{sh}(V_0\beta t)$。随着传播时间 t 的不同，波前为一系列圆心在坐标 z 轴上移动的圆弧，如图 6.1-10 所示。波前与射线正交即可将图 6.1-9 和图 6.1-10 重叠在一起，称为射线图板，如图 6.1-11 所示。

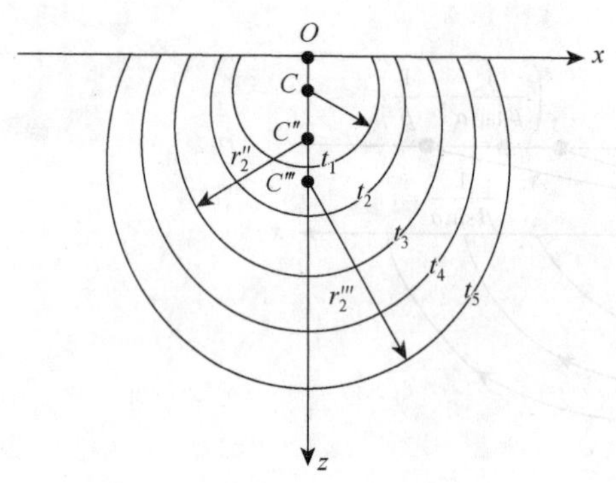

图 6.1-10　等时线轨迹

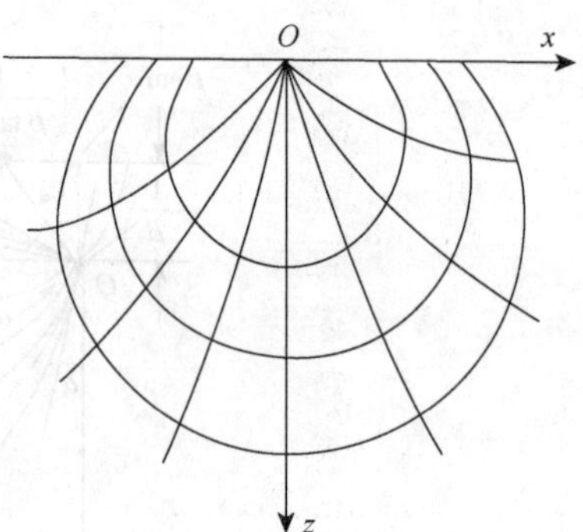

图 6.1-11　射线图板

2. *在连续介质中回折波和反射波的时距曲线*

在连续介质中，波的射线是圆弧线，因此从激发点产生的波都以圆弧路径传播。它不像均匀介质中的直达波按最近距离路径从激发点直接到达接收点，而是按最短时间路径沿圆弧轨迹从激发点出发向下到达某一深度 z_m 后，再向上返回到地面接收点，称这种波为回折直达波或者回折波，如图 6.1-12 所示。显然，回折波的传播深度与入射角 α 有关，α 越小，回折波传播深度越大，各条射线回折的深度 z_m 应该等于该圆弧射线的半径 r 减去 $\frac{1}{\beta}$，即

$$z_m=r-\frac{1}{\beta}=\frac{1}{\beta}(\csc\alpha-1) \tag{6.1-54}$$

回折波的时距曲线方程可由式（6.1-53）导出为

$$t = \frac{1}{V_0\beta}\operatorname{arcch}\left(\frac{\beta^2 x^2}{2}+1\right) \tag{6.1-55}$$

可见，连续介质中回折波时距曲线已不是一条直线，而是一条反双曲余弦曲线。

如图 6.1-12 所示，如果在地下 $z = H$ 处，存在一个速度突变界面 R，上覆连续介质中的波射线遇到界面 R 就会产生反射波。由图可见，产生反射波的界面段和接收反射波的地段是受到一定条件限制的。从 O 点发出的回折波中，总有一条射线的回折深度 $z_m = H$，入射角为 α_m。当入射角 $\alpha > \alpha_m$ 的回折波的回折深度均小于 z_m，这些波射线未到达界面 R 就回折到地面。而入射角 $\alpha < \alpha_m$ 的波射线在向下传播中一定会遇到界面 R 并以反射波的形式到达地面。于是 $z_m = H$ 的那条回折波的射线与界面 R 的切点 M 和在地面的出射点 A 为区分回折波和反射波的分界线，即在 OA 以内的观测点 S_1，S_2，⋯才能接收到回折波和界面 R 的反射波。在界面 R 的 OM 段才会产生反射波。

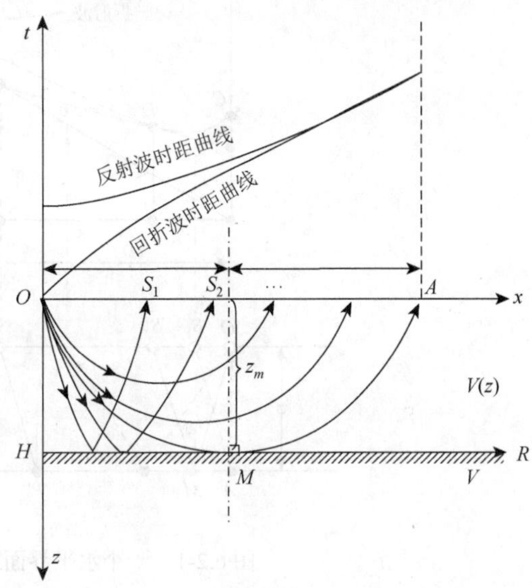

图 6.1-12　回折波和反射波时距曲线

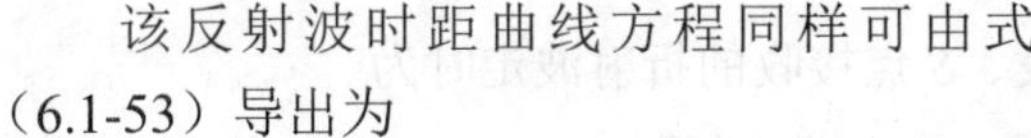

该反射波时距曲线方程同样可由式（6.1-53）导出为

$$t = \frac{2}{V_0\beta}\left[\frac{\beta^2(4x^2+H^2)}{2(1+\beta H)}+1\right] \tag{6.1-56}$$

该反射波时距曲线不是一条双曲线。在 $x = A$ 时，反射波时距曲线与回折波时距曲线相切。

6.2　地震折射波的时距曲线

地震折射波运动学是研究当入射波以临界角投射到地下折射界面产生首波时，折射波的时距关系。

6.2.1　一个水平界面的折射波时距曲线

设地下有两个地层，其速度满足条件 $V_1 < V_2$，如图 6.2-1 所示。在 O 点激发的球面纵波入射到水平界面 R，除在 R 上产生反射波外，当入射角 α 大于等于临界角 i_{PP} 时，在炮检距 $x \geqslant OS_2$ 的地段还可接收到折射波，而在 OS_2 范围内接收不到折射波，OS_2 地段称为盲区。由斯涅尔定律可知，临界角为

$$i_{\text{PP}} = \arcsin\frac{V_1}{V_2} \tag{6.2-1}$$

则盲区为

$$OS_2 = 2z\tan i_{PP}$$

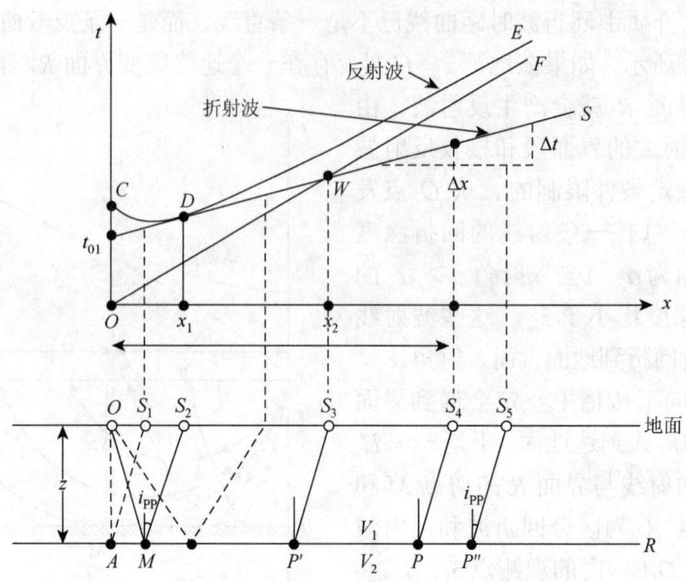

图 6.2-1　一个水平界面的折射波时距曲线及折射波

由折射波射线路径的几何关系，O 点激发、S 点接收的折射波走时为

$$\begin{aligned} t &= \frac{OM}{V_1} + \frac{MP}{V_2} + \frac{PS_4}{V_1} = 2\frac{OM}{V_1} + \frac{MP}{V_2} \\ &= \frac{x}{V_2} - \frac{2z\sin i_{PP}}{V_2\cos i_{PP}} + \frac{2z}{V_1\cos i_{PP}} \\ &= \frac{x}{V_2} + \frac{2z\cos i_{PP}}{V_1} \end{aligned} \tag{6.2-2}$$

若令 $t_{01} = \dfrac{2z\cos i_{PP}}{V_1}$，则式（6.2-2）可写为

$$t = \frac{x}{V_2} + t_{01} \tag{6.2-3}$$

式（6.2-3）为单层界面折射波时距曲线方程。

分析式（6.2-3）可知，t 和 x 是线性关系。所以在一个水平界面情况下，折射波时距关系是一条直线，直线的斜率是 $1/V_2$，折射层的速度 V_2 越大，则折射波时距曲线的斜率越小，直线显得越平缓；反之，则越陡。另外，由于在盲区不存在反射波、直达波的时距曲线关系，因此由式（6.2-2）所定义的 t_{01} 时间在折射波时距曲线上是观测不到的，但是可以人为地把折射波时距曲线向时间坐标轴上延长，在 t 轴的交点就是 t_{01} 值。利用 t_{01} 值可求出折射界面的法线深度：

$$z = \frac{V_1 t_{01}}{2\cos i_{\text{PP}}} \tag{6.2-4}$$

式中，V_1 可由直达波求取；V_2 由折射波时距曲线斜率确定；i_{PP} 由式（6.2-1）计算求得。

由于在界面 R 上既产生折射波，又产生反射波，同一界面的折射波时距曲线与反射波时距线在 $x = x_t$ 处的 D 点相切，因此反射波时距曲线在 $x = x_t$ 处的斜率可由反射波时距方程的微分求得

$$\frac{\mathrm{d}t}{\mathrm{d}x} = \left.\frac{x}{V_1^2 t}\right|_{x=x_t} = \frac{\sin i_{\text{PP}}}{V_1} = \frac{1}{V_2} \tag{6.2-5}$$

由此可见，同一层的反射波时距曲线和折射波时距曲线在 D 点有相同的斜率。D 点就是折射波的始点，除 D 点以外，折射波总是先于反射波到达同一检测点，形成地震记录上的初至波。均匀介质中的直达波时距曲线是一条斜率为 $1/V_1$ 的直线，因此折射波时距曲线与直达波时距曲线是互相交叉的。

6.2.2　多个水平层的折射波时距曲线

对多个水平层状介质，若满足：$V_1 < V_2 < V_3 < \cdots < V_n < V_{n+1}$，则在各层分界面均能产生折射波。以三层地层为例，存在着两个水平折射面，如图 6.2-2 所示。在前面讨论单个界面折射波时距曲线基础上，可进一步建立第二个界面 R_2 的折射波时距方程。由图 6.2-2 可见，O 点激发、S_5 点接收的折射波传播路径 $OM'M''P''P'S_5$ 遵循斯涅尔定律：

$$\frac{\sin\alpha_1}{V_1} = \frac{\sin\alpha_2}{V_2} = \frac{1}{V_3} \tag{6.2-6}$$

与该路径对应的传播时间为

$$\begin{aligned} t &= \frac{2z_1}{V_1\cos\alpha_1} + \frac{2z_2}{V_2\cos\alpha_2} + \frac{x - 2z_1\tan\alpha_1 - 2z_2\tan\alpha_2}{V_3} \\ &= \frac{x}{V_3} + \frac{2z_2\cos\alpha_2}{V_2} + \frac{2z_1\cos\alpha_1}{V_1} \\ &= \frac{x}{V_3} + t_{02} \end{aligned} \tag{6.2-7}$$

式中，z_1、z_2 为层厚度；α_2 为第二个界面临界角；

$$t_{02} = \frac{2z_2\cos\alpha_2}{V_2} + \frac{2z_1\cos\alpha_1}{V_1}$$

同理，可得第 n 个界面的折射波时距方程为

$$t = \frac{2}{V_{n+1}} + t_{0n} \tag{6.2-8}$$

其中，

$$t_{0n} = \sum_{k=1}^{n}\frac{2z_k\cos\alpha_k}{V_k} \tag{6.2-9}$$

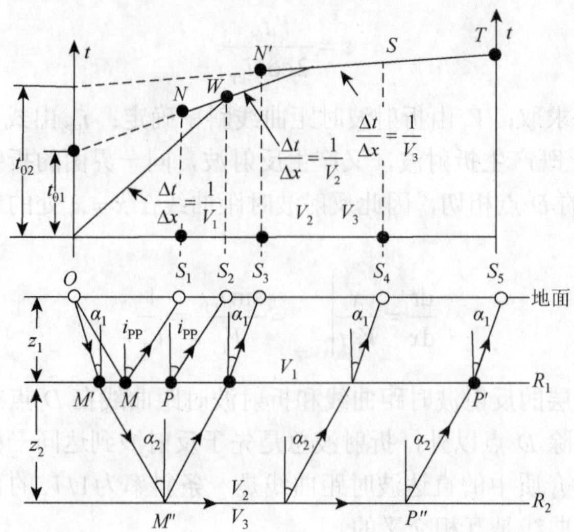

图 6.2-2　多个水平层状介质的折射波时距曲线图

可见，多个水平层状介质折射波时距曲线均为直线，直线斜率的倒数为折射界面下层介质的速度。由于各层速度不同，且下层速度大于上层速度，所以各层折射波时距曲线斜率不同，并且深层折射波时距曲线斜率小于浅层折射波时距曲线斜率。这样各层折射波时距曲线将相交，形成各层折射波相互干涉，相对单界面折射波，多层介质的折射波是比较复杂的。

6.2.3　倾斜界面和弯曲界面的折射波时距曲线

本节讨论倾斜界面情况下折射波的时距关系，这种情况更具有实际意义。以单个倾斜界面的情况为例，如图 6.2-3 所示为倾角为ψ的倾斜界面，假定它满足$V_2>V_1$的条件，则在该界面上形成折射波，研究其中任一条折射线传播路径$OMPO'$的传播时间 t，从图中的几何关系可以看出：

$$t=\frac{OM+PO'}{V_1}+\frac{MP}{V_2}=\frac{\dfrac{z_{\text{上}}}{\cos i_{\text{PP}}}+\dfrac{z_{\text{下}}}{\cos i_{\text{PP}}}}{V_1}+\frac{OQ-(z_{\text{上}}+z_{\text{下}})\tan i_{\text{PP}}}{V_2}$$

式中，$z_{\text{上}}$和$z_{\text{下}}$分别表示折射层上倾方向 O 点和下倾方向 O'点的界面法线深度。

由于$OQ=x\cos\psi$，$V_2=\dfrac{V_1}{\sin i_{\text{PP}}}$，则上式可变为

$$t=\frac{x\cos\psi}{V_2}+\frac{z_{\text{上}}+z_{\text{下}}}{V_1}\cos i_{\text{PP}} \tag{6.2-10}$$

如果在 O 点激发，在 OO' 段上接收，称为“下倾接收”，利用$z_{\text{上}}$和$z_{\text{下}}$的关系：

$$z_{\text{下}}=z_{\text{上}}+x\sin\psi$$

代入式（6.2-10)，并用$t_{\text{下}}$表示下倾接收的传播时间，则得

$$t_{下}=\frac{x\cos\psi\sin i_{\mathrm{PP}}}{V_1}+\frac{2z_{上}+x\sin\psi}{V_1}\cos i_{\mathrm{PP}}=\frac{x\sin(i_{\mathrm{PP}}+\psi)}{V_1}+t_{0下} \tag{6.2-11}$$

式中，

$$t_{0下}=\frac{2z_{上}\cos i_{\mathrm{PP}}}{V_1} \tag{6.2-12}$$

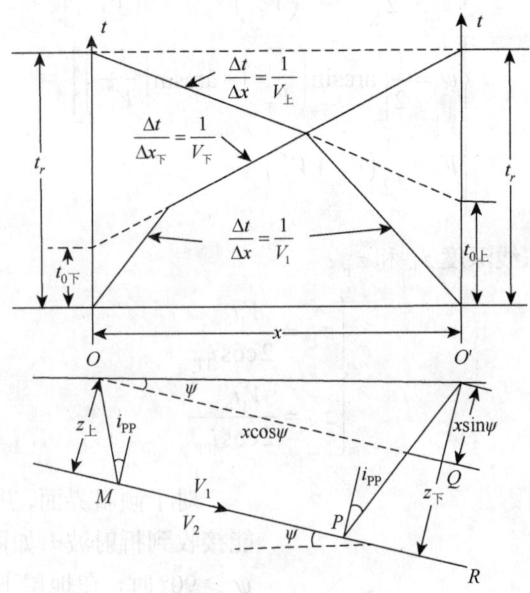

图 6.2-3　倾斜层折射波时距曲线

同理，当在 O' 点激发，在 OO' 段上接收，称为“上倾接收”，则上倾接收的传播时间 $t_{上}$ 为

$$t_{上}=\frac{x\sin(i_{\mathrm{PP}}-\psi)}{V_1}+t_{0下} \tag{6.2-13}$$

式中，

$$t_{0下}=\frac{2z_{下}\cos i_{\mathrm{PP}}}{V_1} \tag{6.2-14}$$

分析式（6.2-11）和式（6.2-13）可知，倾斜地层上，折射波时距曲线仍然是一条直线。该直线的斜率为 $\frac{\sin(i_{\mathrm{PP}}\pm\psi)}{V_1}$，其截距分别为 $t_{0下}$ 和 $t_{0上}$。由于斜率的倒数是时距曲线的视速度，因此下倾接收和上倾接收的视速度分别为

$$V_{下}^{*}=\frac{V_1}{\sin(i_{\mathrm{PP}}+\psi)},\quad V_{上}^{*}=\frac{V_1}{\sin(i_{\mathrm{PP}}-\psi)} \tag{6.2-15}$$

可见，在倾斜界面情况下，下倾接收和上倾接收的两条折射波时距曲线的斜率是不同的。但在两条时距曲线中，由于 O 点激发、O' 点接收和 O' 点激发、O 点接收时，波的传播路径相同，因此，传播时间也相同，这两点满足互换原理，称为互换点。对应的

时间 t_r 称为互换时间。互换点和互换时间是识别两条时距曲线是否是同一折射层折射波的重要依据。通常把在上、下倾分别激发和接收的观测方式称为相遇观测系统，所得到的两条时距曲线称为相遇时距曲线。根据相遇时距曲线及其特点，可求取临界角 i_{PP}、折射层的倾角 ψ 及折射层速度 V_2。

$$\begin{cases} i_{\text{PP}} = \dfrac{1}{2}\left[\arcsin\left(\dfrac{V_1}{V_{\text{下}}^*}\right) + \arcsin\left(\dfrac{V_1}{V_{\text{上}}^*}\right)\right] \\ \psi = \dfrac{1}{2}\left[\arcsin\left(\dfrac{V_1}{V_{\text{下}}^*}\right) - \arcsin\left(\dfrac{V_1}{V_{\text{上}}^*}\right)\right] \\ V_2 \approx \dfrac{1}{2}\left(V_{\text{下}}^* + V_{\text{上}}^*\right) \end{cases} \tag{6.2-16}$$

进一步可求得界面的法线深度 $z_{\text{上}}$ 和 $z_{\text{下}}$：

$$\begin{cases} z_{\text{上}} = \dfrac{V_1 t_{0\text{下}}}{2\cos i_{\text{PP}}} \\ z_{\text{下}} = \dfrac{V_1 t_{0\text{上}}}{2\cos i_{\text{PP}}} \end{cases} \tag{6.2-17}$$

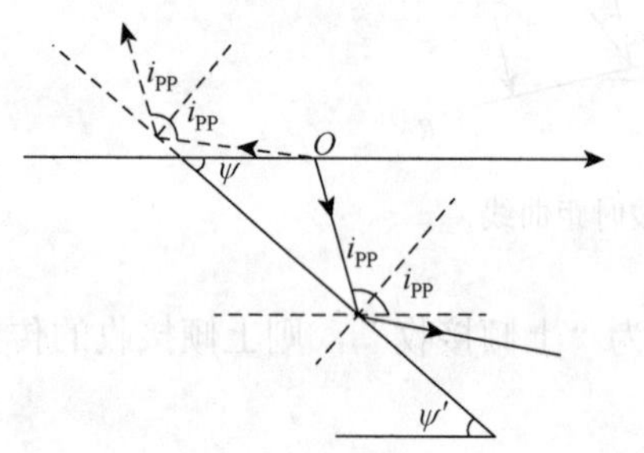

图 6.2-4　界面倾角太大时观测不到折射波的情况

对于倾斜界面，并不是在任何条件下都能接收到折射波。如图 6.2-4 所示，当 $i_{\text{PP}} + \psi \geqslant 90°$ 时，在地层下倾方向是接收不到折射波的。这时，界面虽有折射波产生，但折射波射线是平行地面传播或向地下传播，不能到达地面接收点。因此在大倾角地区进行折射波勘探时，要特别注意测线方向，可以把测线布置在使视倾角较小的方向，以满足 $i_{\text{PP}} + \psi < 90°$ 的条件。

地层界面除有倾斜情况外，实际中常常还有起伏、弯曲的情况。在弯曲界面中，地层倾角随界面曲率变化而变化，所以折射波在地面的出射角也是变化的，引起折射波时距曲线上各点的视速度变化，从而使时距曲线的各点斜率变化，这时折射波时距曲线不能保持为斜率不变的直线，而是一条曲线。由式（6.2-15）可得出，地层倾角变化引起时距曲线斜率变化的规律是 ψ 加大，$V_{\text{下}}^*$ 变小，斜率增大，则时距曲线变陡；反之亦然。同理，ψ 加大，$V_{\text{上}}^*$ 变大，斜率变小，时距曲线变平缓；反之亦然。因此，曲界面的时距曲线形状，可以定性地认为它与界面的起伏呈镜像对称关系。如图 6.2-5 所示，对凹界面来说，它的时距曲线是向下弯曲的形状。而对凸界面，其形状则向上弯曲。对较大曲率的凸界面来说，折射波可能不是沿界面滑行，而是穿过下覆地层，形成穿透现象，如图 6.2-5（c）所示。穿透波的时距曲线形态也是向上弯曲的。识别是否为穿透波的方法是固定接收位置，改变激发点，若不同激发所得的时距曲线不平行则为穿透波，若两曲线平行则为折射波。本书称这种观测为追逐观测，所得的时距曲线为追逐时距曲线。

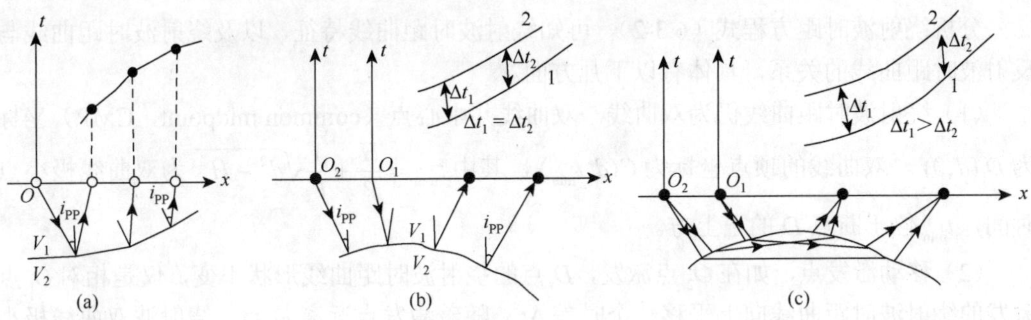

图 6.2-5　曲界面的折射波时距曲线

6.3　地震绕射波的时距曲线

当地下存在断层、地层尖灭点、不整合面上的突变点等地质现象时，根据绕射波产生条件，这些岩性突变点处将产生绕射波。现以断层棱点为例，如图 6.3-1 所示，假设地下有一断点 D，其坐标为（d, H），从激发点 O_1 出发的入射波到达 D 点后形成绕射波。在地面 S 点所接收到的绕射波传播时间 t_D 为

$$t_D=\frac{O_1D+DS}{V}=\frac{\sqrt{d^2+H^2}+\sqrt{(x-d)^2+H^2}}{V} \tag{6.3-1}$$

或

$$\frac{\left(t_D-\dfrac{1}{V}\sqrt{d^2+H^2}\right)^2}{\left(\dfrac{H}{V}\right)^2}-\frac{(x-d)^2}{H^2}=1 \tag{6.3-2}$$

式中，d 为绕射点 D 到激发点 O_1 的水平距离；H 为绕射点的法线深度；x 为接收点 S 到激发点的距离。

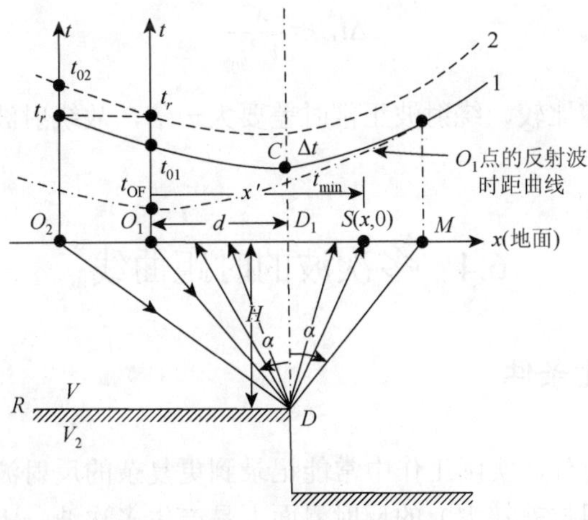

图 6.3-1　绕射波时距曲线

分析绕射波时距方程式（6.3-2），可知绕射波时距曲线特征，以及绕射波时距曲线与反射波时距曲线的关系，具体有以下几方面。

（1）绕射波时距曲线仍为双曲线。双曲线共中心点（common midpoint，CMP）坐标为$D_1(d,0)$。双曲线的顶点坐标为$C(d,t_{\min})$，其中$t_{\min}=\dfrac{H}{V}+\dfrac{1}{V}\sqrt{d^2+H^2}$为双曲线极小点时间，$t_{\min}$位于断点$D$的正上方。

（2）移动激发点，如在O_2点激发，D点的绕射波时距曲线形状不变，仅是相对O_1点激发的绕射波时距曲线向上平移一个时差Δt。随着激发点远离D_1点，绕射波双曲线极小点时间逐渐延长。

（3）选定地面任意两点既作为激发点，又作为接收点，例如O_1点和O_2点，因O_1点激发、O_2点接收，或O_2点激发、O_1点接收时，绕射波所经过的路径相同，绕射波时间也相同，即称同时间t_r为两条时距曲线的互换点。

$$t_r=\frac{1}{2}(t_{01}+t_{02}) \tag{6.3-3}$$

式中，t_{01}和t_{02}分别为O_1点和O_2点自激自收的绕射波时间。该式也是识别反射波和绕射波的标志。

（4）D点除产生绕射波外，由于界面R还要产生反射波，因此D点同时要产生反射波，按反射规律，O_1点激发，D点的反射波可到达$x=2d$的位置M点，同时求绕射波、反射波时距曲线，当$x=M$点的斜率为

$$\begin{cases}\left(\dfrac{\mathrm{d}t_D}{\mathrm{d}x}\right)_{x=M}=\dfrac{1}{V}\dfrac{d}{\sqrt{d^2+H^2}}\\[2ex]\left(\dfrac{\mathrm{d}t}{\mathrm{d}x}\right)_{x=M}=\dfrac{1}{V}\dfrac{d}{\sqrt{d^2+H^2}}\end{cases} \tag{6.3-4}$$

比较结果，在M点接收的两种波时距曲线斜率相同，说明绕射波和反射波时距曲线在$x=M$点相切。因为D点是反射界面的端点，所以反射波时距曲线在$x=M$点终止。

$$\Delta t_D\approx\frac{x^2}{V^2t_0} \tag{6.3-5}$$

与反射波正常时差比较，绕射波正常时差要大一倍，故绕射波时距曲线比反射波时距曲线要陡一倍。

6.4　多次波的时距曲线

6.4.1　多次波的产生条件

除了上述一次反射外，实际工作中常能记录到更复杂的反射波，称为多次波。只有在反射系数较大（波阻抗差较大）的反射界面上易产生多次波。下面几种情况都易产生多次波。

（1）自由表面与低速度带之间易形成多次波。

（2）浅、中层存在良好的反射界面（如高速层），易产生多次波，其可能掩盖中深层的一次反射波。

（3）基岩面、不整合面、火成岩、石膏层、盐岩、石灰岩等都易产生多次波。

（4）海上“鸣震”：海平面与海底之间易产生多次波。例如，在波阻抗差很大的界面上产生多次波。

多次波的类型有很多，如图 6.4-1 所示，长程多次波可分为全程多次波和层间多次波两类，其中全程多次波是指由地表及反射界面往返多次反射的波；层间多次波仅指在某一层内（或 n 层内）多次反射的波。

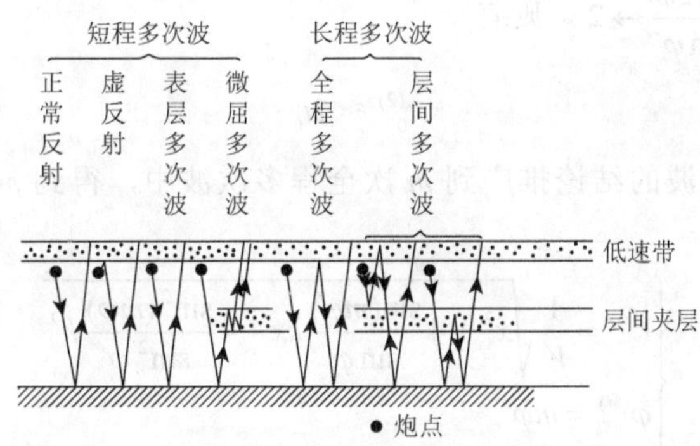

图 6.4-1　多次波示意图

6.4.2　多次波时距曲线方程

首先建立全程多次波的时距曲线方程。设在水平地表以下，存在一个良好的反射界面 R，激发点 O 至界面 R 的法线深度为 h，界面倾角为 φ，界面以上的速度为 V，如图 6.4-2 所示。由图可见，O 点激发经 A 点反射到 B 点接收为一次波，若 B 点再反射向下，入射到 C 点再反射到 D 点接收就为二次波。利用虚震源的概念很容易建立二次全程多次波的时距曲线方程。对于一次波，以界面 R 为镜面，其虚震源为 O^*。对于二次波，若将△ABC 以 R 为镜面向下翻转，得到 B 点的镜像点 B'，二次波的传播路径为 $AB'D$，B'可看作地下有一个倾角为 $\varphi^{(2)}$ 的界面 R' 上的反射点，若以 R' 为镜面，O 点的镜像点 O_2^* 则可以看作二次波的虚震源。以 R'为虚拟界面，利用三角关系，则可得 R' 的倾角 $\varphi^{(2)}$、法线深度 $h^{(2)}$ 为

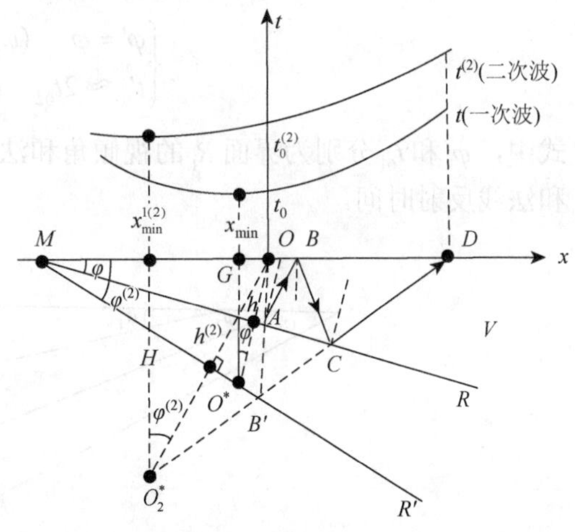

图 6.4-2　全程多次波时距曲线

$$\begin{cases}\varphi^{(2)} = 2\varphi \\ h^{(2)} = 2h\cos\varphi = h\dfrac{\sin 2\varphi}{\sin\varphi}\end{cases} \tag{6.4-1}$$

以及二次波时距曲线方程：

$$t^{(2)} = \frac{1}{V}\sqrt{x^2 + 4\frac{\sin^2 2\varphi}{\sin\varphi}hx + 4\frac{\sin^2 2\varphi}{\sin^2\varphi}h^2} \tag{6.4-2}$$

进一步可得二次波时距曲线的 $t_0^{(2)}$ 为

$$t_0^{(2)} = \frac{2h^{(2)}}{V} = \frac{\sin 2\varphi}{\sin\varphi}t_0$$

当 φ 较小时，$\dfrac{\sin 2\varphi}{\sin\varphi} \to 2$，则有

$$t_0^{(2)} \approx 2t_0 \tag{6.4-3}$$

同理，可将二次波的结论推广到 m 次全程多次波中，得到 m 次多次波的时距方程为

$$\begin{cases}t^{(m)} = \dfrac{1}{V}\sqrt{x^2 + 4\dfrac{\sin(m\varphi)}{\sin\varphi}hx + 4\dfrac{\sin^2(m\varphi)}{\sin^2\varphi}h^2} \\ \varphi^{(m)} = m\varphi \\ t_0^{(m)} \approx mt_0\end{cases} \tag{6.4-4}$$

但需注意的是，多次波的次数 m 应满足 $m\varphi < 90°$。

对于层间多次波，研究思路与全程多次波类似。如图 6.4-3 所示，在界面 R_1 和界面 R_2 之间产生层间多次反射，若三角形△BCD 以界面 R_2 为镜面旋转 180°，即可将层间多次反射波看作由界面 R_1 产生的一次波。很容易证明，虚拟界面 R' 的 φ' 和 t'_0 为

$$\begin{cases}\varphi' = \varphi_2 + (\varphi_2 - \varphi_1) = 2\varphi_2 - \varphi_1 \\ t'_0 \approx 2t_{02} - t_{01}\end{cases} \tag{6.4-5}$$

式中，φ_1 和 t_{01} 分别为界面 R_1 的视倾角和法线反射时间；φ_2 和 t_{02} 分别为界面 R_2 的视倾角和法线反射时间。

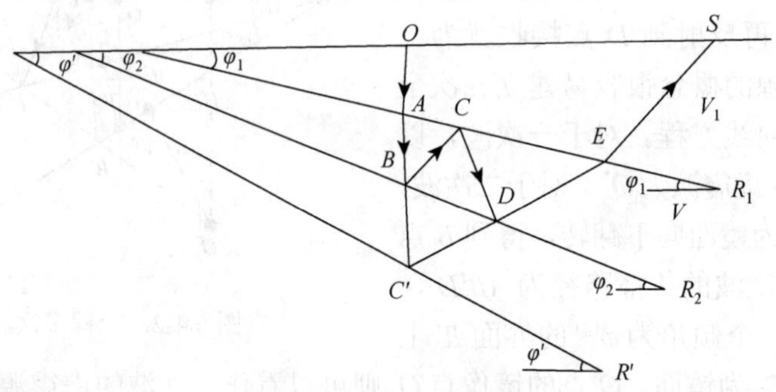

图 6.4-3　层间多次反射

综上所述，多次波时距曲线可等效为一个虚拟界面的一次波，该虚拟界面相对产生一次波的实际界面倾角增大，深度增大，多次波时距曲线的极小点相对一次波更偏离激发点。这些标志均可用于识别多次波。

6.5　垂直时距曲线方程

井中地震勘探［或称垂直地震剖面法（vertical seismic profiling，VSP）］相对于地面地震勘探是一种新的勘探方法。它一般是在地表激发，在井中观测。它可利用的波有直达波、透射波和反射波。VSP 不仅能得到地下介质的平均速度、层速度信息，更重要的是可以比较精细地研究井旁地层剖面的结构和岩性。它是地面地震勘探的补充，VSP 与地面地震勘探相结合，能够大大提高地震勘探的精度。相对于地面地震勘探的时距曲线概念，本书把在地表激发在井中观测所得到的时距曲线称为垂直时距曲线。

6.5.1　直达波垂直时距曲线方程

如图 6.5-1 所示，在地表 O 点激发，震源距井口的水平距离为 d，当激发点远离井口时称为非零偏 VSP，当激发点靠近井口时称为零偏 VSP。若在井中深度为 z 的 G 点处接收地震波，假设介质为均匀介质，波速为 V，则直达波垂直时距曲线方程为

$$t=\frac{1}{V}\sqrt{d^2+z^2} \qquad (6.5\text{-}1)$$

VSP 中的直达波也可称为下行波。

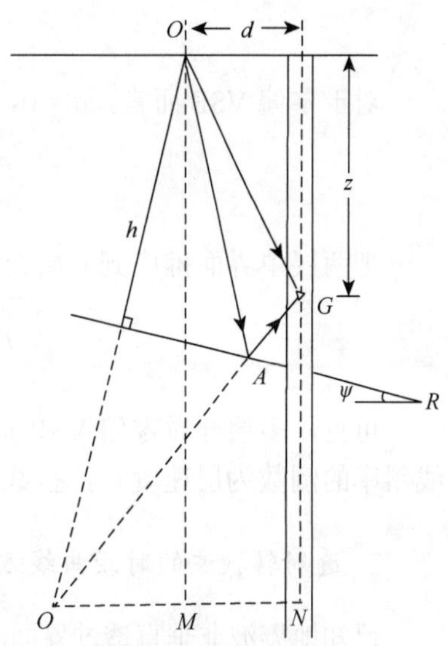

图 6.5-1　井中直达波和上行反射波的传播路径图

6.5.2　反射波垂直时距曲线方程

如图 6.5-1 所示，当下行波入射到界面 R 时，则要产生一次反射，称为上行反射波，然后被 G 点的接收器接收。设界面 R 的上覆介质为均匀层，界面倾角为 ψ，法线深度为 h，波速为 V，根据图 6.5-1 中的几何关系，利用虚震源原理，得上行反射波垂直时距曲线方程为

$$t=\frac{1}{V}[(2h\cos\psi-z)^2+(2h\sin\psi+d)^2]^{1/2} \qquad (6.5\text{-}2)$$

当地层倾角 $\psi=0°$ 时，得水平界面垂直时距曲线方程：

$$t=\frac{1}{V}[(2h-z)^2+d^2]^{1/2} \qquad (6.5\text{-}3)$$

6.5.3　透射波垂直时距曲线方程

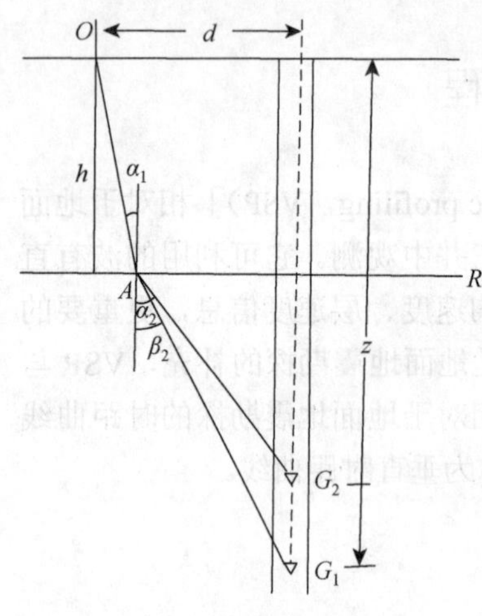

图 6.5-2　井中透射波

1. 同类透射波的时距曲线

如图 6.5-2 所示，透射波是指 O 点激发的波在层状介质中穿过界面 R 到达接收点，波在经过速度分界面时有折射，因此，透射波时距曲线比均匀介质中的直达波更复杂。根据图 6.5-2 中所示的几何关系，同类透射波时距曲线的参数方程为

$$\begin{cases} t=\dfrac{h}{V_1\cos\alpha_1}+\dfrac{z-h}{V_2(1-n^2\sin^2\alpha_1)^{1/2}} \\ z=h+(d-h\tan\alpha_1)\cot\alpha_2 \\ \quad =h+\dfrac{(d-h\tan\alpha_1)(1-n^2\sin^2\alpha_1)^{1/2}}{n\sin\alpha_1} \end{cases} \tag{6.5-4}$$

式中，$n=\dfrac{V_{P_2}}{V_{P_1}}$。

对于零偏 VSP 而言，$d=0$，即 $\alpha_1=0°$，单界面的时距曲线方程为

$$t=\frac{h}{V_1}+\frac{z-h}{V_2} \tag{6.5-5}$$

把两层单界面推广到 n 层介质，与之对应的透射波时距曲线方程为

$$t=\frac{h_1}{V_1}+\sum_{i=2}^{n-1}\frac{h_i-h_{i-1}}{V_i}+\frac{z-h_{n-1}}{V_n} \tag{6.5-6}$$

可见，多层介质零偏 VSP 透射波时距曲线为由一系列直线段组成的折线，第 i 段直线斜率的倒数为层速度 V_i，折线段的拐点所对应的深度为地层分界面。

2. 透射转换波的时距曲线方程

已知地震波非垂直透过界面时，要发生波形转换。由图 6.5-2 可得透射转换波（P-SV 波）的时距曲线方程：

$$\begin{cases} t=\dfrac{h}{V_{P_1}\cos\alpha_1}+\dfrac{(z-h)}{V_{S_2}\cos\beta_2} \\ \quad =\dfrac{h}{V_{P_1}\cos\alpha_1}+\dfrac{V_{P_1}(z-h)}{V_{S_2}(V_{P_1}^2-V_{S_2}^2\sin^2\alpha_1)} \\ z=h+(d-h\tan\alpha_1)\cos\beta_2/\sin\beta_2 \\ \quad =h+\dfrac{(d-h\tan\alpha_1)(V_{P_1}^2-V_{S_2}^2\sin\alpha_1)}{V_{S_2}\sin\alpha_1} \end{cases} \tag{6.5-7}$$

6.6　τ-p 域各种波的运动学特征

本章前述内容是在 t-x 域内研究波的运动学特征，实际工作中还可以在 τ-p 域应用射线参数 p（或称时距曲线的瞬时斜率）和它在时间轴上的截距 τ 来描述波的运动学特点。在 t-x 域内各种波互相交叉干涉构成复杂的时距曲线关系（图 6.6-1），而在 τ-p 域内则各自分离，这便于后续的资料处理分辨各种类型的波。

由 t-x 域变换到 τ-p 域，从数学上相当于做了一次坐标变换，其关系如下：

$$t = \tau + px \tag{6.6-1}$$

或

$$\tau = t - px$$

对于水平层反射波而言，求其时距曲线方程关于 x 的微分，则得

$$p = \frac{\mathrm{d}t}{\mathrm{d}x} = \frac{1}{V}\frac{x}{(x^2+4h^2)^{1/2}} \tag{6.6-2}$$

所以，$x = \dfrac{2hpV}{(1-p^2V^2)^{1/2}}$，于是有

$$\tau = t - px = \frac{1}{V}(x^2+4h^2)^{1/2} - p\frac{2hpV}{(1-p^2V^2)^{1/2}}$$

进一步把 x 的表达式代入上式化简，得

$$\tau_0^2 = t_0^2(1-p^2V^2) \text{ 或 } \frac{\tau^2}{t_0^2} + \frac{p^2}{(1/V)^2} = 1 \tag{6.6-3}$$

由此可见，在 t-x 域内为双曲线的反射波，在 τ-p 域内变为椭圆，其长半轴为 $\dfrac{1}{V}$，短半轴为 t_0，如图 6.6-2 所示。

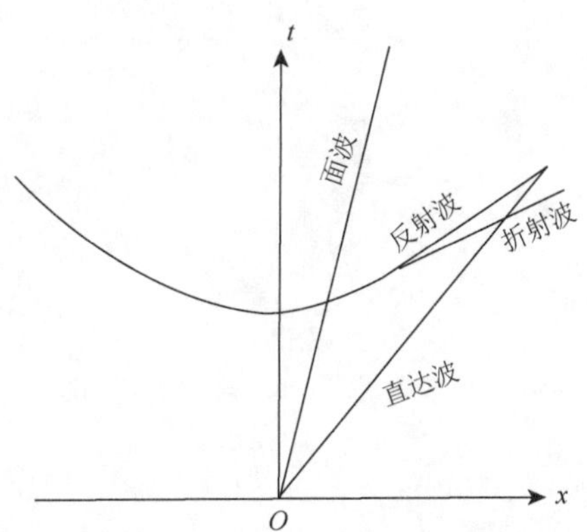

图 6.6-1　t-x 域内各种波的时距曲线关系

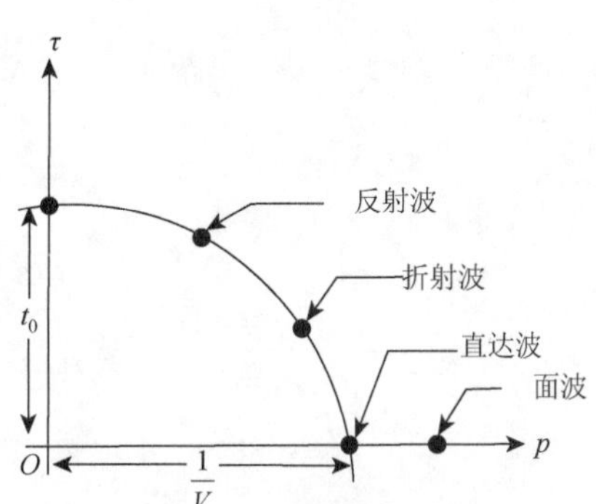

图 6.6-2　τ-p 域内各种波的分布

对于在 t-x 域里为直线型的直达波、面波（声波）、折射波，由于 p 值为一定值，因

此它们在τ-p域内都变为一个“点”。直达波和面波（声波）都从震源出发，它们的时距曲线在t轴的截距为零，即$\tau=0$，因此，它们都在$\tau=0$的p轴上。由于直达波时距曲线在无限远处与同一界面的反射波时距曲线相切，即在该处具有相同的斜率（p值），故直达波与反射波在p轴上共点。而面波时距曲线因斜率大于直达波时距曲线，故p值大，它的“点”位于椭圆外。折射波时距曲线由于与同一界面的反射波时距曲线相切，它的“点”位于椭圆上与临界角对应的p值处。

可见，在t-x域内相互干涉的时距曲线，经变换至τ-p域后都各自分离。这样，当需要消去某些与反射波无关的干扰（如面波、声波等）时，则可在τ-p域内“消去”反映这些波的“点”，再反变换到t-x域后便可克服这些干扰波。

第 7 章　地震波速度及地震地质条件

7.1　地震波的传播速度及其影响因素分析

地震波的传播速度在地震勘探中是一个重要的参数，它也是进行地震勘探的物理基础之一。因为反射波、透射波和折射波的产生条件主要是弹性介质在速度上存在差异。地震波在不同岩性地层中传播的速度称为层速度。无论纵波还是横波，它们在地层中传播的速度都取决于岩石的弹性系数和密度。其中，

$$\begin{cases} V_{\mathrm{P}} = \left(\dfrac{\lambda + 2\mu}{\rho}\right)^{1/2} \\ V_{\mathrm{S}} = \left(\dfrac{\mu}{\rho}\right)^{1/2} \end{cases} \tag{7.1-1}$$

式中，λ和μ分别为拉梅常数和剪切模量。纵、横波速度还可以由其他的参数，如杨氏模量E、泊松比υ、体积模量K等来表示。它们之间的相互关系见表 7.1-1。

表 7.1-1　几个物理量之间的相互关系

参数	符号	公式	单位
纵波速度	V_{P}	$V_{\mathrm{P}} = \left(\dfrac{\lambda+2\mu}{\rho}\right)^{1/2} = \left[\dfrac{E(1-\upsilon)}{\rho(1+\upsilon)(1-2\upsilon)}\right]^{1/2}$	m/s
横波速度	V_{S}	$V_{\mathrm{S}} = \left(\dfrac{\mu}{\rho}\right)^{1/2} = \left[\dfrac{E}{2\rho(1+\upsilon)}\right]^{1/2}$	m/s
纵横波速度比	$\dfrac{V_{\mathrm{P}}}{V_{\mathrm{S}}}$	$\dfrac{V_{\mathrm{P}}}{V_{\mathrm{S}}} = \left(\dfrac{\lambda+2\mu}{\mu}\right)^{1/2} = \left[\dfrac{2(1-\upsilon)}{1-2\upsilon}\right]^{1/2}$	量纲一
杨氏模量	E	$E = \dfrac{\rho V_{\mathrm{S}}^2(3V_{\mathrm{P}}^2 - 4V_{\mathrm{S}}^2)}{2V_{\mathrm{P}}^2 - V_{\mathrm{S}}^2}$	Pa
泊松比	υ	$\upsilon = \dfrac{V_{\mathrm{P}}^2 - 2V_{\mathrm{S}}^2}{2(V_{\mathrm{P}}^2 - V_{\mathrm{S}}^2)}$	量纲一
体积模量	K	$K = \rho\left(V_{\mathrm{P}}^2 - \dfrac{4}{3}V_{\mathrm{S}}^2\right)$	Pa
拉梅常数	λ	$\lambda = \rho(V_{\mathrm{P}}^2 - 2V_{\mathrm{S}}^2)$	Pa
剪切模量	μ	$\mu = \rho V_{\mathrm{S}}^2 = \dfrac{E}{2(1-\upsilon)}$	Pa

由表 7.1-1 可见，地震波的速度与诸多弹性系数有关，当岩石性质、沉积环境、沉积年代和地层埋深不同时，则弹性系数也就不同，速度随之而变化。因此速度是一个重要的岩性参数，它可以把地质模型与地球物理模型联系起来。同时由于以上原因，速度也有很大的变化范围，即使相同的岩石，其速度也在很大的范围内变化。因此，有必要研究影响波速的因素，分清主次，以利于对不同速度作不同的具体分析。关于这方面的问题，不少学者对大量的岩石进行了实验室的测定和研究，对大量的测井资料进行了分析，并得到了许多有意义的结果和经验公式，引用其中一些结果以说明影响波速的主要因素。

7.1.1　孔隙度对速度的影响

大部分岩石是由颗粒状的各种矿物组成的，这种颗粒状结构的岩石可以看作由许多不同性质的小球堆积而成，小球与小球之间具有孔隙，一般粗颗粒结构的岩石其孔隙度相对大些，如砂岩；而细粒结构的岩石的孔隙度相对小些，如灰岩。因此，一切固体岩石从结构上说，它们基本上由两部分组成：一部分是矿物颗粒本身，称为岩石骨架（或基质）；另一部分是由各种气体或液体充填的孔隙，这就是双相介质。显然地震波在这种结构的岩石中传播时，实际上相当于波在岩石骨架本身和孔隙两种介质中传播。尽管孔隙中充填了各种气体和液体，但根据一般常识，波在气体或液体中传播的速度要低于在岩石骨架（固体）中的传播速度。因而，波在双相介质中传播的速度与孔隙度成反比，即同样岩性的岩石，当孔隙度大时，其速度值相对更小。1956 年，威利（Wylie）等提出了一个较简便的表示纵波速度与孔隙度之间关系的方程，称为时间平均方程：

$$\frac{1}{V_{\mathrm{P}}}=\frac{1-\phi}{V_{\mathrm{m}}}+\frac{\phi}{V_{\mathrm{i}}} \tag{7.1-2}$$

式中，ϕ 为孔隙度；V_{P} 为岩石的纵波速度；V_{m} 为岩石骨架的纵波速度；V_{i} 为孔隙中充填介质的纵波速度。

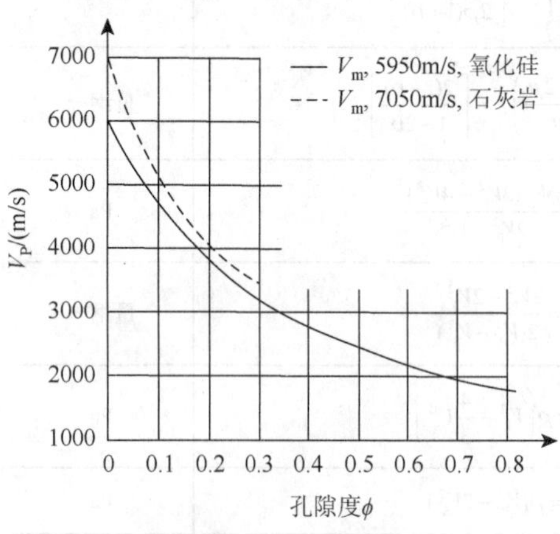

图 7.1-1　时间平均方程曲线

根据式（7.1-2）作出了某些岩石的理论关系曲线，如图 7.1-1 所示。综合这些研究后认为，当孔隙度由 3%提高到 30%时，纵波速度变化可达 90%，这说明孔隙度是影响速度的重要因素。

式（7.1-2）只适用于流体压力与岩石压力相等的情况，特别是孔隙流体为水和盐水时，经验表明是合适的，随流体压力的减小，上述时间平均方程要修改为

$$\frac{1}{V_{\mathrm{P}}}=\frac{1-C\phi}{V_{\mathrm{m}}}+\frac{C\phi}{V_{1/2}} \tag{7.1-3}$$

式中，C 为常数，当流体压力等于岩石压力的一半，且岩石压力相当于埋藏在深约 1900m 处所承受的压力达 2.56×10^{13} Pa 时，C 值可取 0.85 左右。

7.1.2 岩石密度对速度的影响

岩石的孔隙度ϕ与密度ρ通常成反比，即ϕ越大，ρ则越小。图 7.1-2 为ϕ和ρ的关系曲线。图 7.1-1 又说明ϕ与V_P成反比，则V_P和ρ必然成正比。图 7.1-3 给出了不同岩性岩石的纵波速度和密度的关系曲线。

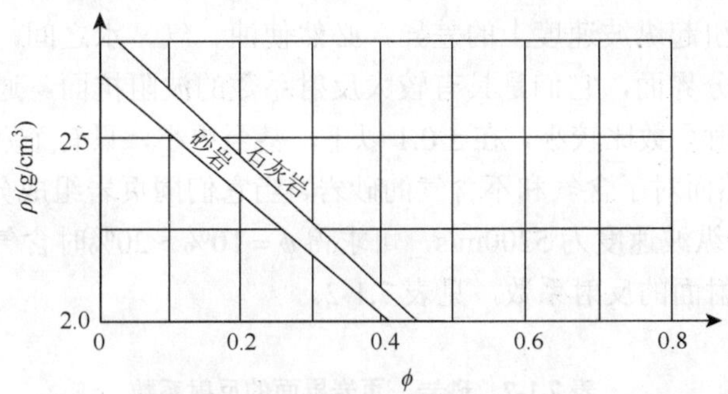

图 7.1-2 孔隙度与密度的关系曲线

根据经验公式，ϕ与ρ一般是线性关系：

$$\rho = \rho_1 \cdot \phi + (1-\phi) \cdot \rho_m \tag{7.1-4}$$

式中，ρ_m为岩石骨架密度；ρ_1为岩石充填物密度。该式说明了ρ_m和ρ_1之间按孔隙度ϕ分配的百分比关系。如果岩石中只充填油、水和气水时，则密度ρ为

$$\rho = \phi \cdot S_n \cdot \rho_n + (1-S_n) \cdot \phi \cdot \rho_1 + (1-\phi) \cdot \rho_m \tag{7.1-5}$$

式中，S_n为含水饱和度；ρ_n为水的密度。由式（7.1-4）或式（7.1-5）可得出ρ和ϕ的关系，而ρ和V_P一般又呈正比关系，则可导出V_P和ρ的关系，如图 7.1-3 所示。

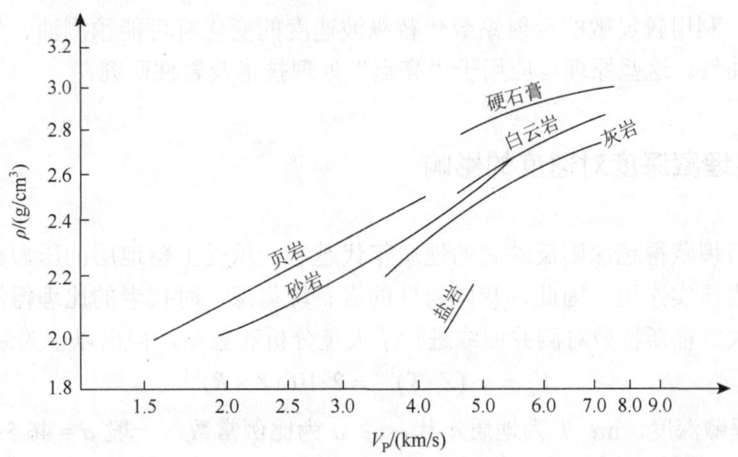

图 7.1-3 不同岩性岩石的纵波速度与密度的关系曲线（对数坐标系）

7.1.3 孔隙中填充物性质对速度的影响

岩石中孔隙的空间不是被水、油等液体所充填，就是被气体或气态碳氢化合物充填。实验测定证明，当孔隙中的水被液态的碳氢化合物代替且达到饱和时，纵波速度就可以降低 15%～20%；而孔隙中如果被气态碳氢化合物充填时，则纵波速度会大大降低。它可能有助于人们对油、气、水的预测，因为这些岩石，特别是砂岩，孔隙内充填的油、气、水介质不同，引起纵波速度上的差异，必然使油、气、水之间，以及它们同上下围岩之间形成良好的分界面，它们是具有较大反射系数的波阻抗面。通常在沉积岩地区，一般岩性界面的反射系数比较小，在±0.1 以下，甚至更小，只有个别强反射面的反射系数可达 0.2 左右。然而对于含气和不含气的砂岩，当它们同页岩组成分界面时，如果砂岩密度为 2.65g/cm^3、纵波速度为 5200m/s，可求得 $\phi = 10\%$～20%时含气砂岩的密度，以及它们同页岩构成反射面的反射系数，见表 7.1-2。

表 7.1-2 砂岩、页岩界面的反射系数

岩性	孔隙度/%	密度/(g/cm^3)	纵波速度/(m/s)	反射系数
页岩	—	2.25	4300	—
砂岩	—	2.65	5200	±0.13
含气砂岩	10	2.41	2500	±0.23
含气砂岩	20	2.07	1610	±0.49

由表 7.1-2 中数据可得出如下认识。

（1）含气和不含气砂岩，在纵波速度上有很大差异，由此引起页岩与含气砂岩构成的分界面上的反射系数要比与不含气砂岩构成的反射系数大得多。

（2）当孔隙度只增加 10%时，纵波速度可以大大降低，反射系数变化更为灵敏。这些结果说明，利用较灵敏的反射系数代替纵波速度的变化有可能预测油、气、水的分界面及直接找油气。这些原理可应用于“亮点”处理技术及岩性研究。

7.1.4 地层埋藏深度对速度的影响

一般岩石埋藏得越深则反映它的地质年代越老，承受上覆地层的压力越大，时间也越长，称其为压实作用。因此，相同岩性的岩石埋得深、时代老的比埋得浅、时代新的岩石的速度大。福斯特曾对测井曲线进行了大量分析和总结，得出以下关系式：

$$V_Z = a \cdot (Z \cdot T)^{1/6} = 2 \cdot 10^3 (Z \times R)^{1/6} \tag{7.1-6}$$

式中，Z 为埋藏深度，m；T 为地质年代，a；a 为比例常数，一般 $a = 46.5$；R 为地层的电阻率，$\Omega \cdot \text{m}$。

加斯曼在 1951 年提出了速度、深度和孔隙度之间的经验公式：

$$V_{(Z)} = \sqrt{V_0 + \frac{5.73 \times \sqrt[3]{Z(\rho_1 - \rho_0)\frac{E^2}{(1-\upsilon)}}}{a_1\rho_1 + a_2\rho_0}} \tag{7.1-7}$$

式中，V_0、ρ_0 分别为已规定的 $Z=0$ 时的起始深度和密度；υ 为泊松比；E 为杨氏模量；a_1、a_2 为固体颗粒体积和液体体积的比例常数。

如果令 $E=5.1$，$\upsilon=0.25$，$\rho_1=2.7$，$\rho_0=1$，则式（7.1-7）可写为

$$V_{(Z)} = \sqrt{V_0 + \frac{1.44 \times 10\sqrt[3]{Z}}{2.7 - 1.7\varphi}} \tag{7.1-8}$$

式中，$\varphi = a_2 / a_1$。

图 7.1-4 是北美地区不同地质年代岩层的纵波速度 V_P 与埋藏深度 Z 的关系曲线图。该曲线是根据测井数据分析总结而获得的。由图 7.1-4 中可知，V_P 随 Z 增大而增大，老地层的纵波速度一般比新地层的大。但需要注意的是，一般地层埋藏越深，温度越高，高温、高压超声波物理模型实验证明，超声波速度随温度升高而下降，若将压力和温度同时考虑则有时会出现速度倒转的现象。

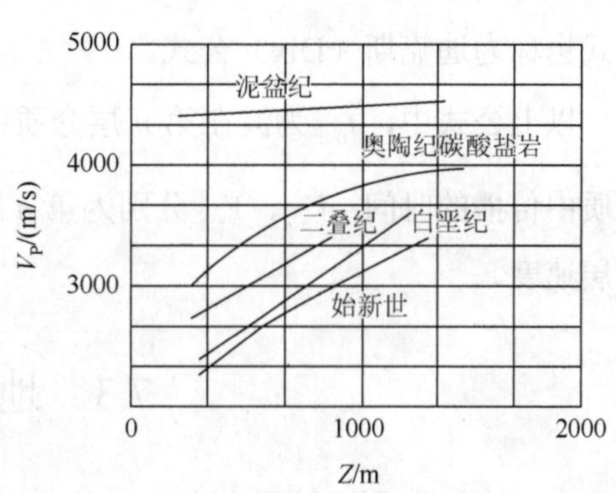

图 7.1-4　北美地区不同地质年代岩层的 V_P 与 Z 的关系图（根据测井结果）

7.2　几种速度之间的相互关系

在地震勘探中，根据不同的条件和状况定义了几种不同的速度概念，如层速度、视速度、射线速度、平均速度、均方根速度、等效速度及在地震资料处理中的叠加速度。这些速度各自有不同的含义和用途，但它们之间也有联系，并可相互进行转换。在这些速度中最根本的是层速度，也可称为真速度。层速度直接与岩性有关，而其他速度均是根据层速度在不同假设条件下定义的速度概念，因此其他速度均可与层速度相互转换。下面讨论在水平层状介质条件下层速度、平均速度和均方根速度的转换关系。

（1）由层速度 V_i 计算平均速度 $V_{a,n}$：

$$V_{a,n} = \frac{\sum_{i=1}^{n} V_i t_i}{\sum_{i=1}^{n} t_i} = \frac{2\sum_{i=1}^{n} V_i t_i}{t_{0,n}} \tag{7.2-1}$$

（2）由层速度 V_i 计算均方根速度 $V_{r,n}$：

$$V_{r,n}^2 = \frac{\sum_{i=1}^{n} V_i^2 t_i}{\sum_{i=1}^{n} t_i} = \frac{2\sum_{i=1}^{n} V_i^2 t_i}{t_{0,n}} \tag{7.2-2}$$

（3）由均方根速度$V_{r,n}$计算平均速度$V_{a,n}$：

$$V_{a,n}=\frac{\sum_{i=1}^{n}\sqrt{(t_{0,i}V_{r,i}^2-t_{0,i-1}V_{r,i-1}^2)(t_{0,i}-t_{0,i-1})}}{t_{0,n}} \tag{7.2-3}$$

（4）由均方根速度$V_{r,n}$计算第 n 层层速度V_n：

$$V_n^2=\frac{t_{0,n}V_{r,n}^2-t_{0,n-1}V_{r,n-1}^2}{t_{0,n}-t_{0,n-1}} \tag{7.2-4}$$

该式也称为迪克斯（Dix）公式。

以上公式中，$t_{0,n}$为波在第 n 层介质中的垂直反射时间；$t_i=\frac{h_i}{V_i}$表示波在厚度为h_i的介质中传播的时间；$V_{a,n}$、$V_{r,n}$分别为第 n 层以上介质的平均速度和均方根速度；V_n为第 n 层层速度。

7.3 地震地质条件

在一个地区利用地震勘探方法能否取得好的地质（勘探）效果，在很大程度上取决于地震地质条件。地震地质条件一般分为两类：①表层地震地质条件；②深层地震地质条件。不同盆地的地震地质条件通常不同，同一个盆地的不同地段，其地震地质条件也常常是不同的。掌握、分析和解决复杂的地震地质条件问题是地震勘探中的基础工作。

7.3.1 表层地震地质条件

表层地震地质条件包括地形、地表风化层的性质等因素。它不仅影响地震勘探的激发和接收，而且影响地震波的运动学和动力学特征，严重影响地震剖面的精度。

地壳的风化壳也称为低速带。它是由于长期受到风吹、日晒、雨淋等地质风化作用形成的，其岩石十分疏松。低速带的特点如下。

（1）低速带一般是指不含水的风化层，当风化层含饱和水后，其速度会增大，就不属于低速带范围，这也是地质风化层与低速带的差别。

（2）低速带的速度 V_0 极小，一般小于 1500m/s，而且速度横向变化较大。

（3）低速带的厚度常常是不均匀的。

（4）由于 $V_0 \ll V$（下伏岩石速度），根据斯涅尔定律出射角 β 是很小的：

$$\sin\beta=\frac{V_0}{V}\sin\alpha$$

$$V \gg V_0$$

$$\beta \ll \alpha$$

由于炮检距（s）相对于勘探深度 z 是较小的，通常 α 也不太大，则 β 就更小。因此，在地表附近纵波的位移几乎是垂直于地面（图 7.3-1），横波的位移则近似平行于地面。

因此，在纵波勘探中，接收系统必须为垂直运动的检波器。横波勘探则应设计水平运动的检波器。

低速带的存在影响地震波的运动学和动力学特征：一是影响波的传播时间，甚至影响最后地震剖面成像和地质构造形态；二是影响地震波的频带和能量，改造地震波的动力学特征；三是容易产生多次波，增加地震反射记录的复杂性。因此，地震勘探中的低速带校正和补偿已成为地震数字处理中难度较大但又极为重要的问题。

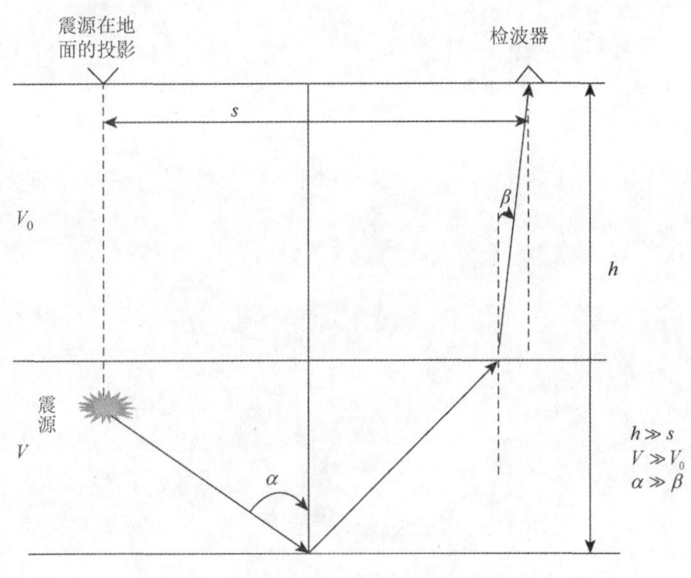

图 7.3-1　波垂直地面出射示意图

7.3.2　深层地震地质条件

深层地震地质条件通常是指地下地质构造的复杂程度。在一些复杂的断、陡构造地区，常常得不到品质好的地震资料，也无法弄清楚地下的真实形态。所以，地下构造的复杂程度不仅影响地震勘探工作方法的选择，而且影响地震资料的处理和解释。一般而言，地下具备以下几方面的地震地质条件对提高勘探质量是有利的。

（1）具有地震层位和地质层位的一致性。

（2）具有较好的标准层。

（3）具有良好的地层波组关系。

（4）具有明显的地震相特征。

（5）速度变化具有一定的稳定性。

第二篇　地震资料采集方法与技术

第 8 章　野外观测系统

野外数据采集是地震勘探的第一阶段工作，其任务是为地震数据处理和地震资料解释提供第一手资料。原始资料获取的好坏，直接影响资料数字处理的质量和解释的精度，关系地震勘探的成功与失败，因此，它是地震勘探工作中非常重要的环节之一。

地震勘探野外数据采集除要有高质量的地震仪器外，还涉及以下三方面的问题：地震测线及观测系统设计、地震波的激发技术和地震波的接收技术。首要任务是通过勘探达到要求的地质目标，这一点与测线布置紧密相关。再者就是在数据采集中尽量提高所采集数据的质量，提高信噪比。野外数据采集可分为地质目标确定、野外现场踏勘、施工设计、试验工作及正式生产等阶段，由测量、钻井、激发、接收、解释等多环节密切配合进行。地震仪器是保证野外采集数据质量的重要因素，主要包括地震波接收仪器和记录仪器。随着电子技术和计算机技术的发展，当今的地震仪器已是由计算机控制的、高位模数（A/D）转换的、大动态记录范围的、超多道的有线连接或几万道无线节点连接的遥控采集仪器所组成。随着科学技术的发展，地震仪器和采集方法、技术不断更新，所得到的原始资料质量越来越高，地震资料的信息也更加丰富。

8.1　地震测线的布置

地震测线是指沿某一条线进行地震波的激发和接收，可得到该线下方的地震剖面。和其他地球物理方法一样，地震测线也是根据地质任务要求布置的。地震勘探针对勘查目标不同，可划分为 4 个阶段，各阶段布置的测线密度、测线长度及施工方式有所不同。

1. 区域普查阶段

区域普查一般用于未做过地震工作的新地区。目的是查明区域地质结构，包括基岩起伏、沉积岩厚度、沉积盆地边界等。各级构造分带及含油气远景区测线以大间隔的长测线为主（如地震大剖面），原则上不漏掉一级构造单元。线距大小根据工区内区域地质构造规模的大小而定，一般线距为几十到几百公里。测网比例尺为 1∶20 万（若干条区域地震大剖面测线）。

2. 面积普查阶段

面积普查是在区域普查的基础上，对所发现的二、三级构造进行调查。目的是查明二、三级构造单元的形态。测线是由主测线（inline，垂直于构造走向）和联络测线（crossline，平行于构造走向）所形成的测线网，即将测线布设为“丰”字形。主测线垂直，构造走向，测线间距以不漏掉局部构造为原则，线距不应大于预测构造长轴的一半。在构造顶部或断裂带部位，应适当加密测线，并做一定数量的联络测线，联络测线一般垂直于主测线，与主测线组成具有面积范围的测网。测网比例尺为 1∶10 万或 1∶5 万。

3. 面积详查阶段

面积详查是在面积普查的基础上，对可能含油气的构造进行详细调查。目的是查明地层厚度、上下层接触关系、构造高点位置、闭合度及断层发育程度，为钻探提供井位。主测线垂直于构造走向，二维地震勘探的测网线距为 2～3km，也可根据需要直接进行三维地震勘探。对于倾角很陡的界面，测线的布置方向应与走向斜交；对于穹窿型构造或短背斜的面积详查，可利用径向测线系统，沿构造的周边用少数测线连接起来。测网比例尺为 1∶5 万或 1∶2.5 万。

4. 构造细测阶段

构造细测是在面积详查的基础上，查明构造的细部、构造高点位置、圈闭的闭合度、小断层的特征分布，了解油气水的分布关系，为钻探提供井位。测线的布置应以一个构造或一个构造带为勘探单位。在复杂的断裂构造带上，测线布置应立足于弄清断层的分布及断块的形态。主测线尽可能垂直断层走向，联络测线应尽量避开断层的影响，按断块来布置。以三维测网为主，线距小，测线密。

8.2　二维地震观测系统

二维地震观测是指仅能勘查地下某一剖面的地震工作，其测线是在地表的一条直线。在具体施工中，每条测线都分成若干观测段，逐段进行观测，每次激发时所安置的多道检波器的观测地段称为地震排列。激发点与接收排列的相对空间位置关系称为观测系统，图 8.2-1 为一个二维地震排列的示意图。

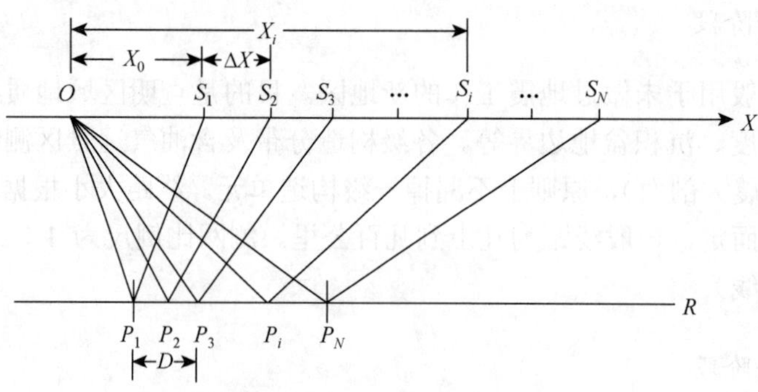

图 8.2-1　二维地震排列示意图

图 8.2-1 中，O 点为激发点，相邻两激发点之间的距离 d 为炮间距；S_i 为第 i 道接收点；N 为总接收道数；P_i 为第 i 道反射点（R 为反射界面）；X_0 为偏移距（第 1 道的炮检

距，也称为最小偏移距）；ΔX 为道间距；X_i 为第 i 道炮检距，$X_i=(i-1)\cdot\Delta X+X_0$；$D$ 为反射点间距，$D=\dfrac{\Delta X}{2}$。

1. 观测系统图示法

观测系统一般用图来表示，称为观测系统图。通常是先在室内根据野外条件按要求设计观测系统图，野外工作按图施工。目前普遍使用综合平面表示二维地震观测系统，称为观测系统综合平面图。综合平面图的绘制方法如下。

（1）根据实际距离，选定比例尺。将地表测线以 ΔX 为间隔划分刻度。

（2）从激发点出发，向接收排列方向倾斜并与测线呈 45°画一直线（实线或粗实线），直线的端点与最远接收点 S_N 的连线呈直角关系。该直线称为共炮排列线。

（3）从各接收点出发有一条与测线呈 45°的直线（虚线或细实线），该直线与共炮排列线的交点为该接收点在排列中的序号点。

（4）共炮排列线上第 i 道的序号点垂直投影在界面尺的位置即为第 i 道的反射点 P_i。

（5）将所有炮点的排列线如法画成，就得到了观测系统综合平面图。它可以全面反映所有激发点、接收点及反射点在测线上的投影位置。如图 8.2-2 所示为用综合平面图表示的观测系统。

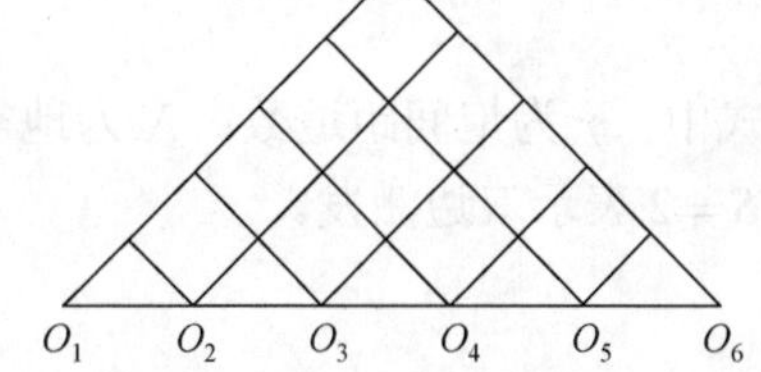

图 8.2-2　综合平面图表示的观测系统

2. 单次覆盖观测系统

单次覆盖观测是指对地下反射界面连续观测一次。常用的观测系统有单边激发、中间激发和两边激发。

（1）图 8.2-3（a）为单边激发单次覆盖观测系统，激发点在排列的一边，$x_0=O_c$。例如，在 O_1 点激发，$O_1\sim O_3$ 接收可覆盖 $O_1\sim O_2$ 下的界面；在 O_2 点激发，$O_2\sim O_4$ 接收可覆盖 $O_2\sim O_3$ 下的界面。以此类推，即可对测线下的界面连续追踪一次。

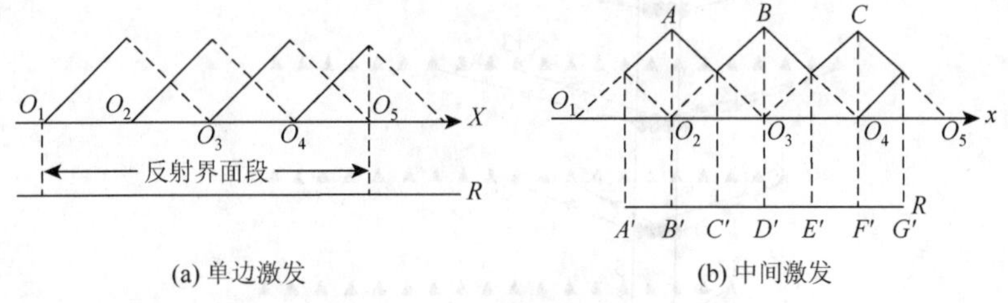

图 8.2-3　单次覆盖观测系统

（2）图 8.2-3（b）为中间激发单次覆盖观测系统，激发点在排列中间，$x_0\neq O_c$，可知该观测系统是在 O_3 点激发时，在 O_1O_2 和 O_4O_5 地段接收，分别在各 O 点激发，相应位置接收，同样可以实现对界面连续追踪一次。

3. 多次覆盖观测系统

多次覆盖观测系统是对反射界面上的反射点重复采样多次的观测系统，图 8.2-4 所示是单边激发 6 次覆盖的观测系统。该观测系统设计参数为：覆盖次数 $n=6$，仪器接收道数 $N=24$，偏移距 $x_0=0$，道间距为 ΔX，炮间距 $d=2\Delta X$。其绘制方法与单次覆盖观测系统基本相同，只是按覆盖次数的大小，加密其炮点线。若过某反射点在测线上的投影点作垂线，此垂线称为共反射点线，凡与其相交的共炮点线上的道号组成共反射点道集，如图 8.2-4 中第一条垂线上分布的 21、17、13、9、5、4 分别是 O_1、O_2、O_3、O_4、O_5 和 O_6 激发时相应排列上接收第一个共反射点 A 的道号，其他垂线上分布的共反射点道集，详见表 8.2-1。由表可知，炮点和排列向前移动是有规律的，其移动距离与覆盖次数和地震仪器的接收道数有关，应满足下列关系式：

$$\gamma=\frac{SN}{2n} \tag{8.2-1}$$

式中，γ 为炮间距道数；N 为地震仪器的接收道数；n 为覆盖次数；$S=1$ 表示单边激发，$S=2$ 表示双边激发。

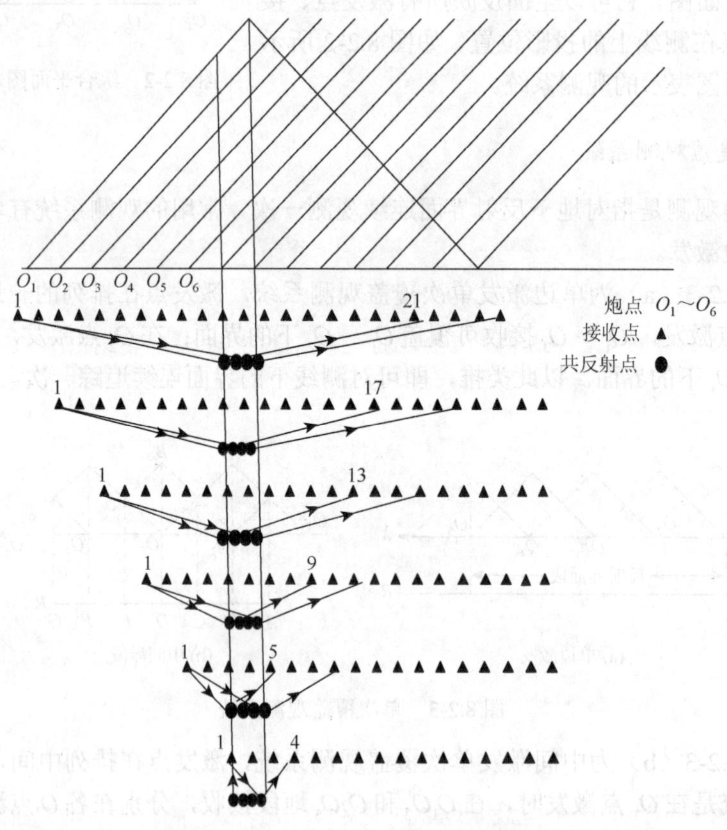

图 8.2-4　单边激发 6 次覆盖观测系统

表 8.2-1　共反射点道集

反射点	不同炮号（1～10）对应的道号									
	1	2	3	4	5	6	7	8	9	10
1	21	17	13	9	5	1				
2	22	18	14	10	6	2				
3	23	19	15	11	7	3				
4	24	20	16	12	8	4				
5		21	17	13	9	5	1			
6		22	18	14	10	6	2			
7		23	19	15	11	7	3			
8		24	20	16	12	8	4			
9			21	17	13	9	5	1		
10			22	18	14	10	6	2		
11			23	19	15	11	7	3		
12			24	20	16	12	8	4		
13				21	17	13	9	5	1	
14				22	18	14	10	6	2	
15				23	19	15	11	7	3	
16				24	20	16	12	8	4	
17					21	17	13	9	5	1
18					22	18	14	10	6	2
19					23	19	15	11	7	3
20					24	20	16	12	8	4
21						21	17	13	9	5
22						22	18	14	10	6
23						23	19	15	11	7
24						24	20	16	12	8
25							21	17	13	9
26							22	18	14	10
27							23	19	15	11
28							24	20	16	12
29								21	17	13
30								22	18	14
31								23	19	15
32								24	20	16
33									21	17
34									22	18
35									23	19
36									24	20
37										21
38										22
39										23
40										24

8.3 三维地震观测系统

8.3.1 三维地震观测系统的基本概念

三维地震勘探技术的兴起是在 20 世纪 70 年代末，正值世界范围内出现石油供应紧张的时期。当时由于二维地震勘探方法的局限性，即使反复加密测线、增加覆盖次数，也难以查明较复杂的油气田的地质问题，因此钻探成功率很低，成本大幅度上升。在这种形势下，从理论到实践都逐渐成熟的三维地震勘探技术得到了迅速发展。与此同时，适用于三维地震勘探的技术装备——多道数字地震仪和大型数字处理计算机的发展，也为三维地震勘探技术的发展创造了必要条件。从此，三维地震勘探技术进入了一个全新的快速发展时期。

三维地震资料在油田勘探开发的全过程中，结合地质、钻井、开采等资料，随时能提供有价值的信息。用好这一技术，可以提高钻井成功率、增加储量、提高采收率以及缩短勘探周期、加速勘探与开发、降低油田勘探开发总费用等，从而大大提高勘探与开发的整体效益。

三维地震观测之所以能取得显著的成效，主要在于它的原理更接近于实际。因为地下油气圈闭本身是一个三维实体，用三维方法观察地下，才能得到符合客观实际的整体认识。经过三维偏移，各类地质体得到正确成像归位，从而使信噪比大大提高，反映出真实、清晰的地质现象；三维地震资料采集是高密度采集，信息非常丰富，细致地反映了各种地质现象的变化动态，因而大大提高了地质体的空间分辨力；三维地震资料显示灵活多样，能为解释人员提供各种所需的切片和立体图像，有助于直观、可靠的对比解释，使解释结果更符合客观实际。

三维地震观测系统（图 8.3-1、图 8.3-2）基本术语较多，具体如下。

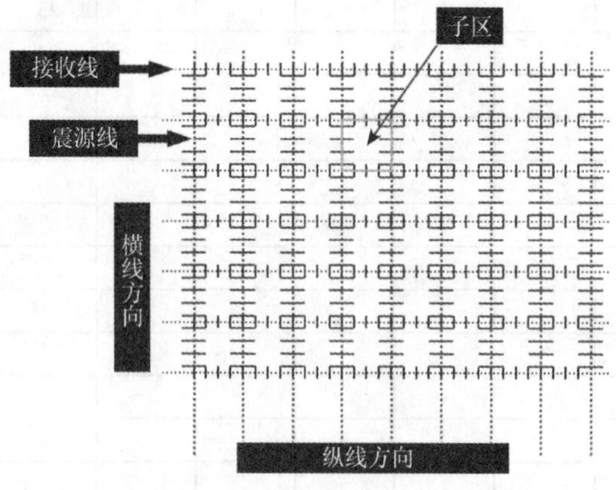

图 8.3-1 三维地震观测系统平面示意图

（1）震源线（炮点线，source line）：震源线是如图 8.3-2 所示的一条线，沿该线以一定的规律间隔选取炮点。炮点之间的距离（即炮间距）通常等于在横线方向上共中心点面元尺寸的两倍。这就保证了与每个炮点有关的中点都严格地落到一个中心点上。一条炮点线同下一条炮点线之间的距离称为震源线间距。

（2）接收线（receiver line）：是如图 8.3-2 所示的一条线，检波器以规则的间距（检波点距）沿该线布置，检波点距等于纵线方向上 CMP 间距的两倍。一条接收线和下一条接收线之间的距离为线间距。

（3）纵线方向（in-line direction），它与接收线方向平行。

（4）横线方向（crossline direction），它与接收线方向垂直。

（5）子区（box）：在直线束三维地震勘探中，子区是指由两条相邻的震源线和两条相邻的接收线确定的区域。

（6）排列片（patch）：由一特定炮点激发，用全部检波点组成的全部排列线，构成一个排列片（图 8.3-3）。

（7）排炮：与一指定的排列片相关的全部炮点组成排炮。

（8）模板（template）：排列片与该排列片相关的排炮构成一个模板。

（9）线束（swath）：模板纵向滚动形成线束。

（10）CMP 面元（CMP bin）：是一个小的正方形或者矩形。通常，一个面元的大小 =［SI（炮间距）/2］×［RI（检波点距）/2］。超级面元（super bin）：是一组相邻的 CMP 面元，它用在速度的确定、剩余静校正求解等（图 8.3-4）。

（10）覆盖次数（FLOD）：是对一个叠加道做贡献的道数，也就是每一个 CMP 面元的中心点数。覆盖次数通常依据获得良好的信噪比而定。如果覆盖次数增加一倍，则信噪比增加 41%。

（11）信噪比（S/N）：信号的能量与噪声能量之比。

（12）最小炮间距（X_{min}）：勘探中炮点与炮点之间的最小距离。

（13）最大炮间距（X_{max}）：最大的连续记录的炮间距。通常是排列片的对角线的一半。以 6 线 4 炮线束状观测系统为例，每个排列 40 道，则排列片由 6 条排列线、240 道检波点按照设计图形组成，道间距 50m，炮间距 50m，最小的最大偏移距 201m，最小偏移距 100m，最小的最大偏移距 1050m，最大偏移距 1110m。

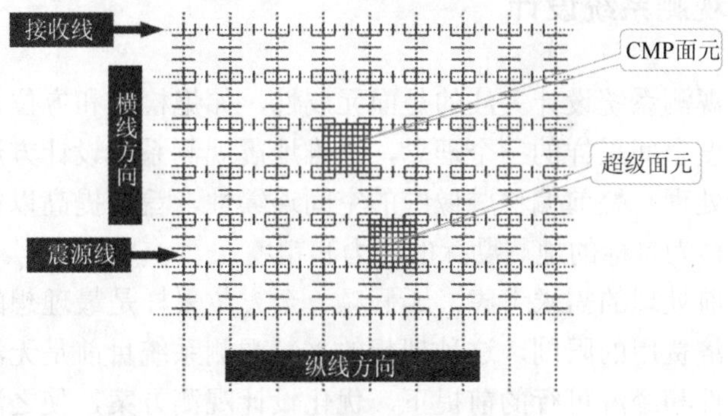

图 8.3-2　CMP 面元与超级面元

（14）放炮密度（shot density）：每平方公里的炮点数。

（15）偏移孔径：是为了使任意倾斜同相轴能正确成像而加到三维测区边缘区域的宽度。

（16）覆盖次数斜坡：是为了建立满覆盖次数而加上去的额外的地面面积。

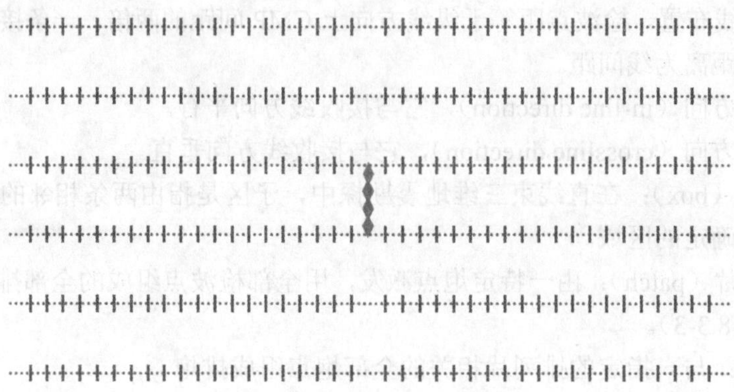

图 8.3-3　排列片和排炮示意图

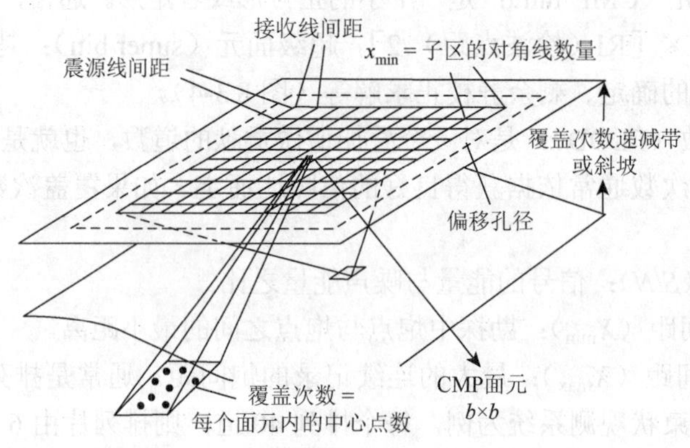

图 8.3-4　三维地震观测系统空间示意图

8.3.2　三维地震观测系统设计

通常三维地震观测系统设计关注的是面元属性，如炮检距和方位角的分布、中心点的散布等。按高密度空间采样的三个理念，三维地震观测系统设计方法更多强调三维地震数据在地震资料处理、叠前偏移成像中的空间连续性，旨在提高以精细构造、岩性、油藏描述和时间推移为目标的地震勘探的能力和精度。

从地震资料叠前处理的需求考虑，无假频、全方位采样是最理想的采集观测系统，但受设备条件及经济费用的限制，这种理想的采集观测系统目前是无法实现的。因此，如何在现有设备条件和经济可行的前提下，优化设计观测方案，使之满足波场采样充分性、均匀性和联合压噪的原则，进而满足地震资料叠前处理的需求，是三维地震观测系统优化设计所要考虑的重要因素。为此，首先完成地球物理参数的分析，通过对地质任务的理解应明确以下几方面的参数。

（1）有完整单次覆盖的最浅层位（用于静校正）的时间深度 t_{st}。

（2）最浅成图层位（勘探层位）的时间深度 t_{sh}。

（3）最深目的层或主要目的层的时间深度 t_{dp}。

（4）在这些层位上所需的最小分辨距离 R_{α}（任何类型的地质目标均可转换为此要求）。

（5）可实现的最高频率 f_{ach}。

（6）这些层位的最陡倾角 θ_{max}。

（7）有代表性的速度函数 v（如果横向上有很强的速度变化则需要几个速度函数）。

（8）有代表性的切除函数 $X_M(t)$。

（9）有关噪声的信息（多次波、散射波、地滚波和静校正量）。

（10）可解释的探区面积。

（11）原始炮记录。

（12）地表条件。

无论勘探目标是什么，最终都可归结为分辨率的要求，落实到地震数据上就是频率要求，根据地质目标的最高分辨率要求确定所需要的最高频率 f_{max}，根据此参数设计观测系统就能基本完成地质任务。

对于水平分辨率所需要的最高频率为

$$f_{max} = \frac{c}{2} \cdot \frac{v}{R} \cdot \frac{1}{\sin\theta_{max}\cos i} \tag{8.3-1}$$

对于垂直分辨率所需要的最高频率为

$$f_{max} = \frac{c}{2} \cdot \frac{v}{R} \cdot \frac{1}{\cos i} \tag{8.3-2}$$

式中，i 为地震波照射目标时的入射角，与炮检距有关；c 为常数，与处理或解释能力有关；v 为局部层速度；R 为期望的分辨率。选择 $\cos i = 0.9$ 近似对应于最大炮检距等于深度的准则，在确定最大炮检距时该准则常常被当作经验准则。$\theta_{max} = 30°$是一个合适的折中值，它可以捕获大多数的绕射能量。当然，更陡的倾角要求更大的 θ_{max}。为了在更高层速度、更深反射层上得到同样的垂直分辨率，则需要更高的频率。垂直分辨率是两个紧靠在一起的同相轴的可分辨性，按照瑞利准则 c 取 0.715，此时所需要的最高频率要求很高。在特殊的情况下，有可能得到比 c 取 0.715 更高的分辨率。

通过地震资料采集和处理得到的最高频率是可实现的最高频率，为了获得达到地质任务要求的分辨率，可实现的最高频率 f_{ach} 应该大于所需要的最高频率 f_{max}。通常，可实现的最高频率大于所需要的最高频率是理所当然的。但是，震源子波的频率成分常常会受到影响，因此，应该确定一些分辨率要求，如要解释的最小层厚度、断层位置的横向精度等，然后比较所需要的最高频率与可实现的最高频率之间的关系。如果所需要的最高频率要求达不到，就必须修改分辨率的要求，或者取消这次勘探任务。

第 9 章 地震波的激发

地震勘探是用人工激发的地震波来研究地下地质结构。因此，地震波的激发是地震勘探的一个重要影响因素。一般要求激发的地震波有一定的能量，有较宽的频带，而且在多次激发时具有较好的重复性。这样才能得到深层的信息和高分辨率的地震记录。目前针对陆上地震和海上地震勘探有以下几种激发震源。

9.1 陆上激发震源

陆上激发震源可分为两大类，即炸药震源和非炸药震源。

9.1.1 炸药震源

常用于激发地震波的炸药有三硝基甲苯（trinitrotoluene，TNT）和硝铵炸药。炸药是通过雷管引爆的，在 $t=0$ 时刻，雷管引爆埋置在地表层中的炸药，在瞬间形成高压气体且急剧膨胀，即可在爆炸点产生破碎带，并且在破碎带外形成弹性形变带，由于形变的应力作用，介质质点振动产生地震波向外传播。由于激发时间非常短，因此一般认为炸药激发的地震波为一脉冲。炸药震源自地震勘探问世之初至今始终是激发地震波的主要震源。

衡量炸药激发的地震波的优劣有 2 个参数，即能量和频率。当然要求能量强，脉冲主频率高。影响地震波能量 A 和频率 f 的因素均与药量 Q 和炸药与激发介质的耦合有关。实验证明，药量与能量的关系为

$$A = k_1 Q^{m_1} \tag{9.1-1}$$

式中，k_1 和 m_1 为系数，当 Q 较小时，$m_1 \to 1$；当 Q 较大时，$m_1 = 0.5 \sim 0.1$。可见对小药量，能量随药量成正比增加，而对大药量，能量随药量无明显增加，主要能量用于破碎带。

药量 Q 与地震脉冲主频 f 的关系为

$$\frac{1}{f} = k_2 Q^{m_2} \tag{9.1-2}$$

这说明 Q 与 f 成反比，药量大不利于产生高频。

炸药与激发介质的耦合分几何耦合和阻抗耦合。几何耦合是指炸药与激发介质接触的紧密程度，要求接触越紧密越好。阻抗耦合指炸药的阻抗和激发介质的阻抗越接近越好。

爆炸介质的性质对所激发的地震脉冲波也有影响。实验表明，在低速带疏松岩石中激发产生的振动频率低；在坚硬岩石中激发产生的振动频率较高；在胶泥、泥岩中或潜水面下激发产生的振动频率适中。

激发效果还与激发方式有关，最好是在注满水的井中激发或者在湖泊江河中激发。在无水、无法打井的地方也可在坑中激发。

另外，炸药震源除用普通炸药外，还可把炸药制成某种固定的形状，称为成形炸药，如聚能弹（图 9.1-1）、爆炸索等。这些成形炸药爆炸后可使能量定向发射，激发效果更好。

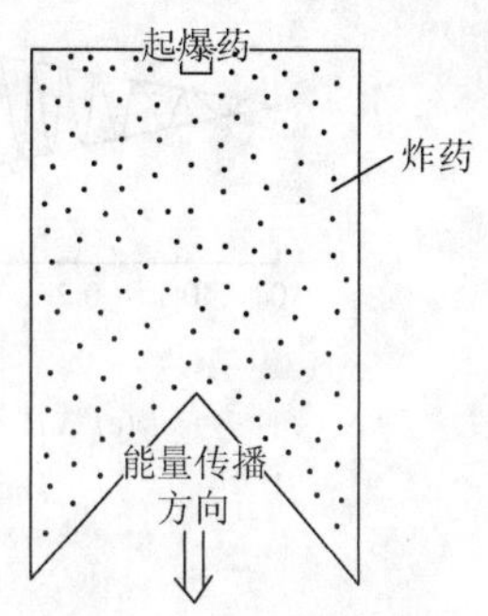

图 9.1-1　聚能弹示意图

9.1.2　非炸药震源

虽然炸药震源是一种理想震源，但施工危险性比较大，成本较高，更主要的问题是在无法钻井、严重缺水地区（如沙漠），实施起来困难重重，有的地区甚至不允许使用炸药爆炸。另外，有时不同爆炸点所产生的脉冲波不一致，影响记录面貌。因此，地震勘探逐渐发展了非炸药震源，特别是近十多年来，国内外这方面发展很迅速并得到广泛应用。非炸药震源有以下几种。

1. *落重法震源*

落重法是把数千公斤重（或数百公斤重）的物体从 2～3m 的高处落到地面，撞击地面激发地震波。重物一般是重锤，即几吨重的大铁块，用链条吊在一种专用汽车的起重机上，需要撞击时将其从高处落下。在工程地震勘探中多是利用几吨重的铁锤或其他重物撞击地面作为震源。

这种震源的最大缺点是产生严重的水平方向的干扰噪声（如能量很强的面波）。

2. *可控震源——连续振动震源*

为了弥补炸药震源的不足，设计了勘探专用的可控震源系统，即由计算机控制的机械振动器。这种震源不同于炸药震源，它向地下发射的不是脉冲波，而是可控制的振荡波，其波函数形式为

$$g_1(t) = A(t)\sin\left(\omega_1 t \pm \frac{bt^2}{2}\right),\quad 0 \leqslant t \leqslant T \tag{9.1-3}$$

式中，$A(t)$ 为变化较缓慢的振幅包络函数；ω_1 和 b 分别为起始频率及与频率变化率有关的常数，$b = \dfrac{\omega_2 - \omega_1}{T}$，$T$ 为扫描持续时间，ω_2 为扫描结束频率。式中的正号对应于升频扫描，负号对应于降频扫描。

该信号持续时间很长，可达到 22s，其频率在持续时间内发生徐缓的变化，称其为变频扫描信号，如图 9.1-2 所示。信号持续时间长是为了加强波下传的能量。

该信号传入地下经反射返回地面被记录的反射波 $g_2(\tau)$ 全部是重叠的，无法分辨，不能直接解释。因此，必须把接收的反射波同震源的振荡信号用互相关技术对记录作处理，即求

$$R_{12}(t) = g_2(\tau_i)\cdot g_1(-t) = \sum_{i=1}^{N} a_i g_1(t-\tau_i)\cdot g_1(-t) = \sum_{i=1}^{N} a_i R_{11}(\tau_i) \tag{9.1-4}$$

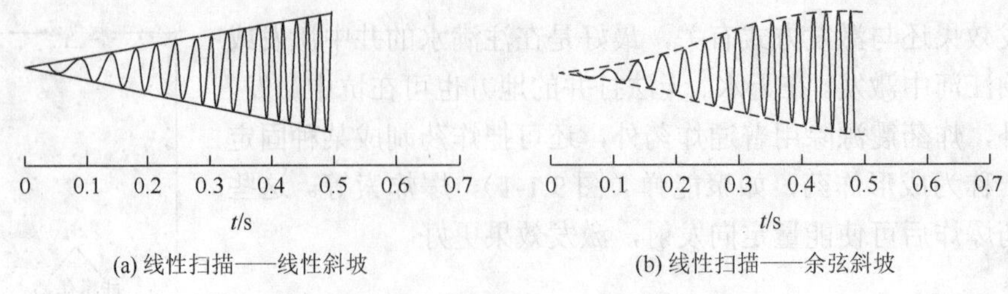

图 9.1-2　可控震源的扫描信号

在相关记录上，每个反射信号被压缩成几十毫秒宽的零相位脉冲，反射信号的振幅在相关之后被保留了下来，即相关子波记录，如图 9.1-3 所示。

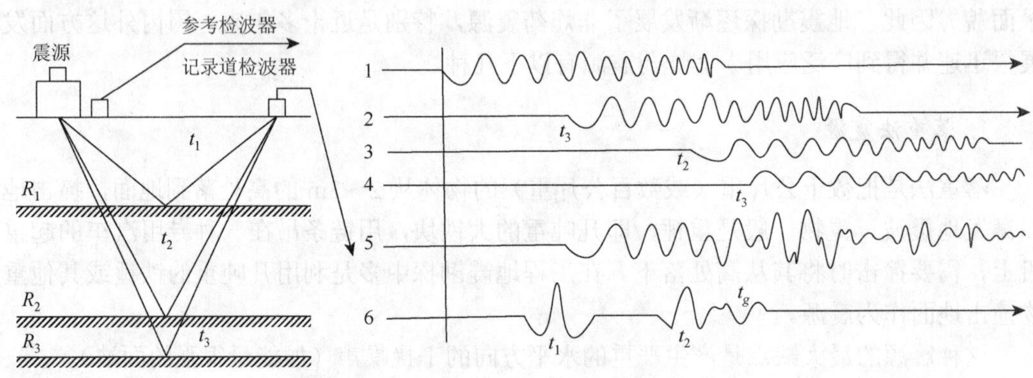

图 9.1-3　可控震源记录示意图

设地下有 3 个反射界面 R_1、R_2、R_3，图 9.1-3 中的 1 是参考道记录的扫描信号；2、3、4 分别为 3 个界面反射到地面接收到的信号（以下称反射扫描）；5 为接收点（记录道）实际记录的反射扫描信号（显然是 2、3、4 叠加的结果）；6 为相关道。在 5 中无法用肉眼识辨出 3 个反射信号到达该记录道的具体时间。将地震记录与参考道作相关处理后，它们的相关曲线上显示出 3 个脉冲，主脉冲极大值所对应的时间即为 3 个反射波到达记录道的时间。一个排列上各记录道作相应的相关处理，就得到一张新的“地震记录”。此记录等于炸药震源的记录。

可控震源系统结构及工作原理如图 9.1-4 所示。可控震源的振动器是激发地面振动的功率输出部件，它把电能扫描同步地转换为液压机械振动。液压伺服振动器由电路系统、机械系统组成。电路系统的作用是通过甚高频无线电收发机接收来自记录仪器的无线电扫描信号，以驱动伺服装置推动振动器振动，变频扫描信号由固定程序与计算机控制。振动器的机械部分有一动力泵把油液注入高压储集器，由电路系统驱动的伺服阀则控制油流的方向，该油流直接推动与重锤连接的双动活塞，使活塞在垂直面上来回振动，产生连续振动的地震波向下传播。目前 EV56 型高精度可控震源车（图 9.1-5）实现了从低频（1.5Hz）到高频（160Hz）地震扫描信号的线性化。

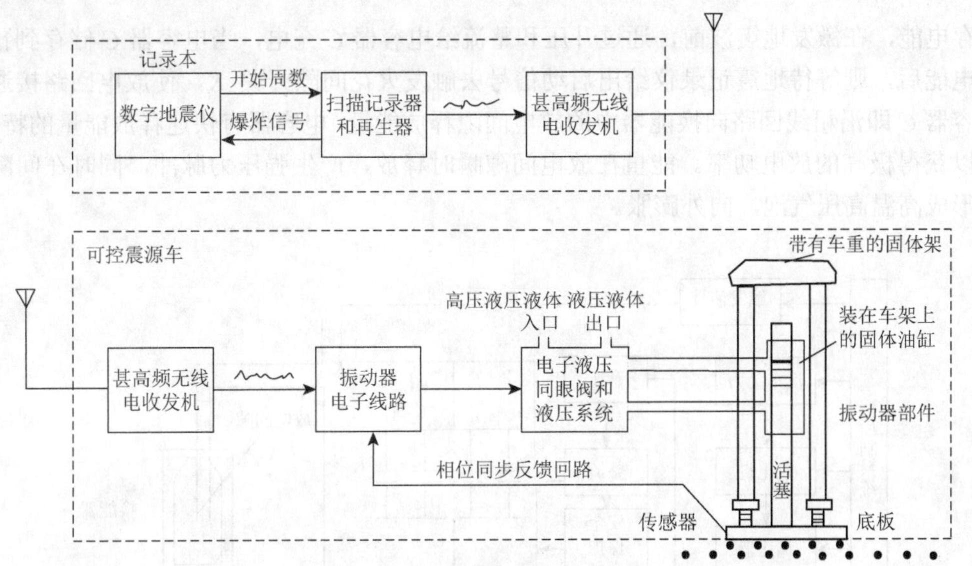

图 9.1-4　可控震源系统工作原理图

图 9.1-5　中石油东方地球物理勘探有限责任公司 EV56 型高精度可控震源车

9.2　海上激发震源

随着地震勘探领域的扩大，针对海洋地震勘探已开展了大量的工作。海上产生的地震波主要是在海水中激发的，因此有一套在水中激发地震波的方法和设备，如电火花震源、空气枪震源和蒸汽枪震源。

1. 电火花震源

电火花震源是电能震源中常用的一种，其工作原理如图 9.2-1 所示。它利用电容器 C

储存电能，在激发地震波前，通过升压和整流给电容器 C 充电，当电容器 C 储存到预定的电能后，则等待地震记录仪给出启动信号去触发火花间隙开关 K，使放电回路接通，电容器 C 即沿粗线回路向换能器中的放电间隙释放能量。电容器有快速释放能量的特点，可以获得极高的放电功率。能量在放电间隙瞬时释放，产生强压力脉冲，同时在间隙周围形成高温高压气泡，向外膨胀。

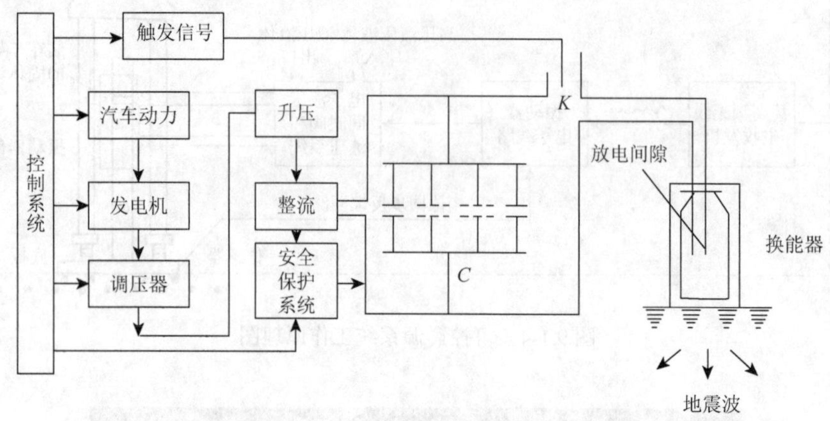

图 9.2-1　电火花震源工作原理图

电火花震源能产生 50～500Hz 的宽频信号，具有和炸药震源相同的强大功率，而且每分钟可以完成几十次激发。但是向下传播的能量不大，大部分能量被损耗掉了。电火花震源常在浅海使用，陆地上的浅层地震勘探也使用该震源。

2. 空气枪震源

空气枪震源是将压缩空气瞬间向水中释放，可以和炸药震源一样形成气团并造成强烈的地震振动。图 9.2-2 为目前使用的空气枪头，被广泛应用于海上地震勘探。

图 9.2-2　空气枪头

它的工作原理概括如下：压力机提供数百千帕的压力将数万立方厘米的空气送入气腔 A，从梭子中心的细孔进入气腔 B，上下气腔内的压力虽然相同，但上端的启动活塞 C

的面积略大于下面排气活塞 D 的面积，故有股加到梭子上的净压力使它下滑至被上气腔 A 底座托住。激发时，顶部的螺丝管阀被打开，高压空气沿气腔右壁的孔道注入，产生一个向上的力，当它超过保持梭子关闭力，于是梭子迅速向上运动从而打开了气腔，其中的高压空气通过气门冲入水中，产生一个与爆炸相似的地震振动。

当空气进入水中后，梭子因向上压力的迅速衰减及气腔 A 内空气的向下压力增大而回到关闭位置，气腔 B 再次充以高压空气，等待下一次激发。整个释放周期只需 25～40ms。

空气枪在海水中突加的空气会形成一个气泡，如果气泡不能立即破灭或逸出水面，随着气泡的胀缩，犹如二次激发，形成重复振荡的气泡效应。为消除气泡效应，常用多个不同容量的空气枪组合激发，由于不同容量的气枪产生的气泡振荡周期不同，可部分抵消气泡效应。

3. 蒸汽枪震源

无气泡蒸汽枪（简称蒸汽枪）震源是海上地震勘探中使用较为广泛的一种非炸药震源。它由蒸汽发生器（包括一个锅炉、一个过热器）、导管（即枪）、贮气柜和阀门组成。

它的工作原理为：将锅炉中的水转换成压力为 6MPa、温度达 276℃的饱和蒸汽，再将此饱和蒸汽送入过热器，使其温度增高至 400℃，压力保持不变。将此过热蒸汽通过绝热管送到浸在水中的缸，打开缸上的阀，蒸汽即刻被释放到水中变成气泡，由于蒸汽冷凝，气泡破灭而形成脉冲，向下传送且没有重复振荡现象。

9.3　横波激发震源

激发横波与激发纵波不同，它要求震源激发后能在地下产生水平振动。如果振动方向及地震检波器的轴向是顺着排列方向的，则接收到的横波是 SV 波，反之，如果振动方向与检波器的轴向是垂直排列的，则接收到的是 SH 波。图 9.3-1 为纵波、横波的激发与接收差别。直接激发地震横波只能在固体介质中进行。目前，地震勘探激发横波震源大致有以下几种。

1. 普通炸药震源

为了使炸药震源激发横波，必须在其邻近介质中破坏球对称性。目前有一种激发方法叫“对称爆炸”（SYSLAP）法，如图 9.3-2 所示。它需要钻 3 排（行）相邻很近且与测线平行的炮井，行距为 1～2m。首先沿中间一排井放炮，这时由于球对称从而产生了地震纵波，用垂直地震检波器接收即得纵波记录，即常规记录；同时也破坏了其左右两排井的对称性，两侧两排炮井放炮时，都是外侧及底部为坚实地层而内侧及上部均为虚土，如图 9.3-2（b）和 9.3-2（c）所示，激发后产生地震纵波及水平偏振横波。因两侧虚土方向不同，得到的两张地震记录的横波极性相反：左排炮井爆炸得到 $Y^- + P$；右排炮井爆炸得到 $Y^+ + P$（其中，P 表示纵波；Y^+ 和 Y^- 分别表示极性相反的水平偏振横波）。

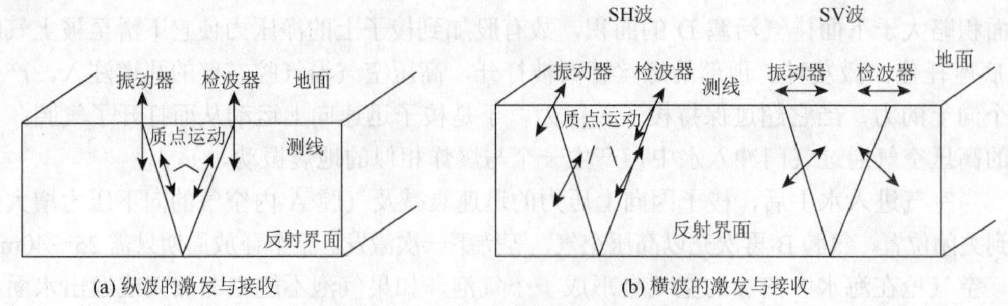

(a) 纵波的激发与接收　　(b) 横波的激发与接收

图 9.3-1　纵波与横波的激发和接收

左右两排炮井爆炸所得到的两张地震记录相减（即反向叠加），由于 P 波在两张地震记录上几乎相等，相减后抵消；噪声在两张地震记录上是随机的，相减后也会相应抵消，只有横波增强了一倍，即 $(Y^{+}+P)-(Y^{-}+P)=2Y$（图 9.3-3）。考虑到爆炸条件的变化，为了更好地压制 P 波，最好根据记录的波动情况作加权相减处理。

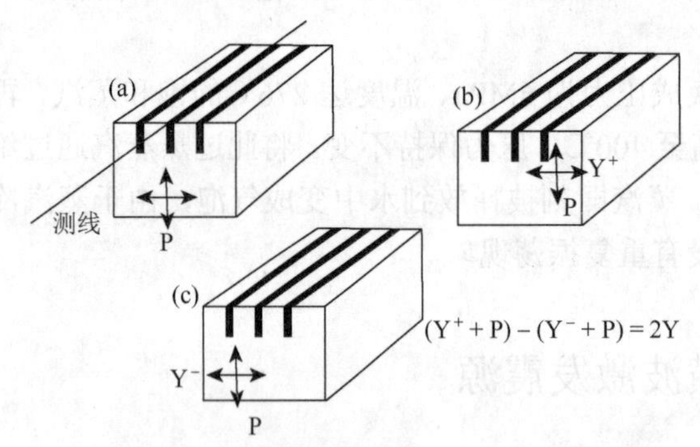

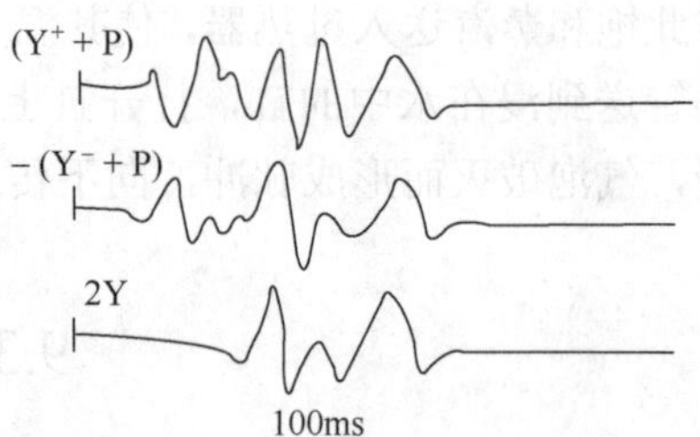

图 9.3-2　激发横波的“对称爆炸”法　　图 9.3-3　横波记录处理

2. 撞击震源

撞击震源激发横波的原理如图 9.3-4 所示。车上有一根横梁，其上挂着一个重 2t 的重锤，举高 3～4m，然后沿圆弧落下，沿水平方向撞击车辆下面的钢垫板（车下钢板左右各一块），此垫板下装有爪齿，嵌入地下 2～3m，产生横向振动。在右边撞击 10 余次，得一张地震记录后，横梁转向左边，再撞击 10 余次，得另一张地震记录。将此两张地震记录作反向相加处理，即可抵消纵波，加强横波。

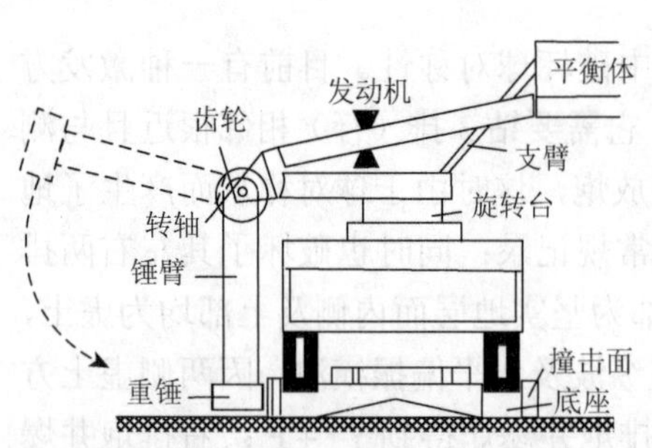

图 9.3-4　撞击震源激发横波

撞击震源具有良好的方向性，可产生理想的水平力。撞击的深度一般可达 1.5～4m。增大撞击的深度可使振动强度增加，并使频谱的极值向高频方向移动。最好在中等湿度的土壤中撞击，这时，撞击后剩余形变很小。在可塑性的含水黏土中撞击效果不佳，剩余形变达数十毫米。

3. 横波可控震源

横波可控震源也称水平可控震源，其原理与前面介绍的相同，差别在于：①振动器的振动方向为水平且垂直于测线；②考虑大地耦合问题，将振动器的底板做成锥形，这种形状的底板插入就可以传送水平力，如图 9.3-5 所示。

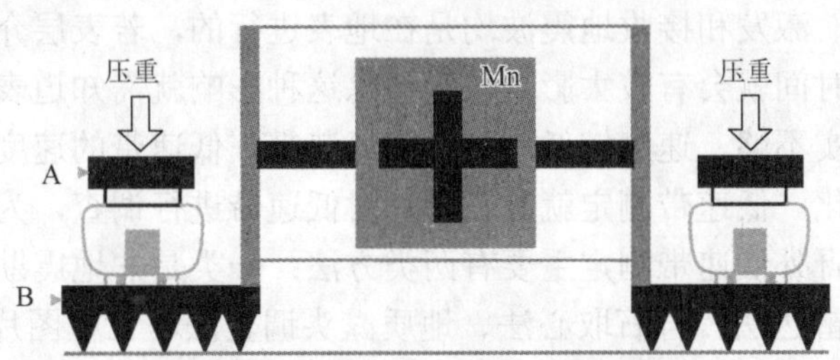

图 9.3-5　横波可控震源原理示意图

注：A 为撞击面；B 为振动器底板；Mn 为振动器的质量块

第 10 章　表层结构调查

在地震勘探中，激发和接收地震波均是在地表进行的，若表层介质速度变化大，对地下反射波的传播时间就会有较大影响，为消除这种影响就需知道表层速度。一般表层介质由于风化或压实不够，速度较低，故称为低速带。低速带的速度和厚度在纵向和横向有时均要发生变化。低速带测定就是在野外对低速带进行调查，为后续静校正提供表层速度模型参数。野外低速带测定主要有两类方法：一类是非地震勘探方法，包括大地电磁测深法、地质雷达法、岩石取心法、地质露头调查法、卫星图片遥感资料法、GPS（global positioning system，全球定位系统）测量测绘法等；另一类是专有的地震勘探方法，常用的有面波法、层析成像法、全波形反演法、浅层折射波法、微测井法等。

10.1　非地震勘探方法

10.1.1　大地电磁测深法

大地电磁测深法是以天然存在并区域性分布的电磁场为场源的电磁勘探法。天然的电磁场能量大、频带宽、穿透力强、不受高阻层屏蔽，不仅可以研究近地表结构，还可以了解上百公里深的地壳与上地幔的信息。这是一种探测岩石层电性结构的方法。大地电磁场的电场特性，既与场源性质有关，又与地下介质的电性有关，因为某一个地点的电场常具有相对稳定的极化方向。国内外众多大地电磁测深的研究表明，在沉积盆地的中央，大地电流场多为非线性极化，而在盆地的边缘，多为线性极化，因而，要了解地下介质的电性，研究电场的极化特征是很重要的。怎样通过观测天然变化的电磁场的水平分量，将电磁场信号转化成视电阻率曲线和相位曲线，再反演得到各地层的电阻率和厚度，是大地电磁测深的研究内容。

10.1.2　地质雷达法

地质雷达主要由发射部分和接收部分组成，发射部分由发射高频宽频带电磁波的发射机和向外辐射电磁波的天线组成。当发射天线以一定角度的波束角向地下发射电磁波时，在传播途中，由于遇到电性分界面，电磁波产生反射。反射波和沿表层传播的直达波同时被固定在某一位置的接收天线所接收，接收后记录并显示在仪器的终端。在野外测量时，必须先根据测深对象的状况及所处的地质环境选择合适的测量参数，常用的测量方法有三种：①剖面法，指发射天线和接收天线以固定的间距沿测线同步进行移动，测量结果用时间剖面图表示，这种记录能准确地反映测线下方地下各反射界面的形态；②多次覆盖法，指应用不同天线距进行发射，而接收天线在同一测线上进行重复测量，对记录中相同位置的数据进行叠加，这种记录能很好地分辨深部地下介质；③宽角法，指把一个天线固定在某个具体点位，沿测线移动另一个天线，记录地下各不同界面反射波的双层走时，利用这种记录可求得地下介质的电磁波传播速度。

10.1.3　岩石取心法

在矿产勘探开发过程中，按照地质设计的层位和深度钻进，向井内下入取心设备，钻取岩石样品。通常都是使用钻井取心得到岩心，岩心是矿产勘探开发中了解地层含矿特征最直观和实际的资料。细化到油气勘探取心中，通过观察分析和试验研究，可以了解地层时代和沉积特征、储层的物化性质和含油气水状况、生油层特征和生油指标、地下构造（断层、节理、倾角等）情况、测井方法定性定量解释的基础数据、开采开发过程中油气水的运动和分布情况，还可以通过岩心注水等实验分析，估算石油储量，合理编制油气田开发方案。岩石取心法是常用的了解地层结构的地质方法。

10.1.4　地质露头调查法

露头是地层、岩体、矿体、地下水、天然气等出露于地表的部分，是地质观察和研究的重要对象。在找矿时，矿产露头是很重要的找矿标志之一。露头中，有自然出露地表的，称为天然露头；有经各种工程揭露的，称为人工露头。从遭受风化、氧化的严重程度来看，露头还分为风化露头、氧化露头、原生露头和新鲜露头。原生露头和新鲜露头由于氧化程度不高，还保留着原有成分和结构构造。在野外勘探中，将露头和测线周边的地形地物，按照实地位置逐个绘制到地质平面图上，逐个调查测线上炮点的表层岩性和地层倾角，得到这些数据并落实露头所在点位，就可以绘制地质露头剖面图。详细的地质露头调查有利于物探数据采集中激发点和接收点的选取，以及在地质露头剖面图上，特征点地层产状和断层位置的标注，对物探资料数据处理时分析剖面上的构造形态也有很大作用。

10.1.5　卫星图片遥感资料法

遥感卫星在太空探测地球地表物体时，能接收到地表物体的反射电磁波，也能接收到物体自身发射的电磁波，卫星提取物体的信息，完成对物体的远距离识别，再将这些接收到的波进行转换，识别得到可视图像，这个图像就是卫星图片和遥感资料。得到图片后，需要对图片进行处理，这个过程称为遥感图像处理。在这个过程中，进行辐射校正、几何校正、图像整饰、投影变换、特征提取分类等处理。其中，处理分为两类：一类是利用光学、照相和电子学的方法对图片、底片进行处理；另一类是利用计算机对遥感数字图像进行一系列操作，处理完毕后，得到真实反映地表情况的图片。通过处理的卫星图片资料，可明显看到地表地形特征变化剧烈的点。因此，卫星图片遥感资料法也是直接调查近地表信息的一个重要手段。

10.1.6　GPS 测量测绘法

3S 技术［即地理信息系统（GIS）技术、遥感（RS）技术、全球定位系统（GPS）

技术］在近地表信息调查中的应用，除了 RS 技术外，还有一项 GPS 技术。GPS 定位的基本原理是选取高速运动卫星的瞬时位置作为已知点起算，采用空间距离后方交会的方法，确定所需测点的位置。它具有以下特点：全球全天候、高精度、观测时间极短、测站间无须通视等。在实际使用中，通过选择合适的坐标系进行仪器的参数设置，就可以得到实时点的坐标数据（经纬度、高程等）。在表层结构调查中，可以使用 GPS 测量测绘法对地表地形变化突兀点进行实测，获得点位数据，之后便可以将点位方便地展绘到各种图件上以供研究分析。

10.2　地震勘探方法

10.2.1　面波法

地震波在传播过程中，有一类沿着介质自由界面传播的波，称为面波。面波有不同于以折射波和反射波为代表的体波的传播特性，它将能量全部集中在自由表面的附近，其波阵面是圆柱面。随着深度增加，波的能量迅速衰减。面波分为 R 波（瑞利波）和 L 波（勒夫波），其中，R 波集中于自由表面，能量最强，振幅最大，频率最低，而且容易识别，因此在地震勘探中具有很强的优越性。一般所说的面波法都是利用 R 波进行勘探。面波勘探的特征有两点：一是依据同介质中面波相速度和横波速度相关的特点，将地层中面波相速度转换为横波速度；二是抓住面波的频散性。面波勘探的核心问题是怎样准确获得不同频率面波相速度 V_R、相同频率的 V_R 在水平方向上的变化怎样反映地质条件的横向不均匀性，以及不同频率 V_R 的变化怎样反映出介质在深度方向上分布的不均匀。众多试验和实测结果显示，探测岩土层为均一介质时，R 波相速度随深度加深线性增大。当出现不同介质分界面时，由于地表接收的波从上一层的漏能型转变为下一层漏能型面波，频散曲线会出现一个近似“Z”形的变化。此转折点与两介质间的界面埋深有密切关系，通常情况下为相应频率 R 波的半个波长。因此，实测“Z”形频散曲线的变化点，便可用来划分地下岩性变化的分界面。面波法一般分为稳态法和瞬态法两种。

10.2.2　层析成像法

20 世纪 80 年代，研究者效仿医学上常见的使用 X 射线对人体进行组织结构逐层剖析成像的原理，将地震层析成像法应用到地球物理领域。这种方法利用地震波在不同方向投射的波场信息，对地下介质内部的精细结构成像，精细结构里包含各地层速度、地震波在各层的衰减系数等。层析成像法与反演很相似，所以它又被称为层析反演法。该技术的基础是将地层先划分为网格，确定每个单元成像的参数值，计算走时和振幅，分析和比较计算结果与实测数据，迭代进行误差的降低，确保达到精度要求，达到要求后即完成表层速度模型的反演，输出反演的结果是速度随深度的变化关系。在算法的选择上，有代数重构、正交分解最小二乘法、散射层析成像等。走时层析成像自从层析成像法被应用后便一直是地球物理勘探的研究热点之一，射线追踪法又是走时层析成像的核心。旅行时层析由于只利用初至旅行时，对地震数据中其他信息不做考察，因此建模时在分辨率和精度上不能完全满足对地震资料处理和解释的需要。物探工作者也在积极地寻找更好的走时层析成像的方法。

10.2.3　全波形反演法

全波形反演法是将两种数据进行拟合，一种是物探观测数据，另一种是电脑计算数据。反演核心是通过构建叠前地震波场动力学信息的物理模型，对区域面积不大的构造和储层进行精细研究。理论上，这种反演方法所需模型是目前精度最高的。总的来说，全波形反演就是一套物理模型，但更像是有关非线性的数学理论，既然精细，那么不管是对近地表波场中的反射波、折射波、直达波、浅层折射问题细化等，还是对多空间尺度的时间域，以及从低频逐步研究高频的联合反演，需要的数据都必须精准，全方位角、大偏移距如何得到保证，都是研究的方向。

10.2.4　浅层折射波法

在地震波的传播中，折射波是首先到达地面的，所以便于观测和识别。当地震波穿过不同介质的分界面继续向深处传播时，容易改变原来的传播方向而产生折射。当下层介质的波速大于上层介质的波速，同时波的入射角等于临界角时，折射波将会以分界面下层介质中的速度"滑行"，"滑行"波沿着界面传播，引起界面上层质点的振动，最终以折射波的形式传至地面。折射波到达地面观测点的时间和震源距可以通过地震仪测量，进而求得折射界面的埋藏深度，也就能获得上下界面中波传播的平均速度，最终了解折射界面的岩石成分，进行地层对比。这种近地表调查方法称为浅层折射波法。浅层折射波法观测的深度较浅。由于在野外施工时，排列可以稍微短些，因此又俗称"小排列"和"小折射"。

初至折射波法利用初至直达波和浅层折射波的时距曲线求低速带的厚度和速度。如图 10.2-1 所示，直线段"1"为直达波时距曲线，直线段"2"为折射波时距曲线。初至直达波时距曲线斜率的倒数是低速带的波速 $V_0=\left(\dfrac{\Delta x}{\Delta t}\right)_1$，折射波时距曲线斜率的倒数是低速带底界下层的速度 $V_2=\left(\dfrac{\Delta x}{\Delta t}\right)_2$，同时可确定低速带的厚度 h_0 为

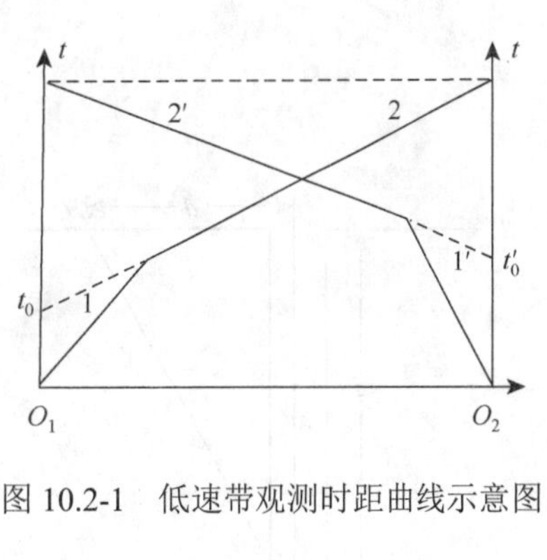

图 10.2-1　低速带观测时距曲线示意图

$$h_0=\frac{V_0t_0}{2\left[1-\left(\dfrac{V_0}{V_1}\right)^2\right]^{0.5}} \tag{10.2-1}$$

10.2.5　微测井法

微测井法是现在物探野外工作中表层调查、低速层测定的主要方法，属于地震勘探的基础工作，相对于同属表层结构调查方法的浅层折射波法有一定的优势。微测井法的核心是：通过选择合适的激发接收方法，获得记录面貌好的第一手数据，再通过绘制时距曲线（*t-h*）图，得出近地表各层的速度和厚度模型，找出表层虚反射界面，为井深设计提供基础参数。在这个资料处理过程中，得到的静校正量的计算模型，可以为后期的勘探资料处理构建一个精确的速度和厚度模型。

应用微测井法首先要有一口钻井，将检波器（测井检波器）放置在井中，在靠近井口的地表激发，如图 10.2-2 所示。每激发一次，检波器移动一个位置，地震记录仪记录每次接收的直达波，读取直达波的初至时间和观测深度，经资料整理，可用式（10.2-2）和式（10.2-3）计算平均速度（$\bar{V}$）和层速度（V_i）。

$$\bar{V}=\frac{z}{t} \tag{10.2-2}$$

$$V_i=\frac{\Delta z_i}{\Delta t_i} \tag{10.2-3}$$

式中，z 为接收点深度；t 为直达波的垂直时间；Δz_i 和 Δt_i 分别为各分层的地层厚度和波传播时间。

当激发点与井口距离 $d\neq 0$ 时，可将直达波的非垂直时间 t_{g} 用下式转换为直达波的垂直时间：

$$t=t_{\mathrm{g}}\frac{z}{(z^2+d^2)^{0.5}} \tag{10.2-4}$$

将现场观测的资料进行计算整理得到最终地震微测井成果图，如图 10.2-3 所示。图中第一象限表示 $\bar{V}$ - t 曲线，即平均速度随传播时间的变化曲线；第三象限表示层速度随深度的变化曲线；第四象限为 z - t 曲线，它就是垂直时距曲线。

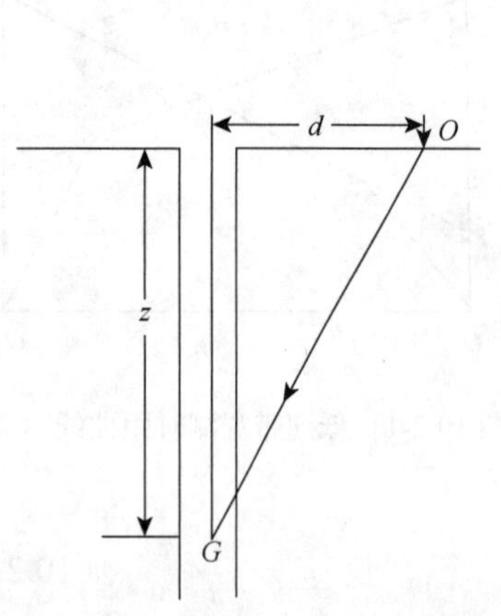

图 10.2-2　地震微测井示意图

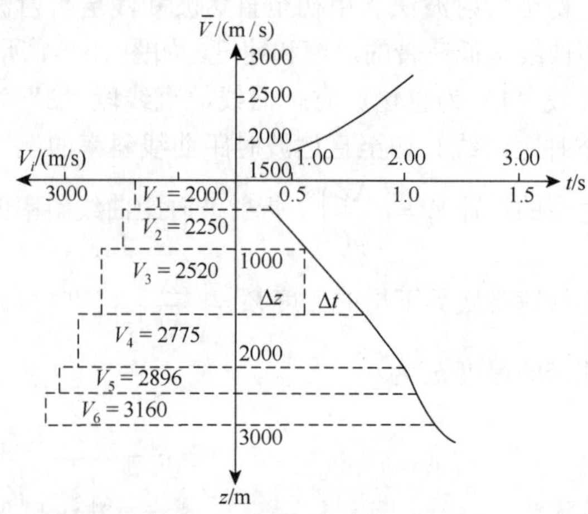

图 10.2-3　地震微测井成果图

第 11 章　地震波的接收

地震勘探数据采集系统可把接收到的地面振动转换为电信号，记录这种信号就称为地震记录。数据采集系统主要由地震检波器和数字地震仪组成。同时考虑到地震噪声，通常采用组合法进行接收。后来为提高地震信号的保真度和空间分辨率，开发了单点接收与节点地震仪，从而有利于野外质量监控和降低采集成本。

11.1　地震检波器和数字地震仪

地震检波器是安置在地面、水中或井下以拾取大地振动的探测器或接收器，它实质是将机械振动转换为电信号的一种传感器。现代地震检波器几乎完全是动圈式和动磁式（用于陆地工作）、压电式（用于海洋和沼泽工作）。以下仅介绍接收纵波的垂直检波器。

11.1.1　地震检波器的主要类型和工作原理

（1）动圈式检波器。这类检波器的结构如图 11.1-1 所示，其机电转换通过线圈相对磁铁往复运动而实现。线圈及线枢由一个弹簧系统支撑在永久磁铁的磁极间隙内，组成一个振动系统。当线圈在磁极间隙中运动时，线圈切割磁力线，同时在线圈两端产生感应电势，感应电势的大小与线圈切割磁通量的速度成正比，也就是说，与其相对于磁铁的运动速度成正比。因此，动圈式检波器也称为速度检波器。大地做垂向运动时，磁铁随之运动，但线圈由于其惯性而趋于保持固定，使线圈和磁场之间有相对运动。对于水平的运动，线圈相对于磁铁是不动的，所以这种检波器的输出为零。

（2）动磁式检波器。这种检波器主要用于地震测井，因此生产的数量很少。其结构如图 11.1-2 所示。它由磁铁及固定在磁铁上的线圈、弹性垫片、软铁隔板组成。地震波到达时使水压发生变化，水压变化引起软铁隔板相对磁铁发生位移，进而导致磁路的长度变化，引起磁路中磁阻差改变，磁阻变化使磁通量改变，结果在线圈中产生感应电势。

（3）压电式检波器。这种检波器一般用于在水下一定深度接收地震波，它以压电晶体或类似的陶瓷活化元件作为压力传感元件，当这类物质受到物理形变时（如水压力变化），会产生一个与瞬时水压（和地震信号有关）成正比的电压，因此，这种检波器也称为压力检波器或水下检波器。还有一种压力检波器，通常安装在注满油的塑料软管内，油的作用是将水的压力变化传给检波器内的敏感元件。这类检波器被包在海洋地震飘浮电缆（又称拖缆）内。

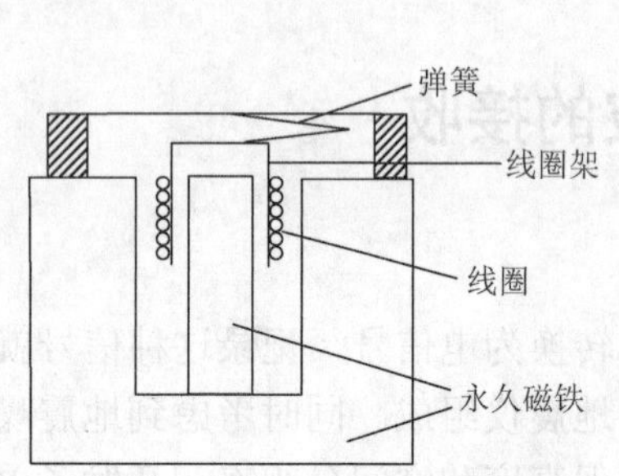

图 11.1-1　动圈式检波器结构示意图

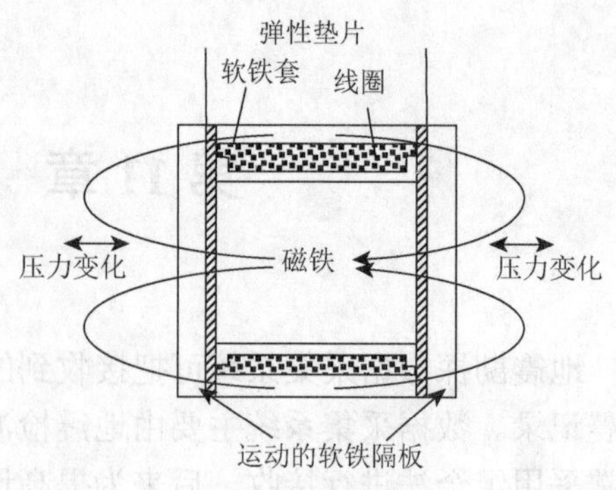

图 11.1-2　动磁式检波器结构示意图

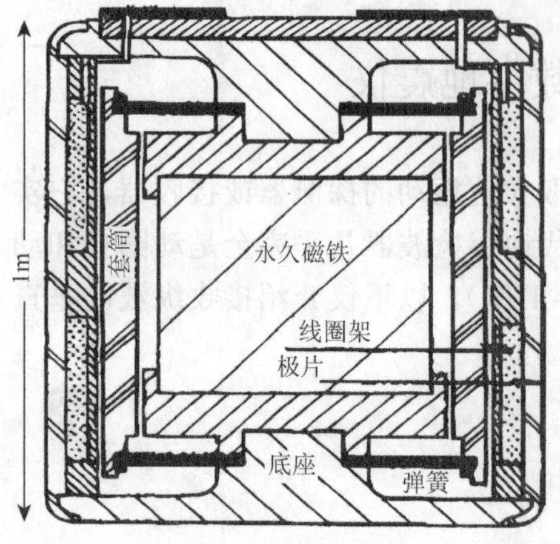

图 11.1-3　涡流检波器结构示意图

（4）涡流检波器。这是一种新型检波器，其结构如图 11.1-3 所示。它是利用惯性部件和固定在机壳里的永久磁铁做相对运动产生涡流，涡流又使固定在机壳里的线圈感应出电流的原理而制成的。一个固定的圆柱形磁铁沿中央轴安装在机壳内，线圈固定地绕在永久磁铁的外面，非磁性可运动的铜制套筒由弹簧悬挂在磁铁和线圈之间构成惯性部件。当机壳被地震振动驱动时，固定在机壳里的永久磁铁和机壳一起运动，但由于弹簧悬挂着的铜制套筒因其惯性而滞后运动，于是，永久磁铁和铜制套筒之间的相对运动在套筒中形成涡流，涡流的变化引起次生磁场的变化，变化的磁场在固定的线圈中产生电动势而输出电压，通常这种检波器又称为加速度检波器。

11.1.2　检波器的特性及指标要求

人工产生的地震波再经地下界面反射后传播到地面引起的地面振动是非常微弱的，因此要求检波器具有较高的灵敏度。另外，为分辨地下多层介质，要求检波器的固有振动延续度尽可能小，即应有较大的阻尼系数，再加上检波器的频率特性和相位特性，即把固有频率、阻尼系数、灵敏度作为评价检波器的重要参数。它们分别与检波器的弹簧的弹性系数、惯性体的质量、内阻和负载阻抗、机电耦合系数、摩擦系数等有关。一个合格的检波器应有标定值，而且实测值应与标定值一致。

11.1.3　数字地震仪

图 11.1-4 为地震记录系统框图。图中除检波器外，可分为五大部分，其中有三个部分（多路转换器部分、瞬时放大器部分、模数转换器部分）的技术水平直接代表了地震仪的技术水平。

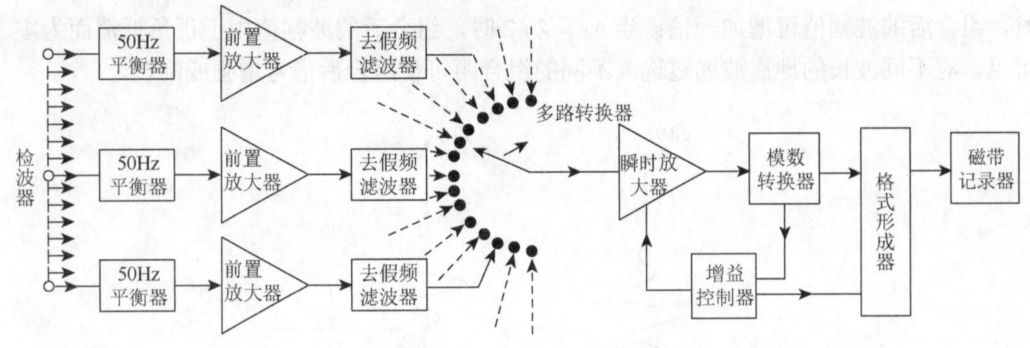

图 11.1-4　地震记录系统框图

（1）前置放大器和滤波器部分。这一部分属模拟电路部分，主要功能是对检波器接收的电信号放大及滤波。

（2）多路转换器部分。这一部分实质是对多道输入信号进行采样。这是一个核心部件，若对很多道（上千道）用小采样间隔采样，就要求在一个采样间隔时间内对所有道采样一次。

（3）瞬时放大器部分。这是一个可变放大系数的放大器，是一个核心部件。该部件体现了记录系统的动态范围，能将能量强弱差别很大的波记录下来。

（4）模数转换器部分。这一部分是将模拟信号转换为数字信号，转换后的数字信号的有效位数影响地震波振幅的精度，目前普遍采用 24 位转换器，这也是一个核心部件。

（5）数字记录部分。经前几部分得到的数字地震信号可记录在大容量的磁带或磁盘上，以供后续进行地震资料处理。

11.2　地震组合法

地震组合检波是将多个检波器串联或并联在一起接收地震波的方法，也称为地震组合法。地震组合法是利用干扰波与有效波的传播方向不同（第二类方向特性）压制干扰波的一种有效方法。它主要用于压制面波之类的低视速度规则干扰及无规则的随机干扰。地震组合法除将多个检波器接收构成一个地震道的输入外，还可将多个震源同时激发构成一个总震源，前者称为检波器组合，后者称为震源组合。按照互换原理，震源组合与检波器组合的原理是等价的。因此，本节以检波器组合法为例讨论地震组合法原理。在实际生产中，检波器组合形式多样，有线形组合、面积组合、等灵敏度组合、不等灵敏度组合等，但大多以简单线性组合为基础，所以本节着重讨论简单线性组合理论。

11.2.1　规则波的组合效应

首先讨论最简单的线性组合。设有一频率为 f、速度为 V、波长为 λ 的简谐规则波沿地表 x 方向传播，若在 x 轴上用两个间隔为 Δx 的检波器接收，将两个检波器的输出相加，即为组合检波结果(图 11.2-1)。本书称 Δx 为组合距，是组合检波中可选择的参数。当 $\Delta x=\lambda$

时，组合后的波幅值可增加一倍；当$\Delta x = \lambda/2$时，组合后的波幅值由于正负抵消而为零。可见，对不同波长的地震波通过选取不同的组合距可使组合后信号增强或削弱。

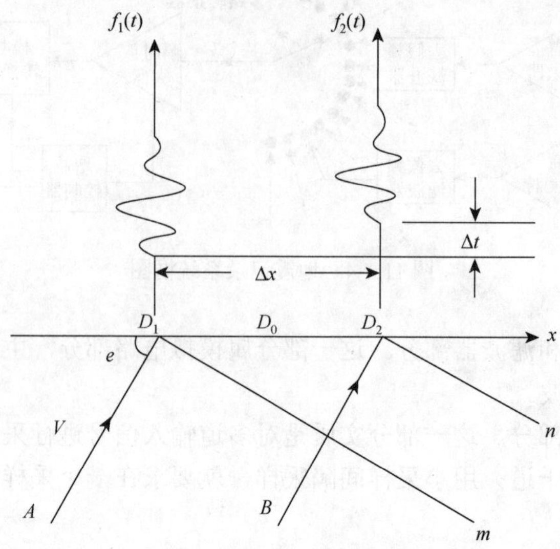

图 11.2-1　射线方向与组合检波示意图

对一般沿任意方向传播的地震波，其组合效应可用组合特性曲线描述。如图 11.2-1 所示，设有一组平行射线（A、B 线）与地面夹角为e的规则波出射到地面，波函数$f(t) = A\sin\omega t$，m、n线为波前，该波到达D_1和D_2接收点的时差为Δt，D_1和D_2是参与组合的几个检波器中的两个，组合距为Δx，则第i个检波器接收的信号为

$$f_i(t) = A\sin\omega(t - i\Delta t) = f(t - i\Delta t)，\ i = 1,2,\cdots,n \tag{11.2-1}$$

组合后的结果可用$F(t)$表示为

$$F(t) = f(t) + f(t-\Delta t) + \cdots + f[(t-(n-1)\Delta t)] \tag{11.2-2}$$

若设$f(t)$的频谱为$s(\omega)$，则$F(t)$的频谱$S(\omega)$为

$$S(\omega) = s(\omega)\sum_{k=1}^{n} \mathrm{e}^{-\mathrm{i}\omega(k-1)\Delta t} \tag{11.2-3}$$

由视速度定理，将$\Delta t = \dfrac{\Delta x}{V^*}$代入式（11.2-3）可得

$$S(\omega) = s(\omega)\sum_{k=1}^{n} \mathrm{e}^{-\mathrm{i}\omega(k-1)\frac{\Delta x}{V^*}} = a(\omega)K\left(\frac{\omega}{V^*}\right) \tag{11.2-4}$$

式中，$s(\omega)$为单检波器接收到的波的频谱；$S(\omega)$为组合后波的频谱；$\sum\limits_{k=1}^{n} \mathrm{e}^{-\mathrm{i}\omega(k-1)\frac{\Delta x}{V^*}}$为线性组合的综合特性。

若令$\varphi = -\omega\Delta t = \omega\dfrac{\Delta x}{V^*}$，代入$K\left(\dfrac{\omega}{V^*}\right)$表达式，则利用等比级数求和公式和三角关系，$K\left(\dfrac{\omega}{V^*}\right)$可表示为

$$K\left(\frac{\omega}{V^*}\right)=\frac{\sin\frac{n}{2}\varphi}{\sin\frac{1}{2}\varphi}\mathrm{e}^{\mathrm{i}\frac{n-1}{2}\varphi} \tag{11.2-5}$$

如果 $f(t)$ 是振幅为 a_0、相位为零的谐波，则其频谱为 $s(\omega)=|s(\omega)|=a_0$：

$$S(\omega)=a_0\frac{\sin\frac{n}{2}\varphi}{\sin\frac{1}{2}\varphi}\mathrm{e}^{\mathrm{i}\frac{n-1}{2}\varphi}=A\mathrm{e}^{\mathrm{i}\frac{n-1}{2}\varphi} \tag{11.2-6}$$

其中，

$$A=a_0\frac{\sin\frac{n}{2}\varphi}{\sin\frac{1}{2}\varphi}$$

为组合后地震波的振幅谱；$\frac{n-1}{2}\varphi$ 为相位谱，它与组合中心处检波点波的相位相同。组合后振幅特性与波的传播方向和频率有关，下面从组合方向特性和组合频率特性两方面分析振幅谱的特性。

1. 组合方向特性曲线

当波的主频固定时，组合后波的振幅只与波的射线方向有关，本书称与波射线方向有关的组合振幅特性为组合方向特性。归一化的组合振幅特性（$a_0=1$）表达式为

$$\Psi(n,\varphi)=\frac{\sin\frac{n}{2}\varphi}{n\sin\frac{1}{2}\varphi} \tag{11.2-7}$$

将 $\varphi=-\omega\Delta t=\omega\frac{\Delta x\sin\alpha}{V}$ 代入式（11.2-7），得

$$\Psi(n,\alpha)=\frac{\sin\left(\frac{n}{2}\omega\frac{\Delta x\sin\alpha}{V}\right)}{n\sin\left(\frac{1}{2}\omega\frac{\Delta x\sin\alpha}{V}\right)} \tag{11.2-8}$$

式中，Δx 为组合距；V 为波速；α 为波前与地面的夹角。当 $\alpha=0°$ 时，波射线垂直到达地面，$\Psi(n,\alpha)=1$；当 $\alpha=90°$ 时，波射线平行地面传播，$\Psi(n,\alpha)=0$；当 $0°<\alpha<90°$ 时，波射线与地面呈任一夹角，$0<\Psi(n,\alpha)<1$。可见，随波射线传播方向不同，组合后浓的振幅在 0～1（最大值）变化。

若将波传播方向转化为时差 Δt，即可将 $\varphi=-\omega\Delta t=\frac{-2\pi\Delta t}{T}$ 代入式（11.2-7）并取绝对值，得

$$\Psi\left(n,\frac{\Delta t}{T}\right)=\left|\frac{\sin\left(n\pi\frac{\Delta t}{T}\right)}{n\sin\left(\pi\frac{\Delta t}{T}\right)}\right| \tag{11.2-9}$$

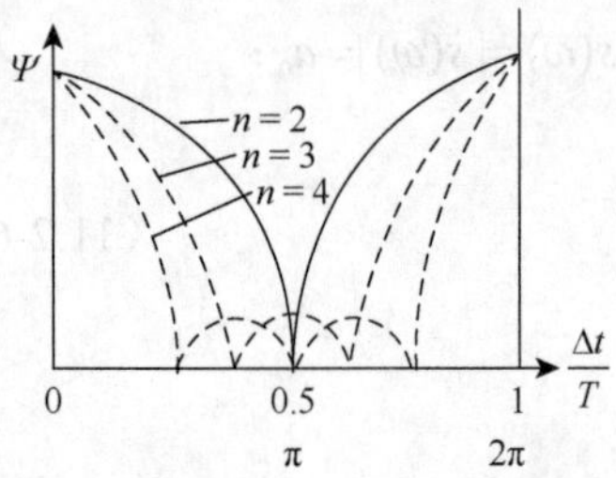

图 11.2-2　组合数目不同的方向特性

式中，T 为周期；Δt 为波到达相邻道时差。以 $\frac{\Delta t}{T}$ 为自变量，m、n 为参数可绘出组合方向特性图，称为组合方向特性曲线，如图 11.2-2 所示。

组合方向特性曲线有明显规律性，对于高视速度的规则波，近乎垂直到达各检波点，相邻检波点之间的时差 $\Delta t \to 0$，Ψ 达到最大值，在 $0 \leqslant \frac{\Delta t}{T} < \frac{1}{2n}$ 区间内，$\Psi \geqslant 0.707$，称为通放带；$\frac{\Delta t}{T}=\frac{1}{2n}$ 的横坐标点称作通放带边界点；在 $\frac{1}{2n} \leqslant \frac{\Delta t}{T} < \frac{n-1}{n}$ 区间内，Ψ 值最小，而且有 $n-1$ 个零值点，对规则波有最大衰减，此区间称为压制带。组合数目多少对特性曲线也有影响，组合数目增加，通放带边界点向左移，通放带变窄，压制带内的极值降低。

因此，只要波的视速度很大，就可落入通放带，组合后波的振幅就得到加强（有效反射波通常都满足），是未组合前单个检波器输出振幅的 n 倍，而对低视速度的规则波（如面波等）组合后相对受到压制。由于视速度等于频率除以波数，当频率固定时，组合也可看成波数滤波，波数是空间上的概念，所以组合主要是空间滤波。在设计组合检波时，根据干扰波的波长及视速度，选择适当的 n 和小 Δx，则可压制干扰波。

2. 组合频率特性曲线

若将 $\varphi=-\omega\Delta t=2\pi f\Delta t$ 代入式（11.2-7），可得

$$\Psi(n,f)=\frac{\sin(n\pi f\Delta t)}{n\sin(\pi f\Delta t)} \tag{11.2-10}$$

以 Δt 为参量、f 为自变量可绘制组合频率特性曲线，如图 11.2-3 所示。从组合频率特性曲线可见，$\Delta t=0$ 时，即波的视速度趋于无穷时，组合后对所有频率没有滤波作用，

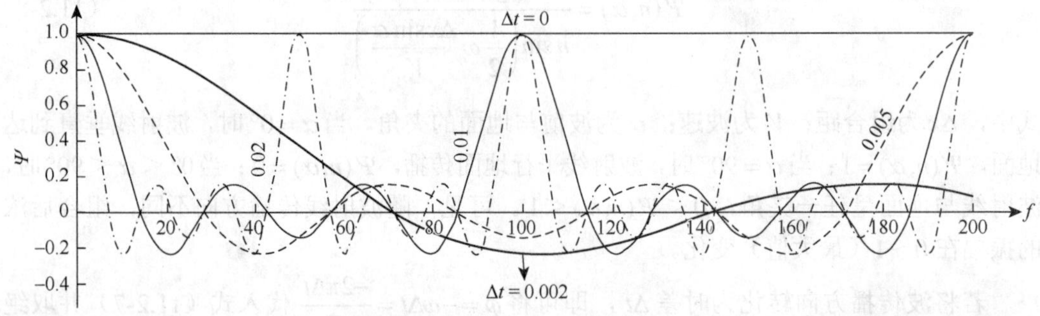

图 11.2-3　组合频率特性曲线

随 Δt 增大，频率特性曲线中通放带与压制带变得更明显，并且通放带变窄，表明组合具有频率滤波作用，对于高频成分有压制作用，组合后波形产生畸变。由于不希望组合改变波形，只希望提高信噪比，因此，对于有效反射波应尽可能通过野外工作方法增大视速度（即减小 Δt ）以获得最佳组合效果。

11.2.2　非规则波的组合统计效应

研究非规则波的组合特性，只能用概率统计理论。多点接收的非规则干扰波是时间和空间位置的函数，通常用 $n_j(t)$ 表示，其中 t 表示时间变量、j 表示空间位置的道号。由于组合是同时间不同位置上振动的叠加，因此组合特性主要取决于波随空间位置的变化规律。

1. 随机干扰的数字特征

用统计法描述随机干扰波特征的三个参数是均值、相关系数和方差，即任一序列叫作随机序列，应满足以下条件。

（1）数学期望或均值为零：

$$En_i = 0 \text{ 或 } \overline{n} = \lim_{m\to\infty}\frac{1}{m}\sum_{i=1}^{m} n_i = 0 \tag{11.2-11}$$

（2）相关系数 R：

$$R = \sum n_i n_j = \begin{cases} C, & i = j \\ 0, & i \neq j \end{cases} \tag{11.2-12}$$

（3）方差 D:

$$D = \frac{1}{m}\sum_{i=1}^{m}(n_i - \overline{n})^2 \tag{11.2-13}$$

以上公式表示完全不相关的随机序列的数字特征。对地震记录中的非规则干扰波，虽具有随机数的特征，但不是完全不相关的，则相关系数可写成相关函数：

$$R(l) = \sum n_i n_{i+1} \tag{11.2-14}$$

式中，l 为相关步长，$l = 0$ 时，$R(0)$ 为自相关极大值，定义归一化相关函数为

$$\rho(t) = \frac{R(l)}{R(0)} \tag{11.2-15}$$

当 $R(l_0) = 0$ 时，表明随机序列统计独立，即相距 l_0 的两随机干扰波互不相似，称 l_0 为相关半径。设 Δx 为两检波点之间的距离，$\Delta x > l_0$ 的两道非规则干扰波为随机干扰波，它们互不相关。

2. 组合的统计效应

设地震记录 $f_i(t)$ 由有效波 $s_i(t)$ 和随机干扰波 $n_i(t)$ 组成：

$$f_i(t) = s_i(t) + n_i(t) \tag{11.2-16}$$

组合后结果用 $F(t)$ 表示，组合道数为 m，有

$$F(t)=\sum_{i=1}^{m} f_i(t)=\sum_{i=1}^{m} s_i(t)+\sum_{i=1}^{m} n_i(t) \tag{11.2-17}$$

若组合前有效波振幅用 A_s 表示，干扰波振幅用均方差 $\sigma_{干}=\sqrt{D}$ 表示，则信噪比 $b=\dfrac{A_s}{\sigma_{干}}$。而组合后有效波振幅为 mA_s，干扰波均方差为

$$\sigma_{\Sigma}=\sqrt{D_{\Sigma}}=\sqrt{mD(1+\beta)} \tag{11.2-18}$$

其中，

$$\beta=\frac{2}{m}\sum_{i=1}^{m}\frac{(m-1)R(i)}{R(0)} \tag{11.2-19}$$

信噪比：

$$b_{\Sigma}=\frac{mA_s}{\sigma_{\Sigma}}=b\sqrt{\frac{m}{1+\beta}} \tag{11.2-20}$$

则得组合的统计效应：

$$G=\frac{b_{\Sigma}}{b}=\sqrt{\frac{m}{1+\beta}} \tag{11.2-21}$$

可见，当组合距大于相关半径时，组合内各检波点接收的不规则干扰波互相统计独立，$\beta=0$，组合后的信噪比比组合前提高 $\sqrt{m}$ 倍，组合统计效应 G 达到最大。

11.2.3　组合方式及参数选择

1. 组合方式

用于压制干扰波的组合方式有很多，可分为以下几类。

（1）等灵敏度线性组合。线性组合是将参与组合的检波器沿测线方向排成一条直线，主要压制沿测线方向的规则干扰波和随机干扰波。等灵敏度线性组合指在线性组合范围内，每个接收点放置的检波器数量相同（即灵敏度相同）。11.2.1 节所讨论的组合均为等灵敏度线性组合。

（2）不等灵敏度组合。不等灵敏度是在组合范围内，每个接收点放置的检波器数量不同。一般在组合排列的中间接收点放置的检波器数量比两边多。不等灵敏度组合特性曲线的压制带更宽，压制干扰波效果更好。

（3）面积组合。面积组合是将组合检波器以圆形、菱形或正方形等分布在一定面积内。面积组合能压制来自任意方向的干扰波。

2. 参数选择

在组合中，组合效果的好坏与组合参数有关，即与组合数目、组合距（组内检波器间距）、组合基距（组内检波器排列长度）有关。在组合方案设计中，这些参数的确定是重要的。通常有以下考虑。

（1）尽可能使有效波落入通放带，使干扰波落入压制带。组合距为

$$\Delta x \geqslant \frac{1}{n}\lambda_{\min}^{*}(\text{干扰波})$$

$$\Delta x \leqslant \frac{1}{2n}\lambda_{\min}^{*}(\text{有效波})$$

（2）适当增加组合数目，但不宜过多。

（3）既要考虑方向特性，又要兼顾统计效应，组合距应大于随机干扰波的相关半径（地震勘探中相关半径为数十米）。

（4）从压制干扰波的角度出发，组合基距 δ_x 应为

$$\delta_x = \lambda_{\max}^{*}(\text{干扰波}) = \frac{V_{\max}^{*}}{f_{\min}}$$

从有效波角度考虑，组合基距应为

$$\delta_x = 0.44\lambda_{\min}^{*}(\text{有效波})$$

11.3　单点接收与节点地震仪

11.3.1　单点接收

单点接收顾名思义就是在每个物理接收点（一个地震道）只布设一个检波器，以单点方式接收地震信号（图 11.3-1），检波器分为模拟检波器和数字检波器两种。单点接收具有如下优势和劣势。

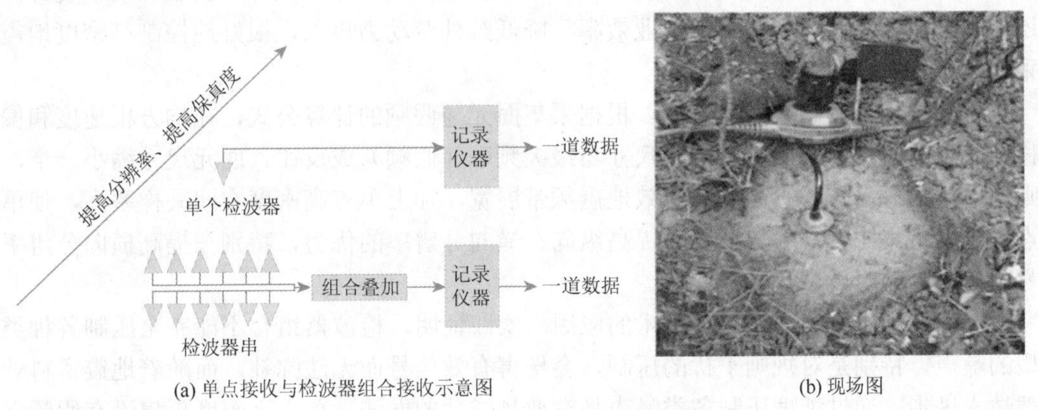

(a) 单点接收与检波器组合接收示意图　(b) 现场图

图 11.3-1　单点接收与检波器组合接收示意图和现场图

1. 单点接收优势

（1）提高地震信号的保真度。①单点接收对地震信号和干扰噪声充分采样，对信号和噪声无压制作用，避免了组合接收对干扰噪声有压制的问题，将压制噪声的环节后

移到资料处理中心室内完成，使野外采集的资料忠实于原始面貌，不损失信号频率、相位、振幅特性，具有野外原始资料保真的优势。②在起伏地表区，地震波到达每个检波器的时间存在差异，组合后改变了地震波形特征。单个检波器接收消除了因地形高差变化或近地表速度变化所造成的旅行时差异，克服了检波器组合时组内地震道叠加所造成的地震信号畸变、地震属性失真。③单点接收检波器不存在组合时组内的系统误差，而组合接收每个检波器具有不同的灵敏度、自然频率误差，检波器之间的误差一般超过±2%。④单点接收初至波拾取准确，避免静校正误差，消除了原组合接收方式下的地震道野外时间误差，有利于提高野外静校正精度。工区一般均存在近地表问题，组合接收产生的静校正问题室内资料处理无法纠正。⑤单点接收有利于噪声识别与压制。单点接收针对信号和噪声无压制作用，一是实现了全波采样，二是与波数响应相对应的时间和频率可被充分采样，将基本采样定律扩展到了空间域，恰当的单点接收道距能消除假频噪声，有利于室内识别规则干扰和压制规则噪声，提高室内资料信噪比。⑥单点接收到的信号是独立的，能够校正因虚假振幅变化和沿组合方向静校正差所造成的影响。

（2）有利于野外质量控制。在地形复杂地段，单点接收很容易选择检波器的埋置点，特别是在地形起伏大或地面植被茂密区，单点接收不会带来组合接收造成的地面耦合不一致的情况。每个地震道只有一个检波器，野外从地震仪器上很快能判断检波器的耦合状态，避免组合接收时某一个或几个检波器出现耦合或其他性能问题时不易发现的难题。地震仪器在检测组合检波器串时检测的是综合效应，单个检波器性能指标检测难以实现，除非是单点接收。单点检波器容易布设，耦合情况能够一目了然地检测到，可以有效控制野外检波器埋置质量。

（3）有利于降低野外采集成本。单点接收所用单个检波器重量和体积是组合接收的十几分之一至几十分之一，可极大节约运载设备的投入，除降低野外员工劳动强度外，还有利于野外生产组织和提高作业效率，降低野外劳动力投入，很好地控制高密度地震采集条件下的野外施工成本。

（4）有利于提高空间分辨率。根据采集面元与假频的计算公式，在均方根速度和偏移孔径角度给定的情况下，面元尺寸与最大频率（假频）成反比，面元尺寸缩小一半，则假频扩大一倍，即小面元使有效地震频带展宽，加上单点高密度空间采样率高，使单点高密度采集比常规采集更具有提高纵向、横向分辨率的优势，特别在提高横向分辨率方面优势更加明显。

（5）有利于室内先进处理技术的应用。实践证明，检波器组合不能完全压制各种类型的噪声，特别是对规则干扰的压制，会伤害有效信号而无法弥补，而随着地震资料处理技术进步，通过处理压制各类噪声是有效且成功的做法。单点高密度采集没有假频现象，适合基于面波反演的地滚波压制技术、非规则相干噪声压制技术、五维插值技术等先进去噪技术的应用。单点高密度采集覆盖次数多、方位角信息丰富，适合方位矢量道集域数据规则化技术的应用，能够改善空间振幅一致性；适合分方位处理、全频带提高分辨率处理等技术的应用，有利于保护野外采集到的微弱地震波有效信号，最终使地震资料处理成果质量明显提高。

（6）有利于推动全波地震勘探技术发展。全波地震勘探要求忠实地记录完整的大地振动，包括震源噪声，对目标进行无混叠空间采样，记录地下返回的全频带频率。单点检波器能够实现高矢量保真度、多分量采集，能精确地保持矢量定向处理的各分量之间的相对振幅，尽可能忠实地保持各向异性，记录和保存地下返回的方位角变化范围全频带频率数据是全波地震勘探的基础，有利于推动全波地震勘探技术发展。

2. 单点接收劣势

单点接收单炮记录与组合接收单炮记录相比，一是野外记录信噪比较低，有较强的面波和背景噪声，在信噪比相对较低的地区，原始记录上难以识别到连续的反射同相轴；二是单点接收对检波器的性能和埋置要求高，单个检波器如果工作不正常，会影响整道数据；三是需要相对较高的炮道密度，确保提高数据处理效果。

11.3.2　节点地震仪

节点采集是指单站单道作为一个采集节点，采集站就地采集地震记录，最后进行数据统一回收。模数转换位数将提高到 32 位或更高，如 INOVA 公司 2012 年推出的 FireFly DR31、Hawk SN11 的模数转换位数已经达到 32 位。节点地震仪集电源、检波器、采集站于一体，减小了质量占 50%～75%的电缆部分，野外工作时只需带 1 个集成的采集站，摆放灵活，无须等待放线查道，随时放炮即可随时接收，仪器采用太阳能板供电，从而大幅度提高工作效率，真正实现地震勘探的高效作业，避免了地震信号远距离传输带来的保真度、信噪比和抗干扰性降低的问题，特别适合于复杂地形、超多道等条件下的地震勘探。

在国内，中石化石油工程地球物理有限公司自主研发了 I-Nodal 节点地震仪（图 11.3-2）。该节点采集系统轻便、体积小、操作简便。每个节点地震仪外形为圆筒形，质量为 1500g，底部可外接尾椎或平板。节点地震仪设计为既可内置地震检波器芯体，也可外接检波器串。外接检波器串时需要一根转换电缆，外接串数不受限制。节点地震仪内置电池容量为 120W·h，在温度为–40～70℃环境下，可以连续工作 25d。在平原、沙漠等地表环境，可采用皮卡车运送方式，一个周转箱可装 24 个节点地震仪；在山地环境，采用背包方式，

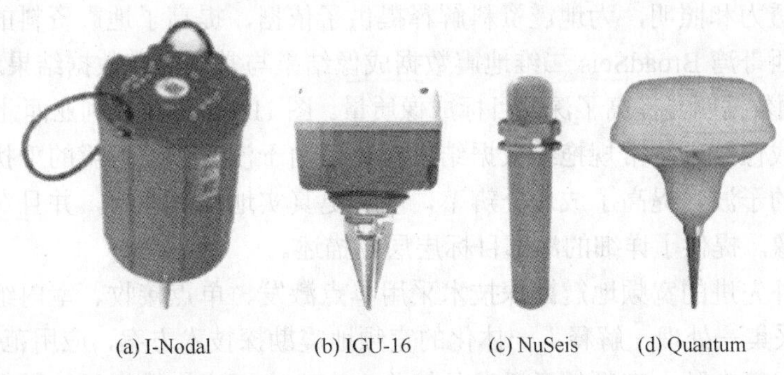

(a) I-Nodal　(b) IGU-16　(c) NuSeis　(d) Quantum

图 11.3-2　四种节点地震仪照片

一个包可以放 8 个节点地震仪。与其他类型节点采集系统相比，I-Nodal 体积和质量略大。内置检波器均采用动圈式检波器，均有 5Hz、10Hz 高灵敏度检波器芯体可选。尽管检波器制造厂家不一样，但检波器技术指标总体一致。

11.4　宽频的优势

宽频地震勘探一直是地球物理学家努力的方向之一。拓宽地震资料频带包括向低频和高频两个方面拓展。高频地震通常有严重的衰减、散射和频散，尤其不能提供探测基性盐岩（subsalt）等深层油藏勘探目标所需的有用信号。低频分量的穿透能力更强，因此对宽频地震勘探来讲，提高信号的低频成分更为现实。拓展低频具有提高资料分辨率及深层资料成像质量、进行全波形反演、直接油气检测等技术优势。

宽频地震勘探技术是指针对特殊的勘探条件和要求而采用相应的采集技术（如法国地球物理公司 CGG 在海上勘探采用的变深度拖缆采集技术），使得观测数据中既包含低频成分（海上观测数据可低至 2Hz，陆上观测数据可低至 3Hz），又包含高频成分（海上观测数据可高达 200Hz，陆上观测数据可高达 160Hz），再通过特殊的数据处理与成像方法进一步拓宽频带和提高成像品质的一系列技术有机结合在一起的一项地震勘探技术。

就海上宽频地震勘探技术而言，现在能够采用的最佳采集方式为多船多缆，并结合双检波器技术，进行双环形全方位的数据采集。在数据处理阶段，在常规的水平缆处理技术基础之上，针对变深度拖缆数据的特点，进行相应的改进，通过反信号（anti-signal）技术去除与激发源相关的“鬼波”，经过常规偏移与镜像偏移处理之后，再进行联合反褶积，去除与检波器相关的鬼波。在解释阶段，对处理之后的宽频资料，使用自动化的解释系统和反演技术手段，便可得到地下详细的地质信息。这就构成了海上宽频地震勘探技术的一般工作流程。而陆上宽频地震勘探技术的关键集中在设计观测系统、加密激发源与检波器，以及设计适当的空间采样率，然后在数据处理阶段，再恢复宽频数据。在解释阶段，与海上的解释技术无较大差异，也是依靠自动化的解释系统，并结合反演的相关技术，从而获得地下丰富的地质信息。

宽频地震勘探技术从设备、采集设计、处理、反演各个方面进行研究，在各种情况下，低频端和高频端频谱的拓宽均显著提高了地震资料品质，尤其改进了对岩下深部地质环境的穿透力和照明，为地震资料解释提供了依据，提高了地震资料的解释水平。图 11.4-1 为墨西哥湾 BroadSeis 二维地震数据成像结果与常规拖缆数据结果对比，从图中可以看出，宽频数据明显提高了深部目标成像质量。图 11.4-2 为澳大利亚西北部 BroadSeis 宽频地震数据成像结果与常规拖缆数据结果对比，由于没有子波旁瓣的干扰，因此获得了比波峰更尖的子波，提高了成像分辨率，能够更真实地反演地层，并且对一些微小构造也能清晰成像，提供了详细的深部目标层层位描述。

目前，国外先进的宽频地震勘探技术采用单点激发、单点接收、室内组合处理的方式，形成了“采集—处理—解释”一体化的宽频地震勘探技术方案，应用范围涉及海上、陆上、海底。尽管在陆上宽频信息激发与接收、海上变深度拖缆宽频地震数据的处理方面仍面临重大挑战，但宽频地震勘探技术能有效提高深部复杂目标的成像质量，改善反演结果，指示地下含油气属性，国外公司仍在不断对其进行完善，未来应用前景广阔。

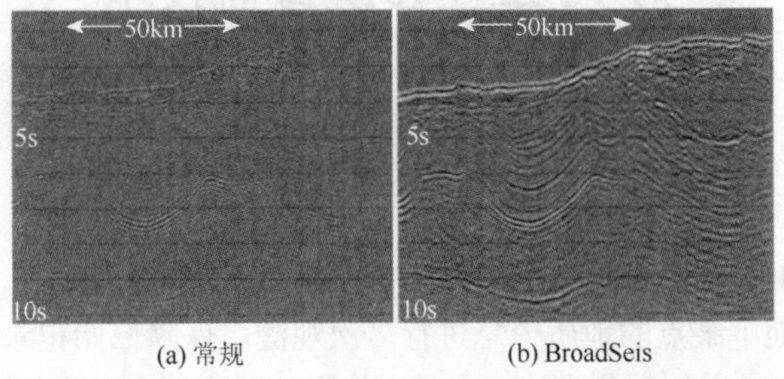

(a) 常规　(b) BroadSeis

图 11.4-1　墨西哥湾 BroadSeis 二维地震数据成像结果与常规拖缆数据结果对比

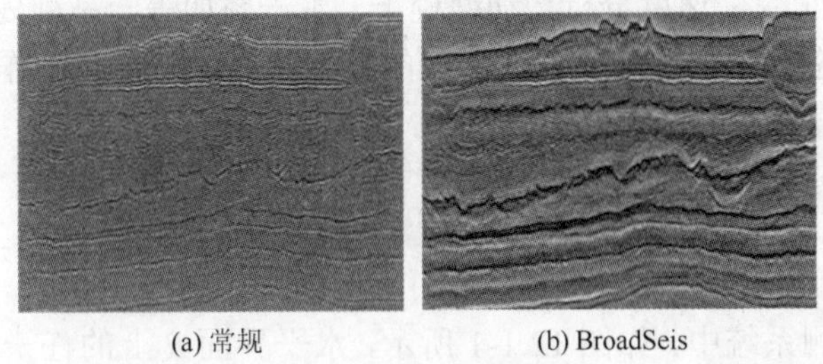

(a) 常规　(b) BroadSeis

图 11.4-2　澳大利亚西北部 BroadSeis 宽频地震数据成像结果与常规拖缆数据结果对比

第 12 章　多次覆盖技术

12.1　多次覆盖技术基本原理

多次覆盖（multiple coverage）技术最早由 Mayne（1962）提出，其基本思想是按照一定的观测系统对地下某点的地质信息进行多次观测，保障原始记录质量。

在野外采用多次覆盖的观测方法，在室内将野外观测的多次覆盖原始记录，经过抽取共中心点（CMP）、共深度点（common depth point，CDP）或共反射点（common reflection point，CRP），道集记录、速度分析、动静校正、水平叠加等一系列处理，最终得到能基本反映地下地质形态的水平叠加剖面或相应的数据体。这一整套工作流程称共反射点叠加法，或简称水平叠加（horizontal stacking）技术。

12.1.1　共反射点叠加原理

在多次覆盖观测系统中，如图 12.1-1 所示，水平界面 R 上的任一点 A 在地面的投影为以 M 点为中心，分别在地面 $O_1, O_2, \cdots, O_n$ 点激发，在对称点 $S_1, S_2, \cdots, S_n$ 点接收，就可接收到来自同一点 A 的反射，称 A 点为共反射点（CRP）或共深度点（CDP），M 点为共中心点（CMP）。$S_1, S_2, \cdots, S_n$ 点接收的地震记录道集称为 CDP 道集。由于道集满足共中心点特性，也可称作 CMP 道集。CDP 道集实际就是从多次覆盖观测系统中将共反射点的道从各炮集中抽出来的重新组合。在 CDP 道集中，若 $S_1, S_2, \cdots, S_n$ 点接收 A 点的反射时间为 $t_1, t_2, \cdots, t_n$，各接收点到激发点的炮检距为 $x_1, x_2, \cdots, x_n$，则可将激发点 $O_1, O_2, \cdots, O_n$ 平移到 O 点，以炮检距 x 为横坐标、以反射时间 t 为纵坐标绘制时距曲线，该时距曲线称为 CDP 时距曲线，其方程为

$$t_i = \frac{1}{V}\sqrt{4h^2 + x_i^2} \tag{12.1-1}$$

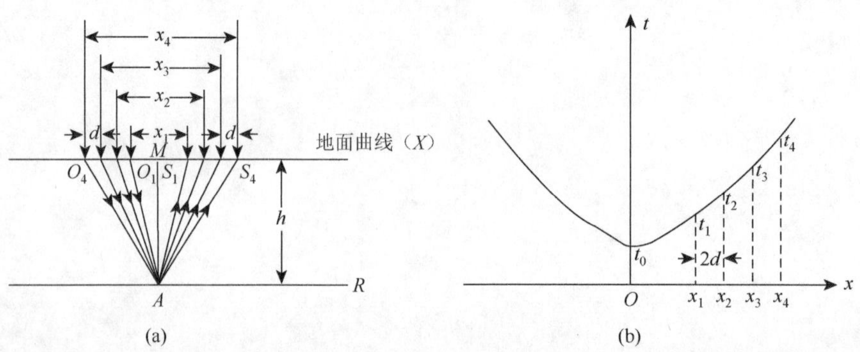

图 12.1-1　共深度点时距曲线

由式（12.1-1）可见，水平层状介质条件下的CDP时距曲线方程虽与共炮点（common shot point，CSP）反射波时距曲线方程形式相似，仍为双曲线，但两者反映的地下信息不同，CSP反射波时距曲线反映地下一段界面的信息，而CDP时距曲线仅反映地下一个点的信息。在CDP时距曲线中，当$x=0$时，$t_0=\dfrac{2h}{V}=t_{0\text{CMP}}=t_{\min}$。其中，$t_{0\text{CMP}}$表示共中心点处下方界面的垂直往返时间，也为CDP时距曲线的极小点，它始终在M点的正上方。这一结论也适用于倾斜地层的CMP时距曲线。

因为CRP道集中的信息来自地下同一点的反射波，道集中各道应具有相似的波形，故可以进行叠加。但由于各道有不同的炮检距，存在不同的正常时差，若将各道由于炮检距不同引起的正常时差消除，则可将各道的反射时间均校正到零偏移距（即该点的自激自收时间）t_0时间，这一过程称为正常时差（normal moveout，NMO）校正，也称动校正。正常时差（也称动校正量）的计算式为

$$\Delta t_i=t_i-t_0=t_0\left(\sqrt{1+\frac{x_i^2}{V^2t_0^2}}-1\right) \tag{12.1-2}$$

式中，V为用于动校正的速度，称为叠加速度。从各道反射波到达时t_i中减去正常时差Δt_i，则CDP道集时距曲线变成一条直线$t=t_0$，如图12.1-2所示。若将动校正后的道集按同时间叠加，其结果称为叠加道。该叠加道作为M点的自激自收地震记录输出。

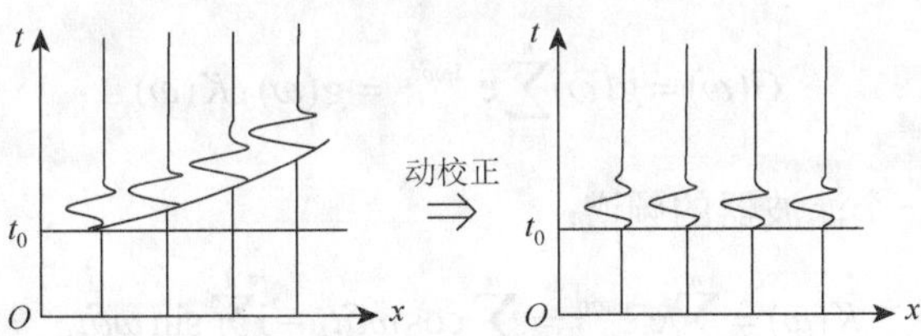

图12.1-2　动校正示意图

叠加道中的一次波，由于动校正后无时差，波形同相，叠加后加强。如果记录中存在多次波，一般多次波比同时间存在的一次波速度慢，时距曲线曲率大，若用一次波的速度对道集进行动校正，则一次波可完全消除正常时差，时距曲线为一条水平直线，而多次波存在剩余时差，时距曲线仍为一条曲线，叠加后一次波加强，而多次波由于时差存在叠加后削弱。削弱的程度与两者的速度差有关，即可用剩余时差系数q表示：

$$q=2t_0\left(\frac{1}{V_{\text{d}}^2}-\frac{1}{V^2}\right) \tag{12.1-3}$$

式中，V_{d}为多次波速度。q越大，多次波消除效果越好。图12.1-3为动校正后的一次波、多次波叠加示意图。

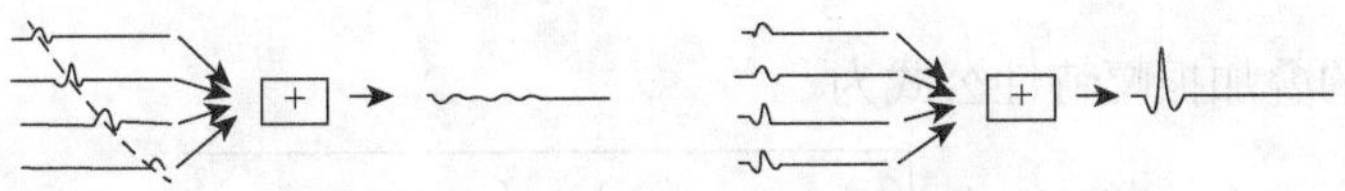

(a) 一次波　　(b) 多次波

图12.1-3　动校正后一次、多次波叠加示意图

12.1.2　共反射点叠加效应

1. 叠加特性分析

设 $f(t)$ 是共中心点 M 下方界面的一次波，则动校正后 CMP 道集中第 k 道波函数用 $f(t-\delta t_k)$ 表示，其中 δt_k 为动校正后的剩余时差，叠加道用 $F(t)$ 表示：

$$F(t)=\sum_{k=1}^{n} f(t-\delta t_k) \tag{12.1-4}$$

式中，n 为叠加次数。对一次波，若用正确的速度动校正，则动校正后无剩余时差，即 $\delta t_k=0$，叠加后结果就为

$$F(t)=nf(t) \tag{12.1-5}$$

其频谱为

$$G(\omega)=ng(\omega) \tag{12.1-6}$$

式中，$G(\omega)$ 为 $F(t)$ 的频谱；$g(\omega)$ 为 $f(t)$ 的频谱。

然而，对于多次波之类的规则干扰波，用一次波速度动校正后，仍有剩余时差 δt_k，叠加后的记录频谱为

$$G(\omega)=g(\omega)\sum_{k=1}^{n}\mathrm{e}^{-\mathrm{i}\omega\delta t_k}=g(\omega)\cdot K(\omega) \tag{12.1-7}$$

式中，$K(\omega)$ 相当于一个滤波器的频谱：

$$K(\omega)=\sum_{k=1}^{n}\mathrm{e}^{-\mathrm{i}\omega\delta t_k}=\sum_{k=1}^{n}\cos\omega\delta t_k-\mathrm{i}\sum_{k=1}^{n}\sin\omega\delta t_k \tag{12.1-8}$$

其振幅谱为

$$|K(\omega)|=\sqrt{\left(\sum_{k=1}^{n}\cos\omega\delta t_k\right)^2+\left(\sum_{k=1}^{n}\sin\omega\delta t_k\right)^2} \tag{12.1-9}$$

取 $K(\omega)$ 的均值得叠加振幅特性公式：

$$P(\omega)=\frac{|K(\omega)|}{n}=\frac{1}{n}\sqrt{\left(\sum_{k=1}^{n}\cos\omega\delta t_k\right)^2+\left(\sum_{k=1}^{n}\sin\omega\delta t_k\right)^2} \tag{12.1-10}$$

对式（12.1-10）中的 $\omega\delta t_k$ 作变量替换：

$$\omega\delta t_k=2\pi f\,\delta t_k=2\pi\frac{\delta t_k}{T}=2\pi\alpha_k \tag{12.1-11}$$

则以 α_k 为变量的叠加振幅特性公式为

$$P(\alpha)=\frac{1}{n}\sqrt{\left(\sum_{k=1}^{n}\cos 2\pi\alpha_k\right)^2+\left(\sum_{k=1}^{n}\sin 2\pi\alpha_k\right)^2} \tag{12.1-12}$$

再由 $\delta t_k = \dfrac{x^2}{2t_0}\left(\dfrac{1}{V_d^2}-\dfrac{1}{V^2}\right) = qx_k^2$，则有

$$\alpha_k = q\cdot f\cdot x_k^2 = \frac{x_k^2}{\Delta x^2}q\cdot f\cdot \Delta x^2 = K_{x_k}\cdot\alpha \tag{12.1-13}$$

式中，$\alpha = q\cdot f\cdot\Delta x^2$ 为单位叠加参数，而

$$K_{x_k} = \frac{x_k^2}{\Delta x^2} = \left[\frac{x}{\Delta x}+2(k-1)\frac{d}{\Delta x}\right]^2 = [\mu+2(k-1)\gamma]^2 \tag{12.1-14}$$

式中，$\mu=\dfrac{x}{\Delta x}$ 为偏移距道数；$\gamma=\dfrac{d}{\Delta x}=\dfrac{N}{2n}$ 为炮间距道数；d 为炮间距；N 为接收总道数；Δx 为道间距。以 μ、γ、n 为参量，以 α 为变量的叠加振幅特性公式为

$$P(\alpha)=\frac{1}{n}\sqrt{\left\{\sum_{k=1}^{n}\cos 2\pi[\mu+2(k-1)\gamma]^2\alpha\right\}^2+\left\{\sum_{k=1}^{n}\sin 2\pi[\mu+2(k-1)\gamma]^2\alpha\right\}^2} \tag{12.1-15}$$

用式（12.1-15）绘制的曲线称为叠加振幅特性曲线，图 12.1-4 是 $\mu=12$、$\gamma=3$、$n=4$ 的叠加振幅特性曲线。以该图为例分析叠加振幅特性曲线的特点。

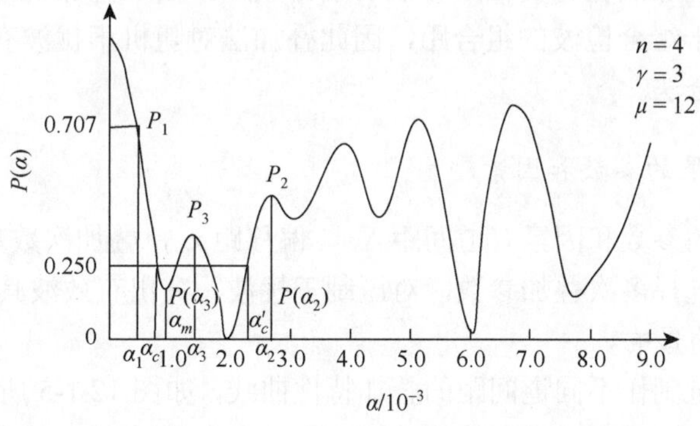

图 12.1-4　叠加振幅特性曲线

从图 12.1-4 中可见，当 $\alpha=0$ 时，$P(\alpha)=1$，即剩余时差为零的一次波有最大的叠加幅值。当 α 逐渐增大时，$P(\alpha)$ 值很快减小，当 $\alpha=\alpha_1$ 时，$P(\alpha_1)=0.707$，通常认为 $P(\alpha_1)\geqslant 0.707$ 表明叠加后波的振幅得到加强。把 $0\leqslant\alpha\leqslant\alpha_1$ 的范围称为通放带，α_1 为通放带边界。随 α 进一步增大，特性曲线上出现 $P(\alpha)$ 低值区，在 $\alpha_c\leqslant\alpha\leqslant\alpha_{c'}$ 范围内，$P(\alpha)$ 的平均值为 $P(\alpha)=1/n$，落在此范围内的波受到最大的压制，即叠加后被削弱，称此低值区为压制带。多次波往往落入此范围内。但在压制带内也有一个极值点 $P(\alpha_3)$，这个值的大小影响压制效果，该值越大，压制效果越差。靠近 α_c 附近有一个压制带内的第一个极小值点 α_m，如果 $\alpha_m<\alpha_c$，则压制带起始边界点左移到 α_m 处，使通放带变窄，通放带较窄时为防止有效波落入压制带，则需适当缩短排列长度。

当 α 增大到 α_2 时，特性曲线上出现二次极大值 $P(\alpha_2)$，实际上曲线 $\alpha>\alpha_c'$，曲线上 $P(\alpha)$ 开始迅速增大。不应使干扰波进入此范围，因此不宜采用过大的道间距。

除叠加振幅特性外，振幅谱还可以表示为

$$f = \frac{\alpha}{q\Delta x^2} = \frac{\alpha}{\delta t_k} \tag{12.1-16}$$

这说明叠加法具有频率滤波作用，对于有剩余时差的波具有低通滤波作用，对于无剩余时差的波没有滤波作用。

根据相位谱的定义，由式（12.1-8）可得到多次叠加相位特性公式：

$$\varphi(\omega) = \arctan \frac{\sum_{k=1}^{m} \sin \omega \delta t_k}{\sum_{k=1}^{m} \cos \omega \delta t_k} \tag{12.1-17}$$

由式（12.1-17）可见，对于剩余时差 $\delta t_k = 0$ 的一次波，叠加后信号相移为零，也就是叠加后信号的相位与共中心点 M 处信号的相位一致。

对于多次波，经叠加后会被削弱，但有时也会有残余能量，残余能量的同相轴根据叠加相位特性呈现特殊规律，即相位随偏移距分段变化而同相轴分段错开。各段之间错开的相位差随叠加次数增加而减小。叠加次数越高，多次波同相轴的连续性越强。因此，叠加次数高时，应注意是否有多次波剩余同相轴。

共反射点多次叠加法也有类似组合法的统计效应，由于叠加道之间的距离（多次叠加的相关半径）大于组合检波的组合距，因此叠加法对随机干扰波有更好的压制效果，其统计效应优于组合法。

2. 影响叠加效果的参数和因素

影响叠加效果的参数和因素有道间距 Δx、偏移距 x_0、叠加次数 n、叠加速度误差及界面倾角等。正确选择多次叠加参数，对压制干扰波、突出有效波具有重要作用。

1）道间距 Δx 的影响

以道间距为参量制作不同道间距的叠加特性曲线，如图 12.1-5 所示，由图中可看出，随着道间距的增大，通放带变窄，有利于压制与一次波速度相近的多次波等干扰波，但也不宜过大，如果过大，不仅影响波的同相位对比，而且会使一次波产生剩余时差并受到压制。道间距也不能太小，太小的道间距不能压制多次波。

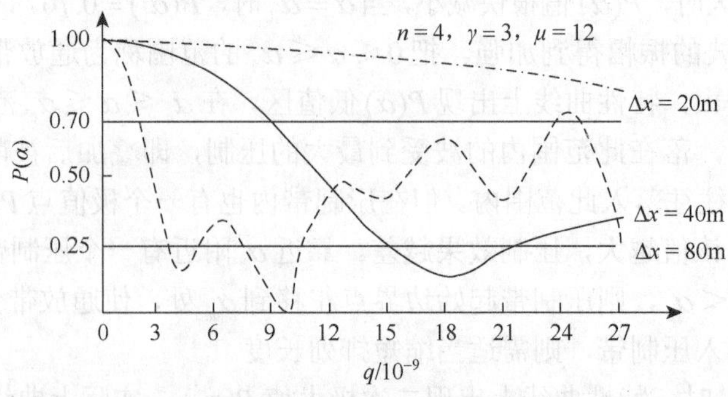

图 12.1-5　以波数 q 为横坐标的叠加特性曲线

2）偏移距 x_0 的影响

$x_0 = \mu\Delta x$，当 Δx 一定时，x_0 的大小与 μ 有关。偏移距的改变对叠加振幅特性曲线也有很大影响，如图 12.1-6 所示，偏移距增大，通放带变窄，分辨率变高，有利于压制与有效波速度相近的规则干扰波。但也不宜太大，偏移距太大会使某些规则干扰波进入二次极值区，影响压制干扰波的效果，另外也会损失浅层有效波。

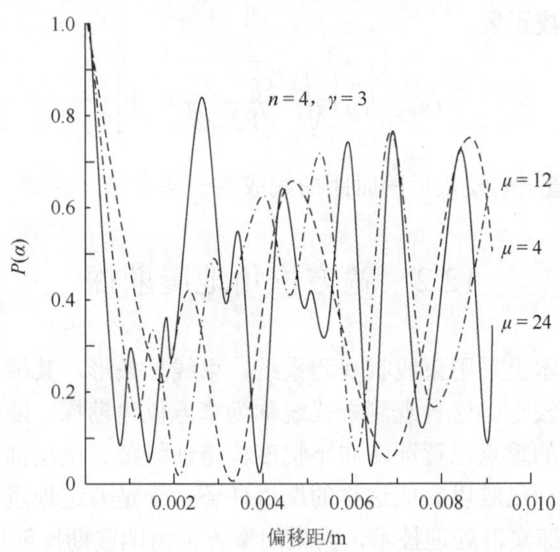

图 12.1-6 偏移距改变时的叠加特性曲线

3）叠加次数 n 的影响

叠加振幅特性曲线中压制带平均值的大小与叠加次数有关，叠加次数越大，压制带平均值越小，压制效果越好，所以增大叠加次数 n 对于提高信噪比有利。但 n 也不能过大，因为叠加次数越高，生产效率越低，耗资越大。

4）叠加速度误差的影响

在 CDP 道集动校正中，动校正量 Δt_i 与叠加速度有关，只有当叠加速度正确时，动校正后各道一次波之间无时差，叠加后一次波加强。若叠加速度有误差，叠加效果就会变差。例如，当叠加速度大于真实速度，动校正量偏小，校正后存在剩余时差。当叠加速度小于真实速度，动校正量偏大，会校正过量。这两种情况均存在时差，会影响叠加效果。

5）界面倾角的影响

共反射点水平叠加是建立在水平层状介质的理论基础上的。当地层倾斜时，按水平多次覆盖观测系统进行观测，仅满足 CMP 的关系，而不满足 CDP 及 CRP 关系，CMP 道集内各道对应的反射点分散在界面的一定范围 $\Delta\gamma$ 内。$\Delta\gamma$ 与界面倾角 φ 有关，即

$$\Delta\gamma = \frac{x_n^2 - x^2}{\delta h_0}\sin 2\varphi \tag{12.1-18}$$

这时反射波时间中不但存在正常时差，而且存在倾角时差，若用水平叠加方法处理倾斜地层的资料，必然影响叠加的实际效果。

一般倾斜层 CMP 道集时距曲线可用下式表示：

$$t=\sqrt{t_{0M}^2+\frac{x^2}{V_\varphi^2}} \tag{12.1-19}$$

式中，$V_\varphi=\dfrac{V}{\cos\varphi}$，称为等效速度；$t_{0M}$ 为共中心点 M 处的自激自收时间。以式（12.1-19）为基础计算倾斜层动校正量：

$$\Delta t_\varphi=t_{0M}\left(\sqrt{\frac{x^2\cos^2\varphi}{t_0^2V^2}+1}-1\right) \tag{12.1-20}$$

则可使倾斜层 CMP 道集动校正后的时距曲线成为一条直线，保持一次波的叠加效果。

12.2　宽方位角地震勘探

三维地震勘探基本上采用束线状观测系统，束线呈条形，其横向（排列宽度）与纵向（排列长度）之比较小，这种观测方式统称为窄方位角勘探。随着勘探开发日益向精细化发展，油气勘探的重点已逐渐转向小幅度构造油气藏、地层油气藏和岩性油气藏。利用窄方位角地震勘探已难以完成这样的勘探任务，于是万道地震仪应运而生，配套相关激发接收技术和高速集群处理技术，为采用宽方位角地震勘探创造了客观条件。

12.2.1　概述

关于宽方位角地震勘探的技术问题，曾经有过比较激烈的学术争论。经过几年的探索和实践，关于宽方位角采集基本上已形成如下共识。

（1）宽方位角采集进行全方位观测，可增强采集照明度，获得较完整的地震波场。

（2）宽方位角采集可研究振幅随炮检距和方位角的变化（amplitude variation with offset and azimuth，AVOA）、地层速度随方位角的变化（velocity variation with azimuth，VVA），增强了识别断层、裂隙和地层岩性变化的能力。

（3）炮检对的三维叠前成像轨迹是椭球，宽方位角地震勘探具有更高的陡倾角成像能力和较丰富的振幅成像信息。

（4）宽方位角地震勘探还有利于压制近地表散射干扰，提高地震资料信噪比、分辨率和保真度。但宽方位角采集成本较高，并不是每一个地方都适合，真正需要做宽方位角采集的是地质前景好、裂缝比较发育或岩性变化比较大的地区。

通常宽、窄方位角观测系统的定义是：当横向（排列宽度）与纵向（排列长度）之比大于 0.5 时，为宽方位角采集观测系统；当横向（排列宽度）与纵向（排列长度）之比小于 0.5 时，为窄方位角采集观测系统。图 12.2-1 为方位角分布玫瑰图。窄方位角设计在接收横测线方向、大炮检距的数据时是不成功的，而宽方位角设计在每一个方位角上都是均匀采集。

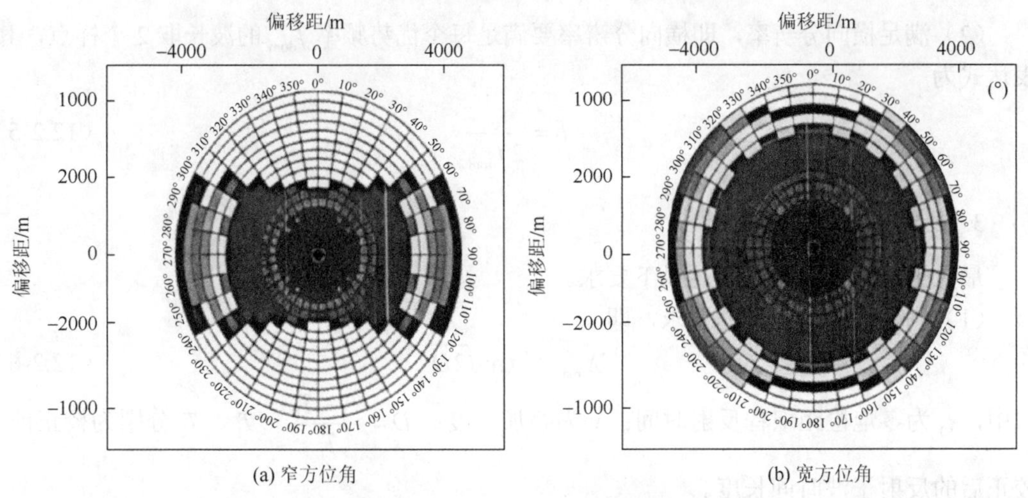

(a) 窄方位角　(b) 宽方位角

图 12.2-1　方位角分布玫瑰图

12.2.2　宽方位角采集参数与观测系统的设计

1. *覆盖次数的确定*

同常规三维观测系统一样，宽方位角观测系统的覆盖次数 N 依然为纵向覆盖次数 N_x 与横向覆盖次数 N_y 的乘积，即

$$N = N_x \cdot N_y \tag{12.2-1}$$

式中，纵向覆盖次数 N_x 为

$$N_x = \frac{M \cdot S}{2 \cdot n_x} \tag{12.2-2}$$

式中，M 为排列线的接收道数；n_x 为相邻炮排所跨越的道间隔数；S 为一个常系数，单边炮为 1，双边炮为 2。

横向覆盖次数 N_y 为

$$N_y = \frac{L}{n_y} \tag{12.2-3}$$

式中，L 为排列线的条数；n_y 为爆炸线上炮间距（以排列线间距为单位计算）的数目。

2. *面元的确定*

面元的确定要遵循以下两条原则。

（1）满足最高无混叠频率：

$$b = \frac{v_{\text{int}}}{4 f_{\max} \sin\phi} \tag{12.2-4}$$

式中，b 为面元边长；$f_{\max}$ 为最高无混叠频率，即最大有效波频率；v_{int} 为上一地层层速度；ϕ 为地层倾角。

（2）满足横向分辨率，即横向分辨率要满足每个优势频率 f_{dom} 的波长取 2 个样点，其表达式为

$$b=\frac{v_{\mathrm{int}}}{2f_{\mathrm{dom}}} \tag{12.2-5}$$

3. 最大炮检距的设计

最大炮检距的设计要满足以下要求。

（1）满足动校正拉伸的要求，即

$$X_{\max}\leqslant t_0 v\sqrt{2D} \tag{12.2-6}$$

式中，t_0 为零炮检距双程反射时间；v 为叠加速度；$D=\dfrac{T_2-T_1}{T_1}$，T_1、T_2 分别为校正前、校正后的反射子波时间长度。

（2）满足速度分析精度的要求。按动校正公式 $\Delta t\approx\dfrac{x^2}{2v^2t_0}$ 要求，为了获取较高的叠加速度，必须有较大的炮检距。进一步推导计算表明，最大炮检距应满足：

$$X_{\max}\geqslant\sqrt{\frac{t_0}{2f_{\mathrm{dom}}\cdot\left[\dfrac{1}{(v\pm\delta v)^2}-\dfrac{1}{v^2}\right]}} \tag{12.2-7}$$

式中，δv 为允许的最大速度分析误差。

（3）要尽量消除干扰波的影响，对于多次波，最大炮检距应满足：

$$X_{\max}\geqslant 2\sqrt{\frac{t_0}{f\cdot\left(\dfrac{1}{v_2^2}-\dfrac{1}{v_1^2}\right)}} \tag{12.2-8}$$

式中，v_1 为受多次波干扰的一次波速度；v_2 为多次波速度。

对于水平层状介质模型，要使反射系数稳定，则对应第 N 个界面的某一入射角的炮检距可由下式给定：

$$X_{\max}^N=2\sum_{i=1}^N h_i\tan\theta_i \tag{12.2-9}$$

式中，h_i 和 θ_i 分别为各层的铅垂厚度和相应的入射角。

由式（12.2-9）可知，较大的炮检距对应较大的入射角。而根据策普里兹方程，当地震波由低波阻抗介质进入高波阻抗介质且入射角等于临界角时，其能量关系式会出现复数项，在临界角附近反射纵波能量会突然变大，形成广角反射，地震波变得非常复杂。据此，最大炮检距所对应的入射角要小于临界角，即最大炮检距不能取得太大，要小于一定的值。

12.3 高密度三维地震勘探

一般来说，高密度三维地震勘探的道密度较常规三维地震勘探有数量级的增加。就

四川盆地而言，道密度达到100万/km^{2}级的地震勘探可称为高密度三维地震勘探。根据国际惯例，道密度是指三维地震勘探单位面积内的地震道数，即每平方千米内炮检对的个数，其计算公式为

$$D_T = \frac{\mathrm{SS}}{4\times\mathrm{SLI}\times\mathrm{RLI}\times(\mathrm{SI}/2)\times(\mathrm{RI}/2)} \tag{12.3-1}$$

式中，SS为排列片的有效面积；SLI为炮线距；SI为炮间距；RLI为接收线距；RI为接收道距。即$D_T=$覆盖次数$\times 10^6$/(面元边长$\times$面元边长)。

从激发方式来说，常规地震勘探主要采用单震源激发和组合震源激发两种方式，对于低信噪比地区，组合震源可以降低环境及电路带来的白噪声，提高信噪比，但也会滤掉一部分有用信号。因此在高密度三维地震勘探中，多采用单震源激发方式。从接收方式上来说，组合检波器较单点单检波器其接收信噪比具有一定程度的提高，但组合检波器会出现频率损失，并在一定程度上降低信号的动态范围，特别是阻尼变化导致的相移现象，使同一道不同检波器采集的信号相互干扰，因此，高密度三维地震勘探多采用单点单检波器接收，以避免组合检波器的低通滤波作用，保留地震信号中的高频成分，保证有效波信息的保真度和完整性。总体来说，高密度三维地震勘探具有空间采样间隔小、覆盖次数高、炮检分布均匀等特点，可显著提高地震资料的分辨率、保真度和信噪比，特别是薄储层识别和小裂缝构造预测具有更高的精度，成为近年来油气勘探提高资料信噪比、分辨率和保真度的新措施之一，逐步受到国内外油气勘探行业的广泛关注。

高密度三维地震勘探主要涉及如下因素。

1. 采样率

从理论上讲，要从采样后的数字信号中恢复出原模拟信号而不失真，采样率最小必须高于原模拟信号最高频率的两倍，也即奈奎斯特采样定理：对于一个周期正弦信号，当在一个周期内，至少有两个有效的采样点，便可从转换后的数字信号中无失真地恢复原始地震波信号。

$$\Delta t \leqslant \frac{1}{2f_{\max}} \tag{12.3-2}$$

式中，Δt为模数转换器转换间隔，s；$f_{\max}$为原始地震波信号的最高频率，Hz。

在实际应用过程中，为能更准确地恢复原始信号，通常采用采样率更高的“过采样”来实现原始信号的复原。从奈奎斯特采样定理可以看出，对于一个固定的采样率，可能恢复的原始信号最高频率仅为采样频率的一半，因此，提高采样率可以有效提高有效波的高频成分，进而从更精细的角度对地震波进行时间上的刻画。

在地震勘探中，不仅需要考虑时间采样率，通常还要考虑空间采样率。空间采样率从某种程度上反映了地震资料的空间分辨能力，类似时间采样率的奈奎斯特采样定理：当最高频率的波长区域内，有两个以上的检波器布设（即采样点）时，空间假频就有可能得到抑制。具体来说，空间采样率可表示为

$$b \leqslant \frac{v_{\text{int}}}{2f_{\max}} = \frac{1}{2k} \tag{12.3-3}$$

式中，b 为空间采样间隔，m；v_{int} 为目的层地震波速度，m/s；$f_{\max}$ 为地震波最高频率，Hz；k 为地震波传播方向的波数。随着地震波最高有效频率的增大，满足无空间假频的可用空间采样间隔逐渐减小，空间采样频率必须相应提高，所以人们提出高密度三维地震勘探就是为了提高空间采样率，以保护地震波中的中、高频有效成分，从而高保真获取原始地震信号，为后续高精度数据处理奠定基础。

2. *分辨率*

类似于波动光学中的分辨率，地震勘探分辨率是指通过地震波能分辨的最小地质构造尺度。根据瑞利准则：当地震波到达两个地质构造体的波程差大于 1/2 波长时，可以认为该构造体是可以分辨的。一般来说，地震勘探分辨率分为横向分辨率和纵向分辨率，也即垂向分辨率和水平分辨率。

垂向分辨率反映地震波沿垂直方向分辨薄层的能力，通常将其定义为地震波主频波长的 1/4，如式（12.3-4）所示。

$$\Delta h = \frac{\lambda}{4} = \frac{v_{\text{int}}}{4f_{\text{dom}}} \tag{12.3-4}$$

式中，Δh 为垂向分辨率；v_{int} 为主频地震波在地层中的传播速度；λ 为地震主波长；f_{dom} 为地震反射波主频。地震波的垂向分辨率与主频成反比，主频越高，沿垂向能分辨的地层厚度就越小，垂向分辨能力就越强，因此，对于薄储层的勘探，需要更高主频的震源子波激发及更宽频率范围的地震检波器接收。

水平分辨率反映地震波沿水平方向分辨地质体的能力，通常由第一菲涅耳带半径定义其大小，如式（12.3-5）所示。

$$R = \frac{v}{2}\sqrt{\frac{t_0}{f_{\text{dom}}}} = \sqrt{\frac{\lambda h}{2} + \frac{\lambda^2}{16}} \tag{12.3-5}$$

式中，R 为第一菲涅耳带半径；f_{dom} 为目标层地震反射波主频；v 为地层平均速度；t_0 为地震波的双程旅行时；h 为反射点埋藏深度。水平分辨率与地震波主频和目标层埋深有关，主频越大，埋深第一菲涅耳带半径越小，相应的地震波横向分辨地质体的能力就越强。受目标层埋深的影响，地震波在传播过程中，地层会对震源激发的地震子波产生吸收衰减和滤波作用，目标层埋深越大，衰减和高频滤波作用越明显，同时受反射界面的倾角及面元尺寸等影响。

3. *覆盖次数*

在常规地震勘探共中心点（CMP）道集中，来自同一个反射点的不同炮道数据通常可以叠加以增强有效层信息的信噪比，即多次覆盖可以有效提高原始地震资料的质量，相应可用于叠加的来自同一个反射点的对一个叠加道有贡献的道数，称为覆盖次数。在高密度三维地震勘探中，覆盖次数较常规三维地震勘探的更高。同分辨率一样，三维地震勘探覆盖次数分为横向和纵向两部分，横向覆盖次数可按式（12.3-6）计算。

$$N_y = \frac{\text{NRL}}{2} \quad (12.3\text{-}6)$$

式中，N_y为横向覆盖次数；NRL为接收线条数。

在规则观测系统中，纵向覆盖次数可按式（12.3-7）计算。

$$N_x = \frac{N_c \Delta x}{2\text{SLI}} \quad (12.3\text{-}7)$$

式中，N_x为纵向覆盖次数；N_c为单条接收线的道数；Δx为道间距；SLI为沿接收线方向的炮线距。

总覆盖次数可反映原始地震资料通过后期数据处理能得到的地震资料质量潜能，与横向和纵向覆盖次数有关，通常定义为纵向覆盖次数与横向覆盖次数的乘积，如式（12.3-8）所示。

$$N = N_x \cdot N_y \quad (12.3\text{-}8)$$

通常覆盖次数与勘探维数、检波器距离、炮间距、观测方式及目标层深度有关，但一般来说，三维地震勘探覆盖次数不低于二维地震勘探覆盖次数的2/3。高密度地震资料采集通过降低面元尺寸，提高覆盖次数，进而降低叠加后的噪声，提高高频段地震波的信噪比。

4. 信噪比

信噪比是衡量信号中噪声水平的一个重要参数，根据具体关注的侧重点不同，定义方法也多种多样。一种通用的定义方式为信号能量（S）和噪声能量（N）的比值，即S/N。信噪比越高的地震资料，理论上分辨率也越高。一般，对于信噪比小于1.0的地震剖面，同相轴非常混乱，几乎无法分辨，无法用于地震勘探解释，通常通过踢道、抽道集等方式直接删除；对于信噪比为1.0～4.0的原始地震剖面，通过某种处理，如均衡和图像增强等方式，同相轴还是能够分辨的，可用于一般的构造解释，但精度不高，特别是对小、薄储层构造，几乎不能分辨；对于信噪比为4.0～8.0的原始地震剖面，能够很好地用于小、薄储层构造和地震地层学解释；信噪比大于8.0的原始地震剖面，被认为是最理想的原始地震资料，通常可以忽略干扰波的影响，如果频带较宽，还能用于地震属性反演。

5. 保真度

保真度用于对地震信号的完整性描述，对有用信号和干扰信号都同等重要。对于地震勘探来说，通过检波器接收的地震波不仅包含目标反射层的信息，同时还包含大量折射波、面波、散射波及多次波等。通常，保真度较低的地震资料不能保证客观反映各种地质构造的真实情况，导致目标构造深度、厚度、倾角、形状严重失真。同时，由于处理方法的不同，某些波在一些处理方法中可能是有效波，在其他方法中可能是干扰波，不能准确地高保真获取原始地震信号，从而必然导致解释精度下降。因此，在实际勘探过程中，需要“三高”（即高分辨率、高信噪比、高保真度）地震资料，尽量拓宽采集频带、宽动态范围和低畸变。

在地震勘探采集过程中，影响保真度的主要因素有震源子波类型、激发条件、接收条件、检波器性能和波在地层中的传播过程等方面。在地震激发过程中，应尽量选择频带较宽的地震子波进行激发，同时还要考虑激发井深、岩性、药量等，从而实现震源的高能量、高频率特点。在接收过程中，必须优化观测方式，合理选择时间和空间采样率，选择宽频带的地震检波器。

6. 面元尺寸

面元尺寸影响地震波对目标层的分辨能力，合理选择三维地震勘探的面元尺寸有助于获取地下地质构造的更多信息。通常，如果与一个地质体相关的地震信息不足，该地质体就会与其他地质构造混在一起，无法分辨，甚至同管中窥豹一样，获取完全错误的信息，影响对薄储层、小构造的识别。由实践可知，面元尺寸越小，高密度采集所获取的地质信息就越丰富，但带来的成本和难度也就越高；而大面元、稀疏采样，对大型地质构造的识别和勘探具有更优的成本控制能力。影响面元尺寸的因素主要有地震勘探目标、混叠频率、横向分辨率三个方面，在具体应用中，应根据具体勘探目标需求来确定面元尺寸。

（1）地震勘探目标。根据地震勘探原理，要想从某一个方向上分辨某一个地质体，必然在该方向上，有一定数量的地震道采集的地震波从该地质体反射或通过，即

$$b = D / n \tag{12.3-9}$$

式中，D 为目标地质体最小尺度；n 为某一个方向地质体上的地震道数。要实现对小地质体目标的分辨，同一地质体上最少要有三个地震记录道。

（2）混叠频率。要满足偏移成像时无偏移噪声，同相轴必须低于叠前最高无假频频率，即满足最高无混叠频率法则，依据以下公式判断：

$$b \leqslant \frac{V_{\text{int}}}{4F_{\max} \times \sin\theta} \tag{12.3-10}$$

式中，b 为面元边长；V_{int} 为地层速度；$F_{\max}$ 为最高无混叠频率；θ 为地层倾角。

（3）横向分辨率。为实现原始地震资料具有良好的横向空间分辨率，地震信号每个主要频率的波长间隔内，有两个及以上的采样点时，即

$$b = \frac{V_{\text{int}}}{2F_{\text{b}}} \tag{12.3-11}$$

式中，b 为面元边长；V_{int} 为目的层上覆地层的层速度；F_{b} 为目的层主频。

综上可以看出，面元尺寸与横/纵向分辨率、地震波主频、波长、混叠频率、反射界面倾角等多种因素有关。因此，在实际勘探过程中，面元尺寸的选择要充分考虑各种因素的影响，根据具体地质任务，即探测地质体最小尺寸和预期达到的分辨率，合理设计观测系统，选择最优面元组合。

7. 炮检距

炮检距的合理选择，对多次波的压制、有效波能量的增强、动校正的幅度及折射波干扰的消除等都有很大的作用，直接影响后期数据处理过程中速度分析、静校正和动校正精度。一般而言，在设计观测系统时，应尽量选择炮检距和覆盖次数分布均匀的观测系统，由于小炮检距具有提高分辨率的优势，应优先选择小炮检距，从而削弱折射波能量，降低其对有效反射波产生的干涉，最大幅度降低校正拉伸畸变程度。

根据常规地震勘探原理，精度误差不超过 6%的速度分析，具有较好的地层分辨能力，其最大炮检距满足：

$$X_{\max} \geqslant \sqrt{\frac{t_0 v^2}{f_{\text{dom}}} \times \frac{1}{\dfrac{1}{(1-k)^2} - 1}} \tag{12.3-12}$$

式中，$X_{\max}$ 为最大炮检距；v 为叠加速度；t_0 为自激自收时间；f_{dom} 为地震反射波主频；k 为允许的最大速度分析误差。

从式（12.3-12）可见，叠加速度越大，需要的最大炮间距就越大，速度分析精度就越高。为消除干扰波的影响，最大炮检距应满足：

$$X_{\max} \geqslant 2\sqrt{\frac{t_0}{f\left(\dfrac{1}{V_2^2} - \dfrac{1}{V_1^2}\right)}} \tag{12.3-13}$$

式中，f 为多次波频率；V_1 为受多次波干扰的一次波速度；V_2 为多次波速度。

从式（12.3-13）可以看出，小炮检距具有更好的干扰波抑制能力，但小炮检距会带来其他技术问题：首先是施工更困难，成本更高，道密度成倍地增加，导致道数呈数量级增加。其次是浅层覆盖次数问题，一般来说，浅层地面薄，反射波能量分布不均匀，干扰严重，经常观测不到具有明显特征的反射波，覆盖次数极不均匀。最后必须注意的是，应尽量避开与炮点有关的强干扰，如面波、浅层折射等，尽量保证主要目的层的高频成分的完整性。

为消除动校正对信号拉伸而产生的频率畸变，一般来说，最大炮检距应满足：

$$X_{\max} \leqslant \frac{t_0 v'}{k_f}\sqrt{1-k_f^2} \tag{12.3-14}$$

式中，k_f 为拉伸参数，一般取 12.5%；t_0 为自激自收时间；v' 为反射目的层上覆地层均方根速度。

第三篇　地震资料处理基本方法

第 13 章　地震数据处理基础

傅里叶变换是地震数据处理的主要数学基础。它不仅是地震道、地震记录分析和数字滤波的基础，同时在地震数据处理的各个方面都有着广泛的应用。例如，在反褶积处理、叠加处理和偏移处理及地震波场的分析中也都有重要应用。

13.1　一维傅里叶变换及频谱分析

在野外地震数据采集中，每一炮在每个检波点的地震道记录表示在该检波点所观测到的地震波场。在数字地震记录中，每个地震道是一个按一定时间采样间隔排列的时间序列，如图 13.1-1 所示。图中地震道采样间隔为 Δt，按采样时刻 $t=\{\Delta t, 2\Delta t, \cdots, n\Delta t, \cdots\}$ 排列的振幅采样值 $x(t)=\{x_0, x_1, x_2, \cdots, x_n, \cdots\}$ 为一个时间序列。

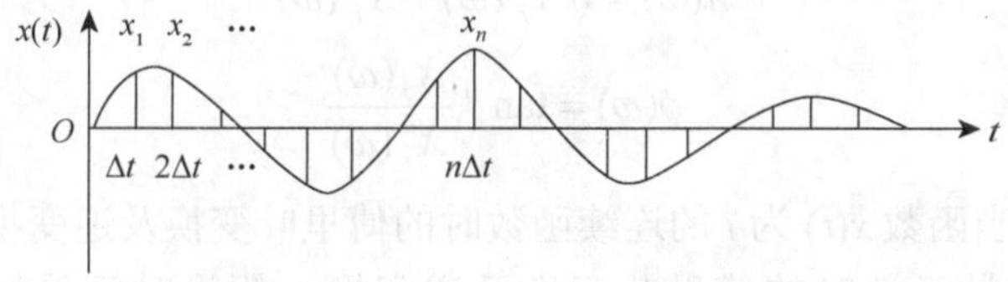

图 13.1-1　地震道采样时间序列示意图

上述的每一个地震道都可以用一系列具有不同频率和不同振幅、相位的简谐曲线（正弦曲线或余弦曲线）叠加而成。这些具有不同频率和不同振幅、相位的简谐曲线可以看作地震道的组成成分。应用一维傅里叶正变换可以得到每个地震道的各个简谐成分。相反，应用傅里叶逆变换可以将各个简谐成分合成为原来的地震道。

13.1.1　一维傅里叶变换及频谱

如果函数 $x(t)$ 在无穷区间 $(-\infty,\infty)$ 上满足下列条件。

（1） $x(t)$ 存在。

（2）满足狄利克雷（Dirichlet）条件：$x(t)$ 只有有限个极值点和有限个间断点，且在间断点 t_0 处，函数 $x(t_0)=\frac{1}{2}[x(t_0+0)+x(t_0-0)]$，则函数的傅里叶变换及逆变换存在。这里，函数 $x(t)$ 的傅里叶变换为

$$\tilde{X}(\omega)=\int_{-\infty}^{\infty} x(t)\mathrm{e}^{-\mathrm{i}\omega t}\mathrm{d}t \tag{13.1-1}$$

其相应的逆变换为

$$x(t)=\frac{1}{2\pi}\int_{-\infty}^{\infty}\tilde{X}(\omega)\mathrm{e}^{\mathrm{i}\omega t}\mathrm{d}\omega \tag{13.1-2}$$

式中，ω 为傅里叶变换变量；i 为虚数单位 $\sqrt{-1}$ 。$\tilde{X}(\omega)$ 为函数 $x(t)$ 的傅里叶变换。

如果变量 t 表示时间，$x(t)$ 表示地震记录道，由于实际地震记录道通常是连续的，满足傅里叶变换存在条件，则利用式（13.1-1）可以得到其傅里叶变换 $\tilde{X}(\omega)$，其变量 ω 表示角频率，它与频率 f 之间的关系为 $\omega=2\pi f$ ，$\tilde{X}(\omega)$ 称为地震道 $x(t)$ 的频谱。

由于傅里叶变换是可逆的，如果已知地震道的频谱 $\tilde{X}(\omega)$，则利用傅里叶逆变换公式（13.1-2）可以得到原来的地震道函数 $x(t)$ 。

通常由式（13.1-1）得到的频谱为一个复函数，称为复数谱。它可以写成指数形式：

$$\tilde{X}(\omega)=|\tilde{X}(\omega)|\,\mathrm{e}^{\mathrm{i}\phi(\omega)}=A(\omega)\mathrm{e}^{\mathrm{i}\phi(\omega)} \tag{13.1-3}$$

式中，$A(\omega)$ 为复数的模，称为振幅谱；$\phi(\omega)$ 为复数的辐角，称为相位谱。

函数 $x(t)$ 的振幅谱 $A(\omega)$ 或 $|\tilde{X}(\omega)|$ 表示 $x(t)$ 的频率为 ω 的简谐成分 $\tilde{X}(\omega)$ 的振幅值，其相位谱 $\phi(\omega)$ 则表示频率为 ω 的简谐成分 $\tilde{X}(\omega)$ 在 $t=0$ 时的初始相位。

复数谱也可以表示为

$$\tilde{X}(\omega)=X_r(\omega)+\mathrm{i}X_i(\omega) \tag{13.1-4}$$

式中，$X_r(\omega)$ 和 $X_i(\omega)$ 分别为 $\tilde{X}(\omega)$ 的实部和虚部。于是，得

$$A(\omega)=\sqrt{X_r^2(\omega)+X_i^2(\omega)} \tag{13.1-5}$$

$$\phi(\omega)=\tan^{-1}\frac{X_i(\omega)}{X_r(\omega)} \tag{13.1-6}$$

上面讨论的是当函数 $x(t)$ 为 t 的连续函数时的傅里叶变换及逆变换的情况。现在，进一步讨论 $x(t)$ 为离散函数时的傅里叶变换及逆变换。假设时间采样间隔为 Δt ，变量 $t=n\Delta t$ ，则函数 $x(t)$ 的离散形式为

$$x(t)=x(n\Delta t)\ \ (n=0,\pm1,\pm2,\cdots,\pm N) \tag{13.1-7}$$

另外，频率采样间隔为频率 Δf ，频率 $f=m\Delta f$ ，$\omega=2\pi m\Delta f$ ，则 $\tilde{X}(\omega)$ 的离散形式为

$$\tilde{X}(\omega)=\tilde{X}(2\pi m\Delta f)\ \ (m=0,\pm1,\pm2,\cdots) \tag{13.1-8}$$

在 $\Delta f\cdot\Delta t=\dfrac{1}{2N+1}$ 条件下，离散傅里叶变换为

$$\tilde{X}(\omega)=\Delta t\sum_{n=-N}^{N}x(2\pi m\Delta f)\mathrm{e}^{-2\pi\mathrm{i}tm\Delta f} \tag{13.1-9}$$

相应的逆变换为

$$x(t)=\Delta t\sum_{n=-N}^{N}\tilde{X}(2\pi m\Delta f)\mathrm{e}^{2\pi\mathrm{i}tm\Delta f} \tag{13.1-10}$$

离散复数谱为

$$\tilde{X}(2\pi m\Delta f)=A(2\pi m\Delta f)\mathrm{e}^{\mathrm{i}\phi(2\pi m\Delta f)} \tag{13.1-11}$$

或

$$\tilde{X}(2\pi m\Delta f)=X_r(2\pi m\Delta f)+\mathrm{i}X_i(2\pi m\Delta f) \tag{13.1-12}$$

于是，得

$$\tilde{X}(2\pi m\Delta f)=\sqrt{X_r^2(2\pi m\Delta f)+X_i^2(2\pi m\Delta f)} \tag{13.1-13}$$

和

$$\phi(2\pi m\Delta f)=\tan^{-1}\frac{X_i(2\pi m\Delta f)}{X_r(2\pi m\Delta f)} \tag{13.1-14}$$

作为由地震记录 $x(t)$ 傅里叶变换得到振幅谱 $A(\omega)$ 和相位谱 $\phi(\omega)$ 的一个实例，图 13.1-2 给出了一个地震子波及其傅里叶变换后得到的振幅谱和相位谱。

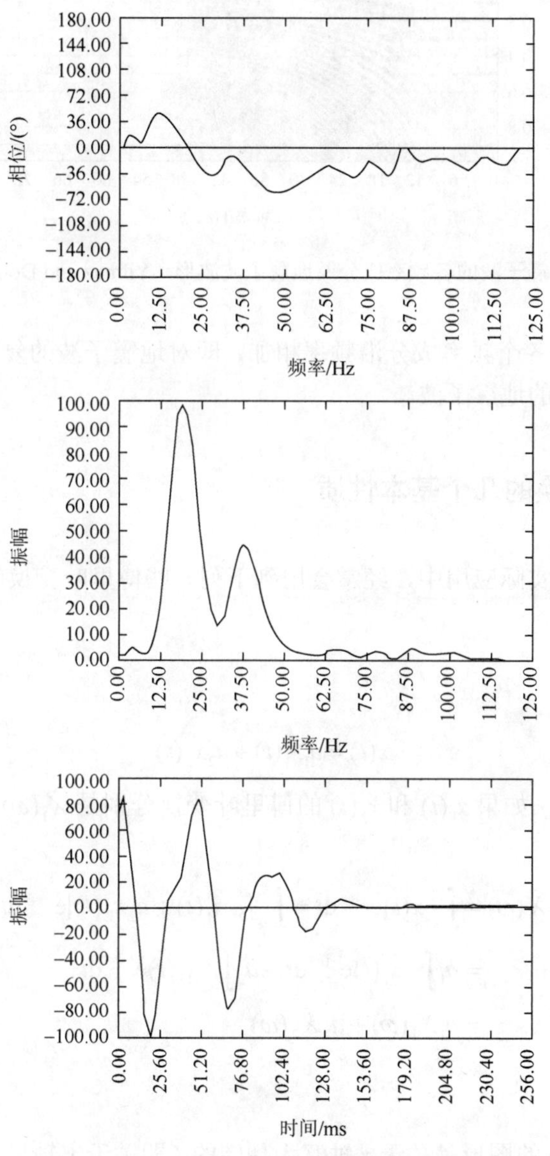

图 13.1-2　地震子波及其振幅谱和相位谱（Yilmaz and Doherty，2001）

图 13.1-3 显示了由图 13.1-2 所示地震子波的振幅谱和相位谱所确定的各个频率成分，图中的频率采样间隔 Δf 为 0.5Hz。图 13.1-3 中地震子波各频率成分的振幅和初始相位与图 13.1-2 中地震子波的振幅谱和相位谱是一致的。

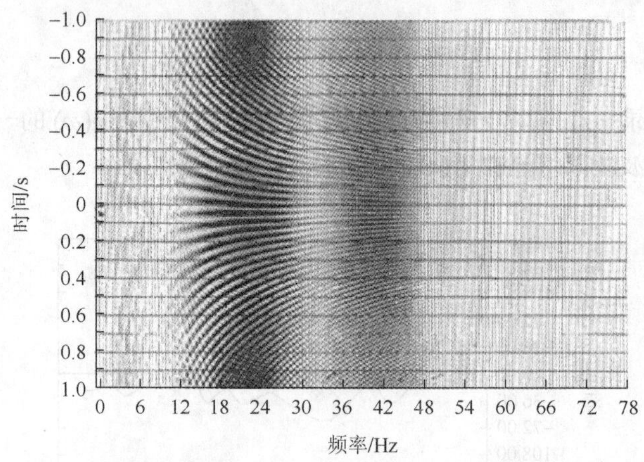

图 13.1-3　地震子波的各频率成分及地震子波波形（Yilmaz and Doherty，2001）

将图 13.1-3 中的各个频率成分沿频率相加，即对地震子波的复数谱进行傅里叶逆变换，就可以得到原来的地震子波。

13.1.2　傅里叶变换的几个基本性质

在傅里叶变换的实际应用中，经常会用到下列一些傅里叶变换的基本性质。

1. 线性

假设

$$x(t)=a_1x_1(t)+a_2x_2(t) \tag{13.1-15}$$

式中，a_1、a_2 是常数，如果 $x_1(t)$ 和 $x_2(t)$ 的傅里叶变换分别是 $\tilde{X}_1(\omega)$ 和 $\tilde{X}_2(\omega)$，则 $x(t)$ 的傅里叶变换为

$$\begin{aligned}\tilde{X}(\omega)&=\int_{-\infty}^{\infty}x(t)\mathrm{e}^{-\mathrm{i}\omega t}\mathrm{d}t=\int_{-\infty}^{\infty}[a_1x_1(t)+a_2x_2(t)]\mathrm{e}^{-\mathrm{i}\omega t}\mathrm{d}t\\&=a_1\int_{-\infty}^{\infty}x_1(t)\mathrm{e}^{-\mathrm{i}\omega t}\mathrm{d}t+a_2\int_{-\infty}^{\infty}x_2(t)\mathrm{e}^{-\mathrm{i}\omega t}\mathrm{d}t\\&=a_1\tilde{X}_1(\omega)+a_2\tilde{X}_2(\omega)\end{aligned} \tag{13.1-16}$$

2. 翻转

函数 $x(-t)$ 与 $x(t)$ 的图形是关于 x 轴互为翻转的（即关于 x 轴呈对称关系），如果 $x(t)$ 的傅里叶变换为 $\tilde{X}(\omega)$，则 $x(-t)$ 的傅里叶变换为

$$\begin{aligned}\tilde{X}'(\omega)&=\int_{-\infty}^{\infty}x(-t)\mathrm{e}^{-\mathrm{i}\omega t}\mathrm{d}t=-\int_{\infty}^{-\infty}x(t')\mathrm{e}^{-\mathrm{i}\omega t'}\mathrm{d}t'\\&=\int_{-\infty}^{\infty}x(t')\mathrm{e}^{-\mathrm{i}(-\omega)t'}\mathrm{d}t'=\tilde{X}'(-\omega)\end{aligned}\tag{13.1-17}$$

这表明在时间域函数是可翻转的，在频率域其频谱也是可翻转的。其翻转频谱与原来频谱的振幅谱相同，相位谱符号相反。

3. 共轭

设 $x'(t)$ 是 $x(t)$ 的共轭复数，即 $x'(t)=\overline{x(t)}$，如果 $x(t)$ 傅里叶变换为 $\tilde{X}(t)$，则 $x'(t)$ 的傅里叶变换为

$$\begin{aligned}\tilde{X}'(\omega)&=\int_{-\infty}^{\infty}\overline{x(t)}\,\mathrm{e}^{-\mathrm{i}\omega t}\mathrm{d}t=\overline{\int_{-\infty}^{\infty}x(t)\mathrm{e}^{-\mathrm{i}\omega t}\mathrm{d}t}\\&=\overline{\int_{-\infty}^{\infty}x(t)\mathrm{e}^{-\mathrm{i}\omega t}\mathrm{d}t}=\overline{\int_{-\infty}^{\infty}x(t)\mathrm{e}^{-\mathrm{i}(-\omega)t}\mathrm{d}t}\\&=\overline{\tilde{X}(-\omega)}\end{aligned}\tag{13.1-18}$$

这表明 $x(t)$ 的共轭复数的频谱是 $x(t)$ 的频谱 $\tilde{X}(\omega)$ 的复共轭翻转谱。

4. 时移

函数 $x(t-\tau)$ 是将 $x(t)$ 沿 t 轴延迟 τ 得到的。如果 $x(t)$ 的傅里叶变换为 $\tilde{X}(\omega)$，则 $x(t-\tau)$ 的傅里叶变换为

$$\begin{aligned}\tilde{X}'(\omega)&=\int_{-\infty}^{\infty}x(t-\tau)\mathrm{e}^{-\mathrm{i}\omega t}\mathrm{d}t=\int_{-\infty}^{\infty}x(t')\mathrm{e}^{-\mathrm{i}\omega(t'-\tau)}\mathrm{d}t'\\&=\mathrm{e}^{-\mathrm{i}\omega\tau}\int_{-\infty}^{\infty}x(t')\mathrm{e}^{-\mathrm{i}\omega t'}\mathrm{d}t'=\mathrm{e}^{-\mathrm{i}\omega\tau}\tilde{X}(\omega)\end{aligned}\tag{13.1-19}$$

这表明 $x(t)$ 在时间延迟 τ 后，其频谱要乘以 $\mathrm{e}^{-\mathrm{i}\omega\tau}$ 因子，即其振幅谱不变，仅其相位谱发生 $(-\omega\tau)$ 的相位变化。

5. 褶积

如有两个函数 $x(t)$ 和 $h(t)$ 的傅里叶变换分别为 $\tilde{X}(\omega)$ 和 $\tilde{H}(\omega)$，这两个函数在时间域的褶积为

$$y(t)=x(t)*h(t)=\int_{-\infty}^{\infty}h(t-\tau)x(\tau)\mathrm{d}\tau\tag{13.1-20}$$

傅里叶变换为

$$\begin{aligned}\tilde{Y}(\omega)&=\int_{-\infty}^{\infty}y(t)\mathrm{e}^{-\mathrm{i}\omega t}\mathrm{d}t=\int_{-\infty}^{\infty}\left[\int_{-\infty}^{\infty}h(t-\tau)x(\tau)\mathrm{d}\tau\right]\mathrm{e}^{-\mathrm{i}\omega t}\mathrm{d}t\\&=\int_{-\infty}^{\infty}x(\tau)\left[\int_{-\infty}^{\infty}h(t-\tau)\mathrm{e}^{-\mathrm{i}\omega t}\mathrm{d}t\right]\mathrm{d}\tau\end{aligned}\tag{13.1-21}$$

由式（13.1-19）得

$$\begin{aligned}\tilde{Y}(\omega)&=\int_{-\infty}^{\infty}x(\tau)[\tilde{H}(\omega)\mathrm{e}^{-\mathrm{i}\omega\tau}]\mathrm{d}\tau=\tilde{H}(\omega)\int_{-\infty}^{\infty}x(\tau)\mathrm{e}^{-\mathrm{i}\omega\tau}\mathrm{d}\tau\\&=\tilde{H}(\omega)\cdot\tilde{X}(\omega)\end{aligned}\tag{13.1-22}$$

上式表明，两个时间函数在时间域褶积的频谱等于两个函数的频谱在频率域的乘积。

这样就可以将函数在时间域复杂的褶积运算通过傅里叶变换变为其频谱在频率域的乘积运算。这种转变在地震数据处理过程中经常会遇到，并且非常方便和有用。

6. 相关

如有一函数 $x(t)$ 的傅里叶变换为 $\tilde{X}(\omega)$，其自相关函数：

$$r_{xx}(\tau)=\int_{-\infty}^{\infty}x(t)x(t+\tau)\mathrm{d}t \tag{13.1-23}$$

其傅里叶变换为

$$\begin{aligned}\tilde{R}_{xx}(\omega)&=\int_{-\infty}^{\infty}r_{xx}(\tau)\mathrm{e}^{-\mathrm{i}\omega\tau}\mathrm{d}\tau\\&=\int_{-\infty}^{\infty}\left[\int_{-\infty}^{\infty}x(t)x(t+\tau)\mathrm{d}t\right]\mathrm{e}^{-\mathrm{i}\omega\tau}\mathrm{d}\tau\\&=\int_{-\infty}^{\infty}x(t)\left[\int_{-\infty}^{\infty}x(t+\tau)\mathrm{e}^{-\mathrm{i}\omega(t+\tau)}\mathrm{d}\tau\right]\mathrm{e}^{-\mathrm{i}(-\omega)t}\mathrm{d}t\\&=\tilde{X}(\omega)\int_{-\infty}^{\infty}x(t)\mathrm{e}^{-\mathrm{i}(-\omega)t}\mathrm{d}t\\&=\tilde{X}(\omega)\cdot\tilde{X}(-\omega)\end{aligned} \tag{13.1-24}$$

由式（13.1-3）及翻转频谱可知：

$$\tilde{X}(\omega)=|\tilde{X}(\omega)|\,\mathrm{e}^{\mathrm{i}\phi(\omega)} \tag{13.1-25}$$

和

$$\tilde{X}(-\omega)=|\tilde{X}(-\omega)|\,\mathrm{e}^{-\mathrm{i}\phi(\omega)} \tag{13.1-26}$$

由式（13.1-24）可得

$$\begin{aligned}\tilde{R}_{xx}(\omega)&=|\tilde{R}_{xx}(\omega)|\,\mathrm{e}^{\mathrm{i}\phi_{xx}(\omega)}=|\tilde{X}(\omega)|\,\mathrm{e}^{\mathrm{i}\phi(\omega)}\cdot|\tilde{X}(-\omega)|\,\mathrm{e}^{-\mathrm{i}\phi(\omega)}\\&=|\tilde{X}(\omega)|^2\end{aligned} \tag{13.1-27}$$

式（13.1-27）表明一个函数的自相关函数的振幅谱是该函数振幅谱的平方，称为功率谱，而自相关函数的相位谱则为零。

如有两个函数 $x(t)$ 和 $y(t)$，其傅里叶变换分别为 $\tilde{X}(\omega)$ 和 $\tilde{Y}(\omega)$，两函数的互相关函数：

$$r_{xy}(\tau)=\int_{-\infty}^{\infty}y(t)x(t+\tau)\mathrm{d}t \tag{13.1-28}$$

其傅里叶变换为

$$\begin{aligned}\tilde{R}_{xy}(\omega)&=\int_{-\infty}^{\infty}r_{xy}(\tau)\mathrm{e}^{-\mathrm{i}\omega\tau}\mathrm{d}\tau\\&=\int_{-\infty}^{\infty}\left[\int_{-\infty}^{\infty}y(t)x(t+\tau)\mathrm{d}t\right]\mathrm{e}^{-\mathrm{i}\omega\tau}\mathrm{d}\tau\\&=\int_{-\infty}^{\infty}y(t)\left[\int_{-\infty}^{\infty}x(t+\tau)\mathrm{e}^{-\mathrm{i}\omega(t+\tau)}\mathrm{d}\tau\right]\mathrm{e}^{-\mathrm{i}(-\omega)t}\mathrm{d}t\\&=\tilde{X}(\omega)\int_{-\infty}^{\infty}y(t)\mathrm{e}^{-\mathrm{i}(-\omega)t}\mathrm{d}t\\&=\tilde{X}(\omega)\cdot\tilde{Y}(-\omega)\end{aligned} \tag{13.1-29}$$

由式（13.1-3）及翻转频谱可知：

$$\tilde{X}(\omega)=|\tilde{X}(\omega)|\,\mathrm{e}^{\mathrm{i}\phi_x(\omega)}，\quad \tilde{Y}(-\omega)=|\tilde{Y}(-\omega)|\,\mathrm{e}^{-\mathrm{i}\phi_y(\omega)}$$

由式（13.1-29）可得

$$\begin{aligned}\tilde{R}_{xy}(\omega)&=|\tilde{R}_{xy}(\omega)|\,\mathrm{e}^{\mathrm{i}\phi_{xy}(\omega)}=|\tilde{X}(\omega)|\,\mathrm{e}^{\mathrm{i}\phi_x(\omega)}\cdot|\tilde{Y}(-\omega)|\,\mathrm{e}^{-\mathrm{i}\phi_y(\omega)}\\&=|\tilde{X}(\omega)||\tilde{Y}(\omega)|\,\mathrm{e}^{\mathrm{i}[\phi_x(\omega)-\phi_y(\omega)]}\end{aligned}\tag{13.1-30}$$

上式表明，两个函数的互相关函数的振幅谱是两个函数振幅谱的乘积，而互相关函数的相位谱则为两个函数相位谱之差。

7. Z 变换

由一维傅里叶变换可以得到 Z 变换。对于一个离散时间序列 $x(n\Delta t)(n=0,1,2,\cdots,N-1)$，即 $x(n\Delta t)=\{x(0),x(\Delta t),x(2\Delta t),\cdots,x[(N-1)\Delta t]\}$ 或简写成 $x_n=\{x_0,x_1,x_2,\cdots,x_{N-1}\}$，由式（13.1-9）可知，$x(n\Delta t)$ 的频谱为

$$\tilde{X}(m\Delta f)=\Delta t\sum_{n=0}^{N-1}x(n\Delta t)\,\mathrm{e}^{-\mathrm{i}2\pi m\Delta f n\Delta t}\quad(m,n=0,1,2,\cdots,N-1)\tag{13.1-31}$$

令 $Z=\mathrm{e}^{-\mathrm{i}2\pi m\Delta f\Delta t}$ 或 $Z=\mathrm{e}^{-\mathrm{i}\omega\Delta t}$，若 $\Delta t=1$，则 $Z=\mathrm{e}^{-\mathrm{i}\omega}$，这时 $x(n\Delta t)$ 的频谱 $\tilde{X}(m\Delta f)$ 可以写成以 Z 为变量的多项式：

$$X(Z)=x_0+x_1Z+x_2Z^2+\cdots+x_{N-1}Z^{N-1}\tag{13.1-32}$$

式中，$X(Z)$ 称为离散时间序列 $x(n\Delta t)$ 的 Z 变换。对于离散时间序列的分析，Z 变换比离散傅里叶变换更方便。

13.2　二维傅里叶变换及频率-波数谱分析

如果有一个二维函数 $X(t,x)$，只要

$$\int_{-\infty}^{\infty}\int_{-\infty}^{\infty}|X(t,x)|\,\mathrm{d}t\mathrm{d}x\tag{13.2-1}$$

存在，则函数 $X(t,x)$ 的二维傅里叶变换存在。这时，函数 $X(t,x)$ 的二维傅里叶变换为

$$\tilde{X}(\omega,k)=\int_{-\infty}^{\infty}\int_{-\infty}^{\infty}X(t,x)\mathrm{e}^{-\mathrm{i}(\omega t-kx)}\mathrm{d}t\mathrm{d}x\tag{13.2-2}$$

相应的二维傅里叶逆变换为

$$X(t,x)=\frac{1}{(2\pi)^2}\int_{-\infty}^{\infty}\int_{-\infty}^{\infty}\tilde{X}(\omega,k)\mathrm{e}^{\mathrm{i}(\omega t-kx)}\mathrm{d}\omega\mathrm{d}k\tag{13.2-3}$$

式中，k 为角波数，$k=2\pi k_0$；k_0 为波数，$k_0=\dfrac{1}{\lambda}$，λ 为波长。

二维频率-波数域中的二维频率-波数谱（简称二维频-波谱）分析是对地震波场进行分析的重要手段，它建立在二维傅里叶变换的基础上。由上述二维傅里叶变换可知，对于二维的波场函数 $X(t,x)$，可以利用式（13.2-2）对其进行二维傅里叶变换，得到 $\tilde{X}(\omega,k)$，它是频率 f 和波数 k_0 的函数。如同一维傅里叶变换，函数 $x(t)$ 的变换 $\tilde{X}(\omega)$ 表明了函数 $x(t)$ 的各个简谐频率成分 f 的频谱 $\tilde{X}(f)$ 一样，二维波场函数 $X(t,x)$ 的二维傅里叶变换

$\tilde{X}(\omega,k)$ 表明了二维波场函数 $X(t,x)$ 的各个频率 (f) -波数 (k_0) 简谐成分的频-波谱。而频-波谱 $\tilde{X}(\omega,k)$ 利用式（13.2-3）进行二维傅里叶逆变换，可以得到函数 $X(t,x)$ ，表明了由 $\tilde{X}(\omega,k)$ 这些频率 (f) -波数 (k_0) 的简谐成分叠加即可恢复原来的波场函数 $X(t,x)$ 。二维傅里叶变换 $\tilde{X}(\omega,k)$ 称为二维函数 $X(t,x)$ 的频-波谱，其模量 $|\tilde{X}(\omega,k)|$ 为函数 $X(t,x)$ 的振幅谱。

图 13.2-1（a）表示 6 个零炮检距自激自收地震记录，每个剖面有 24 个记录道，道间距为 25m，地震信号为频率 12Hz 的简谐波，相邻道间的倾斜时差分别为 0ms、3ms、6ms、9ms、12ms 和 15ms。图 13.2-1（b）为相应剖面记录的地震信号的频-波谱。从图 13.2-1 中可以看出，同一频率的地震信号，随着同相轴倾角增大，其频-波谱中的波数随之增大。正如时间采样中存在奈奎斯特频率 f_N 一样，在空间采样中，也存在奈奎斯特波数：

$$k_{0N} = \frac{1}{2\Delta x} \tag{13.2-4}$$

式中，Δx 为空间采样间隔。

当波数 $k_0 > k_{0N}$ 时，将产生空间假频。图 13.2-1 中的奈奎斯特波数 k_{0N} 为 20 周/km，图中各频-波谱的波数 k_0 均小于 k_{0N}，因而未产生空间假频。

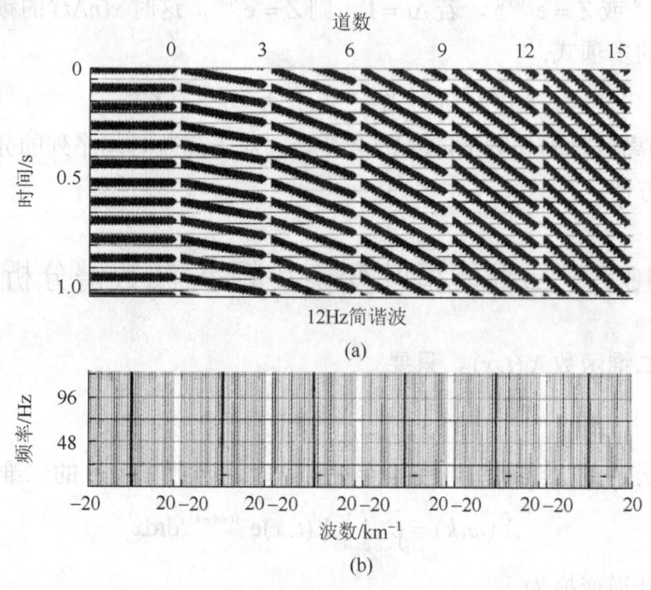

图 13.2-1　简单二维地震信号及其频-波谱（Yilmaz and Doherty，2001）

图 13.2-1 所示为 6 个零炮检距自激自收剖面，不同之处是每个剖面的地震信号分别由频率为 12Hz、24Hz、36Hz、48Hz、60Hz 和 72Hz 的简谐波叠加而成。从图 13.2-1 中可以看出每一个频-波谱均在视速度为

$$v^* = \frac{f}{k_0} \tag{13.2-5}$$

的直线上，随着同相轴倾角增大，其频-波谱中的波数也增大，$v^* = f / k_0$ 直线斜率变小。随着频率 f 增大，频-波谱波数 k_0 增大，当波数 k_0 大于奈奎斯特波数 k_{0N}（图 13.2-1 中为

20 周/km）时，将产生空间假频，波数变为负值，其相应的频-波谱由如平面的第一象限转移到第四象限。第四象限的负波数区表明剖面记录中的地震信号同相轴向相反的方向倾斜。

13.3　采样定理及假频

13.3.1　采样定理

检波点所记录的地震道反映了检波点地震波场的振动情况，传播到检波点的地震信号所引起的检波点振动是随时间连续振动的。因而，地震信号是一个连续的时间函数，称为模拟地震信号。在数字地震记录中，对连续的模拟地震信号按照一个固定的时间间隔进行离散化，将连续的时间函数变成一个按时间顺序排列的离散时间序列（图 13.1-1），称为数字地震信号。这个从模拟地震信号到数字地震信号的过程，称为采样过程。采样所用的时间间隔称为采样间隔或采样率。在石油天然气反射地震勘探中，通常所用的采样间隔为 1ms、2ms 或 4ms；在高分辨率地震勘探中，采样间隔可以小到 0.5ms 或 0.25ms。

采样间隔是野外地震数据采集中一个非常重要的因素，也是地震数据处理中的一个重要参数。下面，讨论采样间隔的意义和作用。图 13.3-1（a）表示一个连续的模拟地震信号。从图中可以看到有几个频率较低的地震信号 A 和一些频率较高的地震信号 B，以及频率较高的干扰波或随机噪声存在。将该模拟地震信号用低频地震信号视周期的 1/5 左右，且与高频地震信号的视周期大致相同的采样率进行采样，得到图 13.3-1（b）所示的离散数字地震信号。最后，用图 13.3-1（b）所示的离散数字地震信号重建模拟地震信号，得到图 13.3-1（c）所示的模拟地震信号。将图 13.3-1（c）中采样后重建的模拟地震信号与图 13.3-1（a）中采样前的原始模拟地震信号比较，可以清楚地看到原来的模拟地震信号中低频信号在采样后重建的模拟地震信号中得到保持和恢复，而原来模拟地震信号中的高频信号在采样后重建的模拟地震信号中则受到压制而明显衰减，几乎消失。

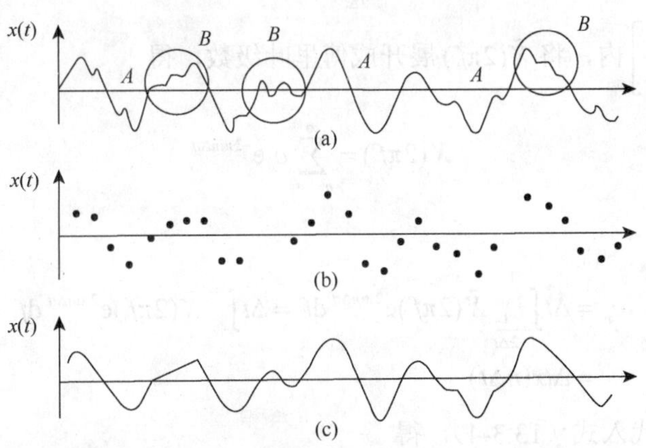

图 13.3-1　连续模拟地震信号（a）、离散数字地震信号（b）、由离散数字地震信号重建的模拟地震信号（c）

那么，在地震信号采样的过程中，应该遵循什么原则来选择采样间隔呢？如果不遵循这个原则，将对采样的结果带来什么影响呢？

在采样过程中，应遵循的原则就是采样定理。

在采样过程中，用采样间隔 Δt 将一个连续时间函数 $x(t)$ 离散化为一个离散时间序列 $x(n\Delta t)$ $(n=0,1,2,\cdots,N-1)$ 或

$$x(n\Delta t)=\{\cdots,\ x(-2\Delta t),\ x(2\Delta t),\ x(0),\ x(\Delta t),\ x(2\Delta t),\ \cdots\} \tag{13.3-1}$$

显然，所得到的离散时间序列 $x(n\Delta t)$ 与所用的采样间隔也有关。对一个连续时间函数 $x(t)$ 用不同的采样间隔 Δt 离散化，会得到不同的离散时间序列 $x(n\Delta t)$。于是，就产生这样的问题：用某一个采样间隔 Δt 对一个时间函数 $x(t)$ 离散化得到的离散时间序列 $x(n\Delta t)$，是否能够代表原来的连续时间函数 $x(t)$？很明显，当采样间隔 Δt 一定时，所得到的离散时间序列 $x(n\Delta t)$ 并不一定能代表时间函数 $x(t)$，因为在相邻的两个采样点 $n\Delta t$ 与 $(n+1)\Delta t$ 之间的函数 $x(t)$ 值是未定的。如果缩小采样间隔 Δt，将会减少这种不确定性。那么应该将采样间隔 Δt 减小到什么程度才能使所得到的离散时间序列 $x(n\Delta t)$ 能够确定时间函数 $x(t)$ 呢？答案是，如果时间函数 $x(t)$ 的频谱 $\tilde{X}(\omega)$ 在频率 f 区间 $\left[-\dfrac{1}{2\Delta t},\dfrac{1}{2\Delta t}\right]$ 之内存在，而在这个区间之外为零，则离散时间序列 $x(n\Delta t)$ 就能完全确定时间函数 $x(t)$。证明如下。

假定时间函数 $x(t)$ 的频谱 $\tilde{X}(\omega)$ 满足：

$$\tilde{X}(\omega)=0 \tag{13.3-2}$$

当 $|f|>\dfrac{1}{2\Delta t}$，则

$$\begin{aligned}x(t)&=\frac{1}{2\pi}\int_{-\infty}^{\infty}\tilde{X}(\omega)\mathrm{e}^{\mathrm{i}\omega t}\mathrm{d}\omega\\&=\int_{-\infty}^{\infty}\tilde{X}(2\pi f)\mathrm{e}^{2\pi\mathrm{i}ft}\mathrm{d}f\\&=\int_{-\frac{1}{2\Delta t}}^{\frac{1}{2\Delta t}}\tilde{X}(2\pi f)\mathrm{e}^{2\pi\mathrm{i}ft}\mathrm{d}f\end{aligned} \tag{13.3-3}$$

在区间 $\left[-\dfrac{1}{2\Delta t},\dfrac{1}{2\Delta t}\right]$ 内，将 $\tilde{X}(2\pi f)$ 展开成傅里叶级数，得

$$\tilde{X}(2\pi f)=\sum_{n=-\infty}^{\infty}c_n\mathrm{e}^{-2\pi\mathrm{i}n\Delta tf} \tag{13.3-4}$$

式中，

$$\begin{aligned}c_n&=\Delta t\int_{-\frac{1}{2\Delta t}}^{\frac{1}{2\Delta t}}\tilde{X}(2\pi f)\mathrm{e}^{2\pi\mathrm{i}n\Delta tf}\mathrm{d}f=\Delta t\int_{-\infty}^{\infty}\tilde{X}(2\pi f)\mathrm{e}^{2\pi\mathrm{i}n\Delta tf}\mathrm{d}f\\&=\Delta tx(n\Delta t)\end{aligned} \tag{13.3-5}$$

式（13.3-5）代入式（13.3-4），得

$$\tilde{X}(2\pi f)=\Delta t\sum_{n=-\infty}^{\infty}x(n\Delta t)\mathrm{e}^{-2\pi\mathrm{i}n\Delta tf} \tag{13.3-6}$$

式（13.3-6）代入式（13.3-3），得

$$
\begin{aligned}
x(t) &= \Delta t \int_{-\frac{1}{2\Delta t}}^{\frac{1}{2\Delta t}} \sum_{-\infty}^{\infty} x(n\Delta t) \mathrm{e}^{-2\pi i n\Delta t f} \mathrm{e}^{2\pi i f t} \mathrm{d}f \\
&= \Delta t \sum_{-\infty}^{\infty} x(n\Delta t) \int_{-\frac{1}{2\Delta t}}^{\frac{1}{2\Delta t}} \mathrm{e}^{2\pi i (t-n\Delta t) f} \mathrm{d}f \qquad (13.3\text{-}7) \\
&= \Delta t \sum_{-\infty}^{\infty} x(n\Delta t) \left[\frac{\mathrm{e}^{2\pi i (t-n\Delta t) f}}{2\pi i (t-n\Delta t)} \right]_{-\frac{1}{2\Delta t}}^{\frac{1}{2\Delta t}}
\end{aligned}
$$

最后得

$$
x(t) = \frac{\Delta t}{\pi} \sum_{-\infty}^{\infty} x(n\Delta t) \frac{\sin \frac{\pi}{\Delta t}(t-n\Delta t)}{t-n\Delta t} \qquad (13.3\text{-}8)
$$

式（13.3-8）用离散时间序列 $x(n\Delta t)$ 将时间函数 $x(t)$ 完全表示出来。

上述采样规律称为采样定理，其中的最高采样频率：

$$
f_{\mathrm{N}} = \frac{1}{2\Delta x} \qquad (13.3\text{-}9)
$$

称为奈奎斯特（Nyquist）频率。

13.3.2 假频

13.3.1 节证明了在采样过程中，如果所选择的采样间隔 Δt 满足采样定理，使式（13.3-9）所定义的奈奎斯特频率：

$$
f_{\mathrm{N}} = \frac{1}{2\Delta x} \qquad (13.3\text{-}10)
$$

大于时间函数 $x(t)$ 的频谱 $X(\omega)$ 的频率上限 $f_{\max}$，这时的采样间隔为

$$
\Delta t = \frac{1}{2f_{\mathrm{N}}} \leqslant \frac{1}{2f_{\max}} \qquad (13.3\text{-}11)
$$

这样采样所得到的离散时间序列 $x(n\Delta t)$ 就能代表原来的时间函数 $x(t)$ 。反之，如果所选取的采样间隔 Δt 不满足采样定理，即当奈奎斯特频率 f_{N} 小于 $x(t)$ 的频谱频率上限 $f_{\max}$，这时采样间隔为

$$
\Delta t = \frac{1}{2f_{\mathrm{N}}} > \frac{1}{2f_{\max}} \qquad (13.3\text{-}12)
$$

这样采样所得到的离散时间序列 $x(n\Delta t)$ 便不能代表原来的时间函数 $x(t)$ ，而且 $x(t)$ 的频谱 $X(\omega)$ 中简谐成分频率 f 高于奈奎斯特频率 f_{N} 的高频成分还会产生以奈奎斯特频率 f_{N} 为中心向低频折叠的假低频成分（即假频），如图 13.3-2 所示。

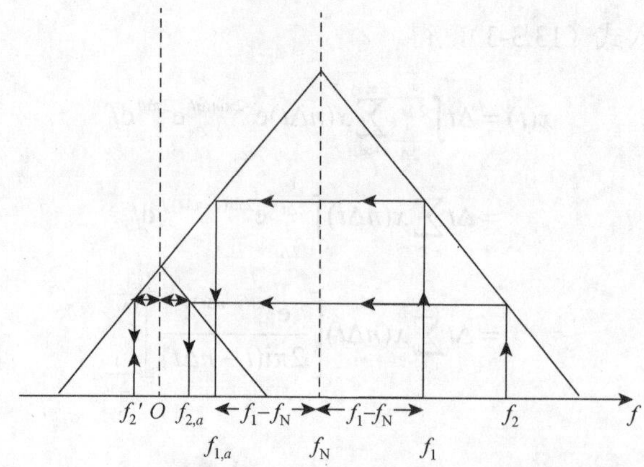

图 13.3-2 假频折叠示意图

图 13.3-2 中有一频率为 f_1 的高频成分，它以奈奎斯特频率 f_N 为中心，向低频方向折叠至 $f_{1,a}$ 位置，产生了 $f_{1,a}$ 的假频。图 13.3-2 中频率为 f_2 的高频成分以 f_N 为中心，向低频方向折叠至 f_2' 位置，由于 $f_2'<0$，它再以 $f=0$ 为中心，向正频率方向折叠至 $f_{2,a}$ 位置，产生了 $f_{2,a}$ 的假频。有的高频成分 f 由于频率较高，可能经过以 f_N 轴和 $f=0$ 轴为中心的多次折叠，最终落在 $[0, f_N]$ 区间上的 $f_a(f_{1,a}, f_{2,a}, \cdots)$ 位置便产生了 f_a 的假频。

图 13.3-3（a）表示一个频率为 75Hz 的简谐成分，用 2ms 的采样间隔采样，其相应的奈奎斯特频率 $f_N=250\text{Hz}$，满足采样定理，其振幅谱示于图 13.3-3 的右侧。图 13.3-3（b）表示图 13.3-3（a）中 75Hz 简谐成分用 4ms 重新采样的结果，由于 4ms 采样相应的奈奎斯特频率 $f_N=125\text{Hz}$，仍然满足采样定理，其振幅谱仍然没有改变。图 13.3-3（c）表示图 13.3-3（a）中 75Hz 简谐成分用 8ms 重新采样的结果，由于 8ms 采样相应的奈奎斯特频率 $f_N=62.5\text{Hz}$，75Hz 简谐成分的频率 f 大于 f_N，不满足采样定理，由图 13.3-3 中假频折叠关系可知，此时产生了 50Hz 的假频，其振幅谱示于图 13.3-3 的右侧。

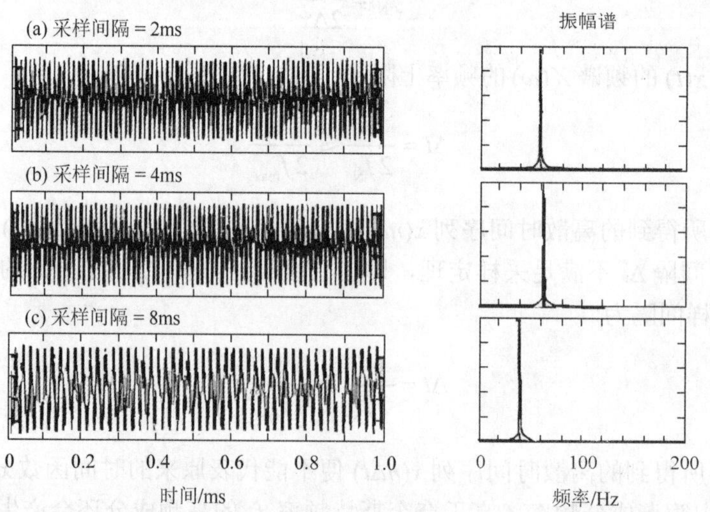

图 13.3-3 75Hz 简谐成分以 8ms 重新采样后产生 50Hz 假频（Yilmaz and Doherty，2001）

可以用如下公式计算假频的频率 f_a：

$$f_a = |2mf_N - f_s| \quad (13.3\text{-}13)$$

式中，f_N 为奈奎斯特频率（也可称为折叠频率）；f_s 为信号频率；m 为某一使 $f_a < f_N$ 的正整数。

图 13.3-4（a）表示一个时间函数用 2ms 采样的时间序列，其奈奎斯特频率 f_N = 250Hz，其振幅谱示于图 13.3-4 的右侧。图 13.3-4（b）和（c）为图 13.3-4（a）时间序列用采样间隔为 4ms 和 8ms 重新采样的结果，其奈奎斯特频率分别为 f_N =125Hz 和 f_N = 62.5Hz，相应的振幅谱分别示于图 13.3-4 的右侧。从图 13.3-4 中可以看出，由于采样间隔增大，其相应的奈奎斯特频率 f_N 减小，限制了频谱频率上限，使频率 f 大于奈奎斯特频率 f_N 的振幅谱为零，其相应的频率成分消失。另外，频率 f 大于奈奎斯特频率 f_N 的高频成分所产生的假频存在，使低于奈奎斯特频率 f 的低频成分的振幅谱发生改变。

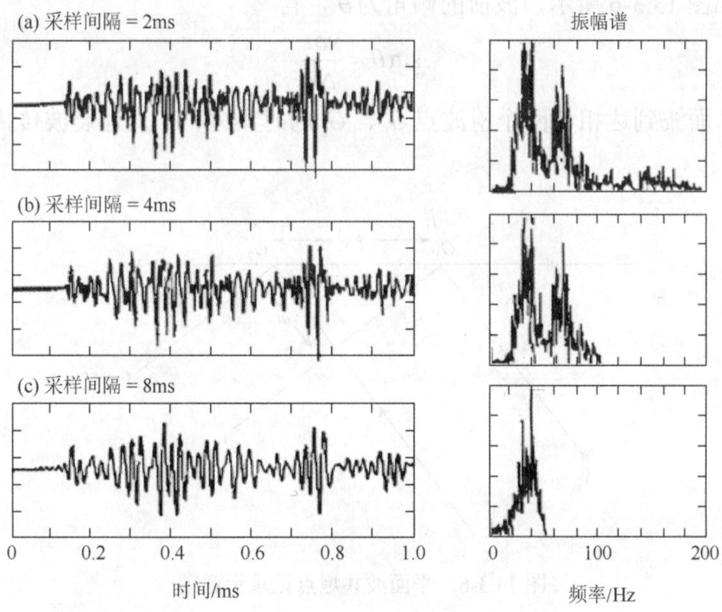

图 13.3-4　采样间隔为 2ms 的时间序列及用 4ms 和 8ms 重新采样后的频谱图（Yilmaz and Doherty，2001）

从图 13.3-5 中可以看出，当地震信号的频率 f 一定时，地震信号倾斜时差 δt 越大，其频-波谱中的波数 k_0 也越大。而当地震信号的频率 f 增大时，具有相同倾斜时差 δt 的地震信号的频-波谱中的波数 k_0 也随之增大；当频率 f 增大到某一个门槛频率 f_{max} 时，便开始产生空间假频。那么，已知地震信号的倾斜时差，如何确定这个开始产生空间假频的门槛频率 f_{max} 呢？

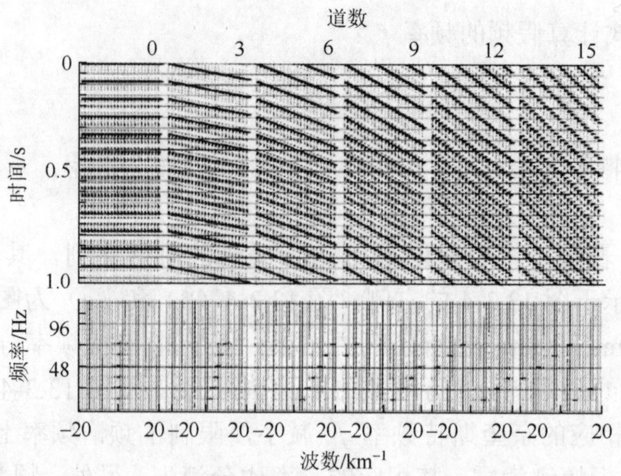

图 13.3-5　复杂二维地震信号及其频-波谱（Yilmaz and Doherty，2001）

首先，分析一个频率为 f 的平面简谐波入射到地面测线 x 上的相邻两个观测点 G_1 和 G_2 的情况。如图 13.3-6 所示，波前的倾角为 θ，得

$$\sin\theta = \frac{v\delta t}{\Delta x} \tag{13.3-14}$$

式中，δt 为平面波到达相邻两个检波点 G_1、G_2 的时间差；v 为地震波传播速度；Δx 为检波点间隔。

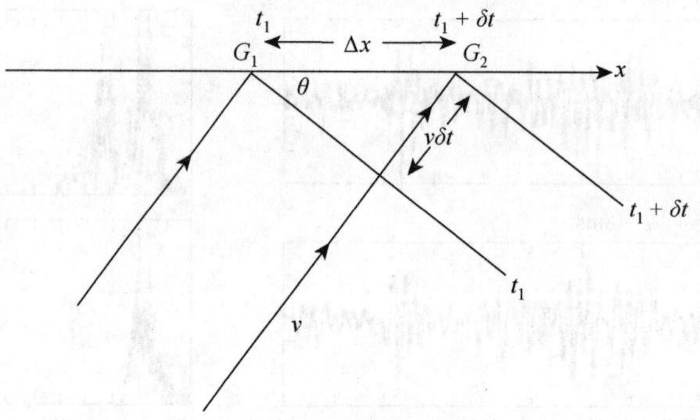

图 13.3-6　平面波共炮点记录示意图

将沿测线 x 上的检波点间隔 Δx 看作沿空间 x 方向的空间采样间隔。按照采样定理，为了沿着 x 测线以 Δx 为空间采样间隔进行空间采样不产生空间假频，必须使沿 x 方向每个视波长 λ^*，采集两个以上的样值，就必须满足式（13.3-15），即使沿 x 方向的视波数 k_0^* 满足：

$$k_0^* \leqslant k_{0\text{N}} = \frac{1}{2\Delta x} \tag{13.3-15}$$

由于

$$k_0^* = \frac{1}{\lambda^*} \tag{13.3-16}$$

根据视波长与波长的关系：

$$\lambda^* = \frac{\lambda}{\sin\theta} \tag{13.3-17}$$

由式（13.3-14）得

$$k_0^* = \frac{v\delta t}{\lambda\Delta x} \tag{13.3-18}$$

代入式（13.3-15）得

$$\frac{v\delta t}{\lambda\Delta x} \leqslant \frac{1}{2\Delta x} \tag{13.3-19}$$

由于

$$\frac{v}{\lambda} = f \tag{13.3-20}$$

代入式（13.3-19）得

$$f \leqslant \frac{1}{2\delta t} \tag{13.3-21}$$

将式（13.3-14）代入式（13.3-21），得

$$f_{\max} = \frac{v}{2\Delta x\sin\theta} \tag{13.3-22}$$

利用式（13.3-22），在已知检波点间隔 Δx、地震波速度 v 和波前倾角 θ 的情况下，即可计算出地震共炮点记录出现空间假频的门槛频率 $f_{\max}$。在对共炮点记录进行多道处理时必须注意空间假频问题。

空间假频不仅是叠前多道滤波处理应注意的问题，同时也是叠后处理特别是偏移处理应该关心的问题。对于叠后处理，以零炮检距自激自收的情况为例进行说明。如图 13.3-7 所示为来自倾斜反射界面 R 的反射波零炮检距自激自收记录情况，这与上述平面波共炮点记录的情况相似，不同的是，相邻检波点 G_1 与 G_2 之间的记录时差 $\delta t'$ 为双程时差，即

$$\delta t' = 2\delta t \tag{13.3-23}$$

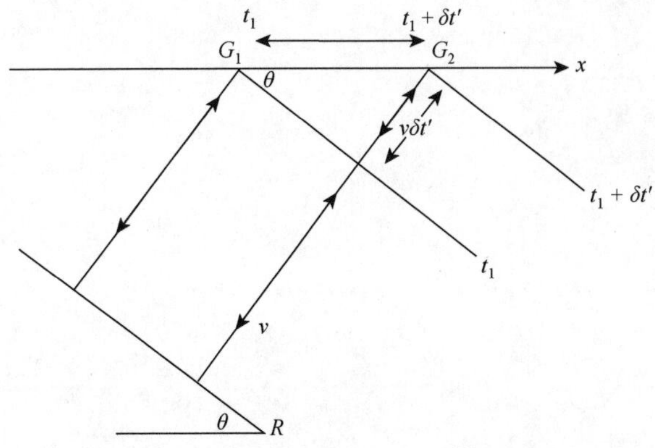

图 13.3-7　零炮检距自激自收地震记录示意图

将式（13.3-23）代入式（13.3-21），得

$$f \leqslant \frac{1}{4\delta t} \tag{13.3-24}$$

最后得

$$f'_{\max} \leqslant \frac{v}{4\Delta x \sin\theta} \tag{13.3-25}$$

利用式（13.3-25）即可计算出零炮检距自激自收地震记录出现空间假频的门槛频率 $f'_{\max}$。比较式（13.3-25）与式（13.3-22）可以清楚地看出，叠后剖面的门槛频率为叠前门槛频率的一半，即

$$f'_{\max} = \frac{1}{2} f_{\max} \tag{13.3-26}$$

式（13.3-26）表明叠后剖面的处理，特别是叠后偏移处理比叠前处理要求更小的道间距。当地震波的传播速度及波前的倾角一定时，叠后处理的道间距约为叠前处理的一半，道间距过大将产生假频。

第 14 章 预 处 理

预处理，顾名思义是指进行地震数据处理前的准备工作，是地震数据处理中重要的基础工作。预处理的一般定义为将野外采集的地震数据正确加载到地震资料处理系统，进行观测系统定义，并对地震数据进行编辑和校正的过程。

14.1 数 据 解 编

目前，野外地震数据有两类基本的格式：一类是按照采样时间顺序排列的多路传输记录，称为时序记录；另一类是以地震道为顺序排列的记录，称为道序记录。解编就是按照野外采集的记录格式将地震数据检测出来，并将时序的野外数据转换为道序数据，然后按照炮和道的顺序将地震记录存放起来。

早期的野外地震数据以时序方式记录，而地震数据处理工作是基于地震道进行的，因此需要通过数据解编将地震数据的记录顺序由时序转化为道序。如图 14.1-1 所示，它相当于对地震数据进行矩阵转置。解编之后的地震数据是按处理系统内部格式记录的共炮点道集，地震数据在整个处理过程中都采用这种格式。

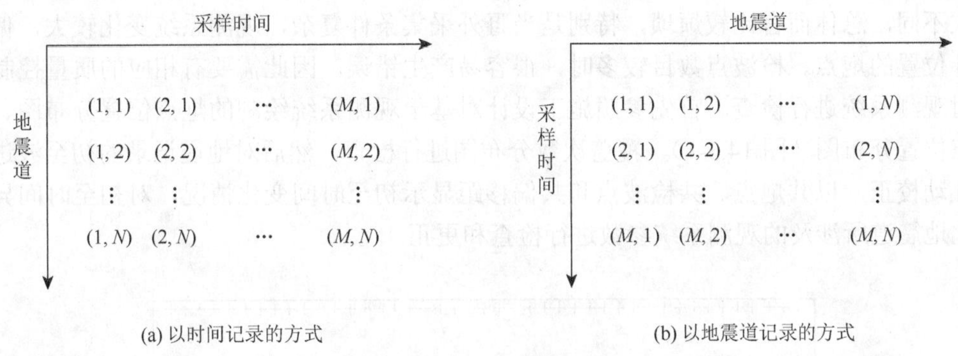

图 14.1-1 时间采样个数为 N 的地震数据与 M 个地震道记录

每一个地震道由道头和数据两部分组成，道头用来存放描述地震道特征的数据，如野外文件号（field file number，FFID）、记录道号（channel number）、CMP 号、炮检距（offset）、炮点高程和检波点高程等。道头是地震数据处理中十分重要的信息，不正确的道头信息会使得某些处理模块产生错误的处理结果。

14.2 道 编 辑

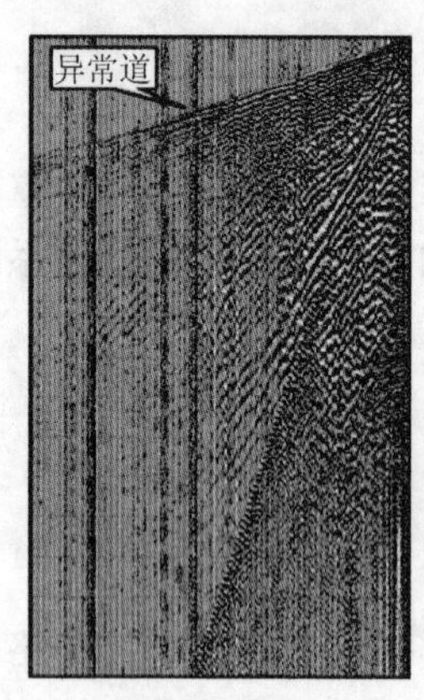

图 14.2-1　通过道编辑对不正常的道进行剔除或压制

道编辑是对由激发、接收或噪声因素产生的不正常的地震道进行处理，包括对检波器工作不正常造成的瞬变噪声道和单频信号道等进行剔除，对记录极性反转的地震道进行改正，对地震记录中的强突发噪声和强振幅野值进行压制等（图 14.2-1）。道编辑是地震数据噪声压制中的重要环节。

14.3 野外观测系统定义

地震数据处理中的许多工作是基于地震道的炮点坐标、检波点坐标，以及根据这些坐标所定义的处理网格进行的。野外地震数据的道头中记录了每一个地震道的野外文件号和记录道号，炮点和检波点的坐标信息记录在野外班报中。观测系统定义就是以野外文件号和记录道号为索引，赋予每一个地震道正确的炮点坐标、检波点坐标，以及由此计算的中心点坐标和面元序号，并将这些数据记录在地震道头中或观测系统数据库中。观测系统定义一般由炮点定义、检波点定义和炮点与检波点关系模板定义三部分组成。

观测系统定义是地震数据处理中重要的基础工作。不同的处理系统，观测系统定义方式不同，总体而言比较烦琐，特别是当野外采集条件复杂，观测系统变化较大，偏离设计位置的炮点、检波点数目较多时，很容易产生错误，因此需要有相应的质量控制手段对观测系统进行检查。首先参照施工设计对基于观测系统绘制的炮点位置分布图、检波点位置分布图（图 14.3-1）、覆盖次数分布图进行检查，然后对地震记录的初至波进行线性动校正，以共炮点、共检波点和共偏移距显示初至时间变化情况，对初至时间异常变化地震道所涉及的观测系统参数进行检查和更正。

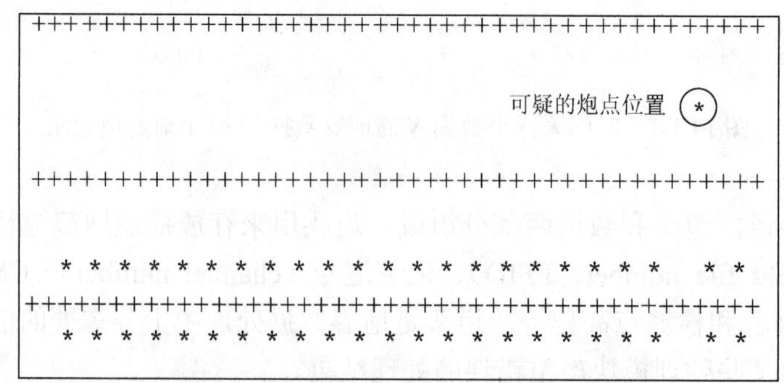

图 14.3-1　炮点位置（*）和检波点位置（+）分布图（局部）

第 15 章　动、静校正与水平叠加

15.1　动　校　正

动校正也称为正常时差（NMO）校正。对多次覆盖地震记录而言，水平叠加是在共深度点道集中进行的。由于非零炮检距正常时差的存在，共深度点反射波时距曲线为双曲线。动校正就是把炮检距不同的各道上来自同一界面、同一点的反射波到达时间经正常时差校正后，校正为共中心点处的回声时间，以保证在叠加时它们能实现同相叠加，形成反射波能量突出的叠加道（相当于自激自收的记录道）。

动校正处理中需使用速度参数。对于水平层状介质来说，如果选用的速度正确，反射双曲线能校正为直线，叠加时各道能同相叠加。所用速度过大会使校正不足；反之，则导致校正过量。这两种情况都不能保证在叠加时实现同相叠加。对单次覆盖记录，动校正可用于炮集记录，直接得到单次覆盖地震剖面。

动校正的实现分为两步：动校正量的计算和根据动校正量进行的校正。

15.1.1　动校正量的计算

不同炮检距的道和不同反射时间的地震波动校正量计算公式可写为

$$\Delta t_{ij}=t_{ij}-t_{0i}=\left[t_{0i}^2+\frac{x_j^2}{V^2(t_{0i})}\right]^{1/2}-t_{0i}\quad (i=1,2,\cdots,M;\ j=1,2,\cdots,N) \tag{15.1-1}$$

式中，t_{0i} 为共中心点处第 i 个界面一次波的回声时间；M 为界面总数；t_{ij} 是炮检距为 x_j 的第 j 道上第 i 个界面一次波的到达时间；$V(t_{0i})$ 为 t_{0i} 时刻的速度；N 为共反射点道集的总道数。由式（15.1-1）可以看出，动校正量 Δt_{ij} 既是 t_{0i} 的函数，又是 x_j 的函数。对于任一道（炮检距 x_j 固定），深、浅层反射波（t_{0i} 不同）的动校正量不同，即动校正量随时间而变。这就是动校正中所谓“动”的含义。当然，炮检距 x_j 改变也会引起动校正量的改变，即动校正量还随空间位置而变。

在动校正量计算中，若能从地震记录中检测到反射波及其个数，则每道的每个反射波只需计算一个动校正量，在动校正时对整个反射波用同一个校正量校正，该方法称为“波形整体动校正”。这种动校正无波形拉伸畸变。但是在实际中，一般有多少个反射波是未知的，或者没有可靠的自动检测反射波的方法和软件。在未知反射波存在时间的情况下，通常采用的方法是将不同炮检距各道上每一个时间的样点均认为存在反射波，对应的零偏移距地震道上每个样点时间均可看作一层反射界面的垂直反射时间 t_{0i}（这时 M 为地震道的样点总个数）。这样，对每一道的每个样点都可计算一个动校正量，再对每个样点按各自的动校正量校正，这种方法称为逐点动校正。逐点动校正存在波形拉伸畸变。目前的动校正方法仍以逐点动校正为主。

15.1.2　动校正的实现与拉伸畸变

动校正就是将 t_{ij} 时间位置的反射波移动 Δt_{ij} 时间并存放在 t_{0i} 时间位置（$t_{ij} > t_{0i}$），用计算机对离散地震记录道进行动校正，实质就是将存放在内存中的样点值向小序号方向的内存单元移动，故称为“搬家”。以逐点动校正为例，即将相应于 t_{ij} 时刻内存单元中的样值数据按动校正量的大小“搬到”相应于 t_{0i} 时刻的内存单元中。虽然，对每一个时间 t_{ij} 而言，其动校正量均不同，但对固定采样间隔的离散数据而言，所能体现出的最小动校正量为一个采样间隔，即一个内存单元。当相邻样点的动校正量之差小于半个采样间隔时，其动校正量的差别无法体现，而只能用同样的动校正量处理（即所能实现的动校正量只能是采样间隔的整数倍）。据此，在一道中可能有相邻多个样点具有相同的“搬家”距离（时间），若将“搬家”距离相同的样点分为一组，相邻组的“搬家”距离总是相差一个采样间隔。由于动校正量从浅到深的变化规律一般是越来越小，故相邻组“搬家”距离的变化规律一般是后一组比前一组少移动一个采样间隔。因此“搬家”结束后，相邻组之间会出现一个“空”，使某些样值点空缺。一般用“插值补空”的办法（用相邻样值点数据经运算后放入）来处理这一问题。“成组搬家”和“插值补空”的原理如图 15.1-1 所示。

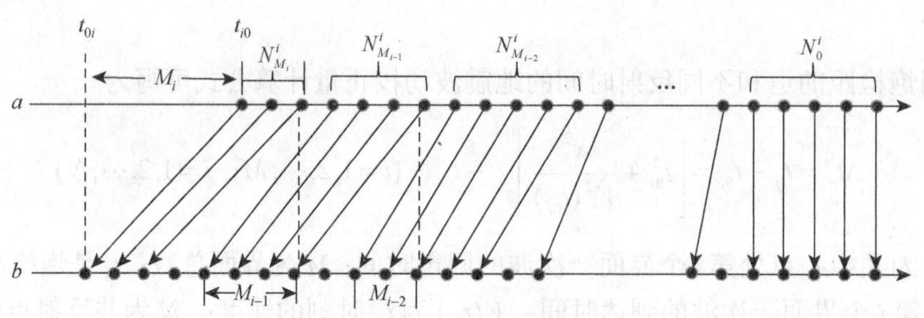

图 15.1-1　“成组搬家”和“插值补空”示意图

a-“搬家”前记录道样点位置；*b*-“搬家”后记录道样点位置

地表接收到来自地下反射层的反射波是一个地震子波，由于地层的非完全弹性，一个地震子波一般有 2～3 个相位的延续长度，大约有 100ms。理论上同一层的反射波仅有一个到达时间，若用同一个动校正量对整个波形校正，就可保证动校正后反射波形的完整性。但逐点动校正，是逐点计算动校正量，再用采样间隔的整数倍将相同“搬家”距离的样点分组，对浅层大偏移距的反射波，100ms 左右长度的时间计算的动校正量可能会分为若干组，按不同“搬家”距离进行“搬家”，组与组之间需要插一个样值，这样动校正后的反射波中要插入若干个样值，与动校正前的反射波相比，波形拉长，周期加大，频谱向低频移动，这种现象称为动校正拉伸畸变。动校正拉伸畸变的示意图如图 15.1-2 所示。

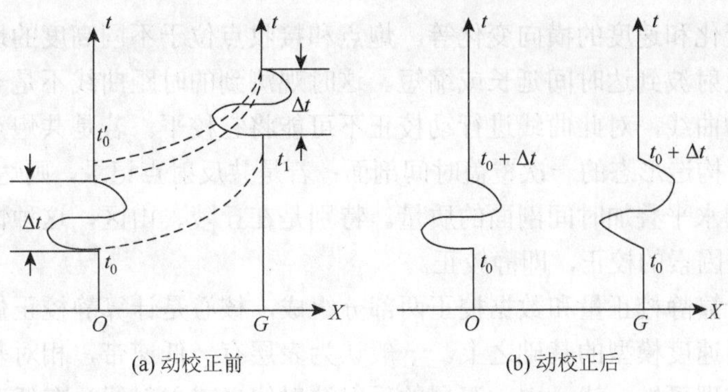

图 15.1-2　动校正引起的波形畸变示意图

设动校正前某道反射波延续时间为Δt，动校正后为$\Delta t'$，则动校正使反射波拉长了$\delta t=\Delta t'-\Delta t$，相对拉伸为$(\Delta t'-\Delta t)/\Delta t$。定义相对拉伸参数$\beta$等于相对拉伸的倒数，即

$$\frac{\Delta t'-\Delta t}{\Delta t}=\frac{\delta t}{\Delta t}=\frac{1}{\beta} \tag{15.1-2}$$

相对拉伸参数β的定义如图 15.1-3 所示。由图可知：

$$\begin{cases}\Delta t'=(t_i+\Delta t-\Delta t'_i)-(t_i-\Delta t_i)\\ \quad\;=\Delta t+(\Delta t_i-\Delta t'_i)\\ \Delta t=t'_i-t_i\end{cases}$$

故

$$\frac{1}{\beta}=\frac{\Delta t'-\Delta t}{\Delta t}=\frac{\Delta t_i-\Delta t'_i}{t'_i-t_i} \tag{15.1-3}$$

即相对拉伸参数为反射波延续时间与其首、尾点处动校正量之差的比值。

根据式（15.1-3）可以导出动校正引起的畸变随空间、时间的变化规律：一般而言，同一道深、浅层畸变程度不同，浅层畸变大，深层畸变小；不同道上同一层的畸变程度也不同，炮检距大的道畸变大，炮检距小的道畸变小。

对于拉伸畸变的处理，目前主要采用切除方法，即将拉伸太严重的时间段的振幅值冲零。这样做是以牺牲浅层信息为代价，最好的方法是能实现波形整体动校正。

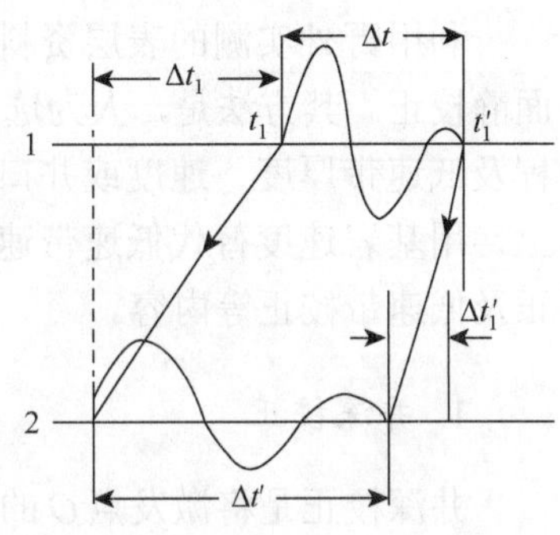

图 15.1-3　相对拉伸参数定义

15.2　静　校　正

15.2.1　相关概念

地震勘探的基本理论均以地面为水平面、近地表介质均匀为假设前提。例如，水平界面的共炮点时距曲线或共反射点时距曲线是双曲线这一结论只有在该假设前提下才正确。但是，在实际野外观测时，表层因素与假设往往并不一致。例如，存在地形起伏，

低速带的厚度变化和速度的横向变化等。炮点和接收点位于不同高度的地表及表层速度变化就会引起反射波到达时间延长或缩短。这时观测到的时距曲线不是一条双曲线，而是一条畸变了的曲线，对此曲线进行动校正不可能将它校平。若是共炮点记录，就得不到正确反映地下构造形态的一次覆盖时间剖面；若是共反射点记录，则达不到同相叠加，从而直接影响到水平叠加时间剖面的质量。特别是在丘陵、山区，这种情况更为严重，因此要进行表层因素的校正，即静校正。

静校正由计算静校正量和数据校正两部分组成，核心是计算静校正量。计算静校正量又建立在表层速度模型的基础之上。一般认为表层有一低速带，相对基岩有很大的速度差，由透射定理可知，浅、中、深层的反射波射线（或入射线）在低速带中是近似垂直的传播，因同一炮点或接收点的表层模型一定，故对来自不同层的反射波到达时间影响相同，即同一道不同层有同样的校正量，称为静校正量。静校正量有正，也有负。

以上认识实质已成为静校正量计算中的一种假设条件，若实际情况满足假设条件，静校正就会有好的效果，如果实际条件不满足，静校正效果就会变差。另外，计算静校正量需要已知表层速度模型，若用估计的近似模型计算静校正量，也会使静校正质量降低。针对以上两方面因素，目前除常规的一次静校正和剩余静校正外，还发展了折射静校正和层析静校正方法。

静校正的校正也是用“搬家”来实现的，当静校正量为正时，则将整道数据向前（小时间）移动校正量时间；若静校正量为负，则将整道数据向后（大时间）移动校正量时间。

15.2.2　野外（一次）静校正

利用野外实测的表层资料直接进行的静校正称为野外（一次）静校正，又称为基准面静校正。其方法是，人为选定一个海拔作为基准线（面），利用野外实测得到的各点高程及低速带厚度、速度或井口时间等资料，将所有的炮点和检波点都校正到此线（面）上，用基岩速度替代低速带速度，从而去掉表层因素的影响。它包括井深校正、地形校正及低速带校正等内容。

1. 井深校正

井深校正是将激发点 O 的位置由井底校正到地面 O_j（图 15.2-1）。其方法具体如下。

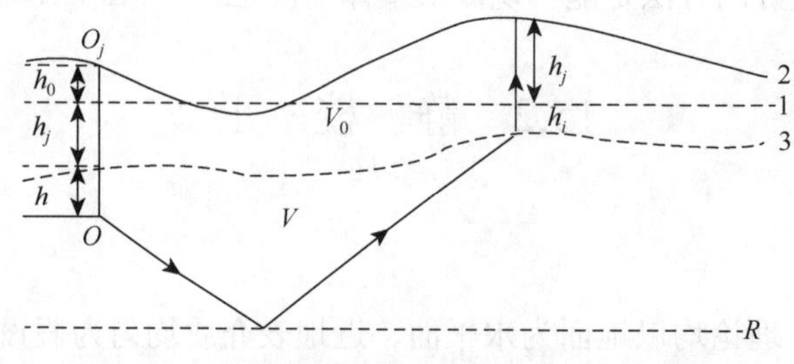

图 15.2-1　野外（一次）静校正量计算示意图

1-基准面；2-地面；3-低速带界面

（1）在井口埋置一井口检波器，记录直达波由点O传至地面O_j的时间$\Delta\tau_j$，即井深校正量，又称为井口时间。

（2）用已知的表层参数及井深数据，按式（15.2-1）计算井深校正量。

$$\Delta\tau_j = -\left[\frac{1}{V_0}(h_0 + h_j) + \frac{1}{V}h\right] \tag{15.2-1}$$

式中，V_0为低速带速度；V为基岩速度；$h_0 + h_j$为炮井中低速带厚度；h为基岩中炸药埋置深度。因为井深校正总是向时间增大的方向校正，故式（15.2-1）前面取负号。

2. 地形校正

地形校正是将测线上位于不同地形处的炮点和检波点校正到基准面上。如图 15.2-1 所示，炮点地形校正量为

$$\Delta\tau_0 = \frac{1}{V_0}h_0 \tag{15.2-2}$$

而检波点地形校正量为

$$\Delta\tau_s = \frac{1}{V_0}h_s \tag{15.2-3}$$

故此道（第j炮第l道）总的地形校正量为

$$\Delta\tau_{ij} = \Delta\tau_0 + \Delta\tau_s = \frac{1}{V_0}(h_0 + h_s) \tag{15.2-4}$$

地形校正量有正有负，通过h_0、h_s的正负体现出来。通常规定当测点高于基准面时为正，低于基准面时为负。

3. 低速带校正

低速带校正是将基准面下的低速带速度用基岩速度代替。低速带校正量在炮点处为

$$\Delta\tau'_j = h_j\left(\frac{1}{V_0} - \frac{1}{V}\right) \tag{15.2-5}$$

在检波点处为

$$\Delta\tau'_l = h_l\left(\frac{1}{V_0} - \frac{1}{V}\right) \tag{15.2-6}$$

故此道总的低速带校正量为

$$\Delta\tau'_{jl} = \left(\frac{1}{V_0} - \frac{1}{V}\right)(h_j + h_l) \tag{15.2-7}$$

因为基岩速度总是大于低速带速度，故低速带校正量总是为正。

图 15.2-1 中第j炮第l道的总野外静校正量为

$$\begin{aligned}\Delta t_{静} &= \Delta\tau_j + \Delta\tau_{ij} + \Delta\tau'_{jl} \\ &= -\left[\frac{1}{V_0}(h_0 + h_j) + \frac{1}{V}h\right] + \frac{1}{V_0}(h_0 + h_s) + \left(\frac{1}{V_0} - \frac{1}{V}\right)(h_j + h_l) \\ &= \frac{1}{V_0}(h_l + h_s) - \frac{1}{V}(h + h_j + h_l)\end{aligned} \tag{15.2-8}$$

若用海拔表示，则有

$$\Delta t_{静} = \frac{E_s - E_I}{V_0} - \frac{2E_b - E_I - E}{V} \tag{15.2-9}$$

式中，E_s 为检波点地面海拔；E_I 为检波点下方低速带底界面海拔；E_b 为基准面海拔；E 为激发点处海拔。

15.2.3 剩余静校正

1. 剩余静校正的基本概念

由于技术上存在的一些问题（如低速带速度及厚度难以测准）或某些人为因素，野外实测资料往往不是很准确，故野外（一次）静校正之后仍有剩余的静校正量。提取表层影响的剩余静校正量并加以校正的过程称为剩余静校正。剩余静校正量不能由野外实测资料求得，只能直接利用地震记录提取。实践中往往利用统计的方法自动计算剩余静校正量，故又将其称为自动统计静校正。

多次覆盖工作使得利用统计方法求取剩余静校正量成为可能。因此，在计算中总是充分利用多次覆盖工作的特点，灵活地改变记录道集的编排形式（如共炮点选排、共检波点选排和共中心点选排等），如图 15.2-2 所示，使用多道信息得到最佳结果。

剩余静校正量可分为短波长（高频）分量和长波长（低频）分量两类（图 15.2-3）。

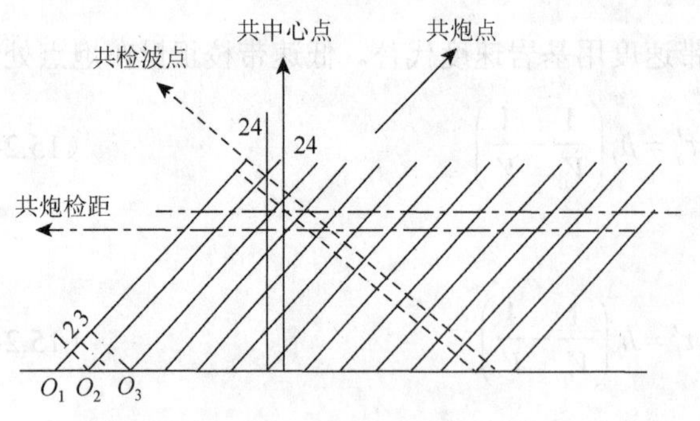

图 15.2-2 多次覆盖各种选择

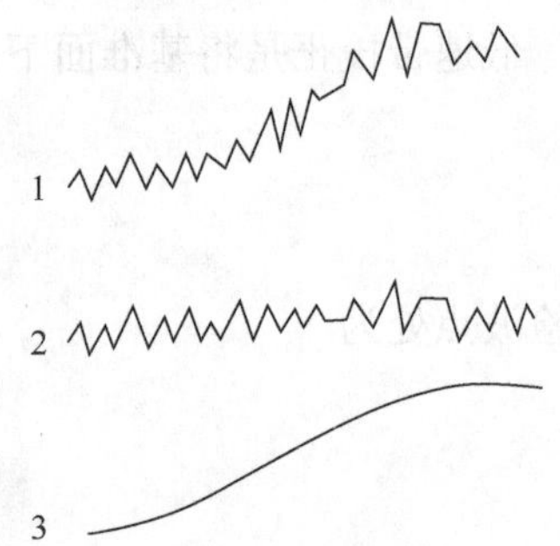

图 15.2-3 长、短波长剩余静校正量

1-长、短波长静校正量叠加；2-短波长分量；3-长波长分量

短波长分量是局部范围内低速带变化引起的，对同一共中心点道集内各道的反射波到达时间影响不一，使动校正后的共中心点道集各道无法同相叠加，影响叠加效果。长

波长分量为区域性异常，是指相当于一个排列以上范围的低速带变化影响。一般它对共中心点道集内各道的反射波旅行时影响不太明显，对叠加效果影响不大。但这种表层异常易被误认为是地下构造或岩性变化引起的，若不消除它们会造成解释上的错误。自动统计剩余静校正方法只能提取短波长剩余静校正量。

2. 计算短波长剩余静校正量的基本假设和基本思想

基本假设有以下两点。

（1）假设剩余静校正量与波的传播方向、路径无关（地表一致性条件），即对同一地面点它的取值不变，而对不同的地面点它的取值具有随机性。因此，可以认为剩余静校正量是一种随机量，可以用统计学的方法提取。

（2）假设剩余静校正量的起伏变化很大，变化波长小于一个排列范围。在一定长度范围内统计剩余静校正量时，其均值为零。

计算剩余静校正量利用的是地震记录上的反射信息。其基本思想是经过正确动校正后，同一共中心点道集内各道反射波相位应当对得很整齐，若不整齐则必定存在剩余静校正量。将这些相位差异提取出来就能得到剩余静校正量，再用它们进行校正必然会使反射波对齐，形成同相叠加。由此可见：①用来求取剩余静校正量的道集必定是动校正后的道集（当然，现在也发展了用动校正前道集求剩余静校正量的方法，这里暂不考虑）；②要想准确地求取相位差异必然要选择最好的反射信息，这里最好的含义包括能量强、连续性好、构造变动小等，一般称满足这些条件的界面反射为标准层反射。由于静校正有“静”的特点，标准层的剩余静校正量也就是整道的剩余静校正量。

3. 求取短波长剩余静校正量的统计方法

该方法一般分为三步。

（1）形成参考道。设 $g_j(t)$ 为共中心点道集内第 j 道的波形，则

$$M(t_p+p\Delta)=\frac{1}{J}\sum_{j=1}^{J}g_j(t_p+p\Delta)\ \ (p=0,1,2,\cdots,T) \tag{15.2-10}$$

式中，$M(t)$ 为参考道；J 为共深度点道集的总道数；t_p 为选出的标准层反射起始时间；T 为时窗长度。

（2）用互相关方法计算道集内各道的相对静校正量参考道后，就要计算道集中各道与参考道（均只包含标准层反射波组）之间的相对时差，称为相对静校正量。因为各道上的波形有一定的相似性，故最常用的提取相对时差的办法是互相关方法。计算互相关函数的公式为

$$R_{\mathrm{gm}}(\tau)=\sum_{k=0}^{N}M(k\Delta)g_j(k\Delta+\tau)\ \ (\tau=0,\pm\Delta,\pm2\Delta,\cdots,\pm\tau_{\max}) \tag{15.2-11}$$

式中，$M(k\Delta)$ 为参考道；$g_j(k\Delta+\tau)$ 为道集中待求相对时差的第 j 道；k 为相关运算时离散值序号；N 为相关时窗；τ 为时移；$\tau_{\max}$ 为最大时移绝对值。习惯上将 $g_j(k\Delta+\tau)$ 相对

于 $M(k\Delta)$ 向左移动的时移视为正的。在互相关函数中找出极大值，它所对应的相对时移值就是要求的相对时差。

（3）由相对剩余静校正量中分解出炮点剩余静校正量和检波点剩余静校正量。一个最简单的方法是利用共炮点道集或共检波点道集分别分离出炮点和检波点剩余静校正量。例如，对共炮道集中各道求取的相对时差作统计平均，其结果即为炮点剩余静校正量；对共检波点道集中各道的相对时差作统计平均，其结果即为检波点剩余静校正量。

15.2.4 几种静校正方法

1. 折射静校正

基准面校正需要风化层速度和厚度的信息，但是，野外测量工作有时不能准确地提供这些信息。由于风化层速度低于下伏地层速度，因此地震记录上能够记录到来自风化层底界的折射波。一般情况下，折射波先于地下反射到达地表，因此能够比较容易地从地震记录中识别出折射波，进而拾取到折射波的初至时间。很显然，初至时间中包含风化层厚度和速度的信息，利用这些信息所进行的静校正，通常称为初至折射静校正。

1）水平风化层的折射静校正

图 15.2-4 是水平界面折射波传播示意图，图中风化层的厚度为 z，风化层速度为 v_{w}，下伏基岩的速度为 v_{b}，且 $v_{\mathrm{b}} > v_{\mathrm{w}}$。地震波在 S 点激发，当地震波入射角达到临界角 θ_{c} 时，产生折射波。直达波斜率为 $1/v_{\mathrm{w}}$，折射波斜率为 $1/v_{\mathrm{b}}$，折射波在时间轴上的截距为 $t_{0\mathrm{b}}$。下面推导如何由 v_{w}、v_{b} 和 $t_{0\mathrm{b}}$，计算风化层厚度 z_{w}，进而计算基准面静校正量 ΔT_D。折射波初至时间表达为

$$t=\frac{SB}{v_{\mathrm{w}}}+\frac{BC}{v_{\mathrm{b}}}+\frac{CG}{v_{\mathrm{w}}} \tag{15.2-12}$$

进一步写为

$$t=\frac{z_{\mathrm{w}}}{v_{\mathrm{w}}\cos\theta_{\mathrm{c}}}+\frac{x-2z_{\mathrm{w}}\tan\theta_{\mathrm{c}}}{v_{\mathrm{b}}}+\frac{z_{\mathrm{w}}}{v_{\mathrm{w}}\cos\theta_{\mathrm{c}}} \tag{15.2-13}$$

式中，θ_{c} 为临界角。

$$\sin\theta_{\mathrm{c}}=\frac{v_{\mathrm{w}}}{v_{\mathrm{b}}} \tag{15.2-14}$$

将式（15.2-14）代入式（15.2-13），整理后得

$$t=\frac{2z_{\mathrm{w}}\sqrt{v_{\mathrm{b}}^2-v_{\mathrm{w}}^2}}{v_{\mathrm{b}}v_{\mathrm{w}}}+\frac{x}{v_{\mathrm{b}}} \tag{15.2-15}$$

我们知道，折射波时距方程是如下线性方程：

$$t=t_{0\mathrm{b}}+\frac{x}{v_{\mathrm{b}}} \tag{15.2-16}$$

由式（15.2-15）和式（15.2-16），得

$$t_{0\mathrm{b}}=\frac{2z_{\mathrm{w}}\sqrt{v_{\mathrm{b}}^2-v_{\mathrm{w}}^2}}{v_{\mathrm{b}}v_{\mathrm{w}}} \tag{15.2-17}$$

因此，由风化层速度 v_w、基岩速度 v_b 和折射波的截距 t_{0b}，可以计算风化层厚度 z_w：

$$z_w = \frac{v_b v_w t_{0b}}{2\sqrt{v_b^2 - v_w^2}} \tag{15.2-18}$$

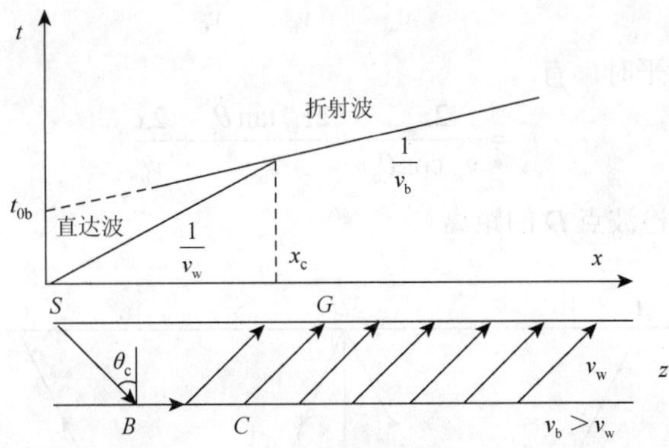

图 15.2-4　水平界面折射波传播示意图

通过上面的分析可以看出，在风化层底面水平的情况下，通过直达波的斜率得到风化层的速度 v_w；通过折射波的斜率和截距得到基岩的速度 v_b 和截距时间 t_{0b}，代入式（15.2-18），即可计算出风化层的厚度 z_w，进而得到基准面静校正量：

$$\Delta T_D = \frac{2z_w}{v_w} - \frac{2(E_s - E_D - z_w)}{v_b} \tag{15.2-19}$$

式中，E_D 为炮点和检波点的高程（假设地表是水平的）；E_s 为基准面的高程。

2）加减法折射静校正

在地表起伏的情况下，初至波不再是一条标准的直线，此时很难测量初至波的斜率和截距时间，另外，当观测系统的最小炮检距大于折射波第一接收点与炮点的距离时，在地震记录初至波中观测不到直达波。这种情况下无法使用式（15.2-18）计算风化层的厚度。加减法折射静校正也需要拾取折射波初至时间，但是它不需要计算初至时间的斜率和截距。图 15.2-5 是加减法折射静校正示意图，分别是 $A\to D$、$D\to G$ 和 $A\to G$，现在定义两个时间变量 t_+ 和 t_-：

$$t_+ = t_{ABCD} + t_{DEFG} - t_{ABFG} \tag{15.2-20}$$

$$t_- = t_{ABCD} - t_{DEFG} + t_{ABFG} \tag{15.2-21}$$

由图 15.2-5 可得

$$t_+ = 2\left(\frac{CD}{v_w} - \frac{CH}{v_b}\right) = 2\left(\frac{z_w}{v_w \cos\theta_c} - \frac{z_w \tan\theta_c}{v_b}\right) \tag{15.2-22}$$

由于 $\sin\theta_c = \frac{v_w}{v_b}$，因此有

$$t_+ = \frac{2z_w\sqrt{v_b^2 - v_w^2}}{v_b v_w} \tag{15.2-23}$$

与式（15.2-17）进行比较，得到：

$$t_{0\mathrm{b}}=t_+ \tag{15.2-24}$$

现在计算t_-，从图 15.2-5 可得出：

$$t_-=\frac{2AB}{v_{\mathrm{w}}}+\frac{2BC}{v_{\mathrm{b}}}+\frac{CE}{v_{\mathrm{b}}} \tag{15.2-25}$$

当风化层底面水平时，有

$$t_-=\frac{2z_{\mathrm{w}}}{v_{\mathrm{w}}\cos\theta_{\mathrm{c}}}-\frac{2z_{\mathrm{w}}\tan\theta_{\mathrm{c}}}{v_{\mathrm{b}}}+\frac{2x}{v_{\mathrm{b}}} \tag{15.2-26}$$

式中，x为炮点A到检波点D的距离。

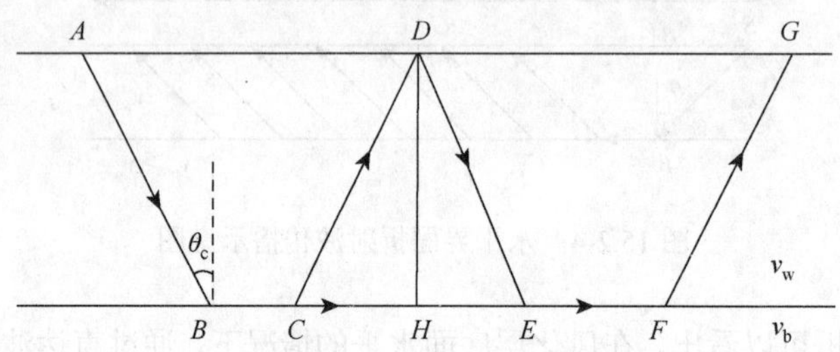

图 15.2-5　加减法折射静校正示意图

将式（15.2-22）代入式（15.2-26），有

$$t_-=t_++\frac{2x}{v_{\mathrm{b}}} \tag{15.2-27}$$

得到基岩速度为

$$v_{\mathrm{b}}=\frac{2x}{t_--t_+} \tag{15.2-28}$$

加减法折射静校正基本步骤如下：①拾取初至时间t_{ABCD}、t_{DEFG}和t_{ABFG}；②计算t_+、t_-；③由式（15.2-24）得到折射波截距时间$t_{0\mathrm{b}}$，由式（15.2-28）得到基岩速度v_{b}；④估计风化层速度v_{w}；⑤由式（15.2-18）计算风化层厚度z_{w}；⑥计算D点的基准面静校正量ΔT_D。

3）广义互换法（generalized reciprocal method，GRM）折射静校正

大多数观测系统并不能保证地面上A点、G点和D点有如图 15.2-5 所示的射线路径关系。图 15.2-6 表示了A点、G点和D点之间更普遍的关系。此时t_+可表示为

$$t_+=t_{ABCD_2}+t_{D_1EFG}-t_{ABFG}-\frac{D_1D_2}{v_{\mathrm{b}}} \tag{15.2-29}$$

式中，$\frac{D_1D_2}{v_{\mathrm{b}}}$是由于$D_1$点和$D_2$点不重合而引入的补偿项。$t_-$的定义与式（15.2-21）类似：

$$t_-=t_{ABCD_2}-t_{D_1EFG}+t_{ABFG} \tag{15.2-30}$$

得到t_+和t_-之后，按照加减法的计算方法和计算步骤，得到D点的基准面静校正量。

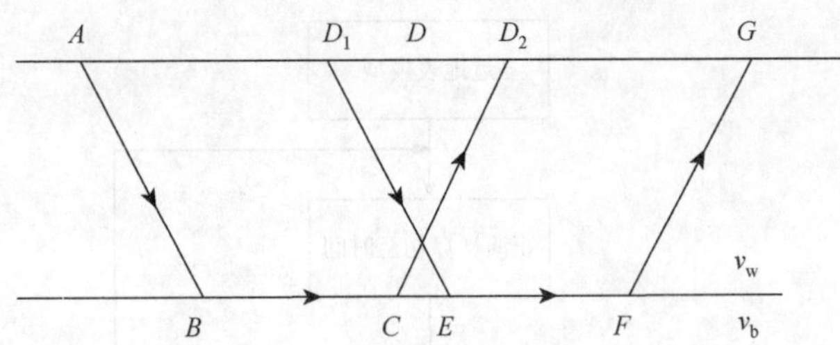

图 15.2-6　广义互换法折射静校正示意图

4）广义线性反演折射静校正

广义线性反演折射静校正是利用初至时间反演近地表模型的静校正方法。设近地表模型（速度、深度）为 $\boldsymbol{M}$：

$$\boldsymbol{M}=(m_1,m_2,\cdots,m_l)^{\mathrm{T}} \tag{15.2-31}$$

初至时间为

$$\boldsymbol{T}=(t_1,t_2,\cdots,t_n)^{\mathrm{T}} \tag{15.2-32}$$

初至时间 $\boldsymbol{T}$ 和近地表模型 $\boldsymbol{M}$ 之间的非线性关系由射线追踪决定：

$$t_i=A(m_1,m_2,\cdots,m_l)\ \ (i=1,2,\cdots,n) \tag{15.2-33}$$

广义线性反演的目标就是利用初至时间 $\boldsymbol{T}$ 反演得到近地表模型 $\boldsymbol{M}$。为此，对近地表模型给出一个估计值 $\boldsymbol{M}^i$，通过射线追踪可以得到模型 $\boldsymbol{M}^i$ 所对应的初至时间 $\boldsymbol{T}^i$，$\boldsymbol{T}^i$ 与 $\boldsymbol{T}$ 之间的误差为

$$\Delta\boldsymbol{T}=(\Delta t_1,\Delta t_2,\cdots,\Delta t_n)^{\mathrm{T}} \tag{15.2-34}$$

广义线性反演方法通过分析误差 $\Delta\boldsymbol{T}$，给出模型 $\boldsymbol{M}^i$ 的修正量 $\Delta\boldsymbol{M}$：

$$\Delta\boldsymbol{M}=(\Delta m_1,\Delta m_2,\cdots,\Delta m_l)^{\mathrm{T}} \tag{15.2-35}$$

模型修改后的初至时间更接近于实际初至时间，以此方式进行迭代，直到初至时间误差 $\Delta\boldsymbol{T}$ 满足一定的精度为止。

问题的关键是如何根据初至时间误差 $\Delta\boldsymbol{T}$ 计算模型修正量 $\Delta\boldsymbol{M}$。为此，将 $\Delta\boldsymbol{T}$ 与 $\Delta\boldsymbol{M}$ 的关系做一阶近似，表示为如下线性关系：

$$\Delta\boldsymbol{T}=\boldsymbol{B}\cdot\Delta\boldsymbol{M} \tag{15.2-36}$$

式中，$\boldsymbol{B}$ 为 $n\times l$ 阶矩阵，且

$$b_{ij}=\frac{\partial t_i}{\partial m_j} \tag{15.2-37}$$

式中，b_{ij} 为第 j 个模型参数 m_j 改变时，第 i 个初至时间 t_i 的变化率，因此矩阵 $\boldsymbol{B}$ 称为敏感度矩阵。一般而言，观测时间的个数 n 要大于模型元素的个数 l。式（15.2-36）是一个超定方程，模型修正量 $\Delta\boldsymbol{M}$ 的最小二乘解为

$$\Delta\boldsymbol{M}=(\boldsymbol{B}^{\mathrm{T}}\boldsymbol{B})^{-1}\boldsymbol{B}^{\mathrm{T}}\Delta\boldsymbol{T} \tag{15.2-38}$$

图 15.2-7 给出了广义线性反演折射静校正的基本流程。首先，对近地表模型进行初始估计，包括低速带的层数，每层的波速和厚度等；然后，计算模型的初至时间，并与实际初至时间进行比较；最后，根据式（15.2-38），利用初至时间误差对模型进行修正，当初至时间误差满足一定精度时，得到近地表模型。

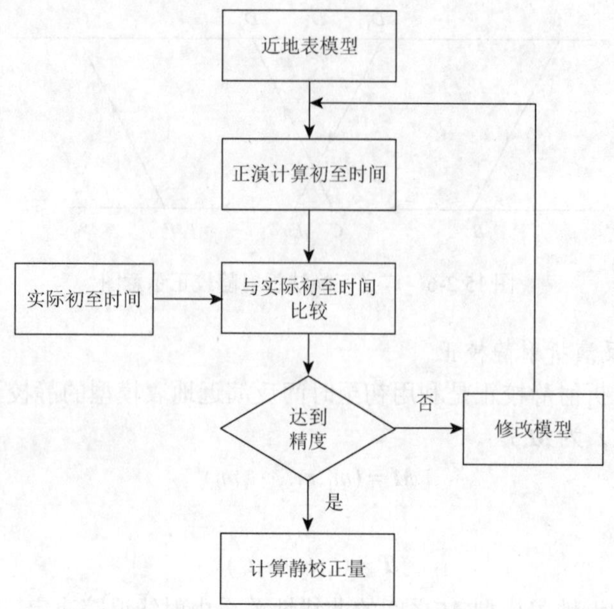

图 15.2-7　广义线性反演折射静校正的基本流程

图 15.2-8 是应用广义线性反演折射静校正前、后叠加剖面效果对比，从图中可以看出，由于消除了近地表影响，折射静校正后的地震剖面恢复了地下构造的反射特征，叠加剖面的质量和可靠性得到了改善。

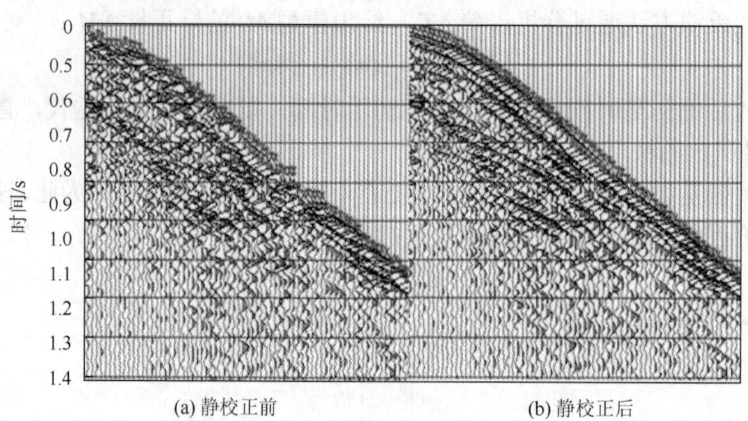

图 15.2-8　广义线性反演折射静校正前、后叠加剖面效果对比

2. 层析静校正

在地形复杂、老地层出露地区，地表速度横向变化剧烈，当折射界面不能连续识别时，传统的野外高程静校正、初至折射静校正很难解决好静校正问题。层析静校正技术在这些地区尤其是在三维静校正方面具有明显优势。从低速层底部折射的波可成功地用于计算和改善野外静校正。层析静校正包括回转射线层析成像和静校正两部分。

1）回转射线层析成像

首先利用回转射线层析成像估算近地表速度。把要成像的介质离散成小矩形单元或格子状的网格，每个单元有个单一速度 V，输入数据是从单炮记录中人工拾取的折射（初至波）旅行时 t，震源和检波器都位于地表。速度估算通过解如下方程组获得。

$$\boldsymbol{t} = \boldsymbol{Ds} \tag{15.2-39}$$

式中，$\boldsymbol{D}$ 为射线段的矩阵；$\boldsymbol{s}$ 为未知慢度的矢量；$\boldsymbol{t}$ 为所观测时间的列向量。解方程的方法有很多，一般采用最小二乘法和共轭梯度法。相应地，不同求解方程的方法形成不同的层析静校正方法。使观测（拾取的初至折射）和预测（根据初始模型进行射线追踪得到）的旅行时差最小。其过程是一个迭代过程，一般分为 5 步：①拾取初至；②通过初始速度模型进行射线追踪；③射线路径分成小段，使其每个部分包含速度模型的每个网格；④对每条射线计算观测和预测的旅行时差；⑤将时差返回到速度模型，并不断地进行修正。层析成像反演是一个非线性问题。利用初始模型的一套射线追踪进行线性反演是实际可行的。好的初始模型一般是根据初至旅行时或区域资料建立的。当地形变化很大时，建议用沿着变化的地形初始化的垂向速度梯度建立初始速度模型。通过反演的速度模型和测井资料对比，回转射线层析成像就可以估算比较精确的近地表速度模型。

2）静校正

这个过程比较简单，从地面向下延拓基准面（利用所计算出的近地表速度场）垂直估算静校正值，然后用一常数替代速度，通过整体静态时移，将基准面上延到最后基准面。

应用层析成像映射的速度从地表到基准面垂直估算炮点和检波点静校正量的方法，对风化层速度不敏感，折射层不必为层状介质。根据层析成像估算的浅层速度，可以较好地解决长、短波长静校正问题，有效改善浅层、深层的构造解释。

和层析静校正相关的技术是层析拉平法（回转射线层析成像 + 叠前波动方程拉平），二者的区别如图 15.2-9 和图 15.2-10 所示。层析拉平法沿着弯曲射线路径往回传播能量，避免了垂直时间位移，遵循波传播原理。

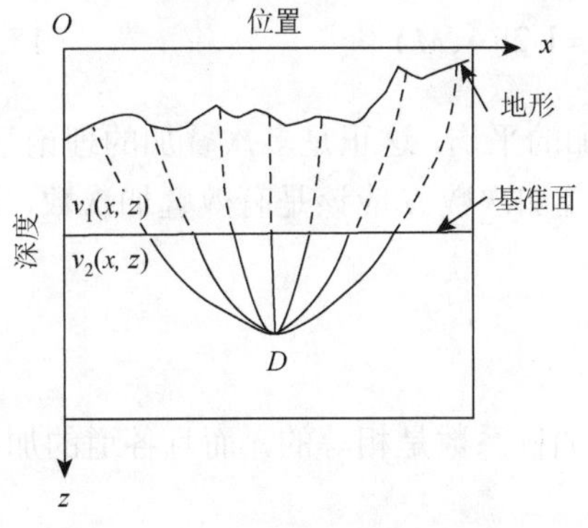

图 15.2-9　层析拉平射线示意图

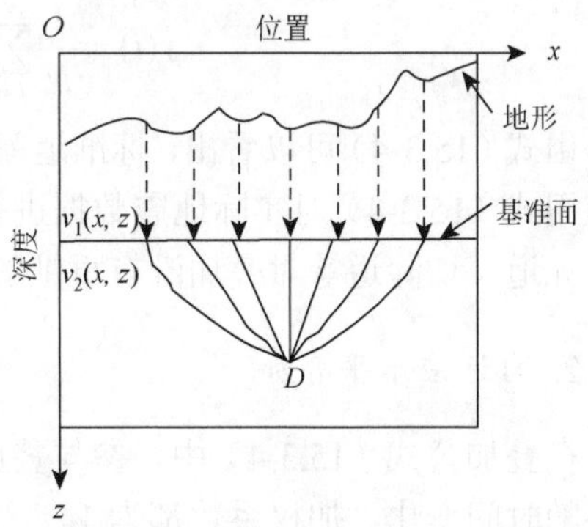

图 15.2-10　层析静校正射线示意图

15.3 水 平 叠 加

15.3.1 水平叠加的实现

1. 水平叠加的原理

有共中心点地震道集 $x_j(i)(i=1,2,\cdots,M; j=1,2,\cdots,N)$，其中 M 为采样个数，N 为道集中的地震道数，地震道已经进行了正常时差校正，要确定一个标准道 $y(i)(i=1,2,\cdots,M)$，使得标准道与各记录道的差别最小。现在讨论如何确定这个标准道。

利用最小二乘法原理，计算任意地震道 $x_j(i)$ 与标准道 $y(i)$ 的误差平方和：

$$Q_j=\sum_{i=1}^{M}[x_j(i)-y(i)]^2 \quad (i=1,2,\cdots,M) \tag{15.3-1}$$

因为是多道记录，必须将每个地震道与标准道的误差平方和相加，得到总的误差平方和：

$$Q=\sum_{j=1}^{N}Q_j=\sum_{j=1}^{N}\sum_{i=1}^{M}[x_j(i)-y(i)]^2 \quad (j=1,2,\cdots,N) \tag{15.3-2}$$

这是一个多元函数求极值的问题，要求：

$$\begin{cases}\dfrac{\partial Q}{\partial y(i)}=0\\ \dfrac{\partial Q}{\partial y(i)}=\dfrac{\partial}{\partial y(i)}\left\{\sum_{j=1}^{N}\sum_{k=1}^{M}[x_j(k)-y(i)]^2\right\}\\ \quad =-2\left\{\sum_{j=1}^{N}x_j(i)-y(i)\right\}\\ \quad =0\end{cases} \quad (i=1,2,\cdots,M;\ j=1,2,\cdots,N) \tag{15.3-3}$$

有 $\sum_{j=1}^{N}x_j(i)-Ny(i)=0$。因此有

$$y(i)=\frac{1}{N}\sum_{j=1}^{N}x_j(i) \qquad (i=1,2,\cdots,M) \tag{15.3-4}$$

由式（15.3-4）可以看出，标准道就是 N 道叠加的平均，这正是多次叠加的理论基础。在应用式（15.3-4）对实际地震数据进行叠加时，叠加次数 N 应该是有效叠加次数，即不包含死道、切除道等对叠加没有贡献的地震道。

2. 自适应水平叠加

在叠加公式（15.3-4）中，参与叠加的各道的加权系数是相等的，而且各道的加权系数不随时间变化，加权系数都为 1。

实际上，参与叠加的各个地震道的质量是有差别的，当共深度点道集中各个地震道的质量差异较大时，等权叠加不会取得理想的叠加效果。可以设想，质量好的地震道参

与叠加的成分多，质量差的地震道参与叠加的成分少，质量很差的地震道不参与叠加，这样叠加效果将会得到改善。这就是自适应叠加的基本思想。

1）基本原理

地震道的质量在空间和时间上都会有差异，可以根据它们在空间和时间上质量的差异来控制它们参与叠加的成分。这可以通过对每个地震道上随时间乘上不同的加权系数来达到，用最小二乘方法原理来确定加权系数。

要对地震道 $x_j(t)$ 进行加权，必须有一个标准，即将 $x_j(t)$ 加权之后和标准道接近，因此，首先要找到标准道，再计算加权系数。

（1）标准道的形成。标准道应该能较好地反映叠加剖面特征的地震道，它可以是进行自适应叠加道集的普通叠加道，可以是相邻几个共深度点道集的叠加，也可以是在叠加剖面上进行了信号增强处理后的自适应叠加道集对应的叠加道。

（2）求加权系数。第 j 个地震道 $x_j(t)$ 乘上加权系数 $w_j(t)$ 后，应该与标准道 $y(t)$ 在最小二乘法原理下最接近。根据这个思路，下面讨论如何确定加权系数 $w_j(t)$。地震记录中某一段的中心时间为 t_0，时窗长度为 T，该时窗内加权后的地震道 $x_j(t)w_j(t_0)$ 与标准道 $y(t)$ 的误差平方和为

$$Q_j = \sum_{t=t_0-T/2}^{t_0+T/2} [x_j(t)w_j(t_0) - y(t)]^2 \tag{15.3-5}$$

根据最小二乘法原理，要使误差 Q_j 最小，应该有

$$\frac{\partial Q_j}{\partial w_j(t_0)} = 0 \quad (t \in [t_0 - T/2, t_0 + T/2]) \tag{15.3-6}$$

由此解得时间 t_0 点的加权系数：

$$w_j(t_0) = \frac{\sum_{t=t_0-T/2}^{t_0+T/2} y(t)x_j(t)}{\sum_{t=t_0-T/2}^{t_0+T/2} x_j(t)x_j(t)} \tag{15.3-7}$$

式中，分子为在以 t_0 为中心、时窗长度为 T 的时窗内，地震道与标准道的互相关函数；分母为地震道本身的自相关函数。

2）计算步骤

根据上述原理，自适应加权叠加的具体步骤如下。

（1）计算标准道。

（2）计算加权系数。根据式（15.3-7）计算加权系数，实际上是在某一给定的时窗内，求标准道与记录道的互相关函数和记录道的自相关函数。求出的加权系数 $w_j(t)$ 是采样时间的函数，为了得到更理想的加权叠加效果，得到加权系数之后还要对它进行异常值编辑和平滑滤波处理。

（3）地震道加权。用求出的加权系数对地震道进行加权，得到加权后的地震道 $r_j(t)$：

$$r_j(t) = x_j(t)w_j(t) \tag{15.3-8}$$

（4）对加权后的地震道进行叠加，得到自适应加权叠加的地震道：

$$s(t)=\frac{1}{N}\sum_{j=1}^{N}r_j(t) \tag{15.3-9}$$

式中，N为叠加次数。

15.3.2 水平叠加存在的问题

水平叠加的主要作用是压制噪声，它在提高地震记录信噪比方面具有重要作用。但是在高分辨率地震数据处理、复杂构造地震数据处理和以寻找岩性圈闭为目标的地震数据处理中，水平叠加存在诸多问题。

（1）当动校正存在剩余时差时，水平叠加降低了地震信号的分辨率。

如果动校正的速度v_{NMO}与反射波的实际速度v之间存在误差，则动校正之后，反射波在不同炮检距上的时间与零炮检距时间t_0之间存在剩余时差，表示为

$$\delta t_k=\frac{x_k^2}{2t_0}\left(\frac{1}{v_{\text{NMO}}}-\frac{1}{v^2}\right)=qx_k^2 \tag{15.3-10}$$

正如前面讨论的那样，此时的叠加过程具有低通滤波作用。与原始反射信号相比，子波的有效频带变窄，主频向低频移动，整体分辨率降低。当地层较浅、道间距较大、覆盖次数较高时，叠加的低通滤波效应更加明显。因此，在高分辨率地震勘探中，需要特别注意剩余时差对水平叠加分辨率的影响。

（2）在倾斜界面情况下，共中心点道集不再是共反射点道集。

如图 15.3-1 所示，当反射界面倾斜时，共中心点道集中的反射信号并非来自同一反射点，随着炮检距的增大，反射点向界面的上倾方向发生偏移。因此，共中心点道集接收的信息不再来自相同的反射点，而是一个反射段上的信息。这时的水平叠加实际上是共中心点叠加，而不是共反射点叠加。图 15.3-2 展示了共反射点分散的情况，设地层的倾角为φ，S是激发点，G是接收点，M是中心点，A是反射点，S^*、G^*、M^*分别是S、G、M关于反射界面的镜像点。由图中可看出，在S点激发、G点接收的反射波来自界面上的A点，而不是中心点M在界面上的自激自收反射点M'。用实际反射点偏离中心反射点的距离$r=AM'$，来定量表示共反射点的分散程度。下面找出r与界面倾角φ之间的关系。

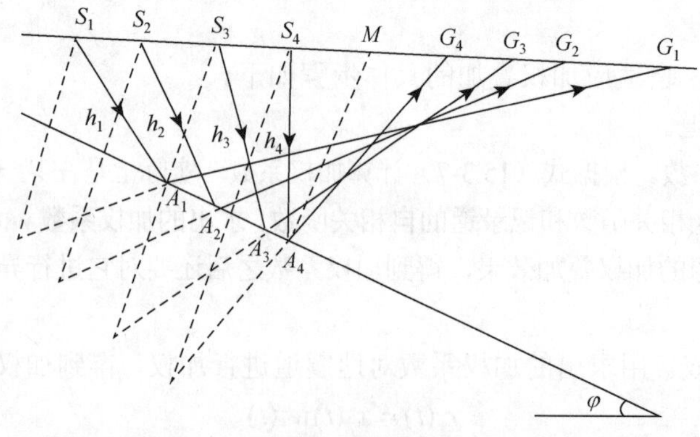

图 15.3-1　倾斜界面共中心点道集

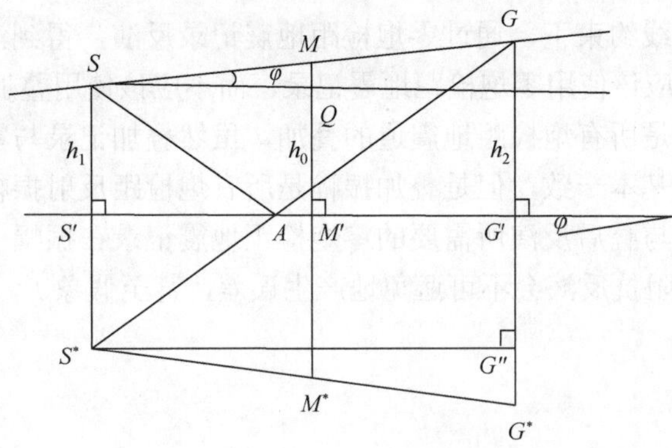

图 15.3-2　倾斜界面共中心点的几何关系

由图 15.3-2 可看出，$SS^* \parallel GG^*$，$\angle S'SA = \angle S'S^*A$，而$\angle S'S^*A = \angle S^*GG''$，所以$\angle S'SA = \angle S^*GG''$，由此得$\triangle SS'A$与$\triangle GG''S^*$相似，于是有$\dfrac{S'A}{SS'} = \dfrac{S^*G''}{GG''}$，由此得

$$S'A = \frac{S^*G'' \cdot SS'}{GG''} = \frac{xh_1\cos\varphi}{2h_0} = \frac{x\cos\varphi}{2h_0}\left(h_0 - \frac{x}{2}\sin\varphi\right)$$

又有$S'M' = \dfrac{x}{2}\cos\varphi$，所以有

$$r = AM' = S'M' - S'A = \frac{x}{2}\cos\varphi - \frac{x\cos\varphi}{2h_0}\left(h_0 - \frac{x}{2}\sin\varphi\right) = \frac{x^2}{8h_0}\sin 2\varphi \qquad (15.3\text{-}11)$$

式中，x为炮检距；φ为地层倾角；h_0为界面在共中心点M处的法线深度。

由式（15.3-11）可看出，倾角越大，炮检距越大，反射点偏离中心点就越大；界面埋藏深度越大，偏离越小。

AVO 技术就是利用振幅随炮检距（入射角）的变化特征对反射地层的岩性和物性进行预测与描述的。在地层倾斜的情况下，虽然利用考虑地层倾角的动校正速度，可以将共中心点道集的反射同相轴校平，但是由于共中心点道集不再是真正的共反射点道集，不同炮检距的反射波来自不同的反射点，当地层的物性特征横向变化较大时，利用倾斜地层的共中心点道集进行 AVO 分析会产生一定的误差。

（3）在复杂构造情况下，反射波时距曲线不再是双曲线。

在地下构造复杂、横向速度变化剧烈的情况下，不同地层的反射波场和绕射波场相互重叠和干涉，共中心点道集中的波场十分复杂。复杂的传播路径使得反射同相轴严重偏离双曲线形态，特别是在三维情况下，地震波的旅行时不仅与炮检距和地层倾角有关，还与炮检方位有关。此时无论采用什么样的动校正速度和动校正方法，都很难将所有地震道的同相轴校平，地震信号得不到同相叠加，降低了利用多次覆盖技术提高地震记录信噪比的能力，此时应该考虑利用 DMO（dip moveout，倾角时差校正）叠加或叠前偏移来完善或取代水平叠加。

（4）叠加剖面的振幅是不同入射角反射振幅的平均，不等于零炮检距反射振幅。

叠后地震反演技术利用地震资料进行地层物性和岩性的预测。其基本思想是，在地质模型指导和测井曲线约束下，通过零炮检距地震记录反演，得到波阻抗等物性参数。严格地讲，叠后反演应该使用零炮检距地震记录，而不应该使用叠加记录。

由于叠加地震道是所有炮检距地震道的叠加，虽然叠加记录与零炮检距自激自收地震记录在反射时间上基本一致，但是叠加振幅是所有炮检距反射振幅的平均，不再有反射强度的明确含义，与叠后反演所需要的零炮检距地震记录在振幅上存在差异。因此，利用叠加记录进行波阻抗反演会不可避免地产生误差，甚至假象。

第 16 章 “三高”处理

16.1 真振幅恢复

地表地震记录的振幅不仅反映了地层界面的反射系数，而且还与地震波的激发、传播和接收等因素有关。这些因素包括地震波的激发条件、接收条件、波前扩散、吸收、散射、透射损失、微屈多次波、入射角的变化、波的干涉和噪声等。

真振幅恢复的目的是尽量对地震波能量的衰减和畸变进行补偿与校正，主要包括波前扩散能量补偿、地层吸收能量补偿和地表一致性能量调整。下面介绍波前扩散能量补偿和地层吸收能量补偿。

16.1.1 波前扩散能量补偿

当地震波在地下介质中传播时，波前随着传播距离的增大不断扩张。而地震波激发产生的总能量是一定的，因此波前上单位面积的能量密度不断减小，地震波的振幅随着传播距离的增大而不断减小，这种现象称为波前扩散。

1. 均匀介质的波前扩散

当地震波在地下均匀介质中传播时，波前是一个以震源为中心的球面，震源发出的总能量逐渐分散在一个面积不断扩大的球面上，单位面积上的能量密度逐渐减小，地震波振幅不断减弱。

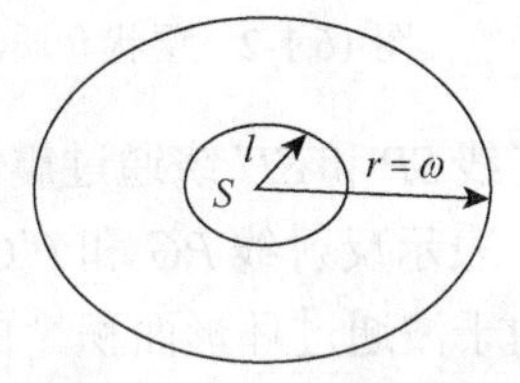

图 16.1-1 均匀介质球面扩散

注：S 为震源；l 为前一时刻波传播距离

如图 16.1-1 所示，从震源 S 发出的地震波在任意时刻的波前上的能量密度为

$$e=\frac{E}{4\pi r^2}=\frac{E}{4\pi v^2t^2} \tag{16.1-1}$$

式中，E 为总能量；r 为波的传播距离；v 为波的传播速度；t 为波的传播时间。

取距震源单位距离（$r=1$）处的波前的能量密度为

$$e_0=\frac{E}{4\pi} \tag{16.1-2}$$

由式（16.1-1）和式（16.1-2）得

$$\frac{e}{e_0}=\frac{1}{r^2}=\frac{1}{v^2t^2} \tag{16.1-3}$$

由于地震波振幅与能量密度的平方根成正比，因而得到任意 t 时刻的地震波振幅 A 与离开震源单位距离处的振幅 A_0 之比为

$$D_{\mathrm{d}} = \frac{A}{A_0} = \frac{1}{r} = \frac{1}{vt} \tag{16.1-4}$$

这就是均匀介质中波前扩散所引起的地震波振幅衰减因子，简称波前扩散因子。

波前扩散补偿的目的就是通过式（16.1-5）恢复波前扩散对地震波振幅的影响。

$$A' = \frac{A}{D_{\mathrm{d}}} \tag{16.1-5}$$

式中，A' 表示波前扩散补偿后地震波的振幅。

2. 层状介质的波前扩散

当地震波在水平层状介质中传播时，其波前不再是一个球面。因而，在层状介质中，由波前扩散所引起的反射振幅的衰减规律与均匀介质的衰减规律有所不同。

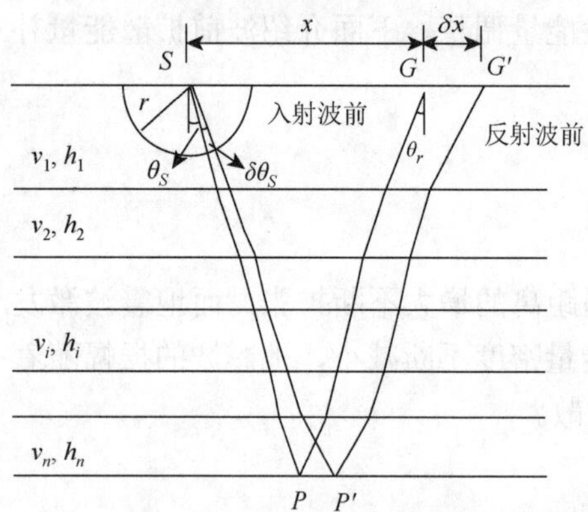

图 16.1-2　层状介质波前扩散

假设地下有 n 层水平层状介质（图 16.1-2），其中第 i 层的厚度为 h_i、速度为 v_i，由震源 S 发出的地震波 SP 在第 e 层的底面反射后，到达接收点 G，入射波由震源发出的入射角为 θ_S，反射波的出射角为 θ_r，相应的炮检距为 x。另外，与入射射线 SP 相邻取一射线 SP'，其入射角增量为 $\delta\theta_S$，相应的反射射线 $P'G'$ 的出射点的炮检距增量为 δx。与均匀介质相似，这里规定地震波的振幅与垂直地震波传播方向单位面积上能量密度的平方根成正比。如果用 A_i 表示入射波在震源附近半径为 r 的球面上的振幅；A_r 表示通过接收点 G 的反射波波前上的振幅；S_i 表示入射线 SP 和 SP' 绕通过震源的铅直线旋转，在距离震源半径为 r 的球面上所夹的环形面积；S_r 表示反射线 PG 和 $P'G'$ 绕通过震源的铅直线旋转，在反射波波前上所夹的环形面积。由于波通过环形面积 S_i 的能量（如果不考虑其他能量损失的话）将全部流过环形面积 S，地震波的振幅与其能量所流过面积的平方根成反比，得

$$\frac{A_r}{A_i} = \left(\frac{S_i}{S_r}\right)^{\frac{1}{2}} \tag{16.1-6}$$

由图 16.1-2 可知：

$$S_i = 2\pi r^2 \delta\theta_S \sin\theta_S \tag{16.1-7}$$

$$S_r = 2\pi x \delta x \cos\theta_r \tag{16.1-8}$$

代入式（16.1-6），得

$$\frac{A_r}{A_i} = \left(\frac{r^2 \sin\theta_S \delta\theta_S}{x\cos\theta_r \delta x}\right)^{\frac{1}{2}} \tag{16.1-9}$$

如果震源和接收点都在第 1 层介质中，由于各层都是水平的，则 $\theta_S = \theta_r = \theta_1$，取 $r = 1$ 单位距离，得

$$D_{\mathrm{d}}=\frac{A_r}{A_i}=\left(\frac{\tan\theta_1}{x}\frac{\delta\theta_1}{\delta x}\right)^{\frac{1}{2}} \tag{16.1-10}$$

式中，D_{d} 为层状介质中从震源到达炮检距为 x 的接收点的反射波由波前扩散所形成的振幅衰减因子。

为了计算波前扩散因子 D_{d}，考虑速度随深度变化的函数 $v(z)$，对任意一条射线，其反射波出射点到炮点的距离为

$$x=2\int_0^z\frac{pv(z)}{[1-p^2v^2(z)]^{1/2}}\mathrm{d}z \tag{16.1-11}$$

式中，p 为射线参数：

$$p=\frac{\sin\theta_1}{v_1} \tag{16.1-12}$$

对式（16.1-11）和式（16.1-12）分别求导数，得

$$\frac{\mathrm{d}x}{\mathrm{d}p}=2\int_0^z\frac{v(z)}{[1-p^2v^2(z)]^{3/2}}\mathrm{d}z \tag{16.1-13}$$

$$\frac{\mathrm{d}p}{\mathrm{d}\theta_1}=\frac{\cos\theta_1}{v_1} \tag{16.1-14}$$

由式（16.1-13）和式（16.1-14）得

$$\frac{\mathrm{d}\theta_1}{\mathrm{d}x}=\frac{v_1}{2\cos\theta_1}\frac{1}{\int_0^z\frac{v(z)}{[1-p^2v^2(z)]^{3/2}}\mathrm{d}z} \tag{16.1-15}$$

将式（16.1-15）代入式（16.1-10），得到波前扩散因子：

$$D_{\mathrm{d}}=\left\{\frac{v_1\tan\theta_1}{2x\cos\theta_1}\left\{\int_0^z\frac{v(z)}{[1-p^2v^2(z)]^{3/2}}\mathrm{d}z\right\}^{-1}\right\}^{1/2} \tag{16.1-16}$$

在水平层状介质情况下，式（16.1-16）中的积分变为求和：

$$\int_0^z\frac{v(z)}{[1-p^2v^2(z)]^{3/2}}\mathrm{d}z=\sum_{i=1}^{n}\frac{v_ih_i}{[1-p^2v^2(z)]^{3/2}}=\frac{v_1}{\sin\theta_1}\sum_{i=1}^{n}\frac{h_i\sin\theta_i}{\cos^3\theta_i} \tag{16.1-17}$$

于是，得到波前扩散因子：

$$D_{\mathrm{d}}=\left[\frac{\tan^2\theta_1}{2x}\left(\sum_{i=1}^{n}\frac{h_i\sin\theta_i}{\cos^3\theta_i}\right)^{-1}\right]^{\frac{1}{2}} \tag{16.1-18}$$

当地震波沿垂直界面的方向入射和传播时，$\theta_1=\theta_i=0$，则 $P\to 0$，$\cos\theta_i\to 1$。将 $\tan\theta_1=\dfrac{pv_1}{\cos\theta_1}$，$\sin\theta_1=pv_1$ 和 $x=2p\sum\limits_{i=1}^{n}\dfrac{h_iv_i}{\cos\theta_i}$ 代入式（16.1-18），然后令 $P\to 0$，$\cos\theta_i\to 1$，得到垂直入射，即炮检距为零时的层状介质波前扩散因子：

$$D_{\mathrm{d}} = \frac{v_1}{2\sum_{i=1}^{n} h_i v_i} = \frac{v_1}{\sum_{i=1}^{n} t_i v_i^2} \tag{16.1-19}$$

式中，t_i 为地震波在第 i 层中的双程垂向旅行时。

将均方根速度：

$$v_{\mathrm{rms}}^2 = \frac{\sum_{i=1}^{n} t_i v_i^2}{\sum_{i=1}^{n} t_i} \tag{16.1-20}$$

代入式（16.1-19），最后得

$$D_{\mathrm{d}} = \frac{v_1}{v_{\mathrm{rms}}^2 t} \tag{16.1-21}$$

式中，t 为垂直入射的反射波旅行时；v_1 为第 1 层介质的速度；v_{rms} 为对应于反射波旅行时 t 的均方根速度。

16.1.2　地层吸收能量补偿

当地震波在地下介质中传播时，由于实际的岩层并非完全弹性，岩层的非完全弹性使得地震波的弹性能量不可逆地转化为热能而发生消耗，因此使得地震波的振幅产生衰减。这种由介质的非完全弹性引起的地震波振幅衰减现象称为吸收。

1. 均匀介质的吸收

根据黏弹性理论可知，由均匀的非完全弹性介质所产生的吸收作用，将使地震波的振幅随着传播距离的增大呈指数衰减。令 A_0 为震源发出地震波的初始振幅，A 为地震波传播离开震源距离 r 处的振幅，α 为介质的吸收系数，则有

$$A = A_0 \mathrm{e}^{-\alpha r} \tag{16.1-22}$$

因而，得到由岩层的吸收作用所引起的地震波振幅的衰减因子为

$$D_{\alpha} = \frac{A}{A_0} = \mathrm{e}^{-\alpha r} = \mathrm{e}^{-\beta t} \tag{16.1-23}$$

式中，t 为地震波传播距离的旅行时；β 为介质的衰减系数。

$$\beta = \alpha v \tag{16.1-24}$$

式中，v 为地震波在介质中的传播速度。

实际地震资料处理中常用品质因子 Q 来描述地震波的衰减，其意义是地震波在传播一个波长 λ 距离后，原来储存的能量 E 与所消耗能量 ΔE 之比，即

$$Q = 2\pi \frac{E}{\Delta E} = 2\pi \frac{A_0^2}{A_0^2 - A_\lambda^2} = 2\pi \frac{1}{1 - \mathrm{e}^{-2\alpha\lambda}} \tag{16.1-25}$$

将式（16.1-25）展开，并舍去高次项，得到品质因子 Q 与吸收系数 α 的关系为

$$Q = \frac{\pi}{\alpha\lambda} = \frac{\pi f}{\alpha v} \tag{16.1-26}$$

式中，f 为地震波的频率。

由式（16.1-23）和式（16.1-26）得到由品质因子表示的衰减因子：

$$D_\alpha = \mathrm{e}^{-\alpha r} = \mathrm{e}^{-\beta t} = \mathrm{e}^{-\frac{\pi f}{Q}t} \tag{16.1-27}$$

由此可见，在非完全弹性介质中，地震波的高频成分比低频成分衰减得更快。

2. *层状介质的吸收*

如果地下有 n 层水平层状介质，地震波从震源出发相继通过各层介质，设第 i 层的品质因子为 Q_i，速度为 v_i，传播时间为 t_i，则地震波通过第 i 层时，该层的衰减因子为

$$D_{\alpha i} = \mathrm{e}^{-\frac{\pi f}{Q_i}t_i} \tag{16.1-28}$$

当地震波相继通过所有 n 层介质时，整个地层的衰减因子为

$$D_\alpha = \prod_{i=1}^{n} D_{\alpha i} = \prod_{i=1}^{n} \mathrm{e}^{-\frac{\pi f}{Q_i}t_i} = \mathrm{e}^{-\pi f \sum_{i=1}^{n} \frac{t_i}{Q_i}} \tag{16.1-29}$$

引入新的变量 Q_{eff} 作为等效品质因子：

$$Q_{\text{eff}} = \frac{\sum_{i=1}^{n} t_i}{\sum_{i=1}^{n} \frac{t_i}{Q_i}} \tag{16.1-30}$$

则式（16.1-29）改写为与式（16.1-27）相似的形式：

$$D_\alpha = \mathrm{e}^{-\frac{\pi f t}{Q_{\text{eff}}}} \tag{16.1-31}$$

式中，$t = \sum_{i=1}^{n} t_i$ 为地震波通过所有 n 层介质的传播时间。需要注意的是，等效品质因子 Q_{eff} 并不是一个常数，而是一个随传播时间变化的量。

3. *地层吸收补偿*

从式（16.1-31）可以看出，地层吸收对地震波振幅的影响不同于波前扩散对地震波振幅的影响。地震波振幅的衰减与频率有关，频率越高，振幅衰减越严重。地层吸收不仅造成地震波振幅的衰减，而且对地震波产生低通滤波作用。其振幅谱为

$$A(f) = \mathrm{e}^{-\frac{\pi f t}{Q}} \tag{16.1-32}$$

如果将地层对地震波的滤波作用看作一个最小相位滤波过程，则可以利用希尔伯特（Hilbert）变换，根据振幅谱 $A(f)$ 得到相位谱：

$$\phi(f) = H[\ln A(f)] = -\frac{\pi t}{Q} H(f) \tag{16.1-33}$$

式中，符号 $H(\cdot)$ 表示希尔伯特变换。大地吸收低通滤波器的复频谱 $D(f,t)$ 表示为

$$D(f,t)=A(f)\mathrm{e}^{\mathrm{i}\phi(f)}=\mathrm{e}^{-\frac{\pi t}{Q}[f+\mathrm{i}H(f)]} \tag{16.1-34}$$

式（16.1-34）表明，地震波在非完全弹性介质中的衰减与频率 f 、时间 t 和品质因子 Q 有关。

地层吸收补偿应该是地层吸收滤波的反滤波过程，因此地层吸收补偿因子可表示为

$$D^{-1}(f,t)=\mathrm{e}^{\frac{\pi t}{Q}G(f)} \tag{16.1-35}$$

其中，

$$G(f)=f+\mathrm{i}H(f) \tag{16.1-36}$$

利用傅里叶变换可以得到时间域的地层吸收补偿因子：

$$h(t,\tau)=\int_{-\infty}^{+\infty}\mathrm{e}^{\frac{\pi t}{Q}G(f)}\mathrm{e}^{\mathrm{i}2\pi f\tau}\mathrm{d}f \tag{16.1-37}$$

假定地表记录的地震数据为 $x(t)$，利用 $x(t)$ 与 $h(t,\tau)$ 的褶积可以得到地层吸收补偿后的地震数据 $y(t)$：

$$y(t)=x(t)*h(t,\tau) \tag{16.1-38}$$

式（16.1-38）不同于一般的褶积关系式，滤波因子随时间是逐点变化的，无法求得式（16.1-38）的精确解，在实际应用中需要做一些适当的近似。

16.2 提高信噪比的处理

在地震勘探中，用于解决地质任务的地震波称为有效波，而其他波统称为干扰波。压制干扰，提高信噪比是一项贯穿地震勘探全过程的任务。除在野外数据采集中采取相应措施压制干扰外，在地震资料数字处理中数字滤波也是一项非常重要的提高信噪比的措施。

提高信噪比的处理技术与资料采集中提高信噪比的方法有一个共性，即利用“有效波”和“干扰波”的差异。数字滤波方法即利用它们之间频率和视速度的差异来压制干扰的，分别称为频率滤波和视速度滤波。又因频率滤波只需对单道数据进行运算，故称为一维频率滤波。实现视速度滤波需同时处理多道数据，故称为二维视速度滤波。

16.2.1 数字滤波概述

在地震勘探中，地震波从激发、在地层中传播到地面检波器接收，最终被地震仪记录，其中不可避免地会混杂干扰波。干扰波和有效波在频谱、传播速度、传播方向和能量等方面存在差异，它们不是地下地质体的真实反映，需要去除或压制，从而突出有效波，提高地震资料的质量和精度。数字滤波就是要解决以上问题，它是地震资料数字处理的一个重要环节，其原理也是研究地震资料数字处理方法的基础。

1. 数字滤波与模拟滤波的差异

1）模拟滤波器

模拟滤波器也称电滤波器，它由电阻、电感和电容等元器件组成，如图 16.2-1 所示的一个 RC 无源网络，它组成的是一个低通滤波器。

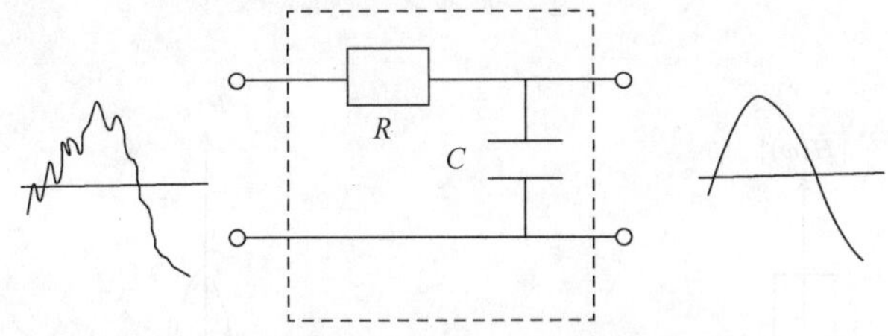

图 16.2-1　模拟滤波器示意图

实际模拟滤波器要用一些复杂的电子线路来实现。在地震勘探中，野外地震仪器设备用到了这类滤波器。由于模拟滤波器运算速度快，因此某些具有单一滤波功能的构件可由它来完成。但模拟滤波器资料不易修改，适应面较窄，成本也比较高。

2）数字滤波器

随着计算机技术的飞速发展及地震资料数字处理问题的日益复杂化，设计灵活多样的数字滤波器逐渐占据主导地位，数字滤波已在地震勘探中得到了广泛应用。

信号要进行数字滤波，首先需要离散抽样（采样）。抽样过程要满足抽样定理，否则会使频谱混叠，产生假频。抽样定理可由下式描述：

$$\omega_s = 2\omega_N \geqslant 2\omega_{\max} \tag{16.2-1}$$

式中，ω_s 为采样频率；ω_N 为折叠频率，也称为奈奎斯特频率；$\omega_{\max}$ 为信号的最高频率。

3）差异

（1）定义不同。数字滤波器是由数字乘法器、加法器和延时单元组成的一种算法或装置。模拟滤波器是能对模拟或连续时间信号进行滤波的电路和器件。

（2）方法不同。数字滤波器对信号滤波的方法是用数字计算机对数字信号进行处理，就是按照预先编制的程序进行计算。它的核心是数字信号处理器。模拟滤波器对信号滤波的方法是将给定的待设计滤波器技术要求，转换为原型低通滤波器的技术要求，设计原型低通滤波器，根据得到的原型低通滤波器的技术要求，求出参数，进而利用查表法找对应的变换函数，进行频率变换，得到待设计滤波器的转移函数。

2. 数字滤波的特殊性质

这里讨论数字滤波的两个特殊性质——离散性与有限性。数字滤波是对离散的信号进行运算，即离散性；在数字计算机上进行计算时，滤波因子不可能取无穷项，而是取有限项，即有限性。

1）由离散性产生的伪门及其对数字频率滤波的影响

对连续的滤波因子 $h(t)$ 用时间采样间隔 Δt 离散采样后，得到 $h(n\Delta t)$。如果，再按

$h(n\Delta t)$ 计算出与它相应的滤波器的频率特性，这时在频率特性的图形上，除了有同原来的 $H(\omega)$ 对应的“门”外，还会周期性地重复出现很多“门”，这些门称为伪门。伪门的产生就是离散采样造成的。可以证明，伪门在频率域出现的周期为 $1/\Delta t$（图 16.2-2）。根据离散傅里叶变换的谱为

$$\tilde{H}'(f) = \Delta t \sum_{n=-\infty}^{\infty} h(n\Delta t)\mathrm{e}^{-2\pi f n\Delta t} \tag{16.2-2}$$

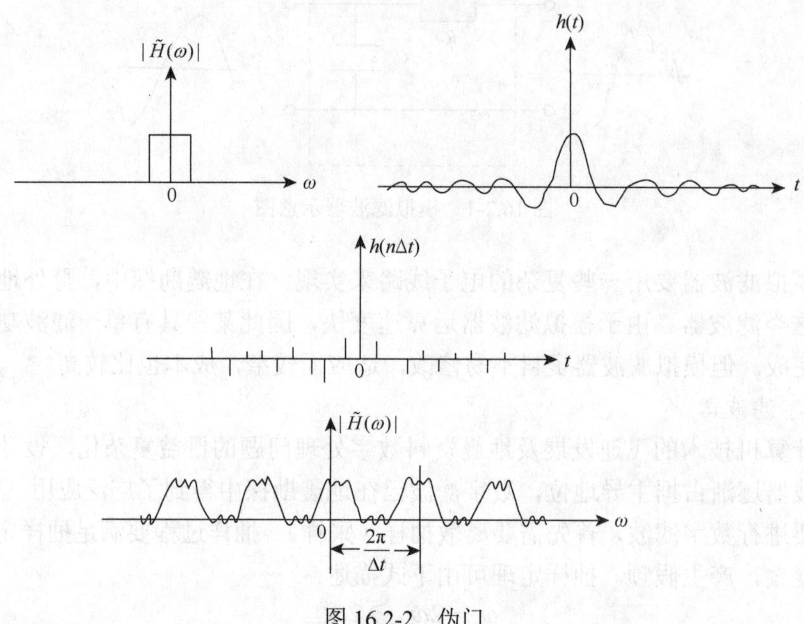

图 16.2-2 伪门

为了证明 $\tilde{H}'(f)$ 具有周期性，且周期为 $\frac{1}{\Delta t}$，可进行下面的运算，即计算 $\tilde{H}'\left(f+\frac{1}{\Delta t}\right)$。根据式（16.2-2）有

$$\tilde{H}'\left(f+\frac{1}{\Delta t}\right) = \Delta t \sum_{n=-\infty}^{\infty} h(n\Delta t)\mathrm{e}^{-2\pi\mathrm{i}\left(f+\frac{1}{\Delta t}\right)n\Delta t} = \Delta t \sum_{n=-\infty}^{\infty} h(n\Delta t)\mathrm{e}^{-2\pi\mathrm{i}fn\Delta t}\mathrm{e}^{-2\pi\mathrm{i}n} \tag{16.2-3}$$

因为 n 是整数，故 $\mathrm{e}^{-2\pi\mathrm{i}n}=1$，所以有

$$\tilde{H}'\left(f+\frac{1}{\Delta t}\right) = \Delta t \sum_{n=-\infty}^{\infty} h(n\Delta t)\mathrm{e}^{-2\pi\mathrm{i}fn\Delta t} = \tilde{H}'(f) \tag{16.2-4}$$

由此可见，由于离散化，数字频率滤波器的频率特性具有周期性，其周期是时间采样间隔 Δt 的倒数 $1/\Delta t$。

由于伪门的出现，在数字滤波中，干扰波有可能通过伪门而被保留下来。为了避免伪门造成的影响，可以适当地选择采样间隔使第一个伪门出现在干扰波的频谱范围之外。

2）吉布斯现象

当频率特性曲线是不连续函数而对滤波因子取有限项时，将产生吉布斯（Gibbs）现象。

当设计的是理想低通滤波器时，频率特性 $\tilde{H}(\omega)$ 满足条件：

$$\tilde{H}(\omega)=\begin{cases}1, & -\Delta\omega\leqslant\omega\leqslant\Delta\omega\\ 0, & \text{其他}\end{cases} \tag{16.2-5}$$

由图 16.2-3 可看出，$|\tilde{H}(\omega)|$ 在数学上是一个有间断点的函数。对于这类函数，在进行时间域滤波，即由 $\tilde{H}(\omega)$ 计算 $h(t)$ 时，算出的时间特性 $h(t)$ 的长度应是无穷长的。但是，实际上不可能计算到无穷，而只能计算到有限长度，即 $h(t)$ 只能取有限项（图 16.2-4）。这种有限长度的 $h(t)$ 对应的 $\tilde{H}'(f)$ 不再是一个门式滤波，而是有波动的曲线（图 16.2-5），曲线由间断点向远处波动衰减，在间断点波动最大，这种现象叫作非连续函数频率响应的吉布斯现象。

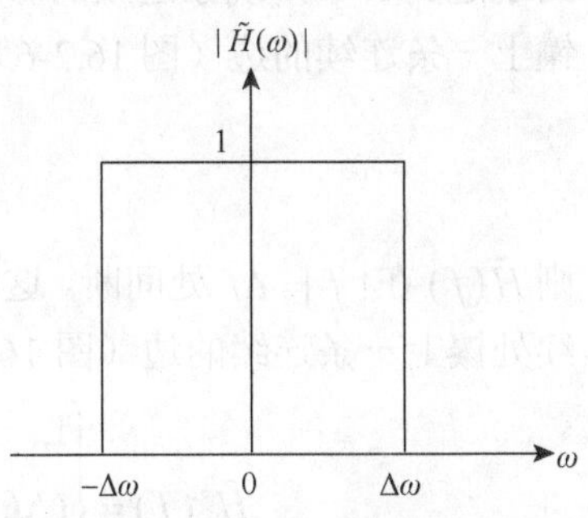

图 16.2-3 低通滤波器函数

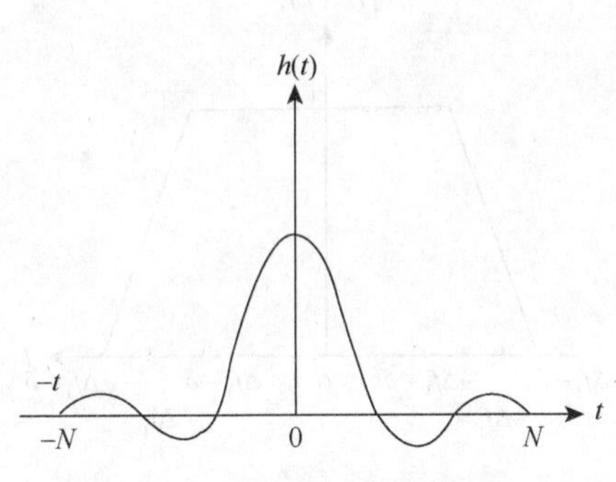

图 16.2-4 有限长度滤波因子

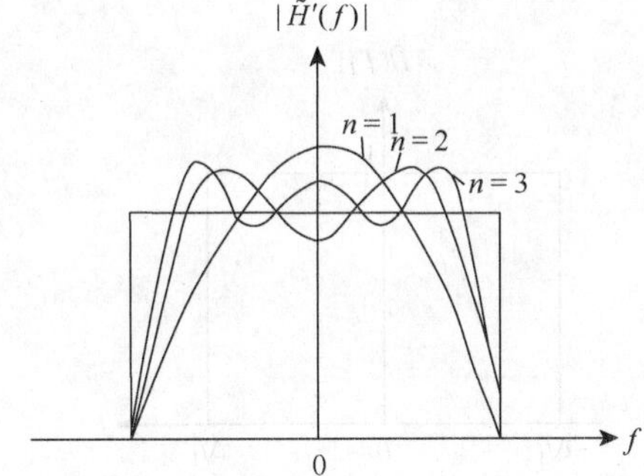

图 16.2-5 非连续函数频率响应的吉布斯现象

下面计算有限项滤波因子 $h'(t)$ 的频谱，项数由 $-N$ 到 N：

$$\begin{aligned}\tilde{H}'(f)&=\Delta t\sum_{n=-N}^{N}h(n\Delta t)\mathrm{e}^{-2\pi f n\Delta t}\\&=\Delta t\sum_{n=-N}^{N}h(n\Delta t)(\cos 2\pi fn\Delta t-\mathrm{i}\sin 2\pi fn\Delta t)\end{aligned} \tag{16.2-6}$$

由于从 $-N$ 到 N 求和区间是对称的，因此对奇函数 $\sin\alpha$ 有 $\mathrm{i}\sum\limits_{n=-N}^{N}h(n\Delta t)\sin 2\pi fn\Delta t=0$，最后得

$$\begin{aligned}\tilde{H}'(f)&=\Delta t\sum_{n=-N}^{N}h(n\Delta t)\cos 2\pi fn\Delta t\\&=\Delta t h(0)+2\Delta t\sum_{n=1}^{N}h(n\Delta t)\cos 2\pi fn\Delta t\end{aligned} \tag{16.2-7}$$

这是一个常数项和 N 个余弦函数项的和，无论 N 取多大，这些余弦函数项的和也不会叠加成一个有间断点的函数，这时只能得到一条连续光滑的有波动的曲线。数学上证明，

当取的项数很大时，最大波动幅度约为原矩形幅度的9%，并从不连续点开始，以上下振荡的形式逐渐衰减。

由于频率特性曲线在通频带以内是波动的曲线，这种滤波器会造成有效波的畸变。为了避免吉布斯现象造成的影响，可采用镶边法，即在频率特性曲线的不连续点附近，镶上一条连续的边（图 16.2-6），如对于

$$\tilde{H}(f)=\begin{cases}1, & |f|\leqslant \Delta f_1\\ 0, & \text{其他}\end{cases} \tag{16.2-8}$$

则 $\tilde{H}(f)$ 在 $|f|=\Delta f$ 处间断。这时可用另一函数 $\tilde{H}^*(f)$ 代替 $\tilde{H}(f)$，也即在 $\tilde{H}(f)$ 两边不连续处镶上一条连续的边（图 16.2-7），$\tilde{H}^*(f)$ 的公式为

$$\tilde{H}^*(f)=\begin{cases}1, & |f|\leqslant \Delta f_1-\delta\\ (\Delta f_1+\delta-|f|)/2\delta, & \Delta f_1-\delta\leqslant|f|\leqslant\Delta f_1+\delta\\ 0, & |f|\geqslant \Delta f_1+\delta\end{cases} \tag{16.2-9}$$

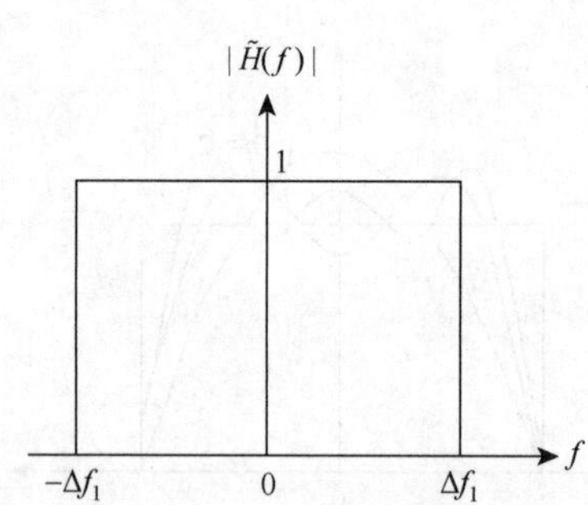

图 16.2-6　镶边前的滤波器频率特性

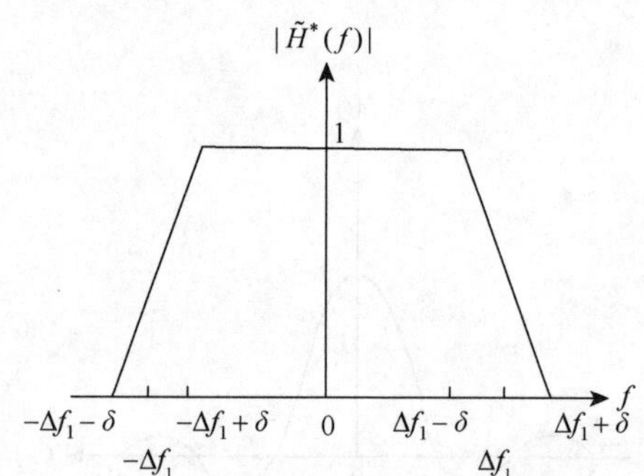

图 16.2-7　镶边后的滤波器频率特性

通过计算可以得出，与 $H(f)$ 对应的滤波因子为

$$h(t)=\frac{\sin 2\pi\Delta f_1 t}{\pi t} \tag{16.2-10}$$

与 $\tilde{H}^*(f)$ 对应的滤波因子为

$$h^*(t)=\frac{\sin 2\pi\Delta f_1 t}{\pi t}\frac{\sin 2\pi\delta t}{\pi t} \tag{16.2-11}$$

这种做法克服了频率特性曲线的波动问题，但是，这时频率特性曲线的陡度也有所减小，这对地震数据滤波处理来说滤波器的频率选择性变差了。从另一角度来看，地震波是脉冲波，是由无数多个不同频率成分的简谐波所组成的，为了保留地震波的频谱成分，往往不宜用门式滤波，而适合用镶边后的滤波器。

16.2.2　一维数字滤波

一维数字滤波是指用计算机实现对单变量信号的滤波，该单变量可以是时间或频率，也可以是空间或波数。下面以时间或频率为例讨论一维数字滤波，其他原理相同。

1. 一维数字滤波原理

设地震记录 $x(t)$ 是由有效波 $s(t)$ 和干扰波 $n(t)$ 组成的，即

$$x(t)=s(t)+n(t) \tag{16.2-12}$$

其频谱为

$$X(f)=S(f)+N(f) \tag{16.2-13}$$

式中，$X(f)$ 为 $x(t)$ 的频谱；$S(f)$、$N(f)$ 分别为 $s(t)$、$n(t)$ 的频谱。如果 $X(f)$ 的振幅谱 $|X(f)|$ 可用图 16.2-8 表示，说明有效波的振幅谱 $|S(f)|$ 处在低频段，而干扰波的振幅谱处于高频段。

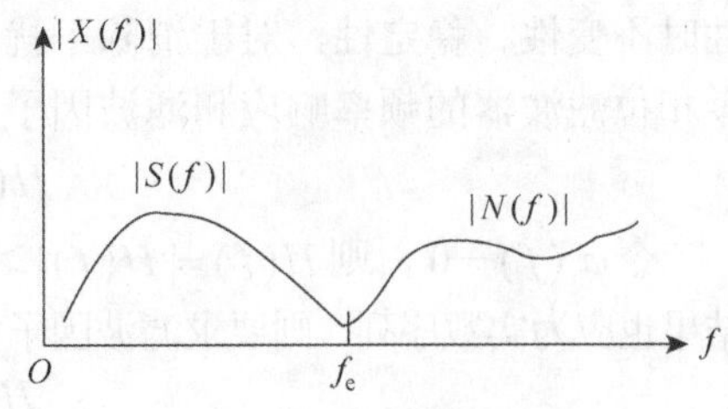

图 16.2-8 有效波和干扰波频谱分布示意图

若设计一频率域函数 $H(f)$ 的振幅谱为

$$|H(f)|=\begin{cases}1, & |f|\leqslant\Delta f_{\mathrm{e}}\\ 0, & |f|>\Delta f_{\mathrm{e}}\end{cases} \tag{16.2-14}$$

其图形如图 16.2-9（a）所示，令

$$Y(f)=X(f)\cdot H(f) \tag{16.2-15}$$

及

$$\begin{aligned}|Y(f)|&=|X(f)|\cdot|H(f)|\\&=|S(f)|\cdot|H(f)|+|N(f)|\cdot|H(f)|\\&=|S(f)|\end{aligned} \tag{16.2-16}$$

$$\varphi_{\mathrm{r}}(f)=\varphi_{\mathrm{x}}(f)+\varphi_{\mathrm{h}}(f)$$

在时间域有（利用傅里叶变换的褶积定理）：

$$y(t)=x(t)*h(t)=\int_{-\infty}^{\infty}h(\tau)x(t-\tau)\mathrm{d}\tau=s(t) \tag{16.2-17}$$

本书称 $H(f)$ 为一维滤波器频率响应，式（16.2-15）为频率域滤波方程，$h(t)$ 为 $H(f)$ 的时间域函数，称为一维滤波器滤波因子［图 16.2-9（c）］。式（16.2-17）为时间域滤波方程，$y(t)$ 和 $Y(f)$ 分别为滤波后仅存在有效波的地震记录及频谱，$\varphi_{\mathrm{x}}(f)$、$\varphi_{\mathrm{r}}(f)$、$\varphi_{\mathrm{h}}(f)$ 分别为滤波前、滤波后地震记录及滤波器的相位谱。以上滤波主要是利用有效波和干扰波的频率差异来消除干扰波，故也称为频率滤波。

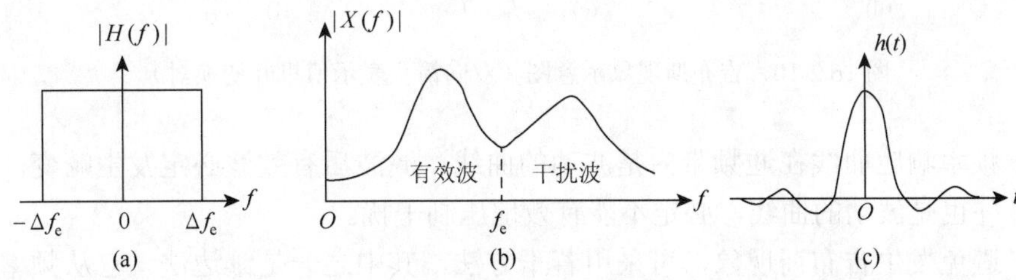

图 16.2-9 滤波频率响应及滤波因子

2. 实用的一维滤波器设计

设计滤波器首先要对所设计的滤波有一定的要求，一般要求一维数字滤波器具有线性时不变性、稳定性，对于消除干扰的滤波器还应具有零相位性（或称为纯振幅滤波）。零相位滤波器的频率响应和滤波因子具有以下特性：

$$H(f)=|H(f)|\mathrm{e}^{\mathrm{j}\varphi_{\mathrm{h}}(f)} \tag{16.2-18}$$

令$\varphi_{\mathrm{h}}(f)=0$，则$H(f)=|H(f)|>0$，再考虑到滤波前的地震记录为实数序列，滤波后结果也应为实数序列，则要求滤波因子$h(t)$成为实数序列，由傅里叶变换的奇偶虚实性，则有

$$H(f)=H(-f)>0 \tag{16.2-19}$$

可见，$H(f)$是一个非负的实偶函数，实偶函数的源函数也为实偶函数，即有

$$h(t)=h(-t) \tag{16.2-20}$$

零相位滤波因子是一个偶函数。

以上所述的滤波器称为理想低通滤波器，根据有效波和干扰波的频段分布不同，还可将滤波器分为理想带通滤波器、理想高通滤波器等。所谓理想是指滤波器的频率响应是一个矩形门，门内的有效波无畸变地通过，称为通频带，而门外的干扰波全部被消除。在数字滤波中这一点实际是做不到的，因为数字滤波时所能处理的滤波因子只能是有限长的，而由间断函数组成的理想滤波器的滤波因子是无限长的，实际应用中只能截断为有限长，截断后就会出现截断效应，即截断后的滤波因子所对应的频率响应不再是一个理想的矩形门，而是一条接近矩形门但有振幅波动的曲线，这种现象称为吉布斯现象。图 16.2-10 为吉布斯现象示意图。

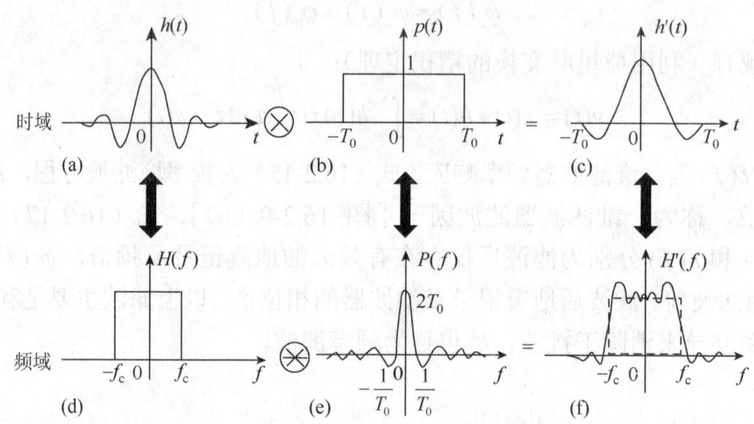

图 16.2-10　吉布斯现象示意图（双向箭头表示傅里叶变换对）

由于频率响应曲线在通频带内是波动的曲线，滤波后有效波必定发生畸变。另外，在通频带外也是波动的曲线，必定不能有效地压制干扰。

为了避免发生吉布斯现象，可采用若干方法，其中之一是镶边法。它从频率域角度考虑问题，在矩形频率特性曲线的不连续点处镶上连续的边，使频率特性曲线变为连续的曲线。镶边后的低通滤波器频率响应如图 16.2-11 所示。

对于用途较为广泛的带通滤波器，镶边后的滤波器频率响应 $H_g(f)$ 为

$$H_g(f)=\begin{cases}1, & f_2\leqslant|f|\leqslant f_3\\ g_1(f), & f_1\leqslant|f|\leqslant f_2\\ g_2(f), & f_3\leqslant|f|\leqslant f_4\\ 0, & |f|>f_4,|f|<f_1\end{cases}\tag{16.2-21}$$

其中，

$$\begin{cases}g_1(f)=\sin^2\left(\dfrac{\pi}{2}\dfrac{f-f_1}{f_2-f_1}\right)\\ g_2(f)=\sin^2\left(\dfrac{\pi}{2}\dfrac{f-f_4}{f_4-f_3}\right)\end{cases}\tag{16.2-22}$$

其图形如图 16.2-12 所示。

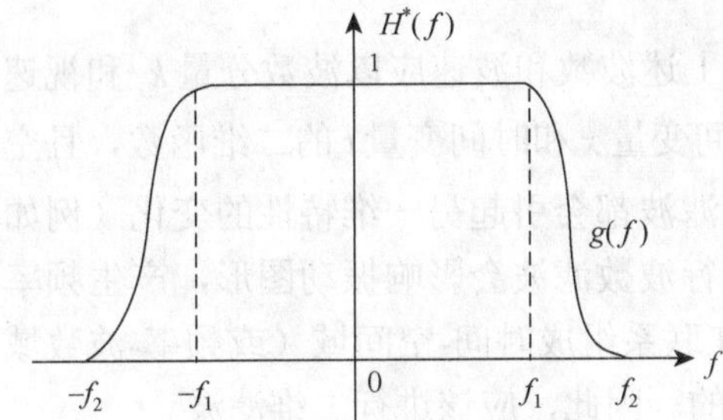

图 16.2-11 镶边后低通滤波器频率响应

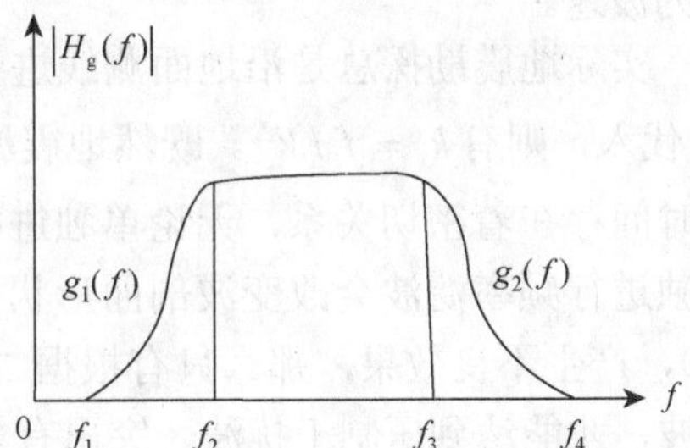

图 16.2-12 镶边后带通滤波器频率响应

利用傅里叶变换可求得带通滤波因子为

$$h_g(t)=\frac{\sin 2\pi f_3 t+\sin 2\pi f_4 t}{2\pi t[1-4(f_3-f_4)^2t^2]}-\frac{\sin 2\pi f_1 t+\sin 2\pi f_2 t}{2\pi t[1-4(f_1-f_2)^2t^2]}\tag{16.2-23}$$

式中，f_1 为低截止频率；f_2 为低通频率；f_3 为高通频率；f_4 为高截止频率。

除频率域的镶边法外，也可在时间域用乘因子法，即在截断 $h(t)$ 时不使用矩形时窗函数，而使用一个逐渐衰减的时窗函数。这样可使滤波因子渐变为零，减小截断效应。

以上截断效应和吉布斯现象的存在称为数字滤波的特殊性。数字滤波的特殊性还有伪门现象。数字滤波处理的是离散信号，需要用采样间隔 $\varDelta$ 将滤波因子 $h(t)$ 离散化为 $h(n)$ 才能实际使用，由傅里叶变换的特性，离散函数的频谱是一个周期函数，其周期为 $1/\varDelta$，即有

$$\mathrm{DFT}[h(n)]=H(k)=H\left(k+\frac{1}{\varDelta}\right)\tag{16.2-24}$$

可见，原来设计的通频带门以 $1/\varDelta$ 为周期重复出现，若称第一个门为正门，则其他的门称为伪门。伪门是无法消除的，只能选取较小的 $\varDelta$ 使伪门远离正门，或者说使伪门不要处于干扰波的频段内。

16.2.3　二维数字滤波

1. 二维视速度滤波的提出

在地震勘探中，有时有效波和干扰波的频谱成分十分接近甚至重合，这时无法利用频率滤波压制干扰，需要利用有效波和干扰波在其他方面的差异来进行滤波。如果有效波和干扰波在视速度分布方面有差异，则可进行视速度滤波。这种滤波要同时对若干道进行计算才能得到输出，因此是一种二维滤波。

地表接收的地震波动实际上是时间和空间的二维函数，即振动图和波剖面的组合，二者之间通过下式发生内在联系：

$$k = \frac{f}{V} \tag{16.2-25}$$

式中，k 为空间波数，表示单位长度内波长的个数；f 为频率，即单位时间内振动次数；V 为波速。

实际地震勘探总是沿地面测线进行观测，上述波数和波速应以波数分量 k_x 和视速度 V^* 代入，则有 $k_x = f / V^*$。既然地震波动是空间变量 x 和时间变量 t 的二维函数，且空间和时间存在着密切关系，无论单独进行哪一维滤波都会引起另一维特性的变化（例如，单独进行频率滤波会改变波剖面形状，单独进行波数滤波会影响振动图形，产生频率畸变），产生不良效果，那么只有根据二者的内在联系组成时间-空间域（或频率-波数域）滤波，才能达到压制干扰波、突出有效波的目的。因此，应该进行二维滤波。

2. 二维视速度滤波的原理

二维滤波原理是建立在二维傅里叶变换基础上的。沿地面直测线观测到的地震波动 $g(t,x)$ 是一个随时间和空间变化的波，通过二维正、反傅里叶变换得到其频率-波数谱 $G(\omega,k_x)$ 和时空函数。

$$\begin{cases} G(\omega,k_x) = \int_{-\infty}^{\infty}\int_{-\infty}^{\infty} g(t,x)\mathrm{e}^{-\mathrm{j}(\omega t + k_x x)}\mathrm{d}t\mathrm{d}x \\ g(t,x) = \dfrac{1}{2\pi}\int_{-\infty}^{\infty}\int_{-\infty}^{\infty} G(\omega,k_x)\mathrm{e}^{\mathrm{j}(\omega t + k_x x)}\mathrm{d}\omega\mathrm{d}k_x \end{cases} \tag{16.2-26}$$

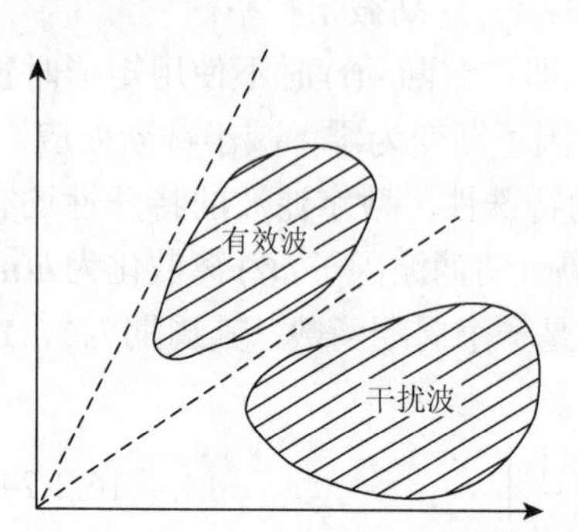

图 16.2-13　有效波和干扰波平面简谐波成分以不同的视速度传播

上式说明，$g(t,x)$ 由无数个角频率为 $\omega = 2\pi f$、波数为 k_x 的平面简谐波所组成，它们沿测线以视速度 V^* 传播。

如果有效波和干扰波的平面简谐波成分有差异，有效波的平面简谐波成分以与干扰波的平面简谐波成分不同的视速度传播（图 16.2-13），则可用二维视速度滤波将它们分开，达到压制干扰、提高信噪比的目的。

3. 二维滤波的计算

二维线性滤波器的性质由其空间-时间特性 $h(t,\ x)$ 或频率-波数特性 $H(\omega,k_x)$ 所确定。同一维滤波一样，在空间-时间域中，二维滤波由输入信号 $g(t,x)$ 与滤波算子 $h(t,x)$ 的二维褶积运算实现，在频率-波数域中，由输入信号的谱 $G(\omega,k_x)$ 与滤波器的频率-波数特性 $H(\omega,k_x)$ 相乘来完成。

$$\begin{cases}\overline{y}(t,x)=\int_{-\infty}^{\infty}\int_{-\infty}^{\infty}g(\tau,\zeta)h(t-\tau,x-\zeta)\mathrm{d}\tau\mathrm{d}\zeta \\ \qquad\quad =g(t,x)*h(t,x) \\ \tilde{Y}(\omega,k_x)=G(\omega,k_x)\cdot H(\omega,k_x)\end{cases} \tag{16.2-27}$$

地震观测的离散性和排列长度的有限性，必须用有限个（N个）记录道的求和来代替对空间坐标的积分。

$$\tilde{y}_m(t)=\sum_{n=0}^{N-1}g_n(t)h_{m-n}(t-\tau)\mathrm{d}\tau=\sum_{n=0}^{N-1}g_n(t)*h_{m-n}(t) \tag{16.2-28}$$

式中，n 为原始道号；m 为结果道号。

由式（16.2-28）可见，二维褶积可归结为对一维褶积的结果再求和。故测线上任一点处二维滤波的结果可由 N 个地震道的一维滤波结果相加得到。这时每一道用各自的滤波器处理，其时间特性 $h_{m-n}(t)$ 取决于该道与输出道之间的距离。沿测线依次计算，可以得到全测线上的二维滤波结果（图 16.2-14）。

与理想一维滤波一样，理想二维滤波也要求在通放带内频率-波数响应的振幅谱为1，在通放带外为0，相位谱也为0，即零相位滤波。因此，二维理想滤波器的频率-波数响应是正实对称函数（二维对称，即对两个参量均对称），空间时间因子必为实对称函数。二维滤波同样存在伪门现象和吉布斯现象，也可采用镶边法和乘因子法解决，但因为它是二维函数，情况复杂得多，通常只采用减小采样间隔（包括时间采样间隔 Δt 和频率采样间隔 Δf ）和增大计算点数（包括时、空两方向上的点数 M 和 N ）的方法。

4. 扇形滤波

最常用的二维滤波是扇形滤波。它能滤去低视速度和高频的干扰。其频率-波数响应为

$$H(f,k_x)=\begin{cases}1, & \text{当}\left|\dfrac{f}{k_x}\right|\geqslant V^*, |f|<f_c\text{时} \\ 0, & \text{其他}\end{cases} \tag{16.2-29}$$

通放带在 f-k_x 平面上构成由坐标原点出发，以 f 和 k_x 为对称轴的扇形区域（图 16.2-15），因此这种滤波器称为扇形滤波器。

利用傅里叶逆变换可求出其因子为

$$h(t,x)=\frac{1}{2\pi^2 x}\left[\frac{1-\cos 2\pi\left(\dfrac{x}{V^*}+t\right)f_{\mathrm{c}}}{\dfrac{x}{V^*}+t}+\frac{1-\cos 2\pi\left(\dfrac{x}{V^*}-t\right)f_{\mathrm{c}}}{\dfrac{x}{V^*}-t}\right] \tag{16.2-30}$$

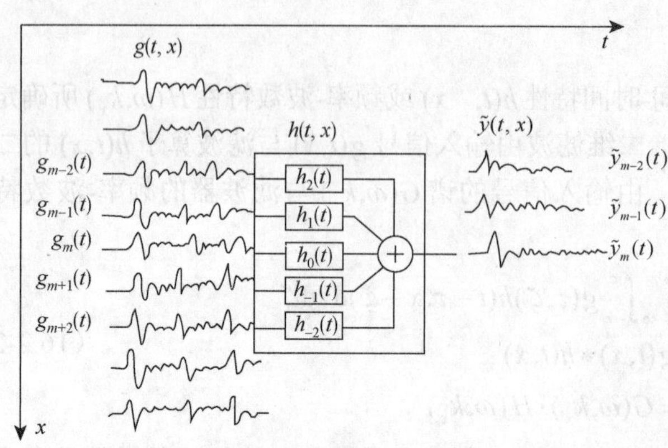

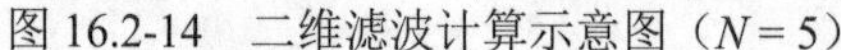
图 16.2-14　二维滤波计算示意图（$N=5$）

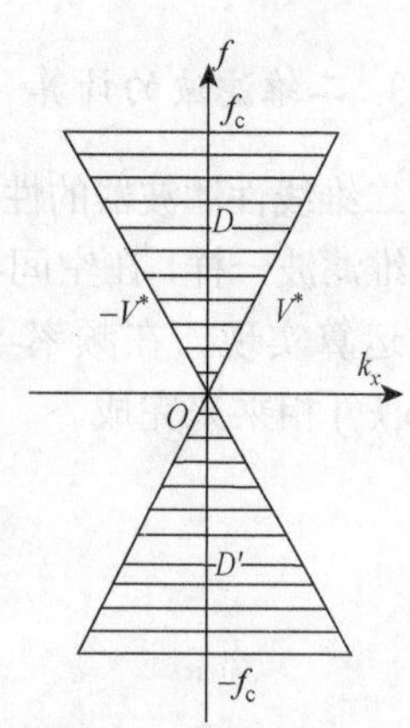

图 16.2-15　扇形滤波器的频率-波数响应

当在计算机上实现运算时，需要离散化。对时间采样：$t=n\varDelta$，$n=0,\pm1,\pm2,\cdots$，$\varDelta$ 为时间采样间隔，$\varDelta=1/2f_c$；空间采样间隔即输入道的道间距 Δx。由标准扇形滤波器可以组构出既压制高视速度干扰，又可以压制低视速度干扰的切饼式滤波器，进而还可组构出同时压制高、低频干扰的带通扇形滤波器和带通切饼式滤波器。

在叠加前应用扇形滤波，压制的目标可以是面波、散射波、折射波或电缆振动产生的波。至于在叠加后的应用，则可压制从倾斜界面上产生的多次波或侧面波。

16.3　纵向分辨率的提高与反滤波

16.3.1　反滤波概念、原理与实现

1. 反滤波的概念

在反射波法地震勘探中，由炸药爆炸等震源产生一个尖锐的脉冲，该脉冲在地层介质中传播，并经反射界面反射后返回地面，其理想的地震记录应该是如图 16.3-1 所示的一系列尖脉冲，其中每个脉冲表明地下存在一个反射界面，整个脉冲系列表明地下的一组反射界面。这种理想的地震记录 $x(t)$ 可表示为

$$x(t)=wr(t) \tag{16.3-1}$$

式中，w 为震源脉冲值，为一常数；$r(t)$ 为反射界面的反射系数。

但是，由于地层介质具有滤波作用，这种大地的滤波作用相当于一个滤波器。因此，由震源发出的尖脉冲经过大地滤波器的滤波作用后，变成一个具有一定时间延续的波形，常称为地震子波（图 16.3-2）。这时，地震记录是许多反射波叠加的结果，即地震记录 $x(t)$ 是地震子波 $w(t)$ 与反射系数 $r(t)$ 的褶积：

$$x(t) = \sum_{\tau=0}^{\infty} w(\tau) r(t-\tau) \tag{16.3-2}$$

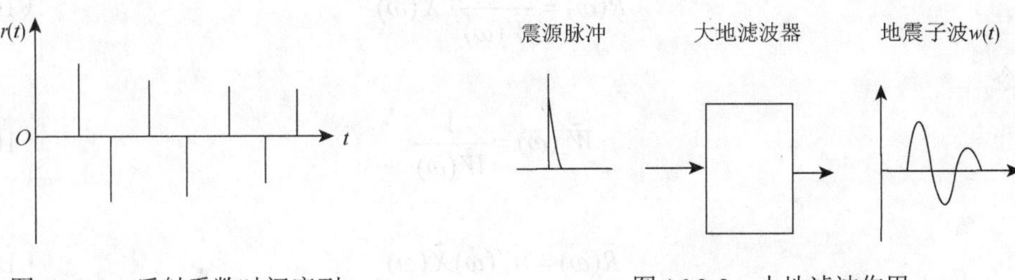

图 16.3-1 反射系数时间序列　　图 16.3-2 大地滤波作用

实际的地震记录 $x(t)$ 除了式（16.3-1）所表示的一系列反射波 $S(t)$ 外，还存在着干扰波 $n(t)$，因此，地震记录 $x(t)$ 的一般模型可以写为

$$x(t) = S(t) + n(t) = \sum_{\tau=0}^{\infty} w(\tau) r(t-\tau) + n(t) \tag{16.3-3}$$

其结果为一复杂的地震记录形式（图 16.3-3）。

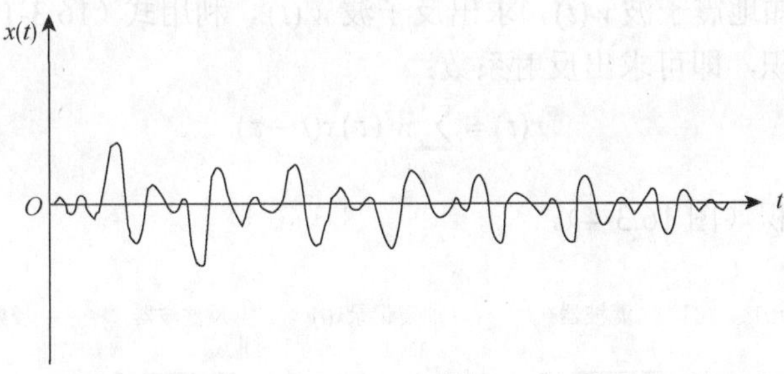

图 16.3-3 地震记录

在普通的地震记录上，一个界面的反射波一般是一个延续时间为几十毫秒的波形。由于地下反射界面一般是相距几米至几十米的密集层，它们的到达时间差仅为几毫秒到几十毫秒，因此，在反射地震记录上它们彼此干涉，难以区分。

为了提高反射地震记录的分辨能力，希望在所得到的地震记录上，每个界面的反射波表现为一个窄脉冲，每个脉冲的强弱与界面的反射系数大小成正比，而脉冲的极性反映界面反射系数的符号。

那么，怎样把延续几十毫秒的地震子波 $w(t)$ 压缩成为一个反映反射系数 $r(t)$ 的窄脉冲呢？这就是反褶积所要解决的问题。

如果，地震记录是式（16.3-1）所表示的地震子波 $w(t)$ 与反射系数 $r(t)$ 的褶积，即地震记录中只有反射波 $S(t)$，而没有干扰波 $n(t)$，这时反褶积问题变得很简单。

根据式（16.3-2），在频率域相应有

$$\tilde{X}(\omega) = \tilde{W}(\omega) \tilde{R}(\omega) \tag{16.3-4}$$

式中，$\tilde{X}(\omega)$、$\tilde{W}(\omega)$ 和 $\tilde{R}(\omega)$ 分别是地震记录 $x(t)$、地震子波 $w(t)$ 和反射系数 $r(t)$ 的频谱。

显然

$$\tilde{R}(\omega)=\frac{1}{\tilde{W}(\omega)}\cdot\tilde{X}(\omega) \tag{16.3-5}$$

如果令

$$\tilde{W}'(\omega)=\frac{1}{\tilde{W}(\omega)} \tag{16.3-6}$$

则得

$$\tilde{R}(\omega)=\tilde{W}'(\omega)\tilde{X}(\omega) \tag{16.3-7}$$

在时间域，得

$$\begin{aligned} r(t) &= w'(t)*x(t) \\ &= w'(t)*w(t)*r(t) \end{aligned} \tag{16.3-8}$$

其中，$w'(t)$ 是 $\tilde{W}'(\omega)$ 的时间函数。

由式（16.3-8）得

$$w'(t)*w(t)=1 \tag{16.3-9}$$

式中，$w'(t)$ 叫作反子波或逆子波。

由此可知，已知地震子波 $w(t)$，求出反子波 $w'(t)$，利用式（16.3-10），将反子波 $w'(t)$ 与地震记录 $x(t)$ 褶积，即可求出反射系数：

$$r(t)=\sum_{\tau}w'(\tau)x(t-\tau) \tag{16.3-10}$$

这个过程叫作反褶积（图 16.3-4）。

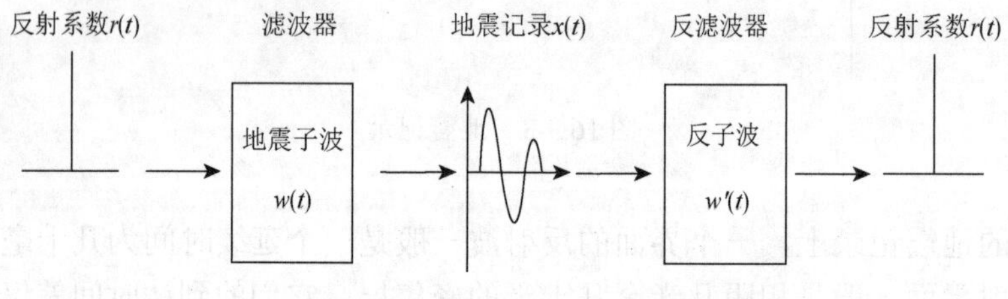

图 16.3-4　反褶积

因而，反褶积或反滤波实际上就是一个滤波过程，只不过这种滤波过程其作用恰好与某个滤波过程的作用相反。

2. 反滤波原理及方法

由前所述，地震记录是地层反射系数序列 $r(t)$ 与地震子波 $w(t)$ 的褶积，即

$$x(t)=r(t)*w(t) \tag{16.3-11}$$

由于子波的问题，高分辨率的反射系数脉冲序列变成了低分辨的地震记录，$b(t)$ 就相当于地层滤波因子。为提高分辨率，可设计一个反滤波器，设反滤波因子为 $a(t)$，并要求 $a(t)$ 与 $w(t)$ 满足以下关系：

$$a(t)*w(t)=\delta(t) \tag{16.3-12}$$

用 $a(t)$ 对地震记录 $x(t)$ 反滤波：

$$x(t)*a(t)=r(t)*w(t)*a(t)=r(t)*\delta(t)=r(t) \tag{16.3-13}$$

其结果为反射系数序列。以上即为反滤波的基本原理。

反滤波在具体实现过程中，核心是确定反滤波因子 $a(t)$。由于地震子波的不确定性及地震记录中噪声干扰的存在，实际中要确定精确的 $a(t)$ 是非常困难的，甚至是不可能的。为此在不同的近似假设条件下，相继研发了很多种确定反滤波因子 $a(t)$ 的方法。这些方法基本可以分为两大类：一类是先求取地震子波 $w(t)$，再根据 $w(t)$ 求 $a(t)$；另一类是直接从地震记录中求 $a(t)$。每一类方法中又有很多不同的方法（仅反滤波方法之多，就说明了反滤波处理的难度）。

3. 反滤波的实现

在获得地震子波 $w(t)$ 之后，再根据下式：

$$\tilde{W}'(\omega)=\frac{1}{\tilde{W}(\omega)} \tag{16.3-14}$$

所表示的反子波 $w'(t)$ 与地震子波 $w(t)$ 频谱之间的关系求取反子波。求取反子波 $w'(t)$ 时，最便利的方法是利用反子波 $w'(t)$ 与地震子波 $w(t)$ 的 Z 变换之间的关系：

$$W'(z)=\frac{1}{W(z)} \tag{16.3-15}$$

首先，根据地震子波时间序列 $w(t)=\{w_0,w_1,w_2,\cdots,w_n\}$ 得到其 Z 变换：

$$W(z)=w_0+w_1z+w_2z^2+\cdots+w_nz^n \tag{16.3-16}$$

然后，利用式（16.3-16），求出反子波 $w'(t)$ 的 Z 变换：

$$W'(z)=\frac{1}{W(z)}=w'_0+w'_1z+w'_2z^2+\cdots+w'_nz^n \tag{16.3-17}$$

从而得到反子波时间序列：

$$w'(t)=\{w'_0,w'_1,w'_2,\cdots,w'_n\} \tag{16.3-18}$$

将反子波 $w'(t)$ 作为反滤波的滤波因子，与输入的地震记录 $x(t)$ 褶积，即可得到反射系数序列 $r(t)=\sum_{\tau}w'(\tau)x(t-\tau)$。

当地震子波 $w(t)$ 是最小相位时，其反子波 $w'(t)$ 也是最小相位的。这时，反滤波的滤波因子 $w'(t)$ 的系数为一收敛序列，反滤波器是稳定的。如果地震子波 $w(t)$ 是最大相位或混合相位的，则其反滤波的滤波因子 $w'(t)$ 的系数是发散的。这时，反滤波器是不稳定的。

16.3.2 最小二乘反滤波

最小二乘反滤波是最小二乘滤波（或称为维纳滤波、最佳滤波）在反滤波领域的应用。最小二乘反滤波的基本思想在于设计一个滤波算子，用它把已知的输入信号转换为与给定的期望输出信号在最小平方误差意义下是最佳接近的输出。设输入信号为它与待求的滤波因子 $h(t)$ 相褶积得到的实际输出 $y(t)$，即 $y(t)=x(t)*h(t)$。由于种种原因，实际输出不可能与期望输出 $\hat{y}(t)$ 完全一样，只能要求二者最佳接近。判断是否最佳接近的标准有很多，最小平方误差准则是其中之一，即当二者的误差平方和为最小时，则意味着二者为最佳接近。在这个意义下求出滤波因子 $h(t)$ 所进行的滤波，即为最小二乘滤波。

若待求的滤波因子是反滤波因子 $a(t)$，对输入子波 $b(t)$ 反滤波后的期望输出为 $d(t)$，实际输出为 $y(t)$，按最小二乘法，使二者的误差平方和为最小时求得的反滤波因子称为最小二乘反滤波因子，用它对地震记录 $x(t)$ 进行的反滤波为最小二乘反滤波。

1. 最小二乘反滤波的基本方程

设输入离散信号为地震子波 $b(n)=\{b(0),b(1),\cdots,b(m)\}$，待求的反滤波因子 $a(n)=\{a(m_0),a(m_0+1),a(m_0+2),\cdots,a(m_0+m)\}$，$m_0$ 为 $a(t)$ 的起始时间，$(m+1)$ 为 $a(t)$ 的延续长度，$b(n)$ 与 $a(n)$ 的褶积为实际输出 $y(n)$，即

$$y(n)=a(n)*b(n)=\sum_{\tau=m_0}^{m_0+m}a(\tau)b(n-\tau) \tag{16.3-19}$$

实际输出与期望输出的误差平方和为

$$\begin{aligned}Q&=\sum_{\tau=m_0}^{m_0+m}[y(n)-d(n)]^2\\&=\sum_{\tau=m_0}^{m_0+m}\left[\sum_{\tau=m_0}^{m_0+m}a(\tau)b(n-\tau)-d(n)\right]^2\end{aligned} \tag{16.3-20}$$

要使 Q 最小，数学上就是求 Q 的极值问题，即求满足 $\dfrac{\partial Q}{\partial a(l)}=0\ (l=m_0,m_0+1,\cdots,m_0+m)$ 的滤波因子 $a(t)$。

$$\begin{aligned}\frac{\partial Q}{\partial a(l)}&=\sum_{\tau=m_0}^{m_0+m}\frac{\partial}{\partial a(l)}\left[\sum_{\tau=m_0}^{m_0+m}a(\tau)b(n-\tau)-d(n)\right]^2\\&=2\sum_{\tau=m_0}^{m_0+m}\left[\sum_{\tau=m_0}^{m_0+m}a(\tau)b(n-\tau)-d(n)\right]b(n-l)\\&=2\sum_{\tau=m_0}^{m_0+m}a(\tau)\sum_{\tau=m_0}^{m_0+m}b(n-\tau)b(n-l)-2\sum_{\tau=m_0}^{m_0+m}d(n)b(n-l)=0\\&\qquad(l=m_0,m_0+1,\cdots,m_0+m)\end{aligned} \tag{16.3-21}$$

$$\sum_{n=m_0}^{m_0+m}b(n-\tau)b(n-l)=r_{bb}(l-\tau) \tag{16.3-22}$$

为地震子波的自相关函数，而

$$\sum_{n=m_0}^{m_0+m} d(n)b(n-l)=r_{bd}(l) \tag{16.3-23}$$

为地震子波与期望输出的互相关函数，故式（16.3-23）可写为

$$\sum_{n=m_0}^{m_0+m} a(\tau)r_{bb}(l-\tau)=r_{bd}(l)\ \ (l=m_0,m_0+1,\cdots,m_0+m) \tag{16.3-24}$$

这是一个线性方程组，写成矩阵形式为

$$\begin{bmatrix} r_{bb}(0) & r_{bb}(1) & \cdots & r_{bb}(m) \\ r_{bb}(1) & r_{bb}(0) & \cdots & r_{bb}(m-1) \\ \vdots & \vdots & & \vdots \\ r_{bb}(m) & r_{bb}(m-1) & \cdots & r_{bb}(0) \end{bmatrix} \begin{bmatrix} a(m_0) \\ a(m_0+1) \\ \vdots \\ a(m_0+m) \end{bmatrix} = \begin{bmatrix} r_{bd}(m_0) \\ r_{bd}(m_0+1) \\ \vdots \\ r_{bd}(m_0+m) \end{bmatrix} \tag{16.3-25}$$

式中，利用了自相关函数的对称性。该方程中，系数矩阵为一种特殊的正定矩阵，称为一般的托普利兹矩阵，该矩阵方程可用莱文森递推算法快速求解。

式（16.3-24）是最小二乘反滤波的基本方程。该方程适应子波 $b(n)$ 为最小相位、最大相位和混合相位。式中反滤波因子 $a(n)$ 的起始时间与子波的相位有关，其取值规则由子波及反滤波因子的 Z 变换确定。

因为 $m+1$ 项地震子波 $b(n)=\{b(0),b(1),\cdots,b(m)\}$ 为物理可实现信号，其 Z 变换为 $B(z)$，子波 $b(n)$ 的反信号为 $a(n)$，$a(n)$ 的 Z 变换为 $A(z)$，则有

$$\begin{aligned} A(z) &= \frac{1}{B(z)} \\ &= \frac{1}{b_m(z-\alpha_1)(z-\alpha_2)\cdots(z-\alpha_m)} \\ &= \frac{1}{b_m}\frac{1}{z-\alpha_1}\frac{1}{z-\alpha_2}\cdots\frac{1}{z-\alpha_m} \end{aligned} \tag{16.3-26}$$

由式（16.3-26）可知，$a(n)$ 为 $A(z)$ 的 Z 逆变换，则称 $a(n)$ 为 $A(z)$ 的反滤波因子，$a(n)$ 的存在位置由波的 Z 变换 $B(z)$ 的根 α_i 在 Z 平面的位置决定。

（1）当 $b(n)$ 为最小相位时，所有根 α_i 都满足 $|\alpha_i|>1$。式（16.3-26）中，将每一项展开成 z 的幂级数，每个因子中 z 的最低次方为 0，m 个因子相乘后 z 的最低次方仍为 0，因此该式可写成（取 $m+1$ 项）：

$$A(z)=a_0z^0+a_1z^1+\cdots+a_nz^n+\cdots+a_mz^m \tag{16.3-27}$$

这表明，反滤波因子 $a(n)$ 的起始时间 $m_0=0$，当 $n<m_0$ 时，$a(n)=0$。

（2）当 $b(n)$ 为最大相位时，所有 α_i 都满足 $|\alpha_i|<1$，将 $A(z)$ 展开成 z 的幂级数为 $A(z)=\cdots+a_{-m-3}z^{-m-3}+a_{-m-2}z^{-m-2}+a_{-m-1}z^{-m-1}+a_{-m}z^{-m}$，若同样取 $m+1$ 项，其对应的反滤波因子 $a(n)=\{a(-m-m),a(-m-m+1),\cdots,a(-m-3),a(-m-2),a(-m-1),a(-m)\}$，$m_0=2m$，当 $-m<n$ 及 $n<-m$ 时，$a(n)=0$。

（3）当 $b(n)$ 为混合相位时，根 $|\alpha_i|$ 在单位圆内外均存在，并且 $|\alpha_i|\neq 1$。若单位圆内的根按最大相位处理，单位圆外的根按最小相位处理，则混合相位子波的反滤波因子在时间坐标的正负两边都有值，两边值的个数取决于根 $|\alpha_i|$ 在单位圆内外的分布个数。

由此可见，地震子波的相位不同，其反滤波因子有较大的差异。不同相位子波与反滤波因子的对应关系如图 16.3-5 所示。

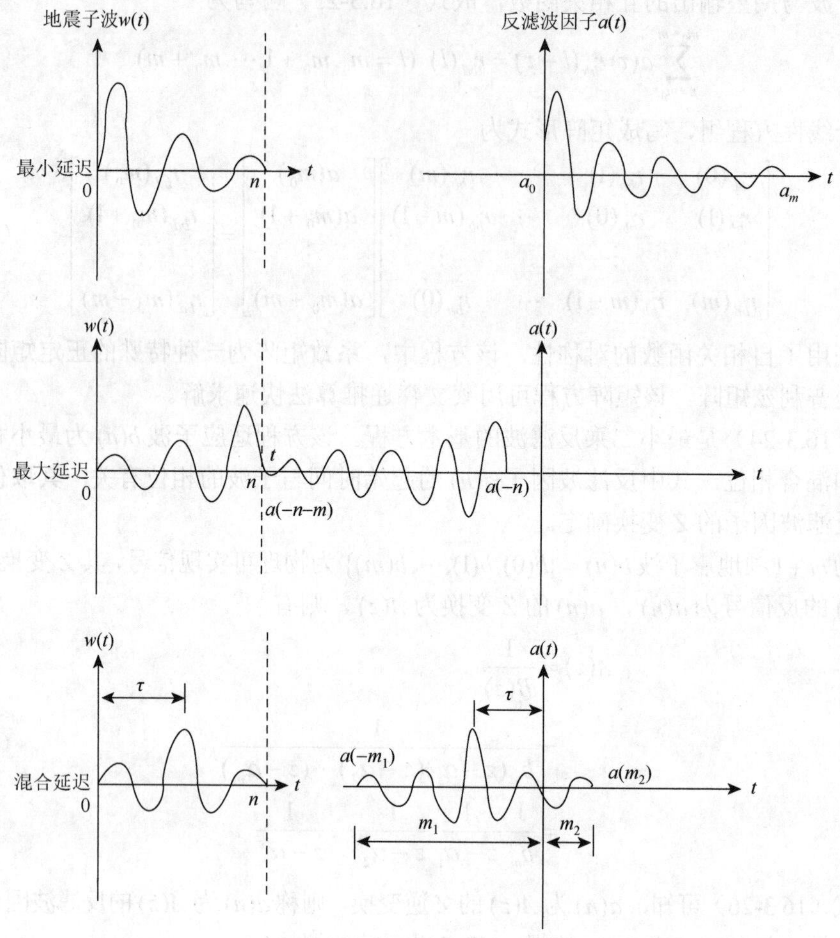

图 16.3-5　反滤波因子 $a(t)$与地震子波 $w(t)$的关系

另外，在求解式（16.3-26）时，需要选取希望输出 $d(t)$ 的函数形式，一般可选 $d(t)$ 为

$$d(t)=\begin{cases}\delta(t)\\ \mathrm{e}^{-\alpha^2}\cos 2\pi f_0 t\end{cases}\tag{16.3-28}$$

式中，当 $d(t)=\delta(t)$ 时，即输出为脉冲，称 $a(n)$ 为脉冲反滤波因子。若选式（16.3-28）中第二项，则输出为一零相位波形，主频为 f_0，这时可起到子波整形或相位转换的作用，则称 $a(n)$ 为子波整形反滤波因子。以上处理中均在假设已知地震子波的条件下求反滤波因子，故统称为子波处理或子波反滤波。在实际应用中若将式（16.3-24）写为

$$\sum_{\tau=m_0-m}^{m_0+m} a(\tau)r_{bb}(l-\tau)=r_{bd}(l)\ \ (l=m_0-m, m_0-m+1,\cdots,-1,0,1,\cdots,m_0+m)\tag{16.3-29}$$

则求解的反滤波因子为双边反滤波因子。

2. 未知地震子波情况下的最小二乘反滤波

一般情况下地震子波是未知的。为了在未知地震子波的情况下求出反滤波因子，必须对地震子波及反射系数序列加上一定的限制，或称假设条件。

（1）假设反射系数序列 $r(t)$ 是随机的白噪声序列，即其自相关函数为

$$R_{rr}(\tau)=\delta(\tau)=\begin{cases}1, & \tau=0\\ 0, & \text{其他}\end{cases} \tag{16.3-30}$$

（2）假设地震子波是最小相位的。

根据第一个假设，地震子波的自相关函数 $r_{bb}(\tau)$ 可以用记录 $x(t)$ 的自相关函数代替，因为

$$\begin{aligned}R_{xx}(\tau)&=\sum_{l}x(t)x(t+\tau)=\sum_{l}\left[\sum_{\zeta=0}^{n}b(\zeta)r(t-\zeta)\right]\left[\sum_{k=0}^{n}b(k)r(t+\tau-k)\right]\\&=\sum_{\zeta=0}^{n}b(\zeta)\sum_{k=0}^{n}b(k)\sum_{t}R(t-\zeta)r(t+\tau-k)\\&=\sum_{\zeta=0}^{n}b(\zeta)\sum_{k=0}^{n}b(k)R_{rr}(\tau+\zeta-k)\\&=\sum_{\zeta=0}^{n}b(\zeta)b(\tau+\zeta)=\tau_{bb}(\tau)\end{aligned} \tag{16.3-31}$$

根据第二个假设，可知地震子波 $b(t)$ 的 Z 变换 $B(z)$ 的零点全在单位圆外，也即反滤波因子 $a(t)$ 的 Z 变换 $A(z)=1/B(z)$ 的极点全部在单位圆外，故 $a(t)$ 是稳定的、物理可实现的，$t>0$ 时的 $a(t)$ 值全为零。因此，$m_0=0$，自由项变为 $b(0),b(-1),\cdots,b(-m)=0$。又因 $b(l)$ 必为物理可实现的，故 $b(-1)=0,b(-2)=0,\cdots,b(-m)=0$。令 $a'(t)=a(t)/b(0)$，则基本方程变为

$$\begin{bmatrix}R_{xx}(0) & R_{xx}(1) & \cdots & R_{xx}(m)\\ R_{xx}(1) & R_{xx}(0) & \cdots & R_{xx}(m-1)\\ \vdots & \vdots & & \vdots\\ R_{xx}(m) & R_{xx}(m-1) & \cdots & R_{xx}(0)\end{bmatrix}\begin{bmatrix}a'(0)\\ a'(1)\\ \vdots\\ a'(m)\end{bmatrix}=\begin{bmatrix}1\\ 0\\ \vdots\\ 0\end{bmatrix} \tag{16.3-32}$$

这就是地震勘探中常用的未知地震子波情况下求取反滤波因子的基本方程，其系数矩阵中各元素可直接由地震记录求得。求出的反滤波因子 $a'(t)$ 仅与 $a(t)$ 相差常数倍，不影响压缩子波、提高分辨率的反滤波作用，通常也称为尖脉冲化反滤波。

3. 多道统计求取地震子波

虽然地震子波一般是未知的，但地震记录中包含了子波，因此，可以从地震记录中求取子波。目前求取地震子波的方法也有很多，下面介绍利用多道统计求取地震子波的方法。

若将地震子波作为一般信号对待，则地震子波也可用 $s(t)$ 表示，由前面证明，假设反射系数是随机的白噪声序列，则有地震记录 $x(t)$ 的自相关和地震子波 $s(t)$ 的自相关相等，于是有地震记录的振幅谱 $|X(\omega)|$ 和地震子波的振幅谱 $|S(\omega)|$ 相等。

$$|S(\omega)|=|X(\omega)| \tag{16.3-33}$$

谱的对数也相等，即 $\ln|S(\omega)|=\ln|X(\omega)|$。理论已证明，当地震子波为最小相位时，其对数谱序列（或称复赛谱）$\hat{S}(n)$ 是因果序列：

$$\hat{S}(n)=\frac{1}{\pi}\int_{-\pi}^{\pi}\ln|S(\omega)|\,\mathrm{e}^{jn\omega}\mathrm{d}\omega \tag{16.3-34}$$

由于 $\ln|S(\omega)|$ 为实偶函数，因此 $\hat{S}(n)$ 是实的因果序列。任何实序列都可写成奇部和偶部序列之和，故 $\hat{S}(n)$ 可写为

$$\hat{S}(n)=\hat{S}_{\mathrm{o}}(n)+\hat{S}_{\mathrm{e}}(n) \tag{16.3-35}$$

子波对数谱序列 $\hat{S}(n)$ 的奇部 $\hat{S}_{\mathrm{o}}(n)$ 和偶部 $\hat{S}_{\mathrm{e}}(n)$ 有下述两个性质。

第一，由于 $\hat{S}(n)$ 的因果性，其奇部和偶部有如下关系：

$$\begin{cases}\hat{S}_{\mathrm{o}}(n)=\mathrm{sign}(n)\hat{S}_{\mathrm{e}}(n)\\ \hat{S}_{\mathrm{e}}(n)=\mathrm{sign}(n)\hat{S}_{\mathrm{o}}(n)+\hat{S}_{\mathrm{o}}(n)\delta(n)\end{cases} \tag{16.3-36}$$

其中，

$$\mathrm{sign}(n)=\begin{cases}1, & n>0\\ 0, & n=0\\ -1, & n<0\end{cases} \tag{16.3-37}$$

第二，$\hat{S}(n)$ 的偶部和奇部的傅里叶变换为其傅里叶变换的实部与虚部。设 $\hat{S}(n)$ 的傅里叶变换为 $\hat{S}(f)$，$\hat{S}_{\mathrm{r}}(f)=\mathrm{Re}\,\hat{S}(f)$，$\hat{S}_{\mathrm{i}}(f)=\mathrm{Im}\,\hat{S}(f)$，$\hat{S}(f)$ 为子波的对数谱，则

$$\hat{S}(f)=\hat{S}_{\mathrm{r}}(f)+\mathrm{i}\hat{S}_{\mathrm{i}}(f) \tag{16.3-38}$$

由傅里叶变换性质有

$$\begin{cases}F[\hat{S}_{\mathrm{e}}(n)]=\hat{S}_{\mathrm{e}}(f)\\ F[\hat{S}_{\mathrm{o}}(n)]=\mathrm{i}\hat{S}_{\mathrm{o}}(f)\end{cases} \tag{16.3-39}$$

故有

$$\begin{aligned}\hat{S}(f)&=\hat{S}_{\mathrm{r}}(f)+\mathrm{i}\hat{S}_{\mathrm{i}}(f)\\ &=\hat{S}_{\mathrm{e}}(f)+\mathrm{i}\hat{S}_{\mathrm{o}}(f)\end{aligned} \tag{16.3-40}$$

即

$$\begin{cases}\hat{S}_{\mathrm{e}}(f)=\hat{S}_{\mathrm{r}}(f)\\ \hat{S}_{\mathrm{o}}(f)=\hat{S}_{\mathrm{i}}(f)\end{cases} \tag{16.3-41}$$

于是求地震子波的方法可归结如下。

（1）用多道统计方法获得可靠的子波对数谱的实部。由子波谱：

$$S(\omega)=|S(\omega)|\,\mathrm{e}^{\mathrm{j}\varphi(\omega)} \tag{16.3-42}$$

则有

$$\begin{aligned}\hat{S}(\omega) &= \ln S(\omega) \\ &= \ln|S(\omega)| + \mathrm{i}\varphi(\omega)\end{aligned} \tag{16.3-43}$$

由若干道振幅谱的几何平均（或多道记录的相关函数平均）确定子波振幅谱的对数 $\ln|S(\omega)|$。

（2）由子波振幅谱对数求子波相位谱 $\varphi(\omega)$。计算公式为

$$\begin{cases}\ln|S(\omega)| \xrightarrow{\text{IFT}} \hat{S}_{\mathrm{e}}(n) \\ \hat{S}_{\mathrm{o}}(n) = \operatorname{sign}(n)\hat{S}_{\mathrm{e}}(n) \\ \hat{S}_{\mathrm{o}}(n) \xrightarrow{\text{FT}} \varphi(\omega)\end{cases} \tag{16.3-44}$$

（3）计算地震子波 $s(t)$。由 $|S(\omega)|$ 及 $\varphi(\omega)$ 得

$$S(\omega) = |S(\omega)|\mathrm{e}^{\mathrm{j}\varphi(\omega)} \xrightarrow{\text{IFT}} s(t) \tag{16.3-45}$$

由于干扰的影响和反射系数序列不完全非相关性，故需对地震子波的振幅谱和相位谱进行整形处理。另外，这种方法理论上仅适用于最小相位的情况，为适应混合相位记录，可以先采用指数衰减的方法使地震记录段最小相位化，再对求取的地震子波进行反向指数加权。

16.3.3 预测反滤波

预测是对某一物理量的未来值进行估计，利用已知的该物理量的过去值和现在值得到它在未来某一时刻的估计值（预测值）。它是科学技术中十分重要的问题。天气预报、地震预报、反导弹的自动跟踪等都属于这类问题。预测实质上也是一种滤波，称为预测滤波。

1. *预测反滤波原理*

根据预测理论，若将地震记录 $x(t)$ 看成一个平稳的时间序列，地震子波 $b(t)$ 为物理可实现的最小相位信号，反射系数 $r(t)$ 为互不相关的白噪声，由地震记录的褶积模型，在 $(t+\alpha)$ 时的地震记录 $x(t+\alpha)$ 为

$$\begin{aligned}x(t+\alpha) &= \sum_{s=0}^{\infty} b(s)r(t+\alpha-s) \\ &= \sum_{s=0}^{\alpha-1} b(s)r(t+\alpha-s) + \sum_{s=\alpha}^{\infty} b(s)r(t+\alpha-s) \\ &= \sum_{s=0}^{\alpha-1} b(s)r(t+\alpha-s) + \sum_{s=\alpha}^{\infty} b(j+\alpha)r(t-j)\end{aligned} \tag{16.3-46}$$

令 $j = s-\alpha$，分析式（16.3-46）的第一项：

$$\sum_{s=0}^{\alpha-1} b(s)r(t+\alpha-s) = b(0)r(t+\alpha) + b(1)r(t+\alpha-1) + \cdots + b(\alpha-1)r(t+1)$$

可见，这一项是由反射系数 $r(t)$ 的将来值决定的。若令第二项为

$$\begin{aligned}\hat{x}(t+\alpha)&=\sum_{j=0}^{\infty}b(j+\alpha)r(t-j)\\&=b(\alpha)r(t)+b(\alpha+1)r(t-1)+b(\alpha+2)r(t-2)+\cdots\end{aligned}\tag{16.3-47}$$

可见，$\hat{x}(t+\alpha)$ 是由 t 和 t 以前时刻的 $r(t)$ 值决定的，也就是说 $\hat{x}(t+\alpha)$ 可由现在和过去的资料预测，则称 $\hat{x}(t+\alpha)$ 为预测值。求 $x(t+\alpha)$ 与 $\hat{x}(t+\alpha)$ 的差值为

$$\varepsilon(t+\alpha)=x(t+\alpha)-\hat{x}(t+\alpha)=\sum_{s=0}^{\alpha-1}b(s)r(t+\alpha-s)\tag{16.3-48}$$

式中，$\varepsilon(t+\alpha)$ 称为预测误差，或称为新记录。比较式（16.3-46）及式（16.3-47），当预测值已知时，从原记录 $x(t+\alpha)$ 中减去预测值 $\hat{x}(t+\alpha)$ 后形成的新记录 $\varepsilon(t+\alpha)$ 中比原记录中涉及的反射系数少，与子波褶积后波形的干涉程度轻，波形易分辨，即分辨率提高了。在式（16.3-48）中 α 称为预测距或预测步长。当 $\alpha=1$ 时，有

$$\varepsilon(t+1)=b(0)r(t+1)=x(t+1)-\hat{x}(t+1)\tag{16.3-49}$$

即有，$r(t+1)=\dfrac{1}{b_0}\left[x(t+1)-\hat{x}(t+1)\right]$。这时 $(t+1)$ 时刻的预测误差与反射系数之间仅差一个常数 $b(0)$。因此，选预测距 $\alpha=1$，预测误差为反射系数，达到了反滤波的目的，此时称为预测反滤波。当 $\alpha>1$ 时，预测误差为预测滤波结果。预测滤波主要用于消除多次波，尤其是消除海上鸣震。

2. 计算预测值的方法

在预测滤波及预测反滤波中，关键是计算预测值 $\hat{x}(t+\alpha)$，其方法如下。

由反滤波方程，$r(t)=\sum_{s=0}^{\infty}a(s)x(t-s)$，代入预测值 $\hat{x}(t+\alpha)$ 的表达式：

$$\begin{aligned}\hat{x}(t+\alpha)&=\sum_{j=0}^{\infty}b(j+\alpha)\left[\sum_{j=0}^{\infty}a(\tau)x(t-j-\tau)\right]\\&=\sum_{s=0}^{\infty}\left[\sum_{j=0}^{\infty}b(j+\alpha)a(s-j)\right]x(t-s)\\&=\sum_{s=0}^{\infty}c(s)x(t-s)\end{aligned}\tag{16.3-50}$$

式中，令 $\tau=s-j$，则 $c(s)=\sum_{j=0}^{\infty}b(j+\alpha)a(s-j)$ 称为预测因子；$a(t)$ 为反滤波因子；预测值 $\hat{x}(t+\alpha)$ 为预测因子 $c(s)$ 与地震记录的褶积。

现在需设计一个最佳预测因子 $c(s)$，使求取的预测值 $\hat{x}(t+\alpha)$ 与 $x(t+\alpha)$ 最接近，即使预测误差的平方和（误差能量）

$$Q=\sum_{t=0}^{T}\varepsilon^2(t+\alpha)=\sum_{t=0}^{T}\left[x(t+\alpha)-\sum_{s=0}^{m}c(s)x(t-s)\right]^2\tag{16.3-51}$$

为最小。根据最小二乘法，即求

$$\frac{\partial Q}{\partial c(s)} = \frac{\partial}{\partial c(s)}\left\{\sum_{t=0}^{T}\left[x(t+\alpha) - \sum_{s=0}^{m} c(s)x(t-s)\right]^2\right\} \tag{16.3-52}$$
$$= -2\sum_{t=0}^{T}\left[x(t+\alpha) - \sum_{s=0}^{m} c(s)x(t-s)\right]x(t-s) = 0$$

可得线性方程组：

$$\sum_{s=0}^{m} R_{xx}(s-j)c(s) = R_{xx}(j+\alpha) \quad (j = 0,1,2,\cdots,m) \tag{16.3-53}$$

式中，$R_{xx}(\tau)$为地震记录的自相关函数：

$$\begin{cases} R_{xx}(s-j) = \sum\limits_{t=0}^{T} x(t-s)x(t-j) \\ R_{xx}(j+\alpha) = \sum\limits_{t=0}^{T} x(t+\alpha)x(t-j) \end{cases} \tag{16.3-54}$$

而T为相关时窗长度，$m+1$是预测因子长度。将式（16.3-53）写成矩阵形式为

$$\begin{bmatrix} R_{xx}(0) & R_{xx}(1) & \cdots & R_{xx}(m) \\ R_{xx}(1) & R_{xx}(0) & \cdots & R_{xx}(m-1) \\ \vdots & \vdots & & \vdots \\ R_{xx}(m) & R_{xx}(m-1) & \cdots & R_{xx}(0) \end{bmatrix} \begin{bmatrix} c(0) \\ c(1) \\ \vdots \\ c(m) \end{bmatrix} = \begin{bmatrix} R_{xx}(\alpha) \\ R_{xx}(\alpha+1) \\ \vdots \\ R_{xx}(\alpha+m) \end{bmatrix} \tag{16.3-55}$$

解此方程组即可求得预测滤波因子$c(t)$，用它对地震记录$x(t)$褶积可以求出未来时刻$(t+\alpha)$时的最佳预测值。

3. 关于反滤波问题的思考

提高纵向分辨率是地震勘探工作中的一个重要任务。其理想结果是地震子波被压缩成为尖脉冲，地震记录变为反射系数序列。如果能得到这一结果，就相当于完成了反演工作。尽管目前有不少滤波方法，但实际应用的效果各有所长，通用性较差，原因如下。

（1）各种反滤波方法都必须有若干假设条件。地震记录$x(t)$是地震子波$b(t)$和反射系数序列$r(t)$的褶积结果。地震勘探反滤波工作中通常只知地震记录$x(t)$，不知道地震子波$b(t)$，此时要由$x(t)$求出唯一的$r(t)$是不可能的。因此，必须对$b(t)$或$r(t)$作一定限制，即假设条件，求出在这些假设条件下的唯一最佳解，反滤波效果的好坏同实际情况是否与这些假设条件一致有很大关系。例如，最小二乘反滤波、预测反滤波都要求子波为最小相位、反射系数序列为白噪声。实际工作中地震子波往往是混合相位的，反射系数序列也不完全是白噪声，这样不可能得到理想的反滤波结果。因此，研究反滤波的一个努力方向就是发展和应用其假设尽可能接近实际的反滤波方法。

（2）反射地震记录的褶积模型问题。褶积模型中的地震子波是大地滤波器的脉冲响应。然而，大地滤波作用十分复杂，因此，地震子波随之发生变化。反滤波中一般都假设具有稳定的子波，这种假设与实际又有一定的差距。

（3）噪声干扰的影响。一般反滤波方程中均未包含干扰的因素，这对无噪声的地震记录在理论上是没有多大问题的。但实际地震记录均存在噪声干扰，由于噪声干扰属于

随机干扰，其频谱特征与反射系数相似，一般反滤波后会使地震记录信噪比降低。因此，在反滤波处理中要考虑分辨率和信噪比两个因素，在提高分辨率的同时，尽量不降低信噪比。

（4）原始地震资料的质量问题。用处理手段提高分辨率的能力是有限的，不是任何一种资料用同样的反滤波方法就能得到同样的结果，而处理效果与地震记录的原始质量有直接关系。野外采集的资料信息越丰富，处理效果越好。可见真正的高分辨率记录要从野外采集开始按高分辨率的要求进行采集和处理。

最后需指出的是，每一地区的地震资料都有一个最佳分辨率，在提高分辨率处理时，不能盲目地追求高分辨率，而是要找到最佳的分辨率，这时得到的处理效果是最好的。如果处理不好，则会出现假象。

16.3.4　地表一致性反褶积

地表一致性反褶积的目的在于消除由于近地表条件的变化对地震子波波形的影响。地表一致性反褶积原理的基础是下述褶积模型。假定地面附近的第 i 炮第 j 道、炮检距为 l 、炮检中点为 k 的地震记录模型可以表示为

$$x'_{ij}(t)=s_i(t)*h_l(t)*e_k(t)*g_j(t)+n(t) \tag{16.3-56}$$

式中，$x'_{ij}(t)$ 为模型记录；$s_i(t)$ 和 $g_j(t)$ 分别为震源 i 处和检波点 j 处近地表条件的波形成分；$h_l(t)$ 为炮检距 $l=|i-j|$ 相关的波形成分；$e_k(t)$ 为炮检中点 $k=\dfrac{i+j}{2}$ 处的地层脉冲响应；$n(t)$ 为噪声。

将式（16.3-56）与式（16.2-12）比较，有

$$\omega(t)=s_i(t)*h_1(t)*g_j(t) \tag{16.3-57}$$

因此，可以将式（16.3-56）视为对式（16.2-12）中地震子波 $w(t)$ 的细化。

假定式（16.3-56）中的 $n(t)=0$ ，并对其进行傅里叶变换，得到频谱：

$$\tilde{X}'_{ij}(\omega)=\tilde{S}_i(\omega)\tilde{H}_l(\omega)\tilde{E}_k(\omega)\tilde{G}_j(\omega) \tag{16.3-58}$$

其振幅谱：

$$A'_{ij}(\omega)=As_i(\omega)Ah_l(\omega)Ae_k(\omega)Ag_j(\omega) \tag{16.3-59}$$

其相位谱：

$$\varphi'_{ij}(\omega)=\varphi s_i(\omega)+\varphi h_l(\omega)+\varphi e_k(\omega)+\varphi g_j(\omega) \tag{16.3-60}$$

如果波形是最小相位的，只需考虑振幅谱，对式（16.3-59）两边取对数，并将 $\ln A'_{ij}(\omega)$ 写成 $\hat{A}'_{ij}(\omega)$ ，得

$$\hat{A}'_{ij}(\omega)=\hat{A}'s_i(\omega)+\hat{A}'h_l(\omega)+\hat{A}'e_k(\omega)+\hat{A}'g_j(\omega) \tag{16.3-61}$$

将式（16.3-61）中 $\hat{A}'_{ij}(\omega)$ 写成 $\dfrac{A'_{ij}(\omega)}{A'_{\mathrm{a}}(\omega)}$ 的形式，$A'_{\mathrm{a}}(\omega)$ 表示全部记录振幅谱的平均值。则 $\dfrac{A'_{ij}(\omega)}{A'_{\mathrm{a}}(\omega)}$ 表示 $A'_{ij}(\omega)$ 对 $A'_{\mathrm{a}}(\omega)$ 的相对振幅谱，取对数，得

$$\ln\frac{A'_{ij}(\omega)}{A'_a(\omega)}=\ln A'_{ij}(\omega)-\ln A'_a(\omega)=\hat{A}'_{ij}(\omega)-\hat{A}'_a(\omega) \tag{16.3-62}$$

令 $A''_{ij}(\omega)=\hat{A}'_{ij}(\omega)-\hat{A}'_a(\omega)$，则式（16.3-61）变为

$$A''_{ij}(\omega)=\hat{A}'s_i(\omega)+\hat{A}'h_l(\omega)+\hat{A}'e_k(\omega)+\hat{A}'g_j(\omega) \tag{16.3-63}$$

式（16.3-62）左端表示振幅谱 $\hat{A}'_{ij}(\omega)$ 相对平均振幅谱 $\hat{A}'_a(\omega)$ 的剩余对数振幅谱，右端各项分别为与震源 i、检波点 j、炮检距 l 和脉冲响应 k 等近地表条件有关的剩余对数振幅谱成分。计算出右端各项的剩余对数振幅谱成分 $\hat{A}'s_i(\omega)$、$\hat{A}'g_j(\omega)$、$\hat{A}'h_l(\omega)$ 和 $\hat{A}'e_k(\omega)$ 及其相应的时间函数 $s_i(t)$、$g_j(t)$、$h_l(t)$ 和 $e_k(t)$，根据式（16.3-62）设计反褶积因子 $a(t)$，进行地表一致性反褶积，其结果相当于将变化的近地表条件，化成与平均振幅谱 $\hat{A}'(\omega)$ 相一致的近地表条件，消除了因近地表条件不一致所引起的波形变化。

式（16.3-63）为一系数为1的线性方程组，对于任意 ω 成分，可以表示为如下矩阵方程：

$$\begin{bmatrix} \ddots & & & & & & & \\ & \ddots & & & & & & \\ & & \ddots & & & & & \\ & & & \ddots & & & & \\ 0 & \cdots & 010 & \cdots & 010 & \cdots & 010 & \cdots\ 010\ \cdots \\ & & & & \ddots & & & \\ & & & & & \ddots & & \\ & & & & & & \ddots & \\ & & & & & & & \ddots \end{bmatrix}\begin{bmatrix} \vdots \\ \hat{A}'s_i \\ \vdots \\ \hat{A}'h_l \\ \vdots \\ \hat{A}'e_k \\ \vdots \\ \hat{A}'g_j \\ \vdots \end{bmatrix}=\begin{bmatrix} \vdots \\ \hat{A}''_{ij} \\ \vdots \end{bmatrix} \tag{16.3-64}$$

或

$$\boldsymbol{CP}=\boldsymbol{A}'' \tag{16.3-65}$$

式中，$\boldsymbol{P}$ 为式（16.3-63）右端的振幅谱成分 $\hat{A}'s_i$、$\hat{A}'h_l$、$\hat{A}'e_k$ 和 $\hat{A}'g_j$；$\boldsymbol{A}$ 为式（16.3-63）左端的 $\hat{A}''_{ij}=\hat{A}'_{ij}-\hat{A}'_a$ 向量；$\boldsymbol{C}$ 为系数矩阵，它是一个每行只有4个元素是1，其他元素都是0的稀疏矩阵，其维数为 $(n_s\times n_c)\times(n_s+n_h+n_e+n_r)$。

本书用最小二乘法确定式（16.3-65）中每一个频率 ω 的振幅谱成分 $\boldsymbol{P}$，使模型的振幅谱成分 $\hat{A}''_{ij}$ 与实际的振幅谱成分 $\hat{A}_{ij}$ 之间的误差平方和最小。定义误差矢量：

$$\boldsymbol{E}=\boldsymbol{A}-\boldsymbol{A}''=\boldsymbol{A}-\boldsymbol{CP} \tag{16.3-66}$$

式中，$\boldsymbol{A}$ 为实际振幅谱成分矢量；$\boldsymbol{A}''$ 为模型振幅谱成分矢量。

其积累平方误差：

$$V=\bar{\boldsymbol{E}}^{\mathrm{T}}\boldsymbol{E} \tag{16.3-67}$$

式中，$\bar{\boldsymbol{E}}^{\mathrm{T}}$ 为 $\boldsymbol{E}$ 的复共轭转置，记为 $\boldsymbol{E}^{\mathrm{T}*}$。将式（16.3-66）代入式（16.3-67），得

$$V=(\boldsymbol{A}-\boldsymbol{CP})^{\mathrm{T}*}\cdot(\boldsymbol{A}-\boldsymbol{CP}) \tag{16.3-68}$$

为了使 V 达到最小，则要求：

$$\frac{\partial V}{\partial\hat{A}'s_i}=\frac{\partial V}{\partial\hat{A}'h_l}=\frac{\partial V}{\partial\hat{A}'e_k}=\frac{\partial V}{\partial\hat{A}'g_j}=0 \tag{16.3-69}$$

由式（16.3-68）得到式（16.3-65）的最小二乘解：

$$\boldsymbol{P} = (\boldsymbol{C}^{\mathrm{T}} \times \boldsymbol{C})^{-1} \boldsymbol{C}^{\mathrm{T}} \cdot \boldsymbol{A} \tag{16.3-70}$$

一种实际的求解振幅谱成分 $\hat{A}'s_i(\omega)$、$\hat{A}'h_l(\omega)$、$\hat{A}'e_k(\omega)$ 和 $\hat{A}'g_j(\omega)$ 的方法是基于高斯-赛德尔（Gauss-Seidel）迭代法，利用下述递归方程计算：

$$\left\{\begin{aligned} \hat{A}'s_i^m &= \frac{1}{n_r}\sum_{j=1}^{n_r}(\hat{A}'_{ij} - \hat{A}'h_l^{m-1} - \hat{A}'e_k^{m-1} - \hat{A}'g_j^{m-1}) \\ \hat{A}'g_j^m &= \frac{1}{n_s}\sum_{i=1}^{n_s}(\hat{A}'_{ij} - \hat{A}'h_l^{m-1} - \hat{A}'e_k^{m-1} - \hat{A}'s_i^{m-1}) \\ \hat{A}'h_l^m &= \frac{1}{n_e}\sum_{k=1}^{n_e}(\hat{A}'_{ij} - \hat{A}'s_i^{m-1} - \hat{A}'e_k^{m-1} - \hat{A}'g_j^{m-1}) \\ \hat{A}'e_k^m &= \frac{1}{n_h}\sum_{l=1}^{n_h}(\hat{A}'_{ij} - \hat{A}'s_i^{m-1} - \hat{A}'h_l^{m-1} - \hat{A}'g_j^{m-1}) \end{aligned}\right. \tag{16.3-71}$$

式中，m 为迭代次数。

迭代过程直到达到误差平方和最小化要求为止。

首先，对每一个频率 ω 解出各振幅谱成分 $\hat{A}'s_i$、$\hat{A}'g_j$、$\hat{A}'h_l$ 和 $\hat{A}'e_k$，将所有频率 ω 的结果合并在一起，得到各振幅谱成分 $\hat{A}'s_i(\omega)$、$\hat{A}'g_j(\omega)$、$\hat{A}'h_l(\omega)$ 和 $\hat{A}'e_k(\omega)$。然后，对各振幅谱成分取指数并进行傅里叶逆变换得到各振幅谱成分所对应的时间函数 $s_i(t)$、$g_j(t)$、$h_l(t)$ 和 $e_k(t)$。这时地表一致性脉冲反褶积因子 $a(t)$ 就是 $s_i(t)*g_j(t)*h_l(t)$ 的最小相位的逆。利用这个反褶积因子 $a(t)$ 对全部数据中的每一道地震记录 $x_{ij}(t)$ 进行反褶积，就可消除近地表条件不一致性所带来的地震波形变化，从而得到地表一致性反褶积结果。

第17章 偏 移 处 理

17.1 偏移处理概述

17.1.1 偏移与偏移处理

反射波水平叠加剖面相当于自激自收记录剖面，在叠加剖面上的反射波同相轴与地下的反射界面有关。当反射界面水平时，反射波同相轴与地下界面形态一致，如图 17.1-1（a）所示。当反射界面倾斜时，反射波同相轴则与反射界面形态不一致，若直接将反射时间作时深转换，所得视界面为R_1'-R_2'，如图 17.1-1（b）所示，与地下真实反射界面R_1-R_2比较，界面长度、界面位置及界面倾角均不一致，视界面R_1'-R_2'相对界面R_1-R_2向界面下倾方向偏移，而且倾角变小，称这种现象为偏移现象，R_1'与R_1的水平距离称为偏移距。

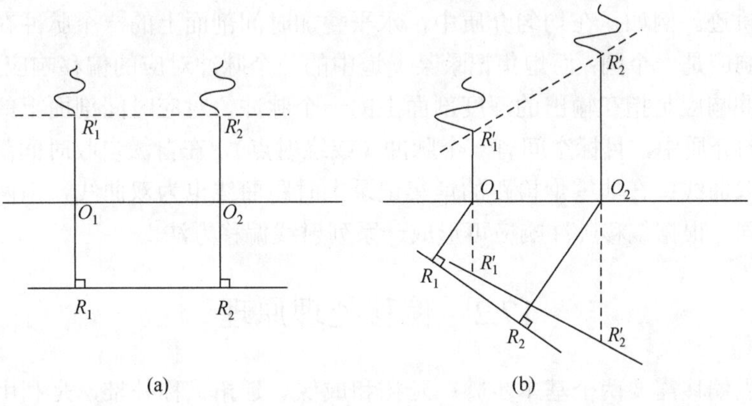

图 17.1-1 偏移的反射分析

偏移现象随反射界面的埋深和陡度增加而变严重。由于偏移现象的存在，当地下构造复杂时，自激自收剖面上反映的视界面因位置不正确可能产生界面交叉重叠或出现空白带。如图 17.1-2 所示，背斜界面出现空白带，而向斜界面出现界面交叉重叠。

另外，根据绕射理论，在断点、尖灭点等岩性突变点还会产生绕射波，这些绕射波再与偏移后的反射波叠加，就使得水平叠加地震剖面上的反射波变得很复杂，若直接用水平叠加剖面解释地下界面，很难得出正确的结论。可见偏移现象使地震剖面的横向分辨率降低。若能使偏移后的波场归位，绕射波收敛到绕射点，就可恢复反射界面的真实形态，因此偏移处理就是针对偏移现象的反偏移方法。偏移处理通常也简称为偏移，但其含义和前面提到的偏移是不一样的。

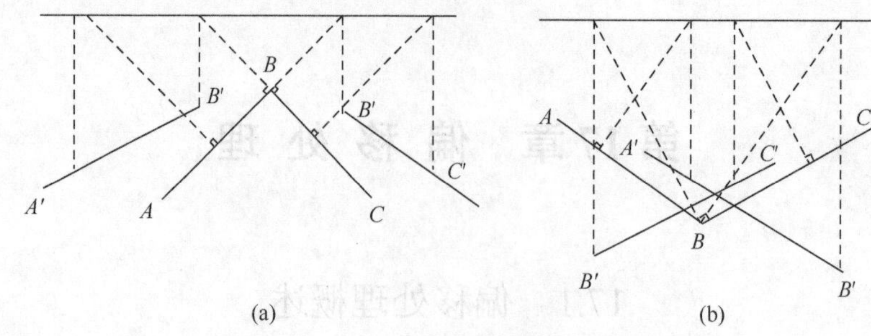

图 17.1-2　反射界面位置不正确造成空白或干涉

对非零炮检距地震记录的偏移处理（叠前偏移），可理解为实现地震波传播的逆过程，使波场反向传播（称为延拓），相当于将激发点和接收点平面逐渐向地下移动，随之炮检距也变小。当激发点和接收点移至反射点时，炮检距为零，这时的激发点和接收点位置为偏移处理后的反射点真实位置。

17.1.2　偏移脉冲响应

偏移脉冲响应可分为输入剖面脉冲响应和输出剖面脉冲响应。输入剖面脉冲响应是指在输入的时间剖面（水平叠加剖面）或炮集记录上的一个脉冲，在深度剖面上可能存在界面位置轨迹。例如，在均匀介质中，水平叠加时间剖面上的一个脉冲在深度剖面上的偏移脉冲响应是一个圆；而炮集记录某一道中的一个脉冲对应的偏移响应是一个椭圆。输出剖面脉冲响应是指在输出的深度剖面上的一个脉冲，对应时间剖面上的时间轨迹。例如，在均匀介质中，目标空间有一个脉冲（或绕射点），在自激自收时间剖面上脉冲响应为一绕射双曲线；在非零炮检距的炮集记录上时距曲线也为双曲线，但两个双曲线的计算公式不同。根据偏移脉冲响应可形成一系列射线偏移方法。

17.2　偏移处理原理

波动方程偏移需要两个基本步骤：延拓和成像。延拓又称外推，是利用地面记录的波场，通过运算得到地下某个深度处地震波场的过程；成像是利用延拓后的波场值得到该深度的反射位置和反射强度的过程。

17.2.1　波场延拓与成像

下面用一个简单的例子说明为什么延拓能达到偏移归位的目的。

如图 17.2-1 所示，在地面 S 处安置一个激发点和接收点，两者位置重合，接收到来自 A 点的反射波，假设界面之上的速度为常值，射线为直线，则反射波记录在 S 的正下方 B 处，且 $SB = BS$，记录位置 B 和反射点 A 之间的距离称为偏移量。如果将观测面布置在深度 $Z = Z_1$ 处，为得到 A 点的反射波，激发点和接收点必须放置在 S' 处，反射波记录在 B' 处，且 $S'B' = S'A$，新的偏移量为 $B'A$，同样如果将观测面继续下移到深度 $Z = Z_2$ 处则相应的偏移量继续减小为$B''A$，由此可以看出，随着观测面的下移，有两个明显的特征。

（1）反射点和记录点的偏移量越来越小。

（2）记录时间越来越短。这意味着当波场继续下移时，总可以将偏移量减小到零，从而实现偏移归位的目的，偏移量AB和波的旅行路径AS、地层倾角φ的关系为

$$AB = 2AS\left(\sin\frac{\varphi}{2}\right) \tag{17.2-1}$$

当观测面向下延拓到A点时，路径$AS=0$，则反射点和成像点重合，偏移量为零。当观测面向下延拓时，偏移量逐渐减小。

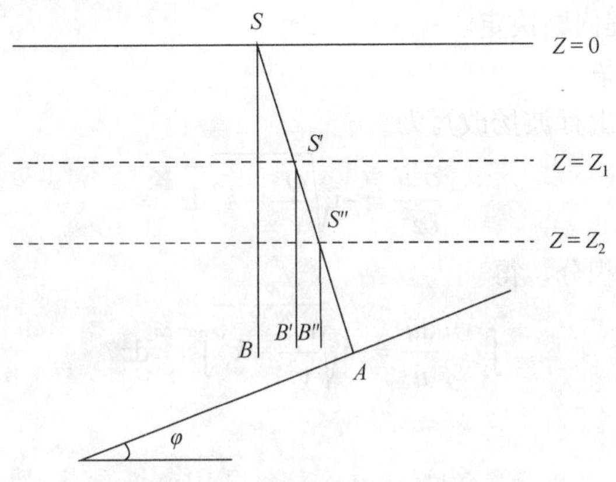

图17.2-1 延拓和偏移的关系示意图

1. 上行波和下行波

波场延拓主要是向地下垂直方向延拓，计算波场u随深度z的变化，这涉及波动方程求解问题。在很多情况下，波动方程的求解比较复杂，而且是不适定的。回避不适定问题的一个办法是对波动方程作降阶处理，将波动方程分解为上行波方程和下行波方程。二维情况下，标量波动方程为

$$\frac{\partial^2 u}{\partial x^2} + \frac{\partial^2 u}{\partial z^2} = \frac{1}{v}\frac{\partial^2 u}{\partial t^2} \tag{17.2-2}$$

对x和t做傅里叶变换，并利用算子分解，得

$$\frac{\partial^2 \tilde{u}}{\partial z^2} + \left(\frac{\omega^2}{v^2} - k_x^2\right)\tilde{u} = \frac{\partial^2 u}{\partial z^2} + k_x^2\tilde{u} = \left(\frac{\partial}{\partial z} + \mathrm{i}k_x u\right)\left(\frac{\partial}{\partial z} - \mathrm{i}k_x\right)\tilde{u} = 0 \tag{17.2-3}$$

上式中利用了频散关系：

$$k_x^2 + k_z^2 = \frac{\omega^2}{v^2} \tag{17.2-4}$$

以上式子中，$\tilde{u}(k,z,\omega)$为波场$u(x,z,t)$关于x和t的二维傅里叶变换；ω为角频率；k_x、k_z分别为x方向和z方向的角波数，由式（17.2-3）进一步可以得到分离的上行波方程和下行波方程：

$$\frac{\partial^2 \tilde{u}}{\partial z^2} = \pm\mathrm{i}k_z\tilde{u} = \pm\mathrm{i}\sqrt{\frac{\omega^2}{v^2} - k_x^2\tilde{u}} \tag{17.2-5}$$

根据傅里叶变换及逆变换定义以及 z 轴方向向下的情况，式（17.2-5）中负号代表上行波方程，正号代表下行波方程。

2. 利用相移法实现波场延拓

无论是上行波场还是下行波场都可以通过数学手段进行延拓，延拓方向可以是正向，也可以是反向。正向延拓就是根据波在当前位置的振动情况预测波的自然传播方向上的波场值；反向延拓就是重建反传播方向上的波场。对于每一种地震波，无论是上行波，还是下行波，都可以进行正向延拓和反向延拓。对一个波场应该进行正向延拓还是进行反向延拓由具体的物理问题决定。

1）上行波场的延拓

式（17.2-5）中的上行波场改写为

$$\frac{\partial^2 \tilde{u}}{\partial z^2} = -\mathrm{i}\sqrt{\frac{\omega^2}{v^2} - k_x^2}\,\mathrm{d}z \tag{17.2-6}$$

对式（17.2-6）取积分，得

$$\int_z^{x+\Delta z} \frac{\mathrm{d}\tilde{u}}{\tilde{u}} = -\mathrm{i}\sqrt{\frac{\omega^2}{v^2} - k_x^2}\int_z^{x+\Delta z} \mathrm{d}z \tag{17.2-7}$$

积分结果为

$$\frac{\mathrm{d}\tilde{u}(z+\Delta z)}{\tilde{u}(z)} = \mathrm{e}^{-\mathrm{i}\sqrt{\frac{\omega^2}{v^2} - k_x^2}\Delta z} \tag{17.2-8}$$

由此，可以得到上行波场的正向延拓公式：

$$\tilde{u}(z) = \tilde{u}(z+\Delta z)\mathrm{e}^{\mathrm{i}\sqrt{\frac{\omega^2}{v^2} - k_x^2}\Delta z} \tag{17.2-9}$$

和上行波场的反向延拓公式：

$$\tilde{u}(z+\Delta z) = \tilde{u}(z)\mathrm{e}^{-\mathrm{i}\sqrt{\frac{\omega^2}{v^2} - k_x^2}\Delta z} \tag{17.2-10}$$

正向延拓公式用于模拟反射波的地震记录，反向延拓公式用于实现地震波偏移。

2）下行波场的延拓

式（17.2-5）中的下行波场改写为

$$\frac{\mathrm{d}\tilde{u}}{\tilde{u}} = \mathrm{i}\sqrt{\frac{\omega^2}{v^2} - k_x^2}\,\mathrm{d}z \tag{17.2-11}$$

参照上行波场的做法，可以得到下行波场的正向延拓公式：

$$\tilde{u}(z+\Delta z) = \tilde{u}(z)\mathrm{e}^{\mathrm{i}\sqrt{\frac{\omega^2}{v^2} - k_x^2}\Delta z} \tag{17.2-12}$$

和下行波场的反向延拓公式：

$$\tilde{u}(z) = \tilde{u}(z+\Delta z)\mathrm{e}^{-\mathrm{i}\sqrt{\frac{\omega^2}{v^2} - k_x^2}\Delta z} \tag{17.2-13}$$

正向延拓公式用于模拟下行波场的地震记录，反向延拓公式用于反向求源问题的计算。

17.2.2 偏移成像原理

波场延拓是偏移处理的必要步骤，但是要将所有的反射界面和绕射点自动找到并显示出来，还需要进行成像处理。

1. 爆炸反射界面成像原理

爆炸反射界面成像原理是最常用、最简单的一种成像原理。该原理把地下反射界面想象成具有爆炸性的物质或者爆炸源，爆炸源的形状、位置与反射界面的形状和位置一致，它所产生的波为脉冲波，其强度、极性与界面反射系数的大小和正负一致。假设在 $t=0$ 时刻，所有的爆炸反射界面同时起爆，发射上行波到达地面各观测点。若利用波动方程将地面观测的地震波场向下反向延拓，则 $t=0$ 时刻的波场值就正确地描述了地下反射界面的位置，实现地面记录的偏移成像。

该原理适用于水平叠加后地震资料的偏移处理，因为叠加后地震记录相当于零炮检距的地震记录。自炮点发出的下行波到达反射点的路径与反射点返回地面的上行波路径完全一致，这样可以只考虑上行波而不必考虑下行波。但是实际记录的反射波到达时间都是双程时间，若只考虑上行波，则波到达的时间将减少一半，为使两者匹配，在爆炸反射界面成像原理中还假设波的传播速度为实际速度的一半。

2. 测线下延成像原理

如图 17.2-2 所示，激发点 S 和接收点 G 布置在地面上，炮检距为 $2h$，在 G 点接收到来自 A 点的反射波，若地震波传播速度为常数 v，则地震波总旅行时为 $t=(SA+AG)/v$，若将测线向下延拓到深度 Z_1，这时 G 延至 G'，S 延至 S'，炮检距为 $2h'$，总旅行时为 $t'=(S'A+AG')/v$，显然有 $t'<t$，$2h'<2h$。若将测线进一步下延，直至到达反射点 A，此时波的传播时间和炮检距都为零。炮检距和传播时间均为零作为成像标志，称为测线下延成像原理。此原理经常被用于地震记录叠前偏移，当然它也适用于零炮检距记录的偏移成像，但是对于零炮检距记录使用爆炸反射界面成像原理更加简便。

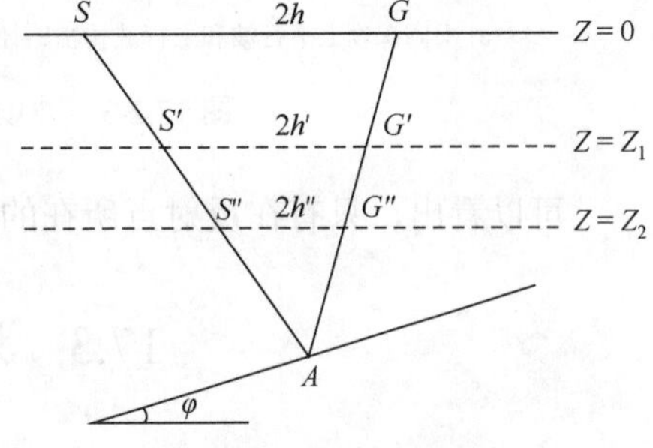

图 17.2-2 测线下延成像原理示意图

3. 时间一致性成像原理

时间一致性成像原理可以表述为：反射界面存在于地下这样的一些地方，在这些地方，下行波的到达时间和反射波的产生时间是一致的。图 17.2-3（a）示意性地说明了这种到达时间与产生时间的一致性，图中 S、G 分别为炮点和检波点，A 点为地下界面上的一个反射点，在下行波到达 A 点的瞬间，上行波就产生了，显然到达时间与产生时间是一致的。在 B 点无反射波产生，B 点不是反射点，它不能成像。此成像原理的表述虽然比较简单，但它的含义却比前两个原理更加广泛，适用于一次波成像，也适用于多次波成像；可在 $t=0$ 时刻成像，也可在 $t>0$ 时刻成像；可对零炮检距记录成像，也能处理非零炮检距的地震记录。图 17.2-3 是应用该原理进行偏移成像的一个简单说明。图中自震源发出的下行波为脉冲波或其他形状的子波，地震波自 S 点到达 A 点的传播时间为 t_s，自 A 点至 G 点的反射时间为 t_g，总的旅行时为 $t_{sg}=t_s+t_g$。假设它传播到地下深度 Z_1 的时间为 t_{s1}，G 点的记录反向传播到深度 Z_1 的时间为 t_{g1}，则在深度 Z_1 上，上行波的时间应为 $t_{sg}-t_{g1}$，此时应该有 $t_{sg}-t_{g1}>t_{s1}$，下行波的到达时间与上行波的产生时间不一致，因此在该处不可能有反射存在。在反射点 A 所在的深度上，上行波和下行波的作用时间相等，按成像原理此处存在反射点，这与实际情况相符。再取 $Z=Z_3>Z_A$，此时下行波的达到时间为 t_{s3}，上行波（实际上不存在）的理论作用时间为 $t_{sg}-t_{g3}$，且 $t_{s3}>t_{sg}-t_{g3}$，上行波和下行波在时间上又不一致［图 17.2-3（b）］。由此得到启示，如果在不同深度上把上行波与下行波进行零延迟互相关运算，在 $Z=Z_A$ 处将会出现极大值，在其他深度上，互相关值很小或接近零。用互相关值表示反射界面原则上就能实现地震剖面的偏移成像。此成像原理的具体应用还有其他方法，互相关法只是其中一种，更好的方法还有待于进一步的发展和完善。

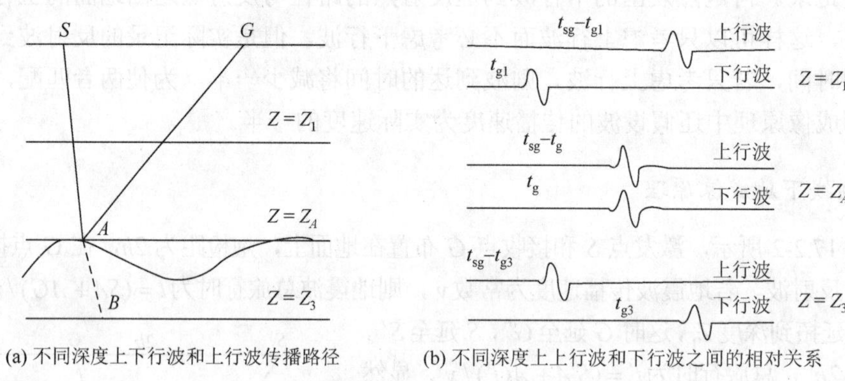

(a) 不同深度上下行波和上行波传播路径　(b) 不同深度上上行波和下行波之间的相对关系

图 17.2-3　波场延拓时间一致性成像原理示意图

可以看出，只有在反射点所在的深度上，上行波和下行波的出现时间才是一致的。

17.3　地震资料叠后偏移

叠后偏移是在叠加剖面的基础上进行偏移处理。叠后波动方程偏移是用某些数学方法求解波动方程，对叠后波场延拓归位，达到偏移的目的。从求解波动方程数值解的方式上看，偏移方法可分为：有限差分偏移、频率-波数（f-k）域偏移和基尔霍夫积分偏移。

17.3.1　有限差分偏移

有限差分偏移是以地面上获得的水平叠加时间剖面作为边界条件，用差分代替微分，对只包含上行波的近似波动方程求解，以得到地下界面的真实图像。这也是一个延拓和成像的过程。

1. 延拓方程的推导

由下述二维波动方程出发：

$$\frac{\partial^2 u}{\partial x^2}+\frac{\partial^2 u}{\partial z^2}-\frac{1}{V^2}\frac{\partial^2 u}{\partial t^2}=0 \tag{17.3-1}$$

根据爆炸反射面模型，将速度缩小一半，即用$V/2$代替V，可得

$$\frac{\partial^2 u}{\partial x^2}+\frac{\partial^2 u}{\partial z^2}-\frac{4}{V^2}\frac{\partial^2 u}{\partial t^2}=0 \tag{17.3-2}$$

此方程有两个解，分别对应于上行波和下行波。但地震记录是上行波记录，故不能用此方程进行延拓，必须将它转化为单纯的上行波方程才能利用。通常采用的方法是进行坐标变换后取近似值。第一步是坐标变换，令

$$\begin{cases} x'=x \\ \tau=\dfrac{2z}{V} \\ t'=t+\dfrac{2z}{V} \end{cases} \tag{17.3-3}$$

式中第二式是把方程中的深度坐标变为时间坐标。第三式是上行波的坐标变换。若称t为老时间，则t'为新时间。因为坐标变换不改变实际波场，故原坐标系中波场$u(x,z,t)$与新坐标系中的波场$\hat{u}(x',\tau,t')$一样，即

$$u(x,z,t)=\hat{u}(x',\tau,t') \tag{17.3-4}$$

由复合函数微分法，得

$$\begin{cases} \dfrac{\partial^2 u}{\partial x^2}=\dfrac{\partial^2 \hat{u}}{\partial x'^2} \\ \dfrac{\partial u}{\partial z}=\dfrac{\partial \hat{u}}{\partial x'}\cdot\dfrac{\partial x'}{\partial z}+\dfrac{\partial \hat{u}}{\partial \tau}\cdot\dfrac{\partial \tau}{\partial z}+\dfrac{\partial \hat{u}}{\partial t'}\cdot\dfrac{\partial t'}{\partial z}=\dfrac{2}{V}\dfrac{\partial \hat{u}}{\partial \tau}+\dfrac{2}{V}\dfrac{\partial \hat{u}}{\partial t'} \\ \dfrac{\partial^2 u}{\partial z^2}=\dfrac{4}{V^2}\dfrac{\partial \hat{u}}{\partial \tau^2}+\dfrac{8}{V^2}\dfrac{\partial^2 \hat{u}}{\partial \tau \partial t'}+\dfrac{4}{V^2}\dfrac{\partial^2 \hat{u}}{\partial t'^2} \\ \dfrac{\partial u}{\partial t}=\dfrac{\partial \hat{u}}{\partial x'}\cdot\dfrac{\partial x'}{\partial t}+\dfrac{\partial \hat{u}}{\partial \tau}\cdot\dfrac{\partial z}{\partial t}+\dfrac{\partial \hat{u}}{\partial t'}\cdot\dfrac{\partial t'}{\partial t}=\dfrac{\partial \hat{u}}{\partial t'} \\ \dfrac{\partial^2 u}{\partial t^2}=\dfrac{\partial \hat{u}}{\partial t'^2} \end{cases} \tag{17.3-5}$$

将上述二阶偏微分结果代入方程（17.3-2），整理后得

$$\frac{\partial \hat{u}}{\partial x'^2}+\frac{4}{V^2}\frac{\partial^2 \hat{u}}{\partial \tau^2}+\frac{8}{V^2}\frac{\partial^2 \hat{u}}{\partial \tau \partial t'}=0 \tag{17.3-6}$$

为书写方便，以u、x、t分别代替$\hat{u}'$、x'、t'，则式（17.3-6）可写为

$$\frac{V^2}{8}u_{xx}+\frac{1}{2}u_{\tau\tau}+u_{\tau t}=0 \tag{17.3-7}$$

式中，u_{xx}、$u_{\tau\tau}$、$u_{\tau t}$分别表示u的二次导数。注意，此方程仍然包含了上行波和下行波，仍不能用来进行延拓，故还有第二步。

经过坐标变换，虽然波场不变，但在新坐标系下，上行波、下行波表现出差异，此差异主要表现为$u_{\tau\tau}$的大小不同。当上行波的传播方向与垂直方向之间的夹角较小（小于15°）时，$u_{\tau\tau}$可以忽略，而对下行波来说，$u_{\tau\tau}$不能忽略。忽略$u_{\tau\tau}$项，就得到只包含上行波的近似方程：

$$\frac{V^2}{8}u_{xx}+u_{\tau t}=0 \tag{17.3-8}$$

此即15°近似方程（因为此方程只适用于夹角小于15°的上行波，或者说只适用于倾角小于15°的界面形成的上行波），为常用的延拓方程。

为了求解此方程还必须给出定解条件。由于震源强度有限，可给出如下定解条件。

（1）测线两端外侧的波场为零，即当$x>x_{\max}$或$x<x_{\min}$时，$u(x,\tau,t)\equiv 0$。

（2）记录最大时间以外的波场为零，即当$t>t_{\max}$时，$u(x,\tau,t)\equiv 0$。

（3）自激自收记录（水平叠加剖面）为给定的边界条件，即时间深度$\tau=0$处的波场值$u(x,0,t)$已知。

有了这些定解条件就可对方程（17.3-7）求解，得到地下任意深度处的波场值$u(x,\tau,t)$，这是延拓过程。再根据前述成像原理，取式（17.3-3）中第三式的老时间$t=0$时刻的波场值，即新时间$t=\tau$时刻的波场值$u(x,\tau,\tau)$就组成了偏移后的输出剖面。

2. *差分方程*

为了求解微分方程（17.3-7），用差分近似微分，采用如图17.3-1所示的12点差分格式，将u_{xx}、$u_{\tau t}$表示为差分表达式，可得差分方程：

$$u(i,j+1,l)=\frac{\boldsymbol{I}-(\alpha+\beta)\boldsymbol{T}}{\boldsymbol{I}+(\alpha-\beta)\boldsymbol{T}}[u(i,j+1,l+1)+u(i,j,l)]-u(i,j,l+1) \tag{17.3-9}$$

其中，$\boldsymbol{I}$和$\boldsymbol{T}$为向量：

$$\boldsymbol{I}=[0,1,0],\ \boldsymbol{T}=[-1,2,-1] \tag{17.3-10}$$

而α和β为标量：

$$\alpha=\frac{V^2\Delta\tau\Delta t}{32\Delta x^2},\ \beta=\frac{1}{6} \tag{17.3-11}$$

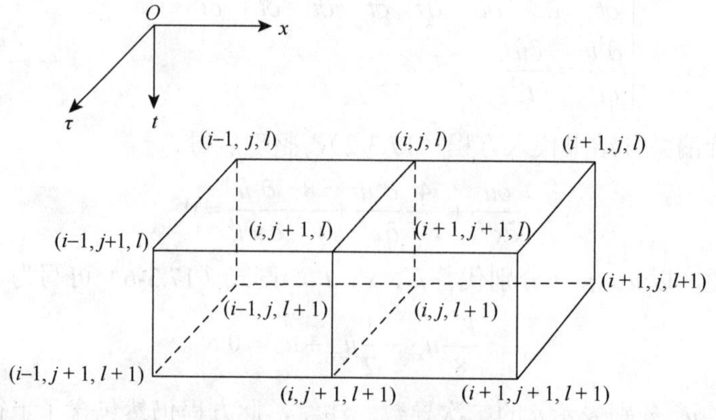

图17.3-1　12点差分格式

3. 计算步骤和偏移结果

差分方程（17.3-9）形式上是一个隐式方程，即时间深度$\tau=(j+1)\Delta\tau$处的波场值不能单独地用时间深度$\tau=j\Delta\tau$处的波场值组合得到，方程右边仍有$\tau=(j+1)\Delta\tau$的项。为了求得一排数据$u(x,j+1,l)$，必须用到三排数据$u(x,j+1,l+1)$、$u(x,j,l)$和$u(x,j,l+1)$（图 17.3-2）：①$u(x,j,l+1)$; ②$u(x,j,l)$; ③$u(x,j+1,l+1)$; ④$u(x,j+1,l)$。

利用第二个定解条件，在计算新的深度$\tau=(j+1)\Delta\tau$处波场值时，由最大时间开始，首先计算$t=t_{\max}$的那一排值。因$u(i,j+1,t_{\max}+\Delta t)\equiv 0$和$u(i,j,t_{\max}+\Delta t)\equiv 0$，有

$$u(i,j+1,t_{\max})=\frac{\boldsymbol{I}-(\alpha+\beta)\boldsymbol{T}}{\boldsymbol{I}+(\alpha-\beta)\boldsymbol{T}}u(i,j,t_{\max}) \tag{17.3-12}$$

计算$u(i,j+1,t_{\max})$只用到已知的$u(i,j,t_{\max})$值，十分容易。然后利用式（17.3-9）递推地求$\tau=(j+1)\Delta\tau$深度处任何时刻的波场值就没有任何困难了。

具体计算时由地面向下延拓，计算深度$\Delta\tau$处的波场值。首先计算此深度处在$t=t_{\max}$时的波场，然后向t减小的方向进行。一个深度计算结束，再向下延拓一个步长$\Delta\tau$继续计算。以此类推，可以得到地下所有点在不同时刻的波场值。

如前所述，在新时间$t=\tau$时刻的波场值正是所要求的“像”。因此，每次递推计算某一深度τ处的波场值时，由$t=t_{\max}$向t减小的方向计算至$t=\tau$时就可以结束。不同深处的“像”组成$u(x,\tau,t)$偏移后的输出剖面。

图 17.3-3 画出了偏移时的计算关系及结果取值位置。A表示地面观测到的叠加剖面。由A计算下一个深度$\Delta\tau$处的波场值B，计算B时先算第 1′排的数值（只用到A中第 1 排数值），再算第 2′排数值（要用A中第 1、第 2 排和B中第 1′排数值），以此类推，直到$t=\tau$为止。再由B计算下一个深度$2\Delta\tau$处波场值，以此类推，二维空间$(x,t=\tau)$上呈现出需要的结果剖面信息。

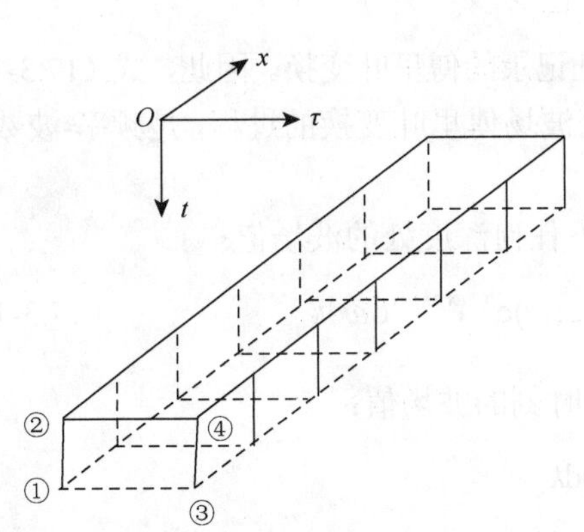

图 17.3-2　有限差分法偏移求解中的一步

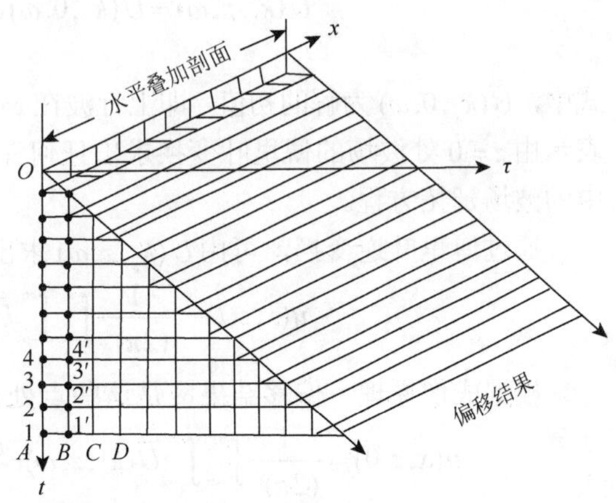

图 17.3-3　偏移结果取值位置图

当延拓计算步长$\Delta\tau$与地震记录的采样间隔Δt一样时，由图 17.3-3 的几何关系可以看出，偏移剖面是该图中 45°对角线上的值。实际工作中$\Delta\tau$不一定要与Δt相等，可根据界面倾角大小确定$\Delta\tau$，倾角较大时应取较小的$\Delta\tau$，倾角较小时可取较大的$\Delta\tau$，以减少计算工作量。中间值可用插值求得。

与其他波动方程偏移方法相比，有限差分法有能适应横向速度变化、偏移噪声小、在剖面信噪比低的情况下也能很好工作等优点。但 15°有限差分法在倾角太大的情况下不能得到好的偏移效果。因此，相继又研究发展了 45°、60°有限差分偏移方法和适应更大倾角的高阶有限差分分裂算法。

17.3.2 *f-k* 域偏移

有限差分偏移方法是在时间-空间域中进行的。利用傅里叶变换也可使偏移在频率-波数（*f-k*）域中实现。

与有限差分偏移思想完全一样，*f-k* 域偏移也认为水平叠加剖面是由界面上无数震源同时向上发出的上行波在地面处的波场值$u(x,0,t)$，用它反求地下任一点的波场值$u(x,z,t)$，这是延拓；根据成像原理，取其在$t=0$时刻的值$u(x,z,0)$组成偏移后的输出剖面。

由速度减半后的波动方程（17.3-2）出发，对方程两边做关于x和t的二维傅里叶变换，得到一个常微分方程：

$$\frac{\mathrm{d}^2\bar{U}}{\mathrm{d}z^2}+\left(\frac{4\omega^2}{V^2}\right)\bar{U}=0 \tag{17.3-13}$$

式中，$\bar{U}=\bar{U}(k_x,z,\omega)$为波场函数$u(x,z,t)$的二维傅里叶变换；$\omega=2\pi f$为角频率；$k_x$为$x$方向上的空间波数。

式（17.3-13）是常微分方程，其解有两个，分别对应于上行波和下行波。偏移研究的是上行波的向下延拓问题，故只考虑上行波解：

$$\bar{U}(k_z,z,\omega)=\bar{U}(k_x,0,\omega)\exp\left\{\mathrm{i}\left[\left(\frac{2\omega}{V}\right)^2-k_z^2\right]^{1/2}z\right\} \tag{17.3-14}$$

式中，$\bar{U}(k_x,0,\omega)$为解的初值，即上行波在$z=0$处记录的傅里叶变换。因此，式（17.3-14）表示由$z=0$处波场的傅里叶变换求出任何深度处波场傅里叶变换的过程，是频率-波数域中的波场延拓方程。

通过傅里叶逆变换，可由$\bar{U}(k_z,z,\omega)$求出地下任何深度处的波场值：

$$u(x,z,t)=\frac{1}{(2\pi)^2}\int_{-\infty}^{\infty}\int_{-\infty}^{\infty}\bar{U}(k_z,z,\omega)\mathrm{e}^{\mathrm{i}(-\omega t+k_x x)}\mathrm{d}\omega\mathrm{d}k_x \tag{17.3-15}$$

根据成像原理，偏移结果应是这些点处$t=0$时刻的波场值：

$$\begin{aligned}u(x,z,0)&=\frac{1}{(2\pi)^2}\int_{-\infty}^{\infty}\int_{-\infty}^{\infty}\bar{U}(k_x,z,\omega)\mathrm{e}^{\mathrm{i}k_x x}\mathrm{d}\omega\mathrm{d}k_x\\&=\frac{1}{(2\pi)^2}\int_{-\infty}^{\infty}\int_{-\infty}^{\infty}\bar{U}(k_x,0,\omega)\exp\left\{\mathrm{i}\left[k_x x+\sqrt{\left(\frac{2\omega}{V}\right)^2-k_x^2}\cdot z\right]\right\}\mathrm{d}\omega\mathrm{d}k_x\end{aligned} \tag{17.3-16}$$

这就是频率-波数（*f-k*）域偏移的数学模型。由于该式不是傅里叶变换公式，为了能利用快速傅里叶变换求解，经变量置换后，上式可变为一个傅里叶逆变换公式。

17.3.3 基尔霍夫积分偏移

基尔霍夫积分偏移是一种基于波动方程基尔霍夫积分解的偏移方法。三维纵波波动方程的基尔霍夫积分解为

$$u(x,y,z,t)=-\frac{1}{4\pi}\oiint_{Q}\left\{[u]\frac{\partial}{\partial n}\left(\frac{1}{r}\right)-\frac{1}{r}\left[\frac{\partial u}{\partial n}\right]-\frac{1}{V_r}\frac{\partial r}{\partial n}\left[\frac{\partial u}{\partial t}\right]\right\}\mathrm{d}Q \tag{17.3-17}$$

式中，Q 为包围点 (x,y,z) 的闭曲面；n 为 Q 的外法线；r 为由点 (x,y,z) 至 Q 面上各点的距离；$[\cdot]$ 为延迟位；$[u]=u(t-r/V)$。

此解的实质是由已知的闭曲面 Q 上各点波场值计算面内任一点处的波场值。它正是惠更斯原理的严格数学形式。

选择闭曲面 Q 由一个无限大的平面 Q_0 和一个无限大的半球面 Q_1 所组成。Q_1 面上各点波场值的面积分对面内一点波场函数的贡献为零。因此，仅由平面 Q_0 上各点的波场值计算地下各点的波场值：

$$u(x,y,z,t)=\frac{1}{2\pi}\iint_{Q_0}\left\{[u]\frac{\partial}{\partial z}\left(\frac{1}{r}\right)-\frac{1}{V_r}\frac{\partial r}{\partial z}\left[\frac{\partial u}{\partial t}\right]\right\}\mathrm{d}Q \tag{17.3-18}$$

此时，原公式（17.3-17）中的 $\frac{\partial u}{\partial n}$ 项消失，积分号前的负号也因 z 轴正向与 n 相反而变为正。

以上是正问题的基尔霍夫积分计算公式。偏移处理的是反问题，是将反射界面的各点看作同时激发上行波的源点，将地面接收点看作二次震源，将时间“倒退”到 $t=0$ 时刻，寻找反射界面的源波场函数，从而确定反射界面。反问题也能用以上公式求解，差别仅在于 $[\cdot]$ 不再是延迟位而是超前位，$[u]=u\left([u]=u\left(t+\frac{r}{V}\right)\right)$。根据这种理解，基尔霍夫积分延拓公式应为

$$u(x,y,z,t)=\frac{1}{2\pi}\iint_{Q_0}\left\{\frac{\partial}{\partial z}\left(\frac{1}{r}\right)-\frac{1}{V_r}\frac{\partial r}{\partial z}\frac{\partial}{\partial\tau}\right\}u\left(x_1,y_1,0,\tau=t+\frac{r}{V}\right)\mathrm{d}Q \tag{17.3-19}$$

按照成像原理，此时 $t=0$ 时刻的波场值即为偏移结果。只考虑二维偏移，忽略 y 坐标，将空间深度 z 转换为时间深度 $t_0=2z/V$，得到基尔霍夫积分偏移公式：

$$u(x,t_0,t=0)=\frac{1}{2\pi}\int_x\left\{\frac{\partial}{\partial z}\left(\frac{1}{r}\right)-\frac{1}{V_r}\frac{\partial r}{\partial z}\frac{\partial}{\partial\tau}\right\}u(x_l,0,\tau)\mathrm{d}x \tag{17.3-20}$$

式中，$\tau=\left[t_0^2+\frac{4(x-x_l)^2}{V^2}\right]^{1/2}$，$x_l$ 为地面记录道横坐标；x 为偏移后剖面道横坐标；$r=[z^2+(x-x_l)^2]^{1/2}$（图 17.3-4）。

由 $\frac{\partial r}{\partial z} = -\cos\theta$，得

$$u(x,t_0) = \frac{1}{2\pi}\int_{-\infty}^{\infty}\left\{\frac{\cos\theta}{r^2}u(x_l,0,\tau) + \frac{\cos\theta}{V_r}\frac{\partial}{\partial\tau}u(x_l,0,\tau)\right\}\mathrm{d}x \tag{17.3-21}$$

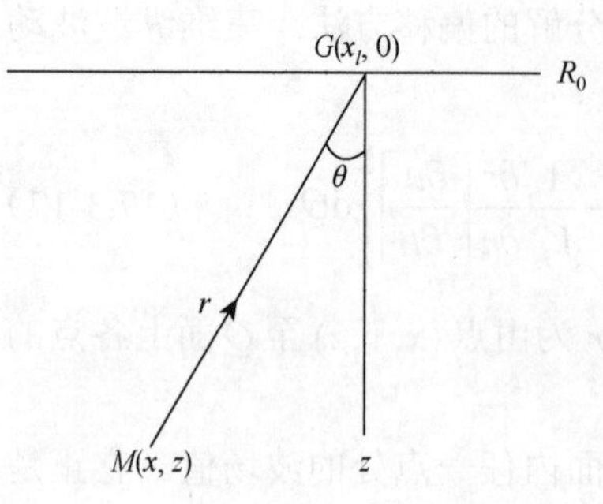

图 17.3-4　基尔霍夫偏移公式中部分变量示意图

由此可见，基尔霍夫积分偏移与绕射扫描叠加十分相似，都是按双曲线取值叠加后放在双曲线顶点处。不同之处在于：①不仅要取各道的幅值，还要取各道的幅值对时间的导数值 $\frac{\partial u}{\partial \tau}$ 参与叠加；②各道相应幅值叠加时不是简单相加，而是按式（17.3-18）加权叠加。

正因如此，虽然形式上基尔霍夫积分偏移与绕射扫描叠加类似，但二者有着本质区别。前者的基础是波动方程，可保留波的动力学特征；后者属几何地震学范畴，只保留波的运动学特征。

与其他波动方程偏移法相比，基尔霍夫积分偏移法具有容易理解、能适应大倾角地层等优点，但它在速度横向变化较大的地区难以使用，且偏移噪声较大。

17.4　地震资料叠前偏移

在速度横向变化不是很剧烈时，叠前时间偏移是非常重要的成像手段。它能对陡倾角反射进行成像、改善横向分辨率、去除速度分析过程中不同倾角和位置的反射带来的影响、提高速度分析结果的精度和叠加剖面的质量。目前，叠前时间偏移主要用基尔霍夫积分法实现。

17.4.1　基尔霍夫积分方程

地震波传播的描述方法主要包括：波动方程方法和积分方程方法。本节主要介绍积分方程方法。

首先从惠更斯原理入手。惠更斯原理最早从物理图像上解释了波的传播。基尔霍夫积分偏移公式是惠更斯原理的数学表示。

基尔霍夫积分法是惠更斯-费涅耳原理的数学概括，其基本思想是空间某点的波扰动是二次震源波干涉的结果。

设 $u(M)$ 和 $G(M)$ 是 M 点坐标的复函数，在体积 V 和包围 V 的 S 面上具有连续的一阶和二阶偏导数。由格林（Green）定理：

$$\int_V (G\Delta u - u\Delta G)\mathrm{d}V = \oint_S \left(G\frac{\partial u}{\partial n} - u\frac{\partial G}{\partial n}\right)\mathrm{d}S \tag{17.4-1}$$

式中，$\dfrac{\partial}{\partial n}$为沿体积$V$外法线方向的方向导数。

设函数u是波动场的复振幅，并在体积内满足齐次亥姆霍兹（Helmholtz）方程：

$$\Delta u(x,y,z;\omega)+k^2u(x,y,z;\omega)=0 \tag{17.4-2}$$

函数G满足方程：

$$\Delta G+K^2G=-4\pi\delta(|\boldsymbol{R}-\boldsymbol{R}_1|) \tag{17.4-3}$$

式中，$\boldsymbol{R}$为点M的矢径；$\boldsymbol{R}_1$为体积V中动点O的矢径。

无限均匀介质中，脉冲源的格林函数解为$G=\dfrac{\mathrm{e}^{ikr}}{r}$，它是球坐标系下式（17.4-3）的解，其中，$r=|\boldsymbol{R}-\boldsymbol{R}_1|$为源点至场点的距离，$\boldsymbol{R}$为源点矢径，$\boldsymbol{R}_1$为场点矢径。显然$G$描述的是单位振幅的球面波。

将式（17.4-2）和式（17.4-3）代入式（17.4-1），其右端体积分为

$$\begin{aligned}&\int_V\{G\cdot(-k^2u)-u\cdot[-k^2G-4\pi\delta(|\boldsymbol{R}-\boldsymbol{R}_1|)]\}\mathrm{d}V_1\\&=4\pi\int_V u(\boldsymbol{R})\delta(|\boldsymbol{R}-\boldsymbol{R}_1|)\mathrm{d}V_1\end{aligned} \tag{17.4-4}$$

式中，V为经场源互换后的积分体积；R点处存在一个脉冲。

因此，有

$$4\pi\int_V u(\boldsymbol{R})\delta(|\boldsymbol{R}-\boldsymbol{R}_1|)\mathrm{d}V_1=\oint_S\left(G\frac{\partial u}{\partial n}-u\frac{\partial G}{\partial n}\right)\mathrm{d}S \tag{17.4-5}$$

或

$$u(\boldsymbol{R})=\frac{1}{4\pi}\oint_S\left(G\frac{\partial u}{\partial n}-u\frac{\partial G}{\partial n}\right)\mathrm{d}S \tag{17.4-6}$$

式（17.4-6）称为基尔霍夫-亥姆霍兹积分公式。

索末菲辐射条件：如图17.4-1所示，设表面S由带孔的半平面S_1和以M点为中心的球面S_2组成。积分面S_2外法线与半径方向相同，即

$$\frac{\partial}{\partial n}=\frac{\partial}{\partial r} \tag{17.4-7}$$

$$\begin{aligned}\frac{\partial G}{\partial n}&=\frac{\partial}{\partial r}\cdot\frac{\mathrm{e}^{ikr}}{r}\\&=\left(\mathrm{i}k-\frac{1}{r}\right)\frac{\mathrm{e}^{ikr}}{r}\\&=\mathrm{i}k\frac{\mathrm{e}^{ikr}}{r}-\frac{\mathrm{e}^{ikr}}{r^2}\approx k\frac{\mathrm{e}^{ikr}}{r}\end{aligned} \tag{17.4-8}$$

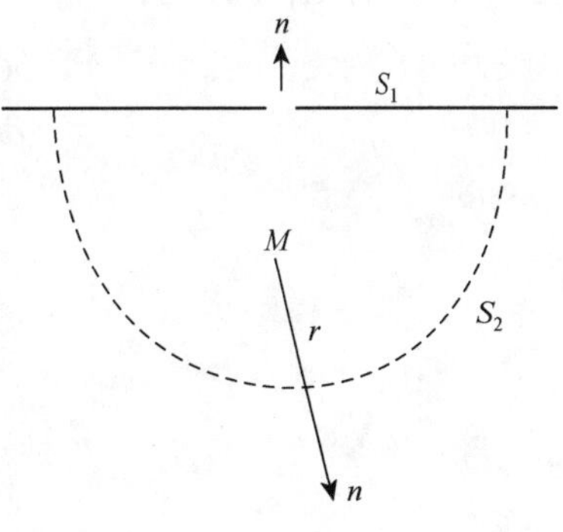

图17.4-1　索末菲辐射条件示意图

直观地看，当球面半径很大时，S的面积分对点M的波场贡献很小。因此，把格林函数和式（17.4-8）代入基尔霍夫-亥姆霍兹积分公式，得

$$\lim_{r\to\infty}\int_{4\pi}\left(\frac{\partial u}{\partial r}-\mathrm{i}ku\right)\frac{\mathrm{e}^{\mathrm{i}kr}}{r}r^2\mathrm{d}\Omega=0 \tag{17.4-9}$$

式中，Ω 为以点 M 为顶点的立体角。

如果函数 u 满足条件：

$$\lim_{r\to\infty}r\left(\frac{\partial u}{\partial r}-\mathrm{i}ku\right)=0 \tag{17.4-10}$$

当 $r\to\infty$ 时，式（17.4-10）中的积分趋于零。物理上要求在无穷远处，波场一阶导数趋于零，波场本身也趋于零。式（17.4-10）称为索末菲辐射条件。它保证亥姆霍兹方程的解是唯一的。

使 S_2 的积分变成零，M 点的场值仅由孔和屏阴影面上的场值及其一阶导数值决定。索末菲指出：合适地选取格林函数，无须同时给定场值和场的导数值。

亥姆霍兹方程的格林函数应是方程（17.4-3）的解且满足辐射条件。此外还应满足下列边界条件之一：① $G_1|_S=0$；② $\left.\dfrac{\partial G_2}{\partial n}\right|_S=0$。第一个条件中 G_1 称为第一格林函数，第二个条件中 G_2 称为第二格林函数。适当选择 G_1，使式（17.4-6）中包含 $\dfrac{\partial u}{\partial n}$ 的项变为零，则在 S 上已知 u 即可；适当选择 G_2，使式（17.4-6）中包含 u 的项变为零，则在 S 上已知 $\dfrac{\partial u}{\partial n}$ 即可。然而仅对很简单的几何关系，格林函数才能给出解析解。格林函数的形式取决于表面形状和介质性质，且不依赖于源的位置和源在屏上建立的场。因此，对平面屏可取 $M(x,y,z)$ 点和镜源点 $M(x,y,-z)$ 上点源产生的场之差作为格林函数：

$$G_1=\frac{\mathrm{e}^{ikr}}{r}-\frac{\mathrm{e}^{ikr_1}}{r_1} \tag{17.4-11}$$

式中，$r=\sqrt{(x-\xi)^2+(y-\eta)^2+(z-\zeta)^2}$；$r_1=\sqrt{(x-\xi)^2+(y-\eta)^2+(z-\zeta)^2}$。在平面上，当 $\xi=0$ 时，有 $G_1=0$，

$$\begin{aligned}\frac{\partial G_1}{\partial n}&=2\frac{\partial}{\partial n}\frac{\mathrm{e}^{ikr}}{r}=-2\frac{\partial}{\partial z}\frac{\mathrm{e}^{ikr}}{r}\\&=-2\frac{\partial}{\partial z}\left(\frac{1}{r}\right)\mathrm{e}^{ikr}-2\frac{\mathrm{i}k}{r}\mathrm{e}^{ikr}\frac{\partial r}{\partial z}\\&=2\frac{z}{r^3}\mathrm{e}^{ikr}-2\frac{\mathrm{i}k}{r}\mathrm{e}^{ikr}\frac{r}{z}\\&\approx-2\frac{\mathrm{i}k}{r}\frac{r}{z}\mathrm{e}^{ikr}\end{aligned} \tag{17.4-12}$$

将 G_1 及其法向导数式（17.4-12）代入式（17.4-6），得频率-空间域中的基尔霍夫积分公式：

$$u(x,y,z;\omega)=\frac{k}{\mathrm{i}2\pi}\iint_{\Sigma}u(\xi,\eta;\omega)\frac{z}{r}\frac{\mathrm{e}^{ikr}}{r}\mathrm{d}\xi\mathrm{d}\eta \tag{17.4-13}$$

式中，$\cos\theta=\dfrac{z}{r}$。利用 $k=\dfrac{\omega}{v}$，$-\mathrm{i}\omega\Rightarrow\dfrac{\partial}{\partial t}$ 和 $\mathrm{e}^{ikr}=\mathrm{e}^{ik\frac{R}{v}}\Rightarrow\delta\left(t-\dfrac{R}{v}\right)$，把上式变到时间-空间域：

$$
\begin{aligned}
u(x,y,z;t)&=\frac{1}{2\pi}\iint_{\Sigma}\frac{\cos\theta}{v}\frac{1}{r}\frac{\partial u(\xi,\eta;t_0)}{\partial t}\delta\left(t\pm\frac{R}{v}\right)\mathrm{d}\xi\mathrm{d}\eta\\
&=\frac{1}{2\pi}\iint_{\Sigma}\frac{\cos\theta}{v}\frac{1}{r}\left.\frac{\partial u\left(\xi,\eta;t\pm\dfrac{R}{v}\right)}{\partial t}\right|_{t_0=t\pm\frac{R}{v}}\mathrm{d}\xi\mathrm{d}\eta
\end{aligned}
\tag{17.4-14}
$$

如果式（17.4-13）没有近似，则基尔霍夫积分公式为

$$
u(x,y,z;\omega)=\frac{1}{2\pi}u(\xi,\eta;\omega)\left(\frac{z}{r^2}-\frac{\mathrm{i}k}{r}\right)\mathrm{e}^{\mathrm{i}kr}\frac{z}{r}\mathrm{d}\xi\mathrm{d}\eta \tag{17.4-15}
$$

若取格林函数 $G_2=\dfrac{\mathrm{e}^{ikr}}{r}+\dfrac{\mathrm{e}^{\mathrm{i}kr_1}}{r_1}$，则当 $\zeta=0$ 时有 $\dfrac{\partial G_2}{\partial n}=0$，$G_2=\dfrac{2\mathrm{e}^{ikr}}{r}$。将 G_2 及其法向导数代入式（17.4-6）得另一种形式的频率-空间域中的基尔霍夫积分公式：

$$
u(x,y,z;\omega)=-\frac{1}{2\pi}\frac{\mathrm{e}^{ikr}}{r}\frac{\partial u(\xi,\eta;\omega)}{\partial z}\mathrm{d}\xi\mathrm{d}\eta \tag{17.4-16}
$$

式（17.4-13）和式（17.4-16）即惠更斯原理的数学表达式。它们均描述波的正向传播过程，产生绕射波。它们均表示在频率-空间域，是亥姆霍兹方程［式（17.4-2）］的解。波传播的相位 $\phi=kr$，对该相位可以进行如下的解释。

$$
\phi=kr=\frac{\omega}{v}r=\omega\frac{r}{v}=\omega t \tag{17.4-17}
$$

式中，t 为波从源点传到场点的时间；r 为源点到场点的距离。常速介质中，源点到场点的路径是直线。变速介质中，需要进行射线追踪才能计算出波从源点到场点的旅行时。

地震波的偏移过程是波传播的逆过程。已知地面上观测点波的振动记录，要确定反射面上作为二次震源的点的空间位置。对于波动方程（17.4-2）的解 $u(x, y, z, t)$，当把 t 改变为 $-t$ 时，仍满足方程（17.4-2）。前者描述时间“向前”的问题，后者描述时间“倒退”的问题。把地面上接收到的波场作为二次震源，将这些波场回退到原来状态，寻找反射界面上的波场函数，以达到对反射面进行成像的目的。式（17.4-13）和式（17.4-15）描述时间“倒退”的波传播问题时，就是基尔霍夫积分偏移公式，它描述绕射波的叠加过程。

17.4.2 叠前时间偏移的优点和局限性

叠前时间偏移可以在有限的人为干预下进行，这得益于在偏移孔径内速度不能横向变化的假设。该假设降低了对地下地震波传播速度场的要求，即使处理员对速度场需要进行“合理”或较“重”的平滑，人们还是认为叠前时间偏移是准自动化的。

叠前时间偏移的另一个优点是解决了多倾斜层交叉的问题，可减少剖面的模糊程度，这可从偏移剖面的反射波归位效果看出。这一点在图 17.4-2 中进行了详细说明，该图展示了在近炮检距内，大约同一时间到达的不同倾角反射层的两个同相轴（这里 B 点是一个盐丘侧翼），因为在 A 点和 B 点地震波反射是从地下介质不同部分传播过来的，这些部分的传播速度差异很大（不考虑时差对地层倾角的依赖性问题），如在 A 点反射的射线穿透了更深和速度更高的地层，因此它们表现出不同的动校正时差。动校正时差分析和 DMO 可最大程度拉平这些道集，可在一定程度上改善反射层上 A 点和 B 点的最终成像精度。这就解释了为什么断面能够很好地成像，以及为什么叠前时间偏移仍然这么流行。

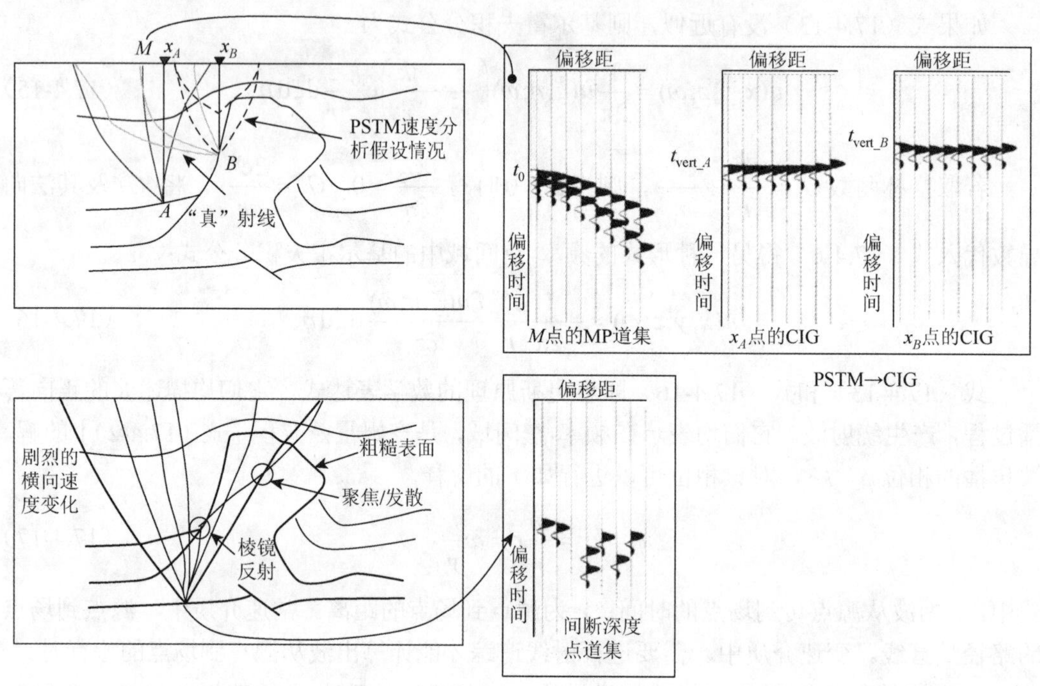

图 17.4-2　叠前时间偏移消除模糊性

PSTM：prestack time migration，叠前时间偏移；MP：midpoint，中心点；CIG：common-imaging-point gather，共成像点道集

然而叠前时间偏移也存在一些缺点，主要表现在以下三个方面。

（1）偏移剖面上标志层归位不准。只要地下介质存在速度横向变化，地震反射层几乎都不在其定位的垂向时间位置。

（2）偏移速度只是“处理参数”，尤其当需要用“地质意义”来解释该速度时，偏移速度并没有相对应的地质意义。

（3）复杂构造区以下成像差。

以上缺点源于叠前时间偏移的基本假设条件：偏移孔径内速度不发生横向变化。再次用图 17.4-2 来说明。观察反射层 B 点，在假设该孔径范围内速度没有横向变化的情况下，我们注意到图中虚线描绘的是偏移孔径内计算出的叠前时间偏移道集。然而实际的地震射线是沿着图中灰色实线（“真”射线）路径进行传播的：实际地震波是穿透不同介质进行传播的（可能是横向速度变化）。因此，对于复杂构造区域的成像，叠前时间偏移很难得到比较理想的效果。

最后一点是由于叠前时间偏移的偏移算子是在一维模型条件下计算的，因此叠前时间偏移不能解决多路径和焦散成像问题。

尽管存在许多优点使得叠前时间偏移依然被广泛应用，但是在复杂地质体、横向速度变化大和存在各向异性的情况下，使用叠前时间偏移不可能得到一个好的叠加数据。取得精确地下反射层成像的替代方法是叠前深度偏移。

第18章 速度分析

18.1 叠加速度分析原理

对于多次覆盖地震记录，已知共中心点（CMP）道集反射波时距曲线方程为

$$t_i = \sqrt{t_0^2 + \frac{x_i^2}{V^2}} \qquad (i = 1, 2, \cdots, N) \tag{18.1-1}$$

式中，t_i 为反射波到达时间；t_0 为界面垂直反射时间；x_i 为炮检距；V 为地震波速度。

可见反射波到达时间 t_i 的表达式中含有速度。叠加速度分析的基本思想是，给定一系列速度值，分别对 CMP 道集动校正叠加，叠加道能量为速度的函数，当试验速度与时距曲线中含有的速度相同时，动校正后剩余时差为零，叠加能量最强。叠加能量最强时对应的动校正速度称为最佳叠加速度，即该速度分析为叠加速度分析。叠加速度分析建立在双曲线时距方程的基础上，因此有以下结论：对单层模型反射波，求取的叠加速度为层速度 V_i；对水平多层介质模型，求取的叠加速度为均方根速度 V_σ；对倾斜多层介质模型，求取的叠加速度为等效速度 V_φ。

作为叠加速度分析基础的式（18.1-1）中的 t_i 为反射波到达时间，即说明有反射波存在，叠加能量也是以反射波为依据的，因此从原理上讲，叠加速度分析存在一个多道信号的最佳估计问题。

设反射信号用 $s(t)$ 表示，则第 i 道的反射信号为 $s(t - t_{xi})$，若用 $n(t)$ 表示随机干扰，则第 i 道的地震记录为

$$f_i(t) = s(t - t_{xi}) + n_i(t) \tag{18.1-2}$$

用离散形式可表示为

$$f_{i,k}(t) = s_{k-r_i} + n_{i,k} \tag{18.1-3}$$

式中，$k = \frac{t}{\varDelta}$；$r_i = \frac{t_{xi}}{\varDelta}$ 为反射波到达时间；$\varDelta$ 为采样率。若把式（18.1-3）中的时间变量作坐标平移，即将反射波到达时间统移至零点，可令 $j = k - r_i$，于是地震记录可表示为

$$f_{i,j+r_i}(t) = s_j + n_{i,j+r_i} \tag{18.1-4}$$

设地震反射波 s_j 的估计值为 $\hat{s}_j$，利用最小二乘法，求估计值与多道地震记录的误差平方和为

$$Q = \sum_{j=0}^{M} \sum_{i=j}^{N} (f_{i,j+r_i} - \hat{s}_j)^2 \tag{18.1-5}$$

并令 $\frac{\partial Q}{\partial s_i} = 0$，解得

$$\hat{s}_j = \frac{1}{N} \sum_{i=1}^{N} f_{i,j+r_i} \tag{18.1-6}$$

式中，$\hat{s}_j$ 为反射信号的最佳估计值，当噪声 n_i 的平均值为零时，估计值为实际反射信号，即 $\hat{s}_j = s_j$。将最佳估计值代入式（18.1-5），得误差能量（即误差平方和）最小的能量表达式：

$$Q_{\min} = \sum_{j=0}^{M}\sum_{i=j}^{N} f_{i,j+r_i}^2 - \frac{1}{N}\sum_{j=0}^{M}\left(\sum_{i=j}^{N} f_{i,j+r_i}\right)^2 \tag{18.1-7}$$

式中，N 为叠加道数；M 为反射波时窗长度（点数）。

在信号最佳估计中，式（18.1-7）表示叠加能量的基本方程，由 $r_i\varDelta = t_{xi} = t_{xi}(V)$，即有 $Q = Q(r_i) = Q(V)$，当反射波初至 r_i 正确时，或动校正速度正确时，能量达到极小。因此，该式也为叠加速度分析中判别最佳叠加速度的基本准则。实际应用中，可将求极小转变为求极大，通过对式（18.1-7）变形，可得到以下三个实用的判别准则。

（1）平均振幅能量准则：

$$Q_{\min} = E(t_0,V) - N\bar{A}(t_0,V) \tag{18.1-8}$$

$$Q \to Q_{\min}\bar{A}(t_0,V) = \sum_{j=0}^{M}\left[\frac{1}{N}\sum_{j=0}^{M} f_{i,j+r_i}^2\right] \tag{18.1-9}$$

式中，$E(t_0,V)$ 为总能量；$\bar{A}$ 为平均振幅能量，当 $Q \to Q_{\min}$ 时，$\bar{A} \to \bar{A}_{\max}$。

（2）相似系数准则：

$$Q_{\min} = E(t_0,V)[1 - S_c(t_0,V)] \tag{18.1-10}$$

$$S_c(t_0,V) = \frac{\sum_{j=0}^{M}\left(\sum_{i=j}^{N} f_{i,j+r_i}\right)^2}{N\sum_{j=0}^{M}\sum_{i=j}^{N} f_{i,j+r_i}^2} \tag{18.1-11}$$

式中，$S_c(t_0,V)$ 称为相似系数。

（3）互相关准则：

$$Q_{\min} = \left(1 - \frac{1}{N}\right)E(t_0,V) - \frac{2(M+1)}{N}K(t_0,V) \tag{18.1-12}$$

$$K(t_0,V) = \frac{1}{M+1}\sum_{j=0}^{M}\sum_{i=1}^{N-1}\sum_{i'=i+1}^{N} f_{i,j+r_i}\cdot f_{i',j+r_i'} \tag{18.1-13}$$

式中，$K(t_0,V)$ 称为互相关系数。

三个判别准则分别利用了地震波的不同特征，实际应用中各有优缺点。若将三者组合，应用效果最佳。

18.2　速　度　谱

速度谱的概念是仿照频谱的概念而来的。频谱表示波的能量相对频率的变化规律，而将地震波的叠加能量相对速度的变化规律称为速度谱。速度谱是速度分析中最常用的一种表示速度分析结果的形式。根据三个不同的判别准则制作的速度谱，又可分别称为叠加速度谱、相似系数速度谱和相关速度谱。

1. 叠加速度谱的基本原理和制作方法

由前述可见，叠加能量 $\overline{A}$ 是 t_0 和 V 的函数，这是一个二维变量的最优化问题。对于速度分析中的这类二维优化问题求解，通常采用最原始、最简单且最可靠的方法——扫描试验法。对某一反射波，用各种速度值 V_j 逐一计算 $\overline{A}$ 的大小，当 $V_j = V(t_0)$ 时，$\overline{A}$ 达到极大。V_j 称为扫描速度。在实际工作中，反射波的 t_0 也是未知的，但可将每个采样点（或隔一定间隔）的 t_0 时间均看作存在反射波进行 t_0 扫描。例如，对某一给定的 t_{0k} 时间，按一定速度步长（或间隔）的扫描速度 V_j 计算其共中心点道集反射波时距曲线：

$$t_{ij} = \sqrt{t_{0k}^2 + \frac{x_i^2}{V_j^2}} \qquad (i = 1,2,\cdots,N;\ j = 1,2,\cdots,J) \tag{18.2-1}$$

据此曲线在共中心点道集各道上取值并叠加，计算叠加振幅能量。改变 t_0 重复以上步骤，可得一个二维叠加能量矩阵 $\overline{A}_{k,j}\ (k = 1,2,\cdots,K;\ j = 1,2,\cdots,J)$，其中，$k$ 为计算的 t_0 总个数；j 为扫描速度个数；$\overline{A}_{k,j}$ 也称为叠加速度谱能量矩阵。

当扫描速度中某一速度值与该层速度 $V(t_{0R})$ 一致，则用 $[t_{0R}, V(t_{0R})]$ 计算的时距曲线与实际反射波同相轴一致，叠加后其能量必为极大。而对于速度参数与实际不一致或者不存在反射波的 t_0 时间的情况，叠加能量变小或趋于零，如图 18.2-1（b）和（c）所示。本书将同一 t_0 不同速度计算的能量曲线称为速度谱的谱线，即速度谱由多条谱线组成。根据以上原理检测能量矩阵中能量团的极值点所对应的 t_0 和 $V(t_0)$，即为该 t_0 对应的最佳叠加速度。各能量团极值的连线即为速度随深度的变化曲线，称为 $V(t_0)$ 曲线，如图 18.2-1（d）所示。

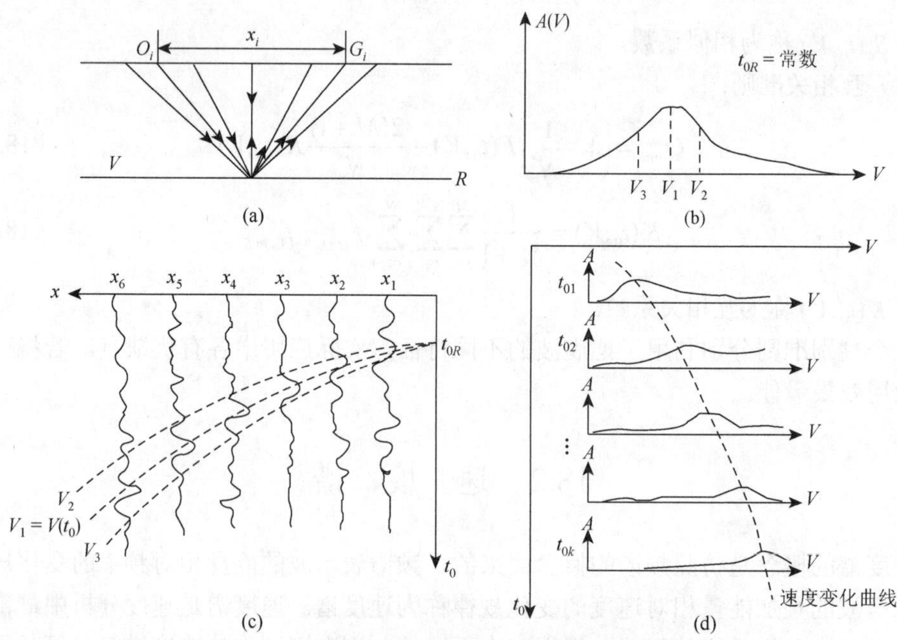

图 18.2-1　用多次覆盖资料计算速度谱原理图

由此可见，叠加速度谱的制作过程主要由三大步骤组成，即 t_0 扫描、速度扫描和计算叠加能量。对于相关速度谱，只需将计算叠加能量改为计算相关系数即可。

2. 速度谱的显示

将速度谱能量矩阵如何用图形表示称为速度谱的显示问题。二维能量矩阵若用图形表示就是一个三维问题。一般用二维平面坐标分别表示扫描速度 V_j 和扫描时间 t_{0k}，将叠加能量以不同的形式显示就形成了不同形式的速度谱。如图 18.2-2 所示为三维显示形式的速度谱，其中显示的“小山头”为能量团，每个能量团对应着一个反射信息。

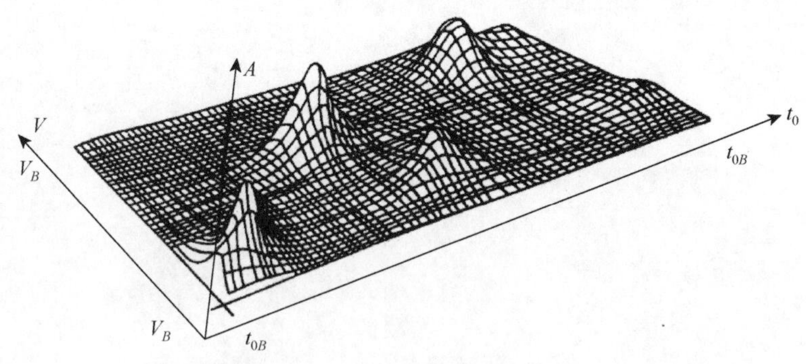

图 18.2-2 三维显示形式的速度谱

18.3 偏移速度分析

在偏移处理中，偏移成像的效果在很大程度上依赖于速度模型的正确性。可把用于偏移的速度统称为偏移速度，用偏移的方法求取速度称为偏移速度分析。另外，偏移方法不同，偏移速度的定义也不一样。对于时间偏移，所用的速度称为等效偏移速度，其物理含义可理解为将某界面以上等效为均匀层，等效后的偏移速度为等效偏移速度。而对于深度偏移，所用的速度称为层速度。因此，偏移速度分析又可分为等效偏移速度分析和层速度分析，前者采用时间偏移方法，而后者采用深度偏移方法，两者均属于叠前偏移。

偏移速度分析在 CRP 道集或 CMP 道集上进行，给定一系列试验速度，用叠前偏移方法对道集进行叠前偏移成像，当偏移速度正确时，来自界面同一点的波场偏移后应归位于同一点。利用互换原理，若将相邻 m 个 CMP 道集按炮检距重排为一伪炮集形式，则伪炮集偏移后的成像道集称为偏移小剖面。在小剖面上形成的“界面波形同相轴”就应是一条水平线。当偏移速度偏小时，同相轴上翘；当偏移速度偏大时，同相轴下弯。若将偏移小剖面叠加，求其能量，则可利用能量判别准则检测出正确的偏移速度；也可仿照叠加速度谱，以图形形式输出偏移速度谱。

在求取等效偏移速度和层速度时，除所用的叠前偏移方法不同外，还应注意求等效偏移速度时，层间互不影响。而层速度分析则是用逐层剥层的方法进行，存在误差传递问题，因此偏移速度分析配合交互手段效果更佳。

第四篇　地震资料解释方法与技术

第 19 章　地震资料的构造解释

在地震勘探中，地震资料解释占有十分重要的地位。地震资料解释是把经过处理的地震信息变成地质成果的过程。经过处理得到的时间剖面虽然可以一定程度地反映地下地质构造特点，但还存在许多假象，需要运用地震波的有关理论进行分析对比，去伪存真。同时还要把时间剖面转换成深度剖面，绘出空间地层构造图。再根据各种地震参数，以及地质、钻井和其他物探资料进行综合分析，绘出地层、岩性和烃类检测等成果图件。在上述工作基础上，就可以对测区做出含油气评价并提出钻井位置。可见，没有地震资料解释工作，地震勘探就不会得到地质成果，而地震数据的采集和处理都是间接或直接地为解释工作服务。

地震资料解释由“光点”阶段发展到“数字”阶段，已经发生了很大变化：由对简单构造的解释发展到对复杂构造的解释；由对地层沉积特征的一般描述和分析发展到对地层和岩性的细致解释；由间接找油气发展到直接对烃类的检测。地震资料解释的内容丰富、多样，它包括四个方面：①构造解释；②地层解释；③岩性解释和烃类检测；④综合解释。这四个方面的工作是相互配合和有机联系在一起的，构成了地震资料解释的总流程（图 19.0-1）。地震资料解释工作可以说是一门艺术，它需要清楚地了解高度发展的有关技术和地壳内部实际发生的一些现象。这概括地说明了现代地震资料解释工作的特点。在光点记录阶段，地震资料解释人员的经验是影响解释工作的重要因素。在现代地震勘探中，随着用于地震资料解释的信息和手段的增加，解释中这种人为的“艺术”成分已相对减少。现代地震资料解释工作具有以下几个特点：地震资料解释自动化程度越来越高；地震资料解释工作与处理密切结合；构造、地层、岩性和油气全面解释；地质、地球物理综合解释程度提高；地震资料解释工作技术性增强，对地震资料解释人员的业务素质要求随之提高。

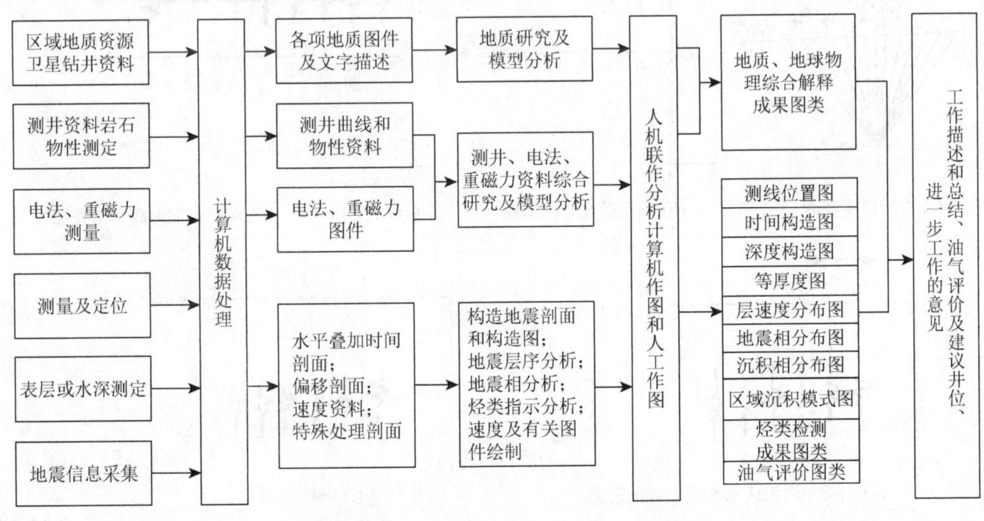

图 19.0-1　地震资料解释工作流程图

当前，我国在数据采集和资料处理方面都已采用了先进的仪器和技术，但地震资料解释工作还没有跟上。为提高我国地震资料解释工作水平，提高现有地震资料解释人员素质、壮大地震资料解释人员队伍，已成当务之急。因此，更新以往的地震资料解释理论和方法，建立适合我国的系统完善的地震资料解释理论尤为必要。

19.1　地震资料显示与构造解释流程

19.1.1　地震资料的显示

通过野外地震信息采集获得的数字磁带记录，用计算机作一系列处理，便可得到许多用于解释的资料，其中水平叠加和偏移叠加时间剖面，是用来做构造解释的基本资料。因此，有必要回顾时间剖面的形成过程，以加深对时间剖面的认识。

在对一个工区开展地震勘探工作之前，首先要根据地质任务设计许多地震测线，然后沿测线进行采集工作。当前，大多数都采用多次覆盖观测系统，对于不同的激发点和接收点，当界面水平时可以得到来自地下同一点的反射信息。通过计算机处理，把属于一个共反射点的记录道抽到一起，形成共反射点记录。经过动校正把双曲线形状的时距曲线变成与共中心点处回声反射时间一致的直线，再把共反射点的信号按道集叠加，经过显示便得到水平叠加时间剖面。对于倾斜界面需作偏移处理才能得到叠加偏移剖面（图 19.1-1）。以上只是粗略地说明了时间剖面形成的过程，为了获得符合解释要求的时间剖面，在信息采集和资料处理方面还要做许多细致的工作。

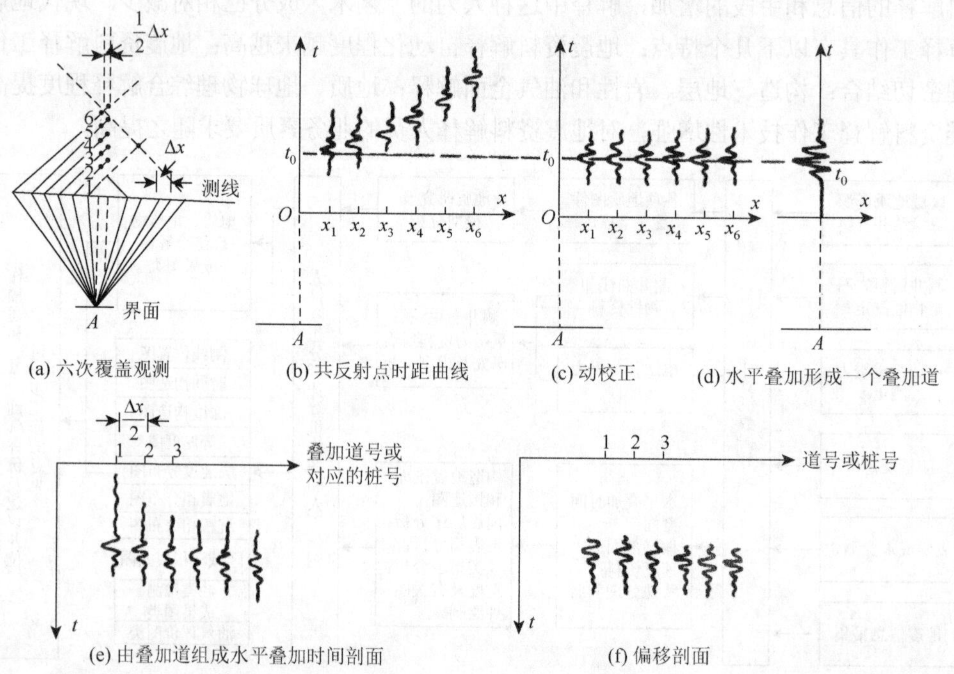

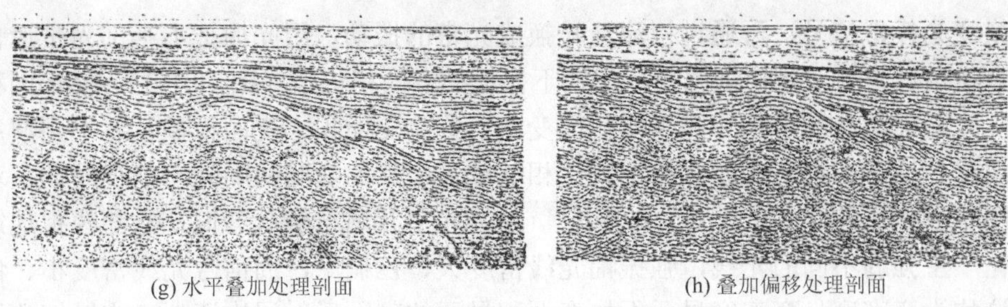

(g) 水平叠加处理剖面
(h) 叠加偏移处理剖面

图 19.1-1　时间剖面的形成

时间剖面横坐标代表共中心点叠加道的位置，一般用相应的长度桩号表示。叠加道之间的距离为接收道间距的一半，纵坐标垂直向下，代表反射时间［图 19.1-1（e）］。时间剖面上的反射时间是经过动校正处理后的，是共中心点处的时间，因此能直接反映地质构造的形态，对解释十分便利。但时间剖面还不能等同于深度剖面，速度参数还没有引进来。当地层倾角较大时，时间剖面上反映的构造现象与真实的形态和空间位置有很大差异。另外，时间剖面仍以波动形式出现，除有效反射外，其他如绕射波、侧面反射波、多次波等干扰波也可能存在，从而造成一些假象，给解释工作带来一定的困难，在经过二维和三维偏移处理后，这些假象会大为减少。

时间剖面有 5 种显示形式，如图 19.1-2 所示。

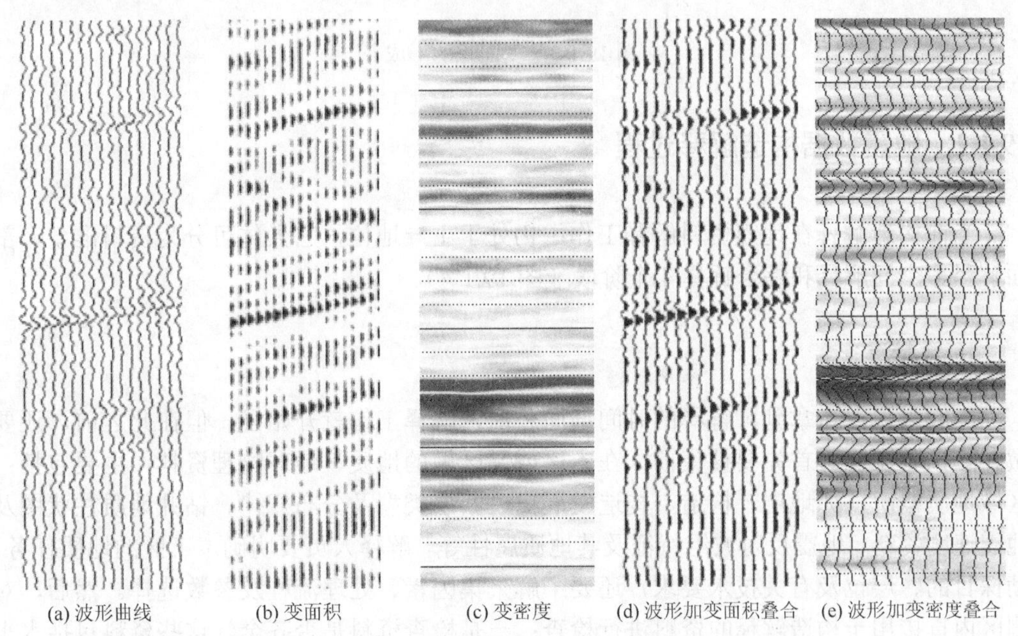

图 19.1-2　时间剖面的 5 种显示形式

波形曲线显示可细致地反映波的动力学特征，如振幅、频率和波形等；变面积显示和变密度显示能直观地反映界面形态变化。变面积显示是把处理后的地震数字信号经过模数转换变为模拟信号，再通过检流计转换成光带的振动，用光栅把下半部光带遮住，上半部光带透过光栅对照相纸感光，记录下梯形的变面积记录（图 19.1-3）。梯形面积的大小和陡度随地震波的形状和能量变化而变化，称为变面积。变面积显示看不到波谷和强波的波峰，梯形中心代表波峰的位置，相邻梯形中点的时间间隔为一个视周期，对于强波，梯形中心处，不感光则出现“亮点”。当检流计用辉光管代替时，它随模拟地震信号的变化产生强弱不同的光线，强振幅光线密度大、色调深，弱信号光线密度小、色调变白，这称为变密度。变密度显示不如变面积显示的剖面反射层次清晰，难以细致地对比，所以通常采用波形加变面积的叠合显示。变面积将波形的一部分填黑，看起来就如波形的一部分，可使反射层突出，在波谷处形成空白，便于用彩色铅笔对比标注，同时又能从波形线迹上看到波的动力学特征。

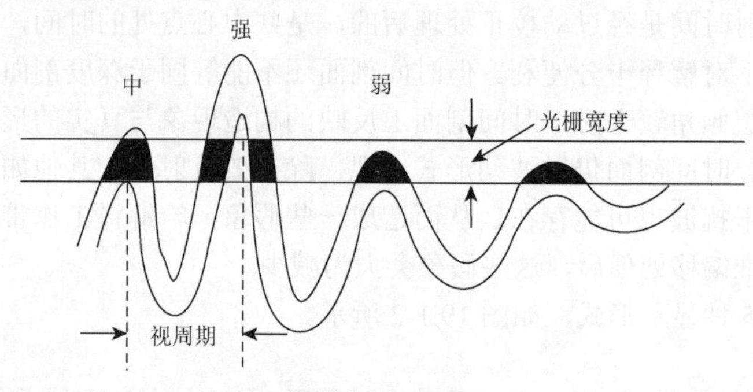

图 19.1-3　变面积的形成

19.1.2　地震数据构造解释过程

当前构造解释在地震资料解释工作中仍处于主导地位，它大体可分为资料准备、剖面解释、空间解释和综合解释 4 个阶段（图 19.1-4）。

1. 资料准备

一般来说，当拿到可解释的时间剖面之后，解释工作就开始了，但在此之前，还要做一些预备工作。首先要搜集前人在本区或邻区做的地质、地球物理资料，主要包括：区域地质概况，如地层、构造、构造发展史、断层类型及分布规律、钻井地质柱状图及地震速度资料、地震反射波组特征及其地质属性等。解释人员要明确本工区的地质任务、勘探目的、层位及有关技术要求，还要了解采集因素、处理流程及参数选择。然后，对测区内直接用于构造解释的资料进行检查：一是检查资料是否齐全，这些资料包括水平叠加时间剖面、偏移时间剖面、速度谱、表层速度资料、测井资料、观测系统及采集工作班报等；二是检查时间剖面的质量，分析采集因素和处理方法、参数运用是否恰当，资料是否可靠等。当发现问题时，应及时采取解决措施。

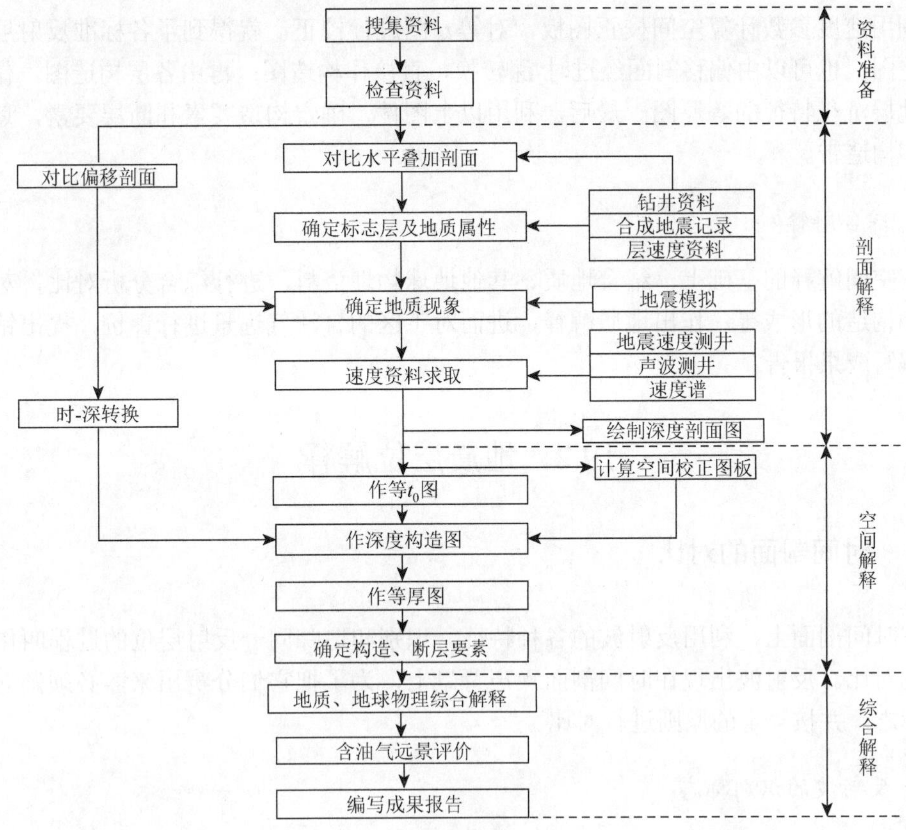

图 19.1-4　地震数据构造解释工作流程

2. 剖面解释

地震资料的采集是沿剖面逐条进行的，处理后又是以二维的时间剖面展示的，所以剖面解释是构造解释的基础。剖面解释主要是在时间剖面上进行的，首先纵观测区各条剖面，把那些特征明显、稳定的反射层选出来，作为对比层位，同时，根据所掌握的地质、物性资料，初步推断各反射层的地质属性，之后按反射波的识别标志和波的对比原则，进行对比。根据反射波的特征并结合有关资料，确定标准层及其地质属性。由反射波和异常波的特征，参照偏移剖面及利用地震模拟技术等，在时间剖面上确定有意义的地质现象，如背斜、断层、古潜山等。剖面解释还包括把时间剖面转换成深度剖面，为此，需用地震速度测井资料或者速度谱和声波测井资料进行换算，求取时-深转换参数——平均速度。

3. 空间解释

为了落实各条剖面上所确定的地质现象，还要研究它们的平面分布规律，把剖面和平面统一起来，进行空间解释。经过空间解释，才能得到全面反映地下地质构造真实形态的资料，因此，空间解释成果可以作为构造解释的最终成果。首先，把剖面上的各种地质现象展布在测线平面图上，以利于断点组合和划分构造，得到地质现象分布草图；在此基础上，沿剖面取各反射标准层的 t_0 时间，展布在测线位置图上，作成等 t_0 图；然后，利用速度参数计算空间校正图板，对等t_0图进行校正，就得到了各标准反射层的深度构造图；也可以由偏移剖面经过时-深转换，直接作构造图；再由各层构造图，作出能反映地层沉积特征的等厚图。最后，利用以上图件，确定构造要素和断层要素，划分断裂带和构造带。

4. 综合解释

在空间解释的基础上，结合地质、其他地球物理资料，进行综合分析对比，对沉积特征和构造的形成等，作出地质解释，进而对工区的含油气远景进行评价，提出钻探井位，编写成果报告。

19.2　地震层位解释

19.2.1　时间剖面的对比

在时间剖面上，利用反射波的各种特征，识别和追踪同一反射层位的过程叫作时间剖面的对比。反射波出现在时间剖面噪声背景上，为了把它们分辨出来，必须确立一些识别标志，并按一定的原则进行对比。

1. 反射波的识别标志

（1）相位相同。来自地下同一性质界面的反射波，在相邻共反射点上的t_0时间十分接近，极性相同，相位一致。相邻道的波形，波峰套着波峰，波谷套着波谷；变面积的小梯形也首尾衔接，用线连接起来叫作同相轴。同一个反射波，各延续相位的同相轴彼此保持平行（图 19.2-1）。

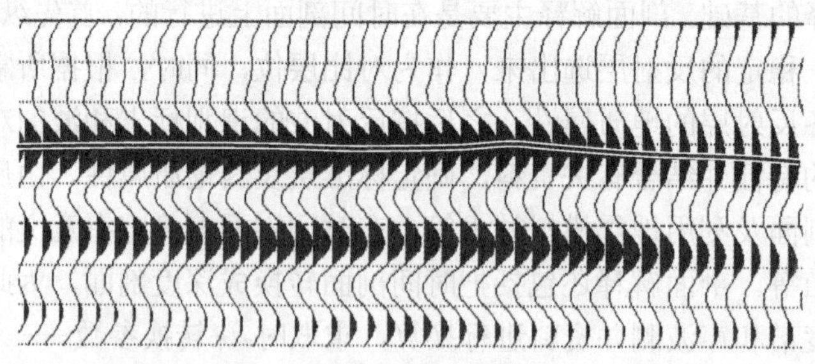

图 19.2-1　同相轴

（2）能量增强。通过采集和处理，时间剖面上的反射波一般比干扰背景能量强，振幅峰值突出。反射波的强弱与对应界面的波阻抗差有关，还和其他地震地质条件有关。

（3）波形相似。由于相邻道间激发，接收条件比较接近，当传播路径和穿地层的性质差别较小时，同一反射层的波形也基本相似。波形包括频率、相位个数、各极值间的振幅比等信息。

（4）连续性。对于可靠的反射波，除具备以上三个特征外，在横向上，还能将这些特征保持在一定距离和范围内，这种性质称为波的连续性。对于水平界面，可看到变面积小梯形首尾相接；当界面倾斜时，各梯形的腰会排列在一条共同的直线上（图 19.2-1）。反射的连续性是由界面上下两组地层性质（速度、岩性、密度、是否含流体等）的稳定性决定的。在构造解释阶段，着重研究反射层的外部形态，而常常忽略那些能反映反射层内部结构的一些不连续的反射。因此，连续性可作为衡量反射波可靠程度的标志。

上述几个标志从不同的方面反映了反射波的特征，因此它们是统一的，但也不是一成不变的。有时某些波连续性较好，能量可能较弱；不整合面上的反射一般很强，但波形通常不够稳定。此外，对比中还要考虑采集和处理对波形特征的影响。

2. 时间剖面对比的实际方法

（1）选择对比层位。时间剖面上可能有许多反射层位，如果不加选择地对比，不但会加大工作量，还会放松对有意义层位的对比追踪。为了选择那些与地质构造有关的、规律性较强的反射波进行对比，首先按顺序把全部剖面浏览一遍，将其中反射层位齐全、连续在测区内分布均匀的一些剖面，作为基干剖面。然后，选出那些在各条基干剖面上都能出现的特征明显的反射波，作为主要对比层位。如果工区内有钻井或合成地震记录等资料，还可推断反射层位的地质属性，对其中与寻找油、气有关的层位（可能成为地震标准层）应着重对比。选层时还要考虑区域地质构造特征，特别注意选择来自不整合面上的反射和能控制不同地质年代构造特征的、由浅到深的某些层位。

（2）反射层位的代号。对选出的对比层位，可由浅到深依次编号。层位代号通常表示为“T_x”形式，字母“T”代表反射波，下标“x”代表具体层位编号，可随意用数字或字母表示，如 $T_1, T_2, \cdots, T_a, T_b, \cdots$。层位代号有时也表示成“$T_x^y$”形式，其中 $y=1,2,3,\cdots$。这时 T_x 代表某一层位，$T_x^1, T_x^2, T_x^3, \cdots$ 为 T_x 层中从上至下各反射界面的代号（图 19.2-2）。

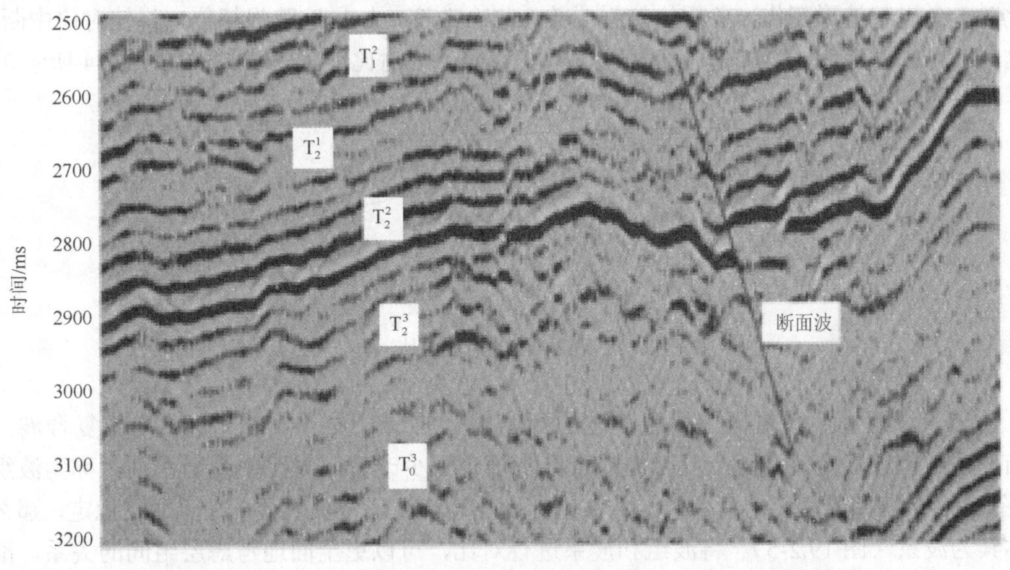

图 19.2-2　反射层及其代号

（3）对比标记。对比时可在软件中用线条标记。在剖面上按一定间隔拾取，拾取时可根据层位标定的结果确定所拾取的相位（波峰、波谷或零点），如图 19.2-3 所示。

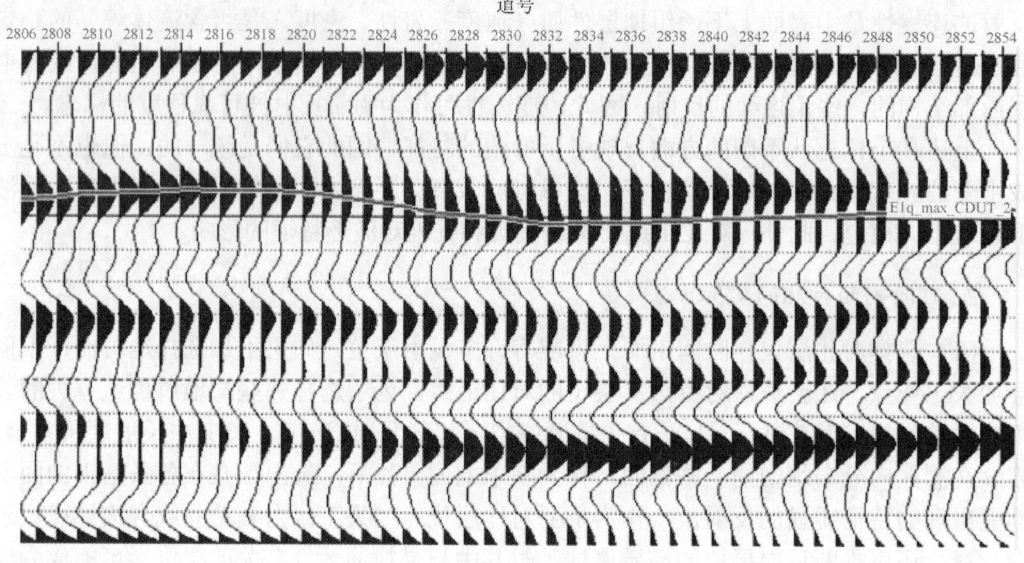

图 19.2-3　反射时间的读取

（4）相位对比。时间剖面上的波并不是与其初至对应的脉冲波，而要延续一段时间（8～60ms）。各波的初至因受到干扰和波间干涉的影响，无法对比，根据一个波各相位的同相轴平行原理，则可利用续至相位进行对比。相位对比又分为强相位对比和多相位对比：①强相位对比，对于良好的反射层位，波形横向变化稳定、连续、特征明显，可选其中最强的相位对比，既简单又可靠；②多相位对比，当反射层两边岩性或地质结构变化时，会引起波形变化，各相位的强弱关系也会改变，如只追踪强相位，将使对比中断。这时，可同时追踪一个波的几个相位，互相参照，使对比继续下去，如图 19.2-4 所示。

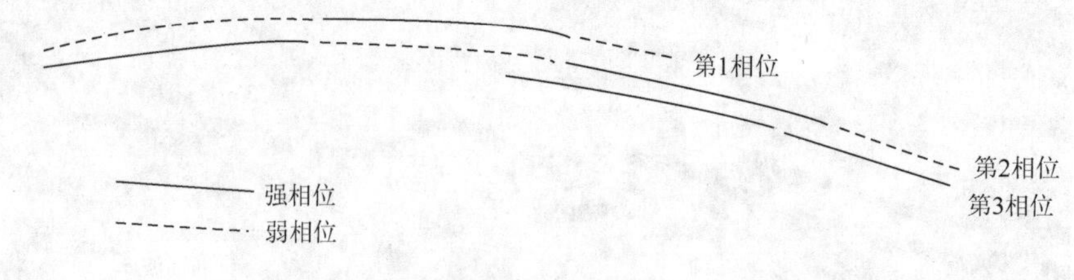

图 19.2-4　多相位对比

（5）波组和波系对比。相距较近的两个以上的反射波组合在一起，构成复合波。当地质结构较稳定时，这个复合波的干涉特征也很少改变，对比中易于识别，称为波组（图 19.2-5）。如果相邻的两个以上的波组伴随出现，波形特征明显，时间间隔稳定，那么称其为波系（图 19.2-5）。将波组和波系进行对比，可以更全面地考虑层组间的关系，准确地识别和追踪反射波，这对确定断层十分有利。

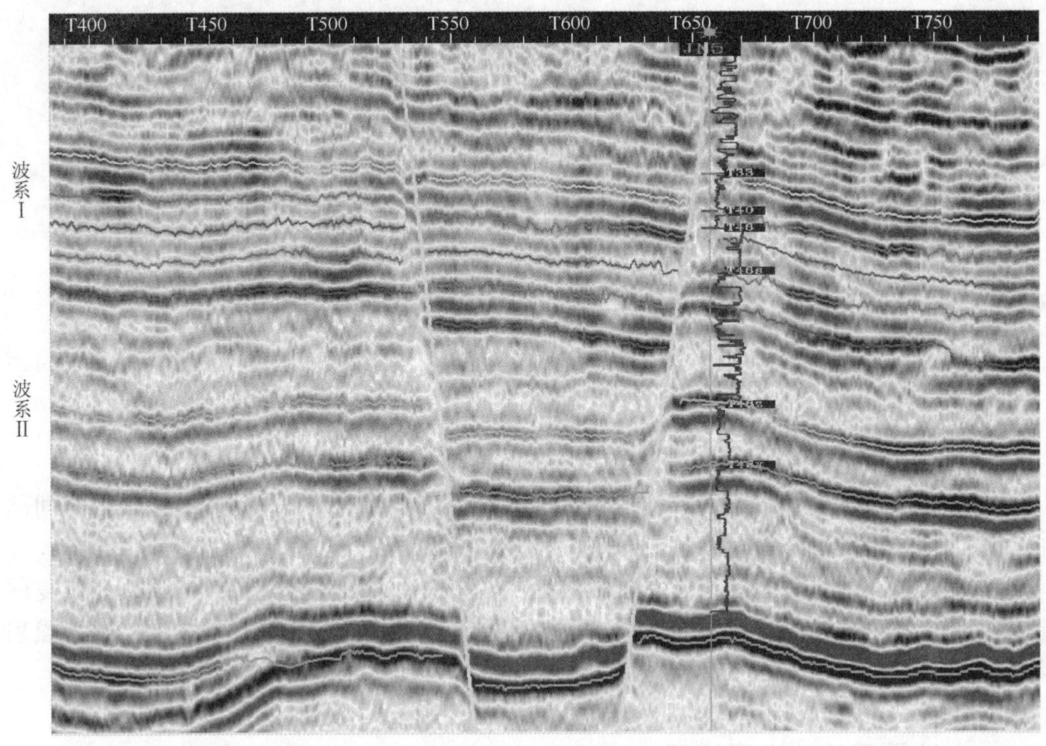

图 19.2-5　波组与波系

（6）沿测线闭合圈对比。纵测线和联络测线交织成许多闭合圈，在水平叠加剖面上，测线交点处的 t_0 时间是一致的。因此，对反射层的追踪，可以从一条剖面转到另一条剖面。沿测线闭合圈追踪同一反射层位时，t_0 时间应该闭合，当闭合差超过半个相位时，就认为没能闭合。如果因断层引起，当考虑了断层的断距后，也应闭合（图 19.2-6）。如果没有发现断层，很可能对比中有串相位的地方，应反复检查，特别要注意反射质量较差和干扰现象复杂的地段。此外，激发震源变更、处理手段不同、叠加速度改变、交点测量误差及噪声影响等，也能致使层位不闭合。因此，对比时应加以分析，不能勉强凑合。闭合也不能保证对比就一定正确，因为两次对比错误互相抵消，也可以达到闭合。

（7）利用偏移剖面进行对比。在水平叠加剖面上，记录的是 t_0 时间，对于非水平界面，它所反映的构造形态与实际相比会产生畸变，出现复杂的干涉现象，给波的对比造成困难。在偏移剖面上，反射波得到归位，绕射波收敛到绕射点上，干涉现象变得简单。因此，利用偏移剖面对比，能比较容易判断地质构造的形态和性质。但当前利用的主要是二维偏移剖面，对那些垂直构造走向的剖面，反射波基本做到了偏移归位；而对那些沿构造走向的剖面，倾角很小，偏移后位置没有什么变化。因此在测线交点处，两条偏移后的剖面上的同层反射波就不会闭合（图 19.2-7）。为了控制层位对比，通常还是以水平叠加剖面为主，而以偏移剖面作参考，主要利用偏移剖面确定地质构造现象。二维偏移不能使侧面波归位，反而会把它们当成正常反射波做了偏移，只有三维偏移才能做到真正的空间归位。

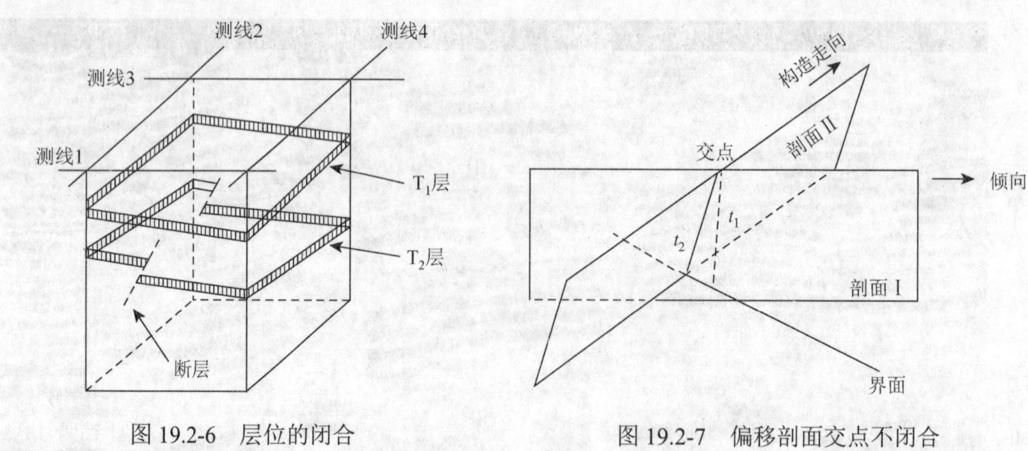

图 19.2-6　层位的闭合　　图 19.2-7　偏移剖面交点不闭合

（8）剖面间的对比。当地质构造变化不大时，在相邻的几条平行测线上，各时间剖面反映的地质构造形态、断裂出现规律，都基本相似，可以互相参照比较。

波的对比工作至关重要，它直接影响地质成果的可靠性，一定要细心认真，反复琢磨。上述一些对比方法，可综合运用，互相参照。此外，还必须通过较多的实践，累积经验，提高技巧。

19.2.2　地震层位的地质解释

确定地震标准反射层及其地质属性是剖面解释的一项重要工作，给地震层位赋予地质意义，从而把地震与地质联系起来。这项工作，通常在选择对比层位时就已开始，但那时还没有完成全区性的细致对比工作，对反射的特征、连续性和变化规律还不能确切了解，不便于与地质物探资料对比，因此只能是初步的。

1. 地震标准层的确定

地震标准层确切地是指产生反射的界面，在时间剖面上，是用反射波来代表的。标准层的反射应具备以下条件：①反射波特征明显、稳定；②在工区大部分测线上能连续追踪；③能反映地质构造（包括浅、中、深各层位）的主要特征，最好在含油层系之内。

可见，对地震标准层的解释是完成地质任务的关键。开始选择的对比层位，不一定都能成为地震标准层。有时反射质量较差，无法确定地震标准层，可在含油层系在时间剖面上相当的 t_0 时间范围内，利用若干短反射段，作出一条与它们平行的层面，称为假想层（图 19.2-8），对比时也要做到剖面间的闭合。

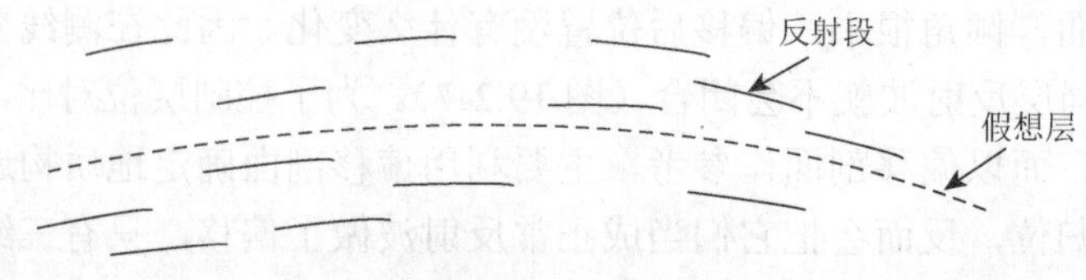

19.2-8　假想层的确定

2. 地震标准层地质属性的确定

（1）利用连井地震剖面。工区内如有钻井，要做连井测线，然后根据钻井提供的地质分层资料，由已知速度参数，把深度转换成时间，与井旁的时间剖面对比，确定反射层位所对应的地质层位。层位对比时要注意以下几点：①当界面倾斜时，由钻井剖面换算的时间不等于反射时间t_0，最好将时间剖面转换为深度剖面，再与钻井深度剖面对比。②一般时间剖面上的波动是非零相位的，最大波峰并不代表波至时间，往往滞后一个相位左右（约 30ms，相当于 50m 左右）。③地震记录是地震子波与反射系数序列的褶积，当相邻的反射时间间隔小于子波的延续时间时，各层记录子波将叠合成一个复合波组（图 19.2-9），这时，记录上的反射波就不能与地质分层吻合。④反射界面是波阻抗分界面，不一定都与岩性界面对应，如岩石颜色或颗粒大小的变化不会造成波阻抗的改变。通常，总是把反射层位定为某地质界面的顶面，有时反射界面以上地层沉积稳定，其下地层不稳定，这表明反射主要由上部地层控制，若把反射层位定为上部地层的底界面，则较为合理。

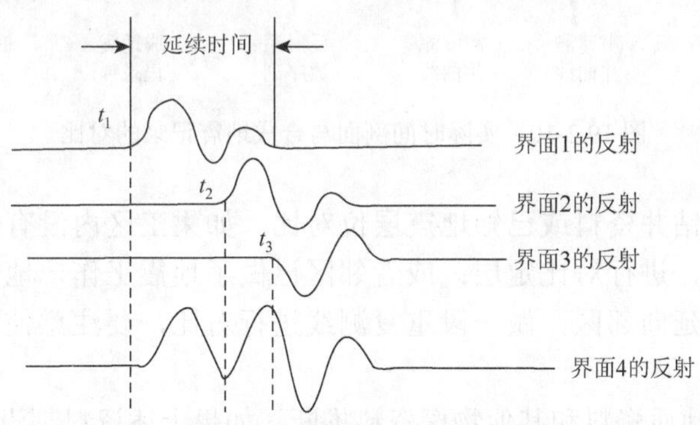

图 19.2-9　复合波组的形成

（2）利用合成地震记录。合成地震记录是根据声波测井资料做成的，可直接与时间剖面进行对比，鉴别反射波地质属性，分辨多次波。通过声波测井和密度测井，得到声速测井曲线和密度测井曲线，将它们在同一深度上的速度值与密度值相乘，得到声阻抗测井曲线，就可以求出反射系数：

$$R=\frac{\rho_2 v_2-\rho_1 v_1}{\rho_2 v_2+\rho_1 v_1} \tag{19.2-1}$$

式中，$\rho_1 v_1$、$\rho_2 v_2$分别为界面两侧地层的声阻抗。进一步可求出合成地震记录：

$$x_{(t)}=b_{(t)}\times R_{(t)} \tag{19.2-2}$$

式中，$b_{(t)}$为已知的零相位子波。图 19.2-10 就是用合成地震记录与实际时间剖面对比确定反射层地质属性的例子。为了便于对比，将单道合成（一维合成）记录连续显示 4～6 道，排列在一起，看起来很像时间剖面。合成地震记录是按时间比例尺显示的（也可按深度比例尺），在一旁可按相应的深度比例尺，将钻井地质剖面附上。对比可见，时间剖面上的强反射波是来自侏罗纪（J）地层中砂岩和页岩的分界面。当没有速度测井资料时，也可利用电测井资料，由福斯特（Faust）公式求速度：

$$V = 2\times 10^3 (z\cdot \overline{R}_C)^{1/6} \tag{19.2-3}$$

式中，V为速度；$\overline{R}_C$为地层电阻率；z为深度。此式是福斯特对大量地震测井和电测井资料进行估算后提出的，适用于深度大于200m的砂页岩沉积地层，要求地层水的矿化度变化小，自然电位曲线上没有特殊峰值。用一维合成地震记录对比定层，要求对比处反射层是水平的；记录子波应与合成地震记录子波相同。未经子波处理的时间剖面，反射至峰值较合成地震记录滞后一个相位左右。

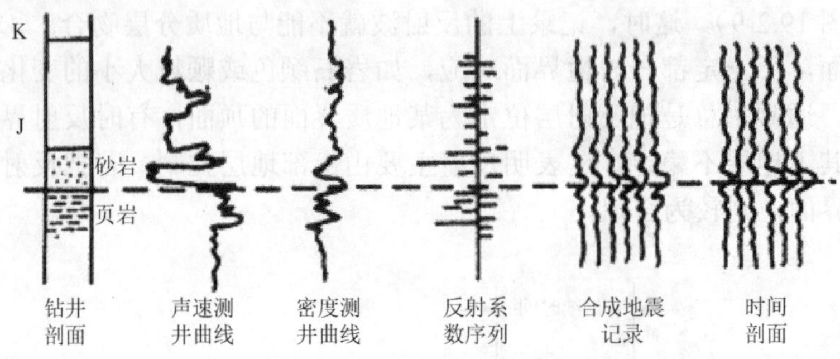

图 19.2-10　实际时间剖面与合成地震记录的对比

（3）利用邻区钻井资料或已知地震层位对比。如果工区内没有钻井，可利用邻区的钻井做连井测线，进行对比定层；或者邻区已做了地震工作，地震层位性质已知，则可将工区的测线延向邻区，做一段重复测线进行对比，要注意使采集因素与邻区保持一致。

（4）利用区域地质资料和其他物探资料推断。如果上述资料都没有，可根据区域地质资料中关于地层厚度的估算和沉积规律的结论，结合其他物探资料，推断各反射层所相当的地质层位。这样做往往会产生较大误差。

19.3　地震断层解释

断层是一种普遍存在的地质现象，它对油气的运移和聚集起着重要的控制作用，因此，对断层的解释是地震解释的重要内容。断层可以引起复杂的剖面特征，做好地震断层解释是时间剖面解释的关键。

19.3.1　断层在时间剖面的标志

（1）标准层反射同相轴发生错断，是断层在地震剖面上表现的基本形式。由于断层规模不同，可表现为波组或波系的错断。如图 19.3-1 所示，由 A、B、C 三个波组构成的波系发生两次错断，表明存在 F_1、F_2 两条断层。这类现象是中、小型断层的反映。

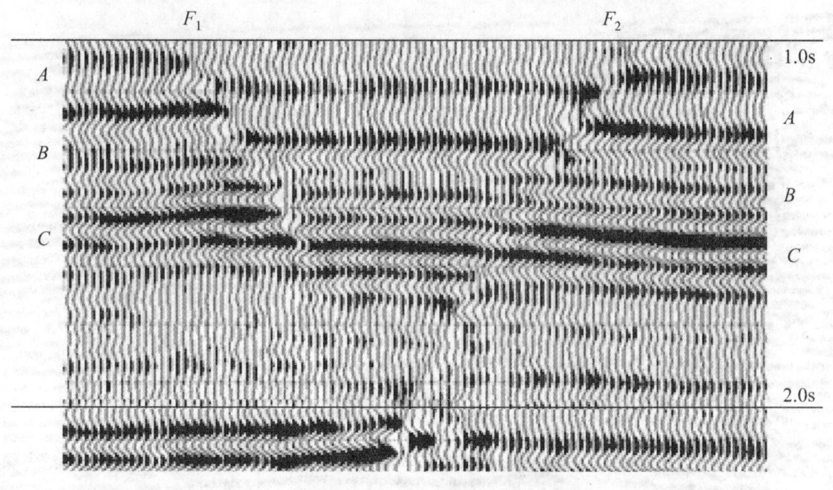

图 19.3-1　波组、波系错断

（2）标准层反射波同相轴数目突然增减或消失，波组间隔发生突变，断层下降盘地层加厚，上升盘地层变薄，从图 19.3-1 中可看出 *AB* 层厚度的这种变化。对落差达数百米的大断层，上述现象更为明显，断面两边波组不能一一对应，上升盘会缺失某些波组。

（3）反射同相轴形状和产状发生突变，这往往是断层作用所致。断层的屏蔽作用造成下降盘反射同相轴零乱，甚至出现空白反射带（图 19.3-2）。

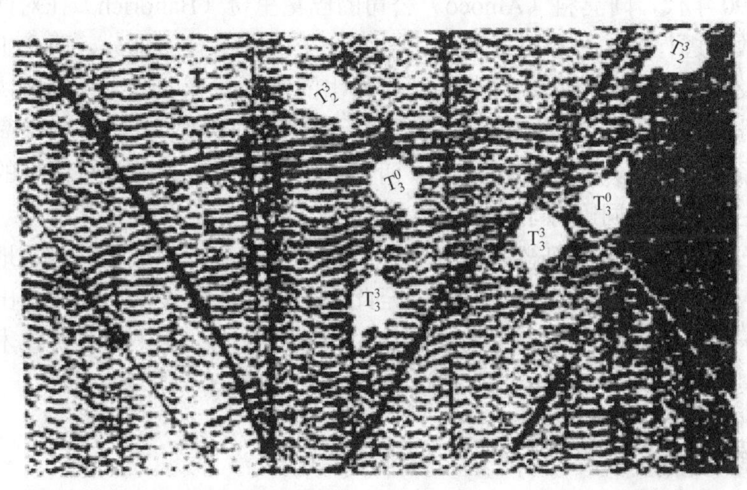

图 19.3-2　断层屏蔽造成的结果

（4）标准层反射波同相轴发生分叉、合并、扭曲及强相位转换等（图 19.3-3），这一般是小断层的反映，但要与表层、地层岩性变化的影响加以区别。

（5）断面波、绕射波等异常波的出现，是识别断层的主要标准。

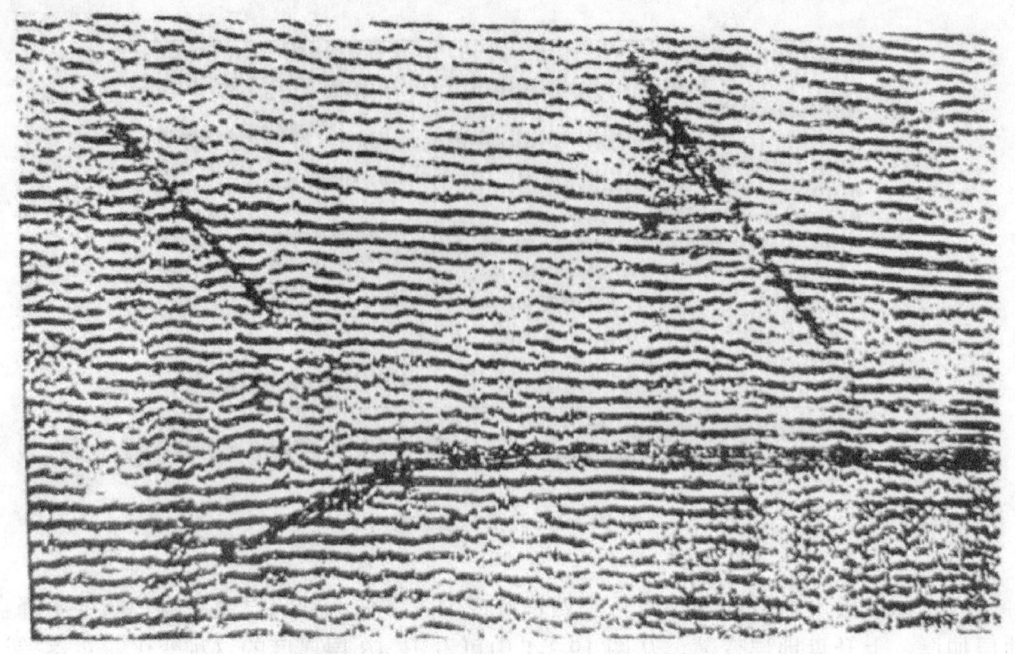

图 19.3-3 小断层所反映的同相轴变化

19.3.2 相干体断层识别方法

20 世纪 90 年代，阿莫科（Amoco）公司的巴霍里奇（Bahorich）在对两个不同二维地震工区的数据进行属性分析时发现，由于两个工区有重叠的部分，两个工区的振幅、波形、带宽及相位都不相同，地震属性分析得出的工区差异非常大。为解决这个问题，Bahorich 和研发人员一起寻找一种对震源子波不敏感的属性，开发了一个简单的计算道与道互相关系数的程序，结果不但显示了两个二维地震工区重叠部分区域的主要不连续性，而且还生成了对不同震源子波不敏感的属性切片。

Amoco 公司在美国路易斯安那州新奥尔良业务部的研发部成员、构造地质学家很快把此项技术应用于一个三维地震数据体，至此产生了相干体技术。而后又出现了基于相似系数的相干体技术、基于本征值构造算法的相干体技术。相干体分析技术是当时地球物理界最具突破性的奇思妙想，业界把这些算法简称为 C1、C2 和 C3。

1. 基于互相关的 C1 相干算法

Bahorich 和 Farmer（1995）提出了基于互相关的 C1 相干算法。C1 相干算法计算三维地震数据体中任意一点的相干系数时，需要分析该点所在的中心地震道数据、横测线方向上相邻的地震道数据，以及纵测线方向上相邻的地震道数据，并且用权值系数计算最终的相关系数来衡量信号的相似性。

如图 19.3-4 所示，对于三维地震数据体，A 点的相关值由 A、B 地震道的相干系数和 A、C 地震道的相干系数决定。

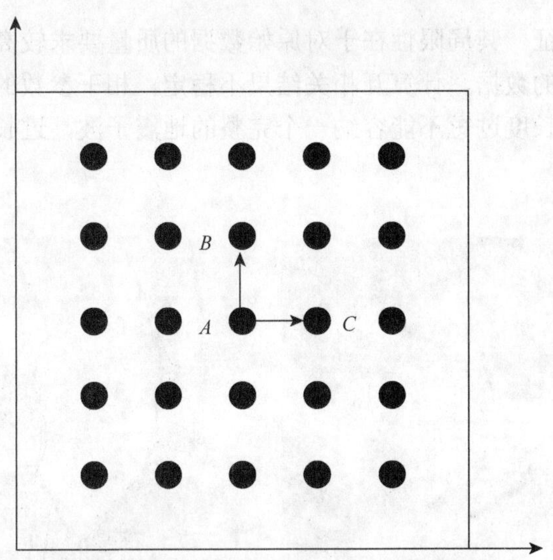

图 19.3-4　相邻地震道示意图（Bahorich and Farmer，1995）

设 $p(x,y,t)$ 是三维数据体中 (x,y,t) 点的值，ω 是时窗长度，首先定义任意一点 (x_i, y_i, t) 与纵测线方向相邻地震道的互相关系数 ρ_x（时延为 τ_1）为

$$\rho_x(x_i,y_i,t,\tau_1)=\frac{\sum_{t=-\frac{\omega}{2}}^{\frac{\omega}{2}} p(x_i,y_i,t)p(x_{i+1},y_i,t-\tau_1)}{\sqrt{\sum_{t=-\frac{\omega}{2}}^{\frac{\omega}{2}} p^2(x_i,y_i,t)\sum_{t=-\frac{\omega}{2}}^{\frac{\omega}{2}} p^2(x_{i+1},y_i,t-\tau_1)}} \tag{19.3-1}$$

下面定义任意一点 $p(x_i,y_i,t)$ 与横测线方向相邻地震道的互相关系数 ρ_y（时延为 τ_2）为

$$\rho_y(x_i,y_i,t,\tau_2)=\frac{\sum_{t=-\frac{\omega}{2}}^{\frac{\omega}{2}} p(x_i,y_i,t)p(x_i,y_{i+1},t-\tau_2)}{\sqrt{\sum_{t=-\frac{\omega}{2}}^{\frac{\omega}{2}} p^2(x_i,y_i,t)\sum_{t=-\frac{\omega}{2}}^{\frac{\omega}{2}} p^2(x_i,y_{i+1},t-\tau_2)}} \tag{19.3-2}$$

将上面纵测线和横测线的相干系数组合起来得到相关系数 ρ_{xy} 为

$$\rho_{xy}=\sqrt{\left[\max_{\tau_1}\rho_x(x_i,y_i,t,\tau_1)\right]\left[\max_{\tau_2}\rho_y(x_i,y_i,t,\tau_2)\right]} \tag{19.3-3}$$

式中，$\max\limits_{\tau_1}\rho_x(x_i,y_i,t,\tau_1)$ 和 $\max\limits_{\tau_2}\rho_y(x_i,y_i,t,\tau_2)$ 分别表示在时延时间为 τ_1 和 τ_2 时，ρ_x 和 ρ_y 的最大值。

如图 19.3-5 所示，C1 相干算法的最大优点是沿纵、横测线方向计算互相关系数，计算量小，易于实现，完全不依赖解释人员的主观意识，在水平切片上可以清晰地显示断层、古河道等地貌特征。其局限性在于对原始数据的质量要求较高，对于噪声大的地震数据只考虑相邻两道的数据，计算互相关结果不稳定。相干参数的选取对结果也有很大的影响，如相干时窗长度过短不能容纳一个完整的地震子波，过长则因平均效应降低灵敏度。

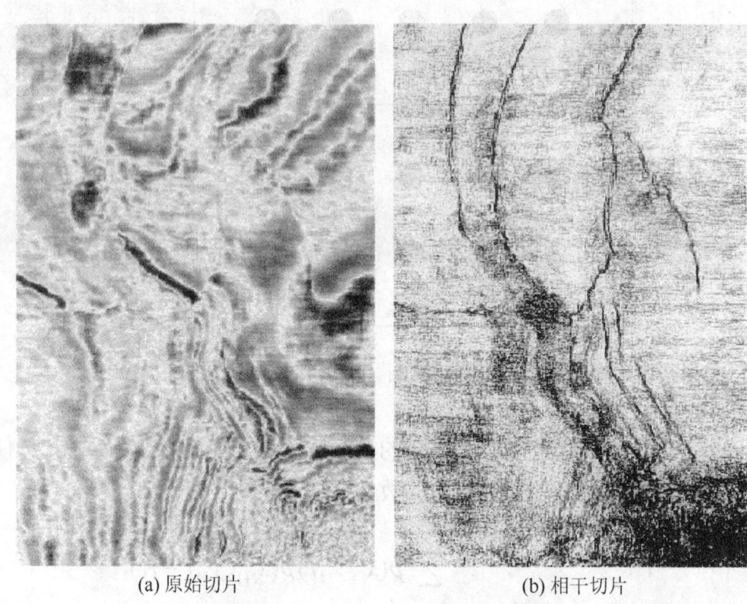

(a) 原始切片　(b) 相干切片

图 19.3-5　C1 相干算法结果图（Bahorich and Farmer，1995）

2. 基于多道相似的 C2 相干算法

Marfurt 等（1998）提出基于多道相似的 C2 相干算法（图 19.3-6）。C2 相干算法引入了协方差矩阵，可以对任意多道数据进行相干性计算，精确地计算有噪声数据的相干性，提高了抑制噪声的能力。算法如下。

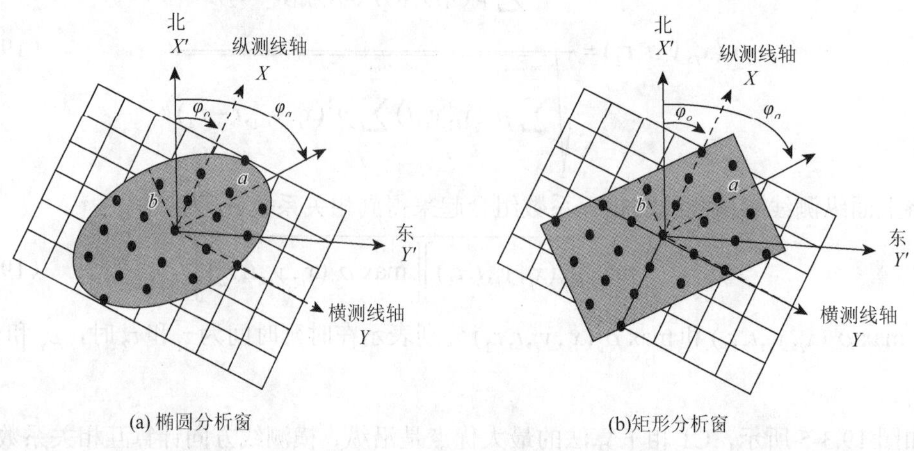

(a) 椭圆分析窗　(b)矩形分析窗

图 19.3-6　基于多道相似的 C2 相干算法数据分析窗口示意图（Marfurt et al.，1998）

设$u(x,y,t)$是三维数据中的点，计算某点的相干值，以它为中心建立一个分析窗，该窗口包含J道地震采样数据，定义一个t时刻的平面波，沿X方向和沿Y方向的视倾角分别为p和q，则中心点(x_i,y_i,t)的相似性计算公式：

$$\rho(t,p,q)=\frac{\left[\sum_{j=1}^{J}u(x_j,y_j,t-px_j-qy_j)\right]^2+\left[\sum_{j=1}^{J}u^{\mathrm{H}}(x_j,y_j,t-px_j-qy_j)\right]^2}{J\sum_{j=1}^{J}\{[u(x_j,y_j,t-px_j-qy_j)]^2+[u^{\mathrm{H}}(x_j,y_j,t-px_j-qy_j)]^2\}} \tag{19.3-4}$$

式中，$u^{\mathrm{H}}(\cdot)$表示地震道数据进行希尔伯特变换产生的地震道u的正交分量。

为了简化计算时窗内地震道的平均相似性，可以规定中心点位于$2K+1$个样点的中间值，用样点均值来提高算法的稳定性。式（19.3-4）可变换为

$$\rho(t,p,q)=\frac{\sum_{k=-K}^{K}\left\{\left[\sum_{j=1}^{J}u(x_j,y_j,t+k\Delta t-px_j-qy_j)\right]^2+\left[\sum_{j=1}^{J}u^{H}(x_j,y_j,t+k\Delta t-px_j-qy_j)\right]^2\right\}}{J\sum_{k=-K}^{K}\sum_{j=1}^{J}\{[u(x_j,y_j,t+k\Delta t-px_j-qy_j)]^2+[u^{H}(x_j,y_j,t+k\Delta t-px_j-qy_j)]^2\}} \tag{19.3-5}$$

设最大倾角$d_{\max}\geqslant\sqrt{p^2+q^2}$，则实际倾角$d$与视倾角的关系为

$$\begin{cases}p=d\sin\varphi_a\\q=d\cos\varphi_a\end{cases} \tag{19.3-6}$$

为了找到使$U(t,p,q)=\sum_{j=1}^{J}u(x_j,y_j,t-px_i-qy_i)$最小的值，根据奈奎斯特采样定理确定采样间隔，计算出式（19.3-6）的极值，得到p值和q值作为倾角信息。

如图 19.3-7 所示，C2 相干算法是在分析窗内基于多道的相干信息，结果稳定并可得到较准确的倾角信息。

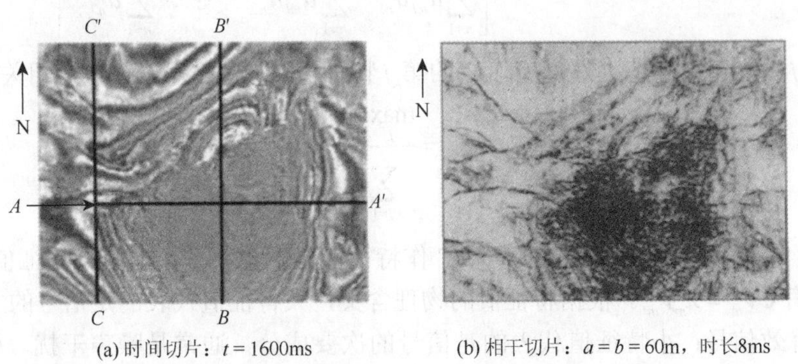

(a) 时间切片：$t=1600$ms　　(b) 相干切片：$a=b=60$m，时长8ms

图 19.3-7　C2 相干算法切片图（Marfurt et al.，1998）

3. 基于矩阵特征值的C3相干算法

C3相干算法由Marfurt等于1999年提出，通过计算协方差矩阵 $\boldsymbol{C}$ 的特征值来表示地震道之间的相似性，抗噪能力更强，分辨率也得到了较好的保障，满足断层识别的需求。

首先定义一个包含 J 道的分析窗，每道 N 个采样点组成一个 $N\times J$ 的地震采样块构成矩阵 $\boldsymbol{D}$，d_{nj} 为第 j 道第 n 个采样点，其中 $1\leqslant j\leqslant J$，$1\leqslant n\leqslant N$，矩阵 $\boldsymbol{D}$ 的每一列是一个地震道的 N 个采样点。

$$\boldsymbol{D}=\begin{bmatrix} d_{11} & d_{12} & \cdots & d_{1J} \\ d_{21} & d_{22} & \cdots & d_{2J} \\ \vdots & \vdots & & \vdots \\ d_{N1} & d_{N2} & \cdots & d_{NJ} \end{bmatrix} \tag{19.3-7}$$

J 维变量的正交关系可用协方差矩阵来表示。假设在选定的时窗内，各地震道数据的均值为零。当时窗内包含一个完整的地震子波时，该条件一般能满足，则其协方差矩阵为

$$\boldsymbol{d}_n\boldsymbol{d}_n^{\mathrm{T}}=\begin{bmatrix} d_{n1} \\ d_{n2} \\ \vdots \\ d_{nJ} \end{bmatrix}\begin{bmatrix} d_{n1} & d_{n2} & \cdots & d_{nJ} \end{bmatrix}=\begin{bmatrix} d_{n1}^2 & d_{n1}d_{n2} & \cdots & d_{n1}d_{nJ} \\ d_{n2}d_{n1} & d_{n2}^2 & \cdots & d_{n2}d_{nJ} \\ \vdots & \vdots & & \vdots \\ d_{nJ}d_{n1} & d_{nJ}d_{n2} & \cdots & d_{nJ}^2 \end{bmatrix} \tag{19.3-8}$$

若 $\boldsymbol{d}_n$ 为非零向量，则 $\boldsymbol{d}_n\boldsymbol{d}_n^{\mathrm{T}}$ 为半正定对称矩阵，将 N 个这样的矩阵相加，设为矩阵 $\boldsymbol{C}$，$\boldsymbol{D}\boldsymbol{D}^{\mathrm{T}}$ 为全部样本点的协方差矩阵：

$$\boldsymbol{C}=\boldsymbol{D}^{\mathrm{T}}\boldsymbol{D}=\sum_{n=1}^{N}\boldsymbol{d}_n\boldsymbol{d}_n^{\mathrm{T}}=\begin{bmatrix} \sum\limits_{n=1}^{N}d_{n1}^2 & \sum\limits_{n=1}^{N}d_{n1}d_{n2} & \cdots & \sum\limits_{n=1}^{N}d_{n1}d_{nJ} \\ \sum\limits_{n=1}^{N}d_{n2}d_{n1} & \sum\limits_{n=1}^{N}d_{n2}^2 & \cdots & \sum\limits_{n=1}^{N}d_{n2}d_{nJ} \\ \vdots & \vdots & & \vdots \\ \sum\limits_{n=1}^{N}d_{nJ}d_{n1} & \sum\limits_{n=1}^{N}d_{nJ}d_{n2} & \cdots & \sum\limits_{n=1}^{N}d_{nJ}^2 \end{bmatrix} \tag{19.3-9}$$

设 $\lambda_j\,(j=1,2,\cdots,J)$ 是协方差矩阵 $\boldsymbol{C}$ 的第 j 特征值，则C3相干算法的相关系数为

$$C_3=\frac{\max\limits_{j}(\lambda_j)}{\sum\limits_{j=1}^{J}\lambda_j} \tag{19.3-10}$$

若矩阵 $\boldsymbol{C}$ 满秩，每一行都独立，对 $\boldsymbol{C}$ 作特征值分解会有 J 个非零的特征值 λ_m 和特征向量 $\boldsymbol{v}_m$，有 $\boldsymbol{C}\boldsymbol{v}_m=\lambda_m\boldsymbol{v}_m$。根据特征值的物理含义，大特征值代表的是信号的主成分，它反映的是有效信号；小特征值代表的是信号的次要成分，通常是噪声干扰。如图19.3-8所示，C3相干算法仅保留大的特征值，去除小特征值可以去除噪声的干扰，改善相干体计算的分辨率。但是对于地震数据中含有大倾角地层时，相干的效果会受到影响。

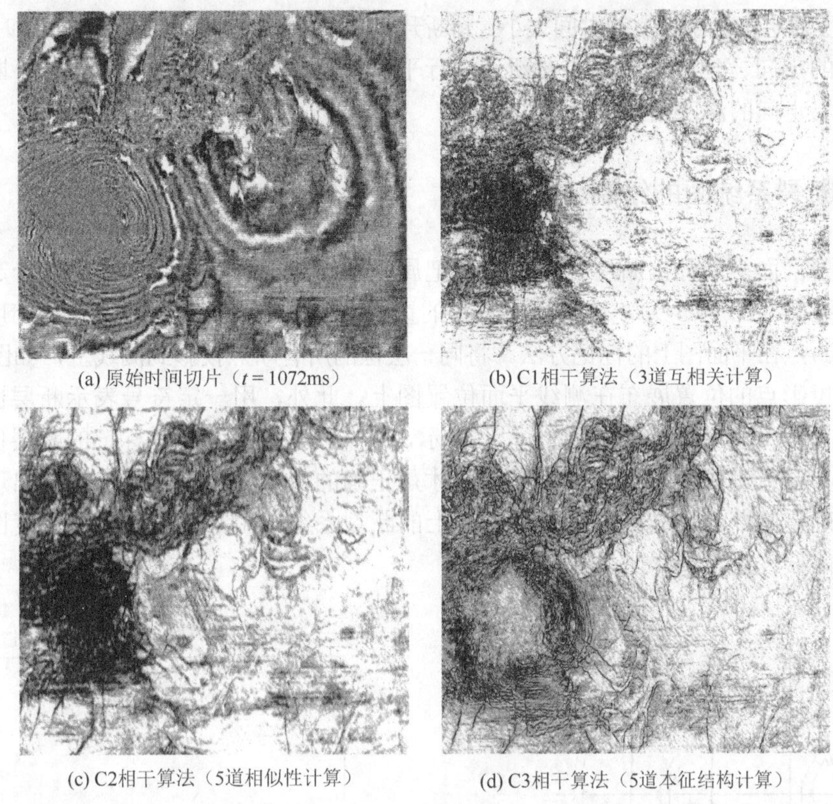
(a) 原始时间切片（$t = 1072$ms）
(b) C1相干算法（3道互相关计算）
(c) C2相干算法（5道相似性计算）
(d) C3相干算法（5道本征结构计算）

图 19.3-8　C1、C2、C3 相干算法效果对比图（Marfurt et al.，1998）

19.3.3　断层要素在时间剖面上的确定

（1）断面的确定。在二维剖面上，断面表现为断棱点的连线，可用下面一些方法确定断面。把浅、中、深标准层的反射同相轴在断棱处的中断点连接起来（就是断面），在水平叠加剖面上，这种方法确定的断面相对实际断面的位置会有所偏移，断面形状倾角也会有很大差异。反屋脊断层在水平叠加时间剖面上，断点连线还会呈扭曲状；在确定断棱处反射同相轴的中断点时，要与回转波、断面波的干涉造成的假断点相区别；此外，由于断棱点处绕射“尾巴”的存在，要借助半幅点等识别真断点。用断面波确定断面的真实位置，在偏移剖面上，如处理参数适当，断面波即可代表断面；在水平叠加剖面上可用绕射图板法，由绕射波极小点连线确定断面位置；当时间剖面上存在明显的绕射波时，可将绕射波极小点连起来，即为实际断面位置。在确定断面时要注意以下几点：①断面不可穿过可靠的反射波同相轴；②由于断面的屏蔽作用，断层下盘断点往往不够可靠，所以应主要依据上盘断点确定断面；③对断层造成的牵引现象要与绕射“尾巴”的弯曲及没有断层的地层挠曲加以区别，为此应借助偏移剖面；④在相邻的平行剖面上，同一断面的形态、倾角及断开层位基本一致。在不同方向的测线上，同一断面的倾角不同，在垂直断层走向的剖面上，断面倾角最大。

（2）断盘和时间落差的确定。当断面确定之后，断层的上、下盘也就确定了，再由断面两边对应反射层位在断点上的时间大小，判断升、降盘，求出的相对时差，即为t_0时间落差。

断层的走向、延伸长度等要在断点进行平面组合后才能确定。断面倾角、断距等要由垂直断层走向的深度剖面来确定。

19.3.4　断裂系统图的绘制

在各条剖面上划分出断层之后，需要把属于同一断层的断点在平面上组合起来，绘出断裂系统图（图 19.3-9）。这是断层解释的重要环节，它直接关系构造图的精度。

（1）断点在平面图上的标记方法。将同一层位的所有断点投影到测线上，如图 19.3-10 所示，把投影点的位置展布在测线平面位置图上。此外，用一定符号表示断层性质，如正断层用“⸓”表示，逆断层用“⸓”表示，“↑”代表倾向。这样标记的断层位置，只有对水平界面或垂直断层走向的偏移剖面才是正确的，否则相对实际位置会出现偏移。但这里所确定的断裂系统，即作为等t_0图上的断裂系统，由等t_0图制作等深度图（构造图）要做偏移校正。

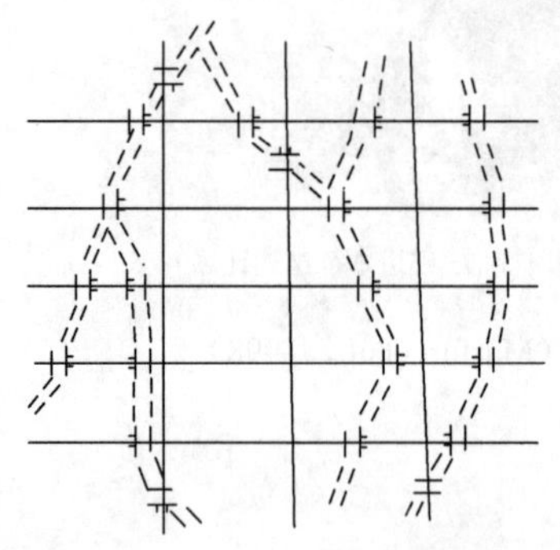

图 19.3-9　断裂系统示意图

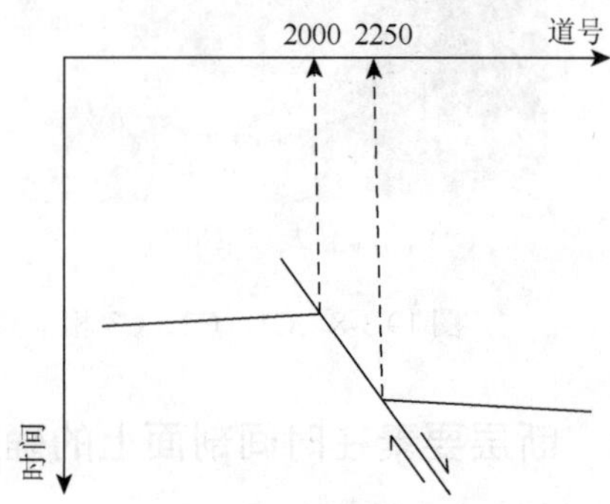

图 19.3-10　断点位置确定

（2）在不同的剖面上识别同断层的依据：①在平行的剖面上，断层性质相同，断面、断盘产状相似；②断开的地层层位基本一致或有规律变化；③断点位置靠近、断距相近或沿走向呈规律变化；④同一断块、地层产状变化一致或有一定规律；⑤区域性大断裂一般平行区域构造走向，断层两侧波组有明显差异。

（3）断点平面组合时应注意的问题：①两条断层相交时，应该用构造地质学原理加以分析，按断层发生的先后分为主干断层和派生断层。晚期的新断层应切割早期的老断层，而老断层在新断层两侧发生错动［(图 19.3-11（a）］；当两条断层相接触时，一般应是小断层的一端触到大断层上［图 19.3-11（b)），其中长支是老断层或者同时伴生的，深层断而浅层不断的一般是老断层，深、浅层都断且落差基本一致时一般为新断层，落差上小下大属于边沉积边发育的断层。②一些断点很清晰的断层，在平面连接时不能穿过无断点显示的剖面。③经平面组合后剩余的孤立断点，应是断距小、延伸较短的小断层。④当地层倾角较大（20°以上）时，确定断层和组合断点时应结合偏移剖面，但剖面平行走向时，断层仍不能实现偏移归位，有时会存在假断点，如在图 19.3-12 中，剖面 E5

在 F' 两边分别收到来自断层 F 上升盘、下降盘的反射，因而出现了假断点 F'。⑤在断点组合时，应将剖面与平面相结合，反复对比，使组合方案达到最为合理。

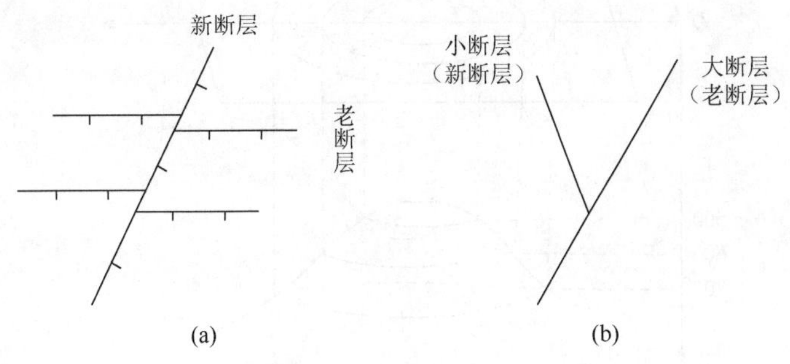

图 19.3-11　新老断层的关系

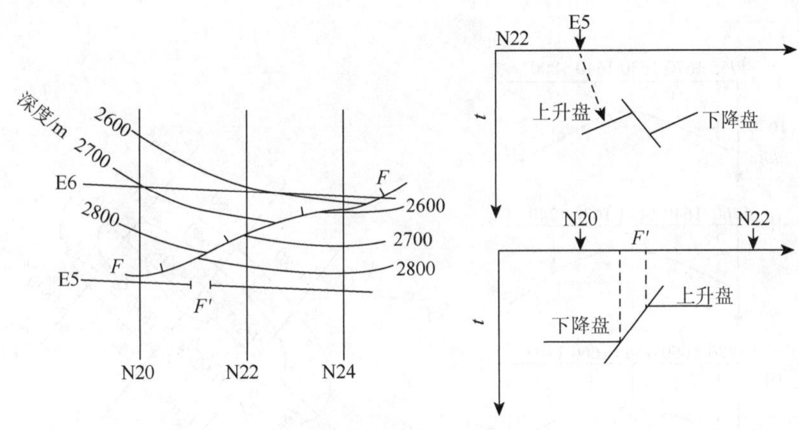

图 19.3-12　假断点的形成

19.4　构造图和等厚度图的绘制及地质解释

19.4.1　地震构造图

1. 地震构造图及其种类

（1）地震构造图的定义。地震构造图就是用等深线（或等时线）及其他地质符号表示地下某一层面起伏形态的一种平面图件。它反映了某一地质时代的地质构造特征，是地震勘探最终成果图件，是提供钻探井位的主要依据，因此，绘制构造图是一项十分重要的工作。在图 19.4-1 中，假设地下有一个穹窿构造，若将构造顶面的等深线向上投影到地平面上，得到的平面图，就是该穹窿构造顶面的等深度图或构造图。大家知道，一条深度剖面只能表示沿该剖面的地下构造形态，要想知道地质构造的空间形态，必须把测网中的各条测线的深度剖面都利用起来。如图 19.4-2 所示，把 4 条剖面上的同一反射层（T）的深度，按一定间距展布在测线平面图上，然后根据所标注的深度值绘出等深线，就得到了构造图。

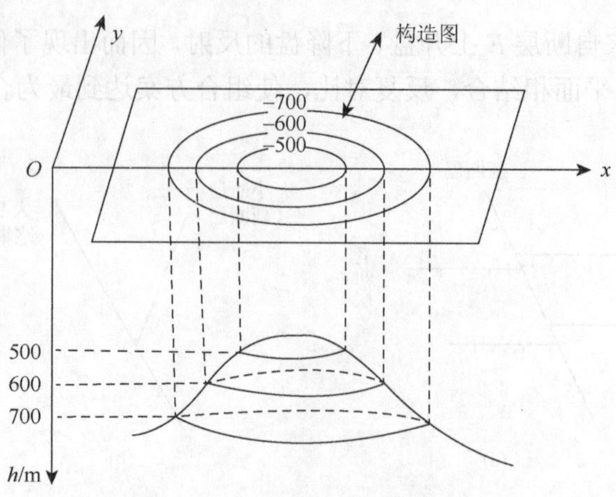

图 19.4-1　等深线投影得到构造图

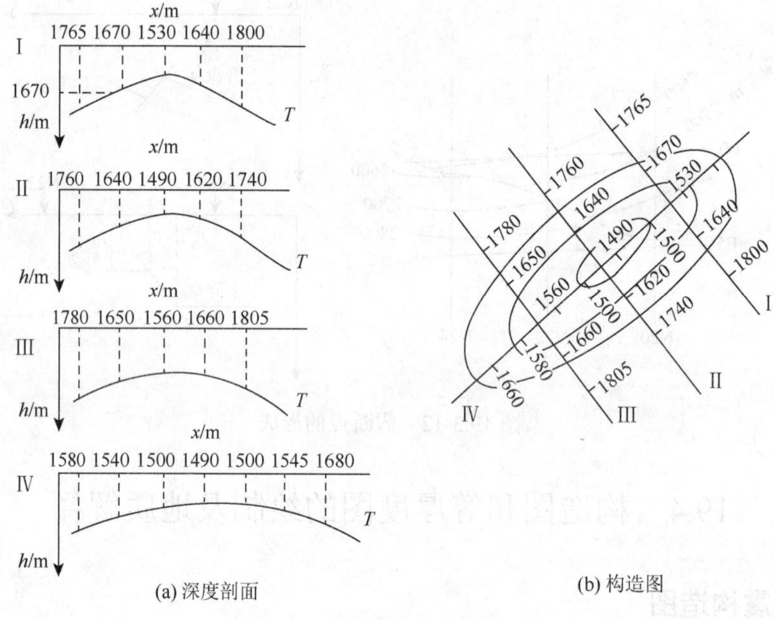

图 19.4-2　构造图与剖面图的关系

（2）地震构造图的种类。地震构造图按作图等值线的性质可分为两类：一类是用深度等值线表示的等深度图；另一类是用时间等值线表示的等 t_0 图。前者是在深度剖面基础上绘制的，也可以由等 t_0 图经过空间校正后得到，其表示的构造形态和位置直观、准确，是最终成果图件；后者是在时间剖面基础上绘制的，只能反映构造的基本形态，在位置上也存在偏移，属于过渡性图件。这类图件制作方便，对及时指导野外工作有一定作用。等深度图按深度性质又可分为真深度图、法线深度图和视铅垂深度图。后两者只能近似表示构造形成，法线深度图需要进行偏移校正，视铅垂深度图只有在界面近水平或测线垂直构造走向时，才接近真深度图。

2. 构造图的绘制步骤

地震构造图可以利用水平叠加时间剖面，经过时-深转换得到深度剖面图，制成法线深度图或视铅垂深度图，经过偏移校正就得到真深度图。也可以由水平叠加时间剖面直接作等 t_0 图，再经过空间校正得到真深度图，这种方法较简便，当前在我国已普遍采用。另外，还可以利用叠加偏移剖面直接作构造图。无论哪种方法，它们的基本作图步骤是相似的，一般都要经过以下步骤。

（1）资料的检查。因为绘制构造图的全部数据都是从剖面图（时间剖面或深度剖面）上取得的，剖面解释的可靠程度直接关系到构造图的质量，所以在绘制构造图之前，应对所有剖面进行检查。主要检查标准层的地质属性是否准确，数量上是否满足地质任务的要求；断层、超复、尖灭等地质现象的确定是否合理，上下反射层之间和相邻剖面间的解释有无矛盾之处；各剖面交点闭合误差是否在允许范围（小于等值线距的一半）以内等。值得注意的是，在连续介质情况下，当利用曲射线法绘制剖面时，如果界面倾角较大，交点处可能出现深度不能闭合的现象，如图 19.4-3 所示，Ⅰ测线沿界面走向布置，Ⅱ测线沿倾向布置。Ⅰ测线法线深度为 z_0+R_0，因界面表现为水平，法线深度垂直向下没有出现偏移［图 19.4-3（a）］；而在Ⅱ测线上，反射界面表现为倾斜，射线出现偏移［图 19.4-3（b）］，设这时量取的法线深度为 h，则有

$$\begin{cases} h < z_0 + R_0 \\ h = R_0 + z_0\cos\psi \end{cases} \tag{19.4-1}$$

这时，如交点处的 t_0 值是闭合的，则表明对比解释是正确的。否则，说明对比中存在错误。

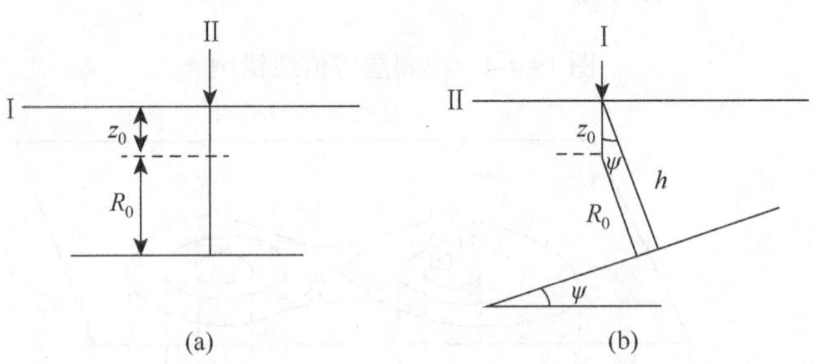

图 19.4-3　交点不闭合原理图

（2）选择作图层位和比例尺。在所对比的若干反射层次中，选择能严格控制含油气地层地质构造特征的标准层，作为绘制构造图的层位。如果在油气部位没有标准层，也可选取假想层，制作构造简图。至于要选多少个层位绘制构造图，则由地质分层和地震界面的分布情况及勘探任务而定。在角度不整合面上、下，应各选一层位，分别作构造图或构造简图。比例尺和等值线距反映了构造图的精确度，而构造图的精确度又取决于测网的密度、地质情况、勘探任务和资料质量等因素。在资料质量好、构造复杂的情况下，应选择较大的比例尺和较小的等值线距，反之亦然。在不同的勘探阶段，其构造图的作图比例尺和等值线距都是有一定要求的，详见表 19.4-1。

表 19.4-1　比例尺及等值线距

勘探阶段	比例尺	等值线距/m
区域普查	1：20 万	200
面积详查	1：10 万或 1：5 万	50 或 100
构造细测	1：5 万或 1：2.5 万	25 或 50

（3）描绘测线平面分布图。根据测量资料，用透明纸把所有测线的平面位置描下作为底图，注明测线号、测线起止桩号、交点桩号、已钻井位、主要地物及经纬度等。

3. 勾绘等值线

按规定的等值线距（表 19.4-1），根据展布在平面透明底图上的 t_0 值或深度值，勾绘圆滑的曲线。先勾出大致的轮廓，如构造的高点和低点、构造轴线等，然后考虑构造的细节。在复杂断块区，应以断块为单位勾绘。勾绘的平面图与剖面图，在构造形态、范围、高点位置和幅度等方面的特征上基本一致。勾绘构造等值线应符合构造规律。

（1）在单斜层上，等值线间隔应均匀变化，不允许出现多线或缺线现象（图 19.4-4）。

（2）两个正向（或负向）构造之间不能存在单线，如图 19.4-5 中的虚线是错误的。

图 19.4-4　单斜层等值线错例

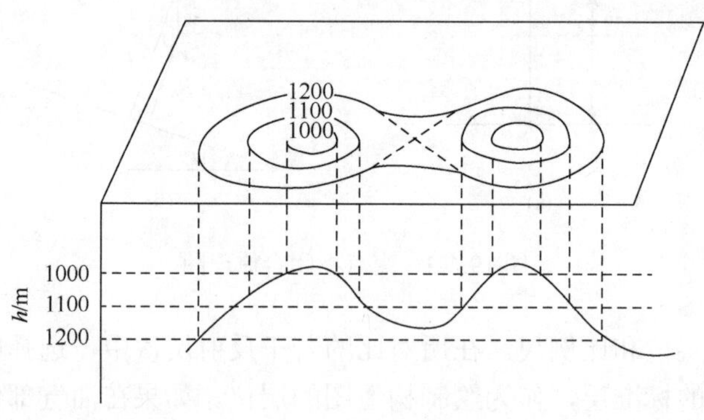

图 19.4-5　双构造等值线错例

（3）正负向构造，在无断层影响时，都应相间出现，构造轴向大体一致。

（4）勾绘断层线两侧的等值线，应考虑断开前构造形态上的联系，如图 19.4-6 所示的勾法是错误的。另外，断层上升盘某点等值线的数值加上断层的落差，等于下降盘等值线的数值，如图 19.4-7 所示。

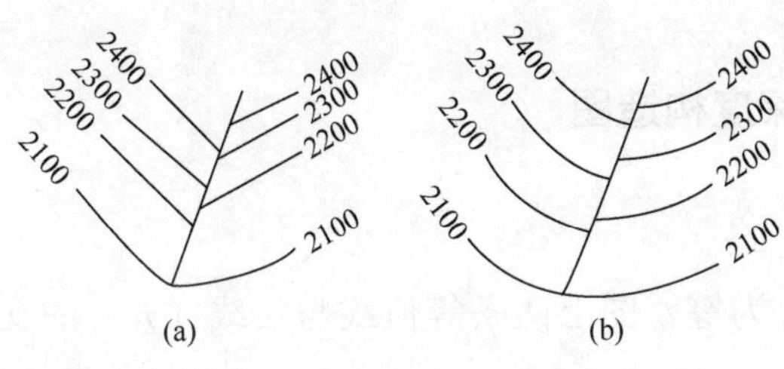

图 19.4-6　断层两边等值线错例 I

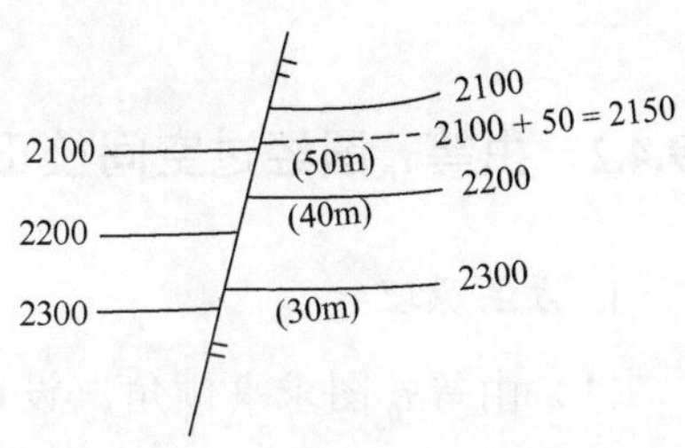

图 19.4-7　断层两边等值线错例 II

注：括号内数字表示断层落差

（5）同一断层，在上、下层构造图上的位置不能相交。当断面直立时，深浅层构造图的断层位置应当重合；当断面倾斜时，同一断层在各层构造图上应彼此平行，且深层的较浅层的往断层下倾方向偏移。

（6）背斜构造断开后，下降盘等值线的范围比同深度上升盘的小。对于正断层，上升盘、下降盘断点投影到地面上的水平位置错开，如图 19.4-8（a）所示；对于逆断层，上升盘、下降盘断点投影到地平面上，水平位置出现叠掩，如图 19.4-8（b）所示。

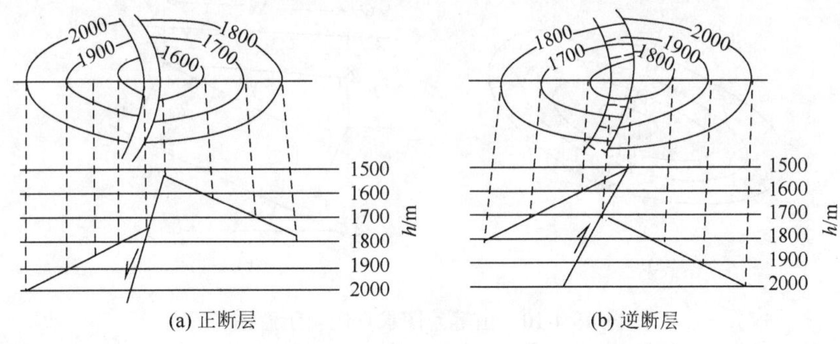

图 19.4-8　正断层与逆断层构造图的剖面图

4. 构造图的规格要求及常用地质符号

在构造图上，应标注图名、比例尺、经纬度、井位、主要地物、图例和责任表等。常用的地质符号如图 19.4-9 所示。

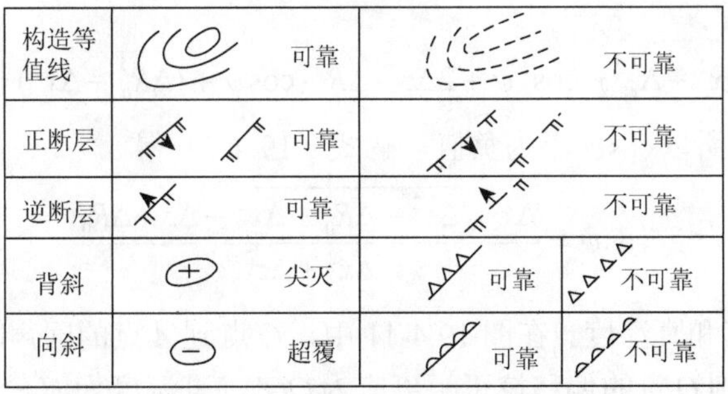

构造等值线	可靠		不可靠	
正断层	可靠		不可靠	
逆断层	可靠		不可靠	
背斜	⊕ 尖灭		可靠	不可靠
向斜	⊖ 超覆		可靠	不可靠

图 19.4-9　常用地质符号图例

19.4.2　由等 t_0 图经过空间校正作真深度构造图

1. *方法原理*

（1）由等 t_0 图求真倾角。设 O_1、O_2 为等 t_0 图上两条等值线与法线（n）的交点［图 19.4-10（a）］，方向 t_0 时间梯度 $\left(\dfrac{\mathrm{d}t_0}{\mathrm{d}n}\right)$ 比其他方向都大，因此也是界面最大倾斜方向（即倾向），其倾角为真倾角（ψ）。图 19.4-10（b）中，在 O_1 点有 $O_1C_1 = z_{01}$，$C_1A_1 = R_{01}$，在 O_2 点有 $O_2C_2 = z_{02}$，$C_2A_2 = R_{02}$。作 $C_2g \perp O_1C_1$，$C_2d \perp C_1A_1$，则 $\angle gC_2d = \angle eC_1d = \psi$。在直角三角形 $\triangle C_2ge$ 中可以看出：

$$\tan\psi = \frac{ge}{C_2g} = \frac{gC_1 + C_1e}{C_2g} = \frac{(z_{01} - z_{02}) + \dfrac{R_{01} - R_{02}}{\cos\psi}}{\Delta x}$$

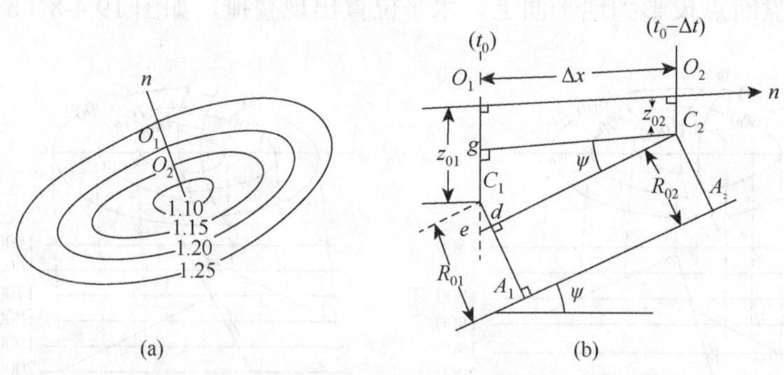

图 19.4-10　由等 t_0 图求真倾角示意图

设 $\Delta z = z_{01} - z_{02}$，$\Delta R_0 = R_{01} - R_{02}$，则有 $\Delta x \cdot \tan\psi = \Delta z + \dfrac{\Delta R_0}{\cos\psi}$。该式两边乘以 $\cos\psi$ 再平方得

$$\begin{aligned}\Delta x^2 \cdot \sin^2\psi &= \Delta x^2 \cdot (1 - \cos^2\psi) \\ &= \Delta z^2 \cdot \cos^2\psi + 2 \cdot \Delta z \cdot \cos\psi \cdot \Delta R_0 + \Delta R_0^2\end{aligned}$$

整理后得

$$(\Delta x^2 + \Delta z^2) \cdot \cos^2\psi + 2\Delta z \cdot \Delta R_0 \cdot \cos\psi + (\Delta R_0^2 - \Delta x^2) = 0 \tag{19.4-2}$$

因为 $\psi < 90°$，所以 $\cos\psi$ 不为负值，解式（19.4-2）得

$$\cos\psi = \frac{\Delta x \cdot \sqrt{\Delta z^2 - \Delta R_0^2 + \Delta x^2} - \Delta z \cdot \Delta R_0}{\Delta x^2 + \Delta z^2} \tag{19.4-3}$$

（2）求偏移距离和真深度。在图 19.4-11 中，O 点到 A 点的回声时间为 t_0，A 点在地面的投影点为 O'，则 O 点的偏移校正距离应为 OO'，真深度为 $H = O'A$，它们的计算公式从图 19.4-11 中可以看出：

$$OO' = R_0 \sin\psi \qquad (19.4\text{-}4)$$

$$H = z_0 + R_0 \cos\psi \qquad (19.4\text{-}5)$$

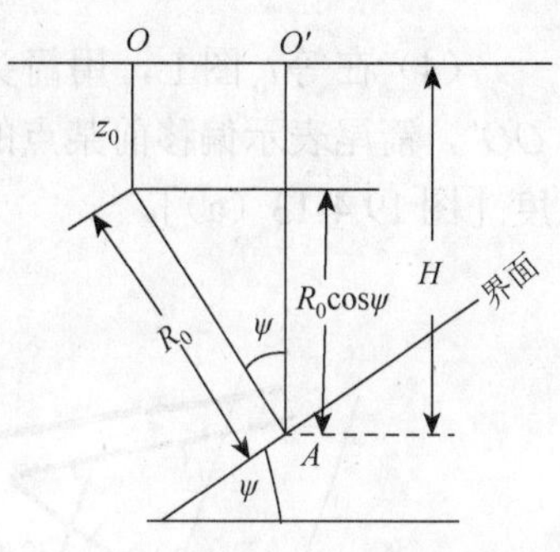

图 19.4-11　倾斜界面下的波反射

（3）空间校正数据表或图板的制作。给出某t_0值，计算z_0和R_0，由相距为Δx的O_1点和O_2点的t_0值可求出Δz_0和ΔR_0，然后由式（19.4-4）求出，再利用式（19.4-5）求出OO'和H，将t_0-Δx-OO'-H的对应数据列成表，即为空间校正数据表或图板，如图 19.4-12 所示。

计算时，t_0间隔可由t_0等值线的间隔而定，一般为$\Delta t_0 = 0.05\text{s}$，$\Delta x$间隔取 10m。但由于地层倾角的变化，$t_0$等值线的疏密变化会很大，为了保证精度，制作时可取较小的Δt_0值，如$\Delta t_0 = 0.025\text{s}$。

2. 作构造图的步骤和方法

（1）由水平叠加时间剖面作等t_0图，等值线勾绘如 19.4.1 节所述，等值线间隔可取 25ms 和 50ms。

（2）在t_0等值线上取足够多的点（包括断点），量出等值线间法线方向的水平距离Δx。

（3）根据某点上的t_0、Δx值或空间校正图板（图 19.4-12），求出偏移距OO'和真深度H。

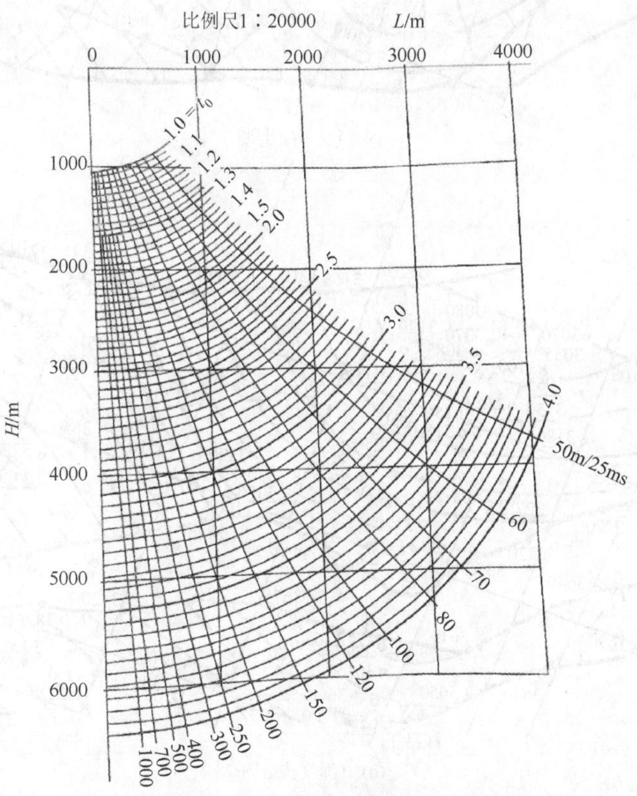

图 19.4-12　空间校正图板

（4）在等 t_0 图上，用箭头标出该点的偏移方向（上倾方向），箭杆长度表示偏移距离 OO'，箭尾表示偏移前某点的位置 O，箭头表示偏移后的位置 O'，并在点 O 处写上真深度［图 19.4-13（a）］。

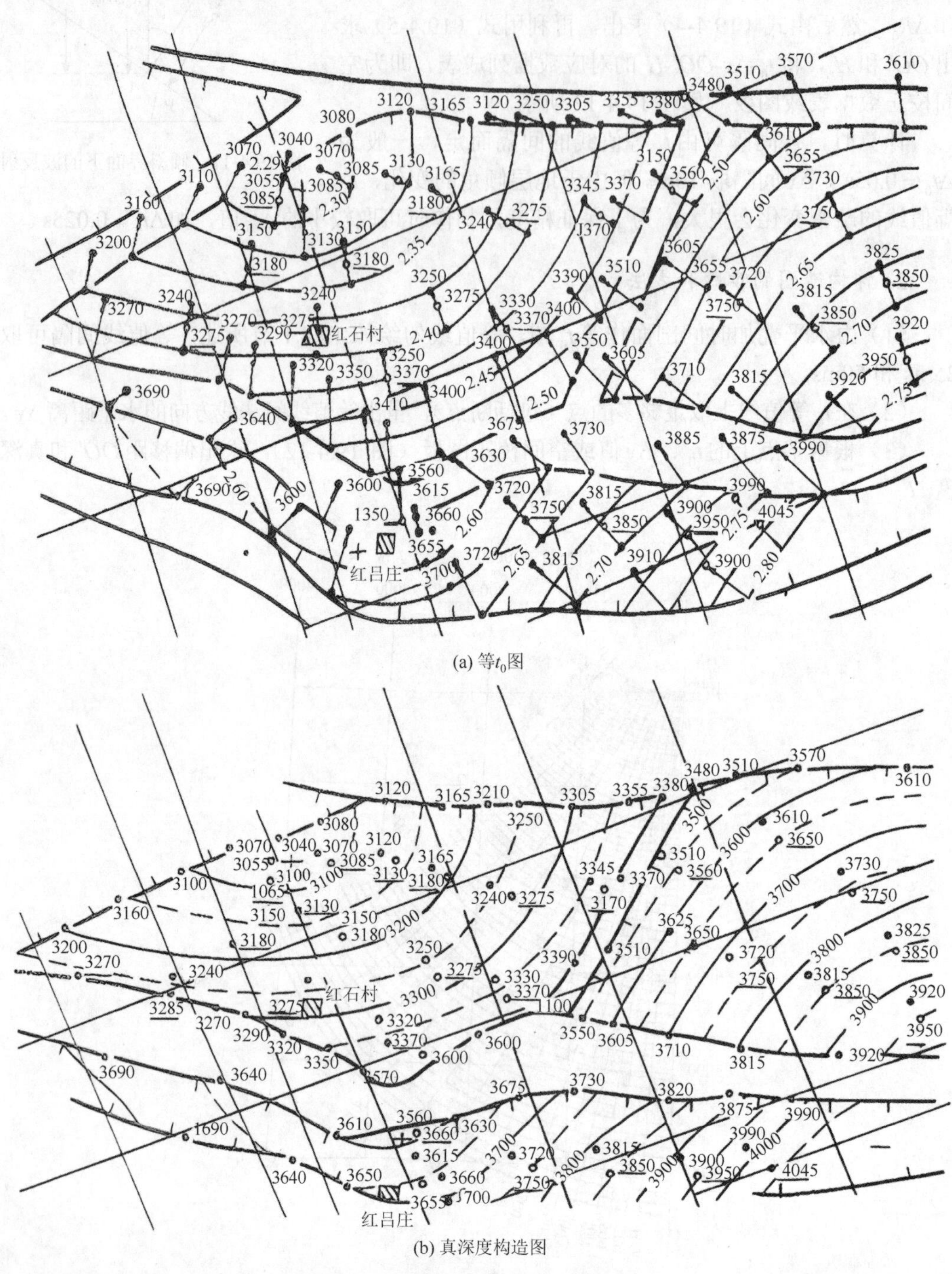

(a) 等t_0图

(b) 真深度构造图

图 19.4-13　等 t_0 图及真深度构造图

（5）根据所有偏移后点的位置和真深度值，先由偏移后的断点勾绘出断层位置，再根据 H 值按一定间隔勾绘深度等值线，即得到真深度构造图，如图 19.4-13（b）所示。

19.4.3　等厚图的绘制及地震构造的地质解释

1. 等厚图的绘制

（1）等厚图的绘制方法。表示两个地震层位之间沉积厚度的平面图称为等厚图。一般绘制等厚图只绘视厚度图，视厚度是指两个地震标准层之间的铅直深度 ΔH（图 19.4-14），它不等于真厚度 Δh。因此，利用地震构造图很容易绘制等厚图，即把画在透明纸上的两张标准层的真深度构造图，按测线位置或经纬网精确地重合在一起，在这两张图的一系列等值线的交点上，计算它们的深度差值，然后把这些差值写在另一张平面图的相应位置上，绘出视厚度等值线，便得到等厚图（图 19.4-15）。对于一级大断层，在断棱处，地层厚度可为零，在地层尖灭点处亦会如此［图 19.4-16（a）和（b）］。在厚度为零的等值线附近，等值线较密集（图 19.4-15）。对于中、小断层，一般不出现厚度为零的情况（图 19.4-16），因此可不考虑断层的存在，量取视厚度。

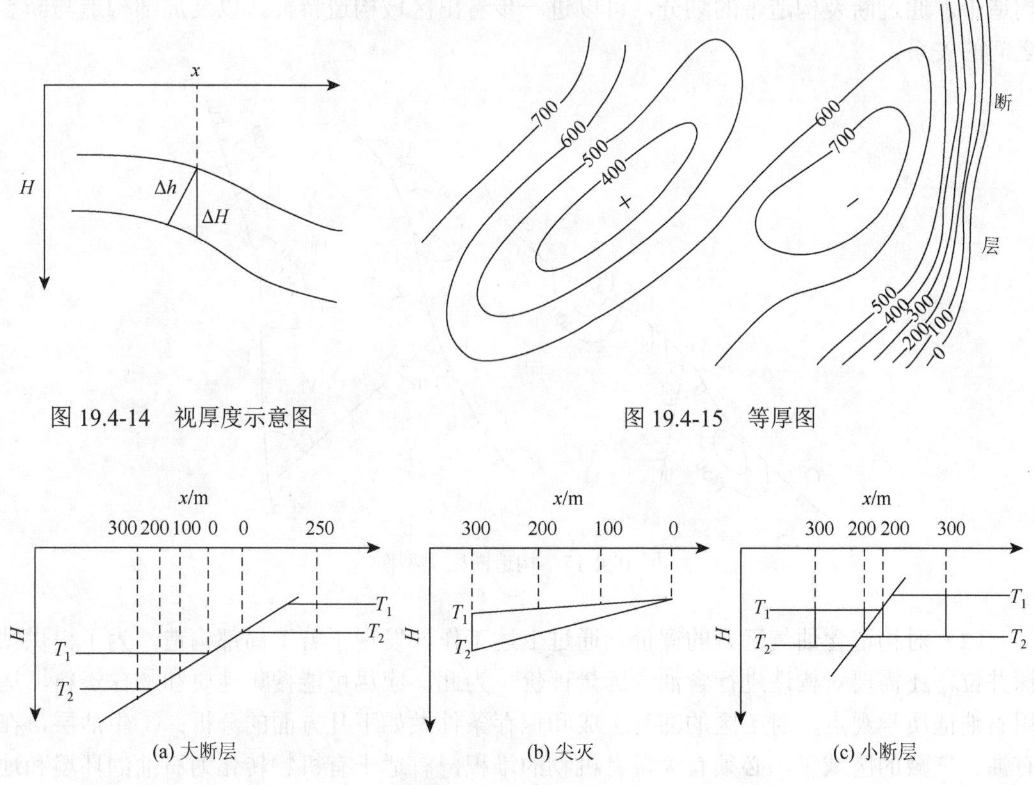

图 19.4-14　视厚度示意图

图 19.4-15　等厚图

图 19.4-16　断层附近厚度变化示意图

（2）等厚图的解释。分析等厚图上厚度的变化，如果发现某个方向厚度明显增大，则可推断沉积物来源就是这个方向；如果发生褶曲的地层厚度一致，则表明褶曲发生于沉积之后；如果随着离开背斜顶部地层厚度加大，说明地层沉积的同时可能有构造运动发生，这对油气的积聚最为有利。在断裂发育的地区，地层受断裂破坏作用，上升盘常常受到剥蚀，因此厚度变化很大。在断层附近，厚度变化剧烈，厚度等值线表现得较密集。根据从浅到深各层等厚图，分析同时期地层的厚度变化，可以看出地壳的升降和沉积中心的变化，从而了解沉积盆地的地质发展史。

2. 地震构造的地质解释

（1）构造、断裂要素的确定和断裂构造带的划分。绘好地震构造图之后，应检查各断层编号，统计断层要素，作出断层要素表。此外，还要描述断层出现的构造部位、走向和断距的变化，根据断开层位和断层的切割关系，分析断层产生的地质时代等。通过制作各层构造图，可发现许多局部构造，为了便于统计和发现规律，可把同一层位的断层线和局部构造的圈闭线透在一张平面图上，得到如图 19.4-17 所示的构造圈闭类型图。在此图基础上，可对局部构造要素进行统计和划分断裂构造带。一些走向一致、彼此相邻的局部构造，往往呈条带状延伸，称为构造带。构造带的形成一般受主要断裂控制，如图 19.4-17 中序号为 1、2、3 的三条断层，相应地形成了 *A*、*B*、*C* 三个带，因此也把它们称为断裂构造带。通过断裂构造带的划分，可以进一步看出区域构造特征，以及局部构造与断裂之间的关系。

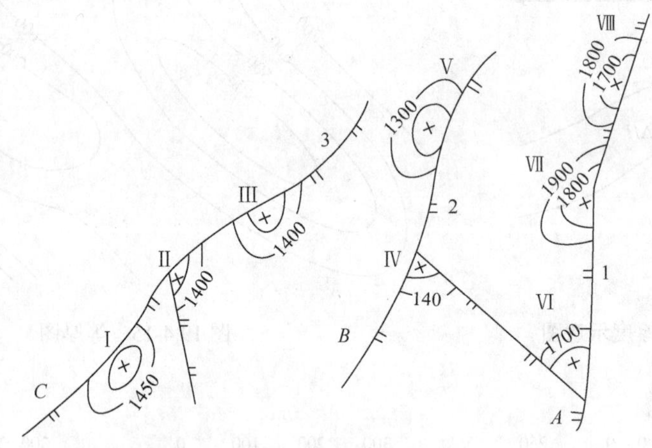

图 19.4-17　构造圈闭类型图

（2）对构造含油气远景的评价。通过上述工作，发现了若干局部构造，为了提供钻探井位，还需要对构造进行含油气远景评价。为此，应尽可能搜集地质和物探资料，运用石油地质学观点，对工区的油气生成和保存条件做如下几方面的分析：①生油层，在有油、气藏的区域里，必须有大量有机物的堆积，有适于有机物转化为石油的环境和地质条件。②储油层，油气要富集起来，必须要有孔隙性和渗透性较好的岩层，如粗砂岩、砂砾岩等，否则油气将呈薄膜状分散在岩层中，而被氧化变质，不能形成油、气藏。③盖层和底层，石油和天然气在储油层富集的过程中，必须有不渗透层加以保护，避免受到风化或破坏，否则也不能形成油、气藏。一般常见的盖层和底层多为页岩、黏土、石膏岩、盐岩等，只要不渗透的地层都可作为盖、底层，另外要坚硬，有适当的厚度，以阻挡油气的运移和外界的影响。④油气圈闭类型，要使油、气大量聚集，就必须使油、气沿储集层运移，当遇到适宜油气聚集的构造时，就会使油、气圈闭起来，形成油、气藏。可见，油气圈闭形成的时间必须在油气运移之前，才能阻止油气继续运移，常见的油气圈闭类型如图 19.4-18 所示。形成断层封闭是有一定条件的，一般逆断层的断面具有封闭性质，而正断层的断面具有开启性质，是油气运移的通道，只有当断层线与岩层走向线在平面上形成圈闭时，才有可能形成油气聚集（图 19.4-19）。⑤含油气盆地与油气生成和聚集的关系，评价构造与其所在的含油气盆地密切相关，所有的含油气盆地都具有长期沉降的性质，在沉降快的地方形成沉积中心，沉积中心往往位于盆地中部（但也有位于边缘的），接受沉积物质多，有机质充足，水体深度大，具有还原环境，有利于油气的生成和保存。盆地的长期沉降又是由构造运动控制的，若构造在油气运移之后形成，则难以聚集油气。可见，含油气盆地的发生和发展，是油气生成、运移和储集的控制因素，而它们又都是构造运动的产物，因此，研究盆地的构造史和沉积史，对评价局部构造的含油气远景十分重要。这方面应更多地借助地层学的研究来进行地质、地球物理综合解释，在后续章节里将详细介绍。

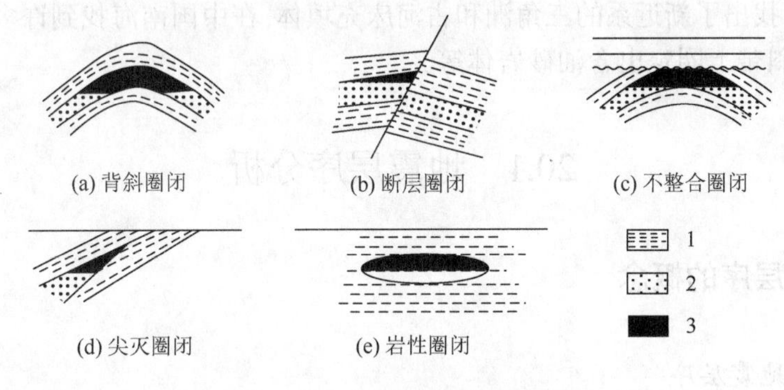

图 19.4-18　常见油气圈闭类型

1-不渗透层；2-储油层；3-油气

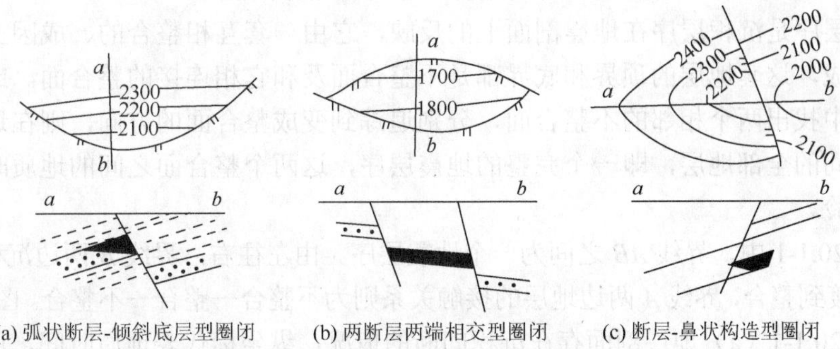

图 19.4-19　断层圈闭类型

第 20 章　地震资料的地层学解释

地震地层学是近年来在油气勘探中新出现的一门科学。早在 20 世纪 50 年代，韦尔（P.R. Vail）等就开始了地震地层学的研究和探索，但直到 1975 年地震地层学才在美国石油地质学家协会全国代表大会举行的第一届关于地震地层学研究讨论会上正式提出并命名。地震地层学是利用现代地震数字处理所获得的高精度地震剖面，进行地层学分析，研究地质历史、沉积环境、岩性岩相分布，使地震勘探从解释地下构造发展到解释古代的沉积环境，推断生油和储油的岩相分布，从而提高油气勘探的成效。因此，地震地层学是地震资料地质解释的一个方面，即利用沉积学观点解释地震剖面中存在的地层岩性信息。

地震剖面的地层学解释包括以下步骤：第一，划分地震层序；第二，地震相和沉积环境分析；第三，预测油气藏的部位和类型。

地震地层学是提高石油勘探成功率的有力工具，它不但能用来确定有利的地层岩性圈闭，还可以直接预测含油气部位。例如，利用地震地层学方法，划分了孟加拉湾白垩系—新近系的相带，找出了新近系的三角洲和古河床充填体；在中国南海找到许多新近系礁块；在山东东营单斜带上圈定出含油砂岩体等。

20.1　地震层序分析

20.1.1　地震层序的概念

1. *什么是地震层序*

地震层序分析的目的是划分出地震地层学所要研究的时代地层单元——地震层序。地震层序的划分又是海平面变化周期分析和地震相划分的基础。

地震层序是沉积层序在地震剖面上的反映，它由一套互相整合的、成因上有关联的地层所组成，这套地层的顶界和底界都是不整合面及和它相连接的整合面。或者说，在地震剖面中找出两个相邻的不整合面，分别追踪到变成整合面的方向，则在这两个变成整合面之间的全部地层，即一个完整的地震层序，这两个整合面之间的地质时间间隔称为层序年龄。

在图 20.1-1 中，界线 *AB* 之间为一个地震层序。由左往右，界线 *B* 两边沉积的地层由不整合过渡到整合，界线 *A* 两边地层的接触关系则为不整合—整合—不整合。图 20.1-1（b）表示了图 20.1-1（a）地层剖面存在沉积间断的情况，纵坐标代表地质时间，层序年龄反映了层序中最老到最新沉积之间的全部顺序。

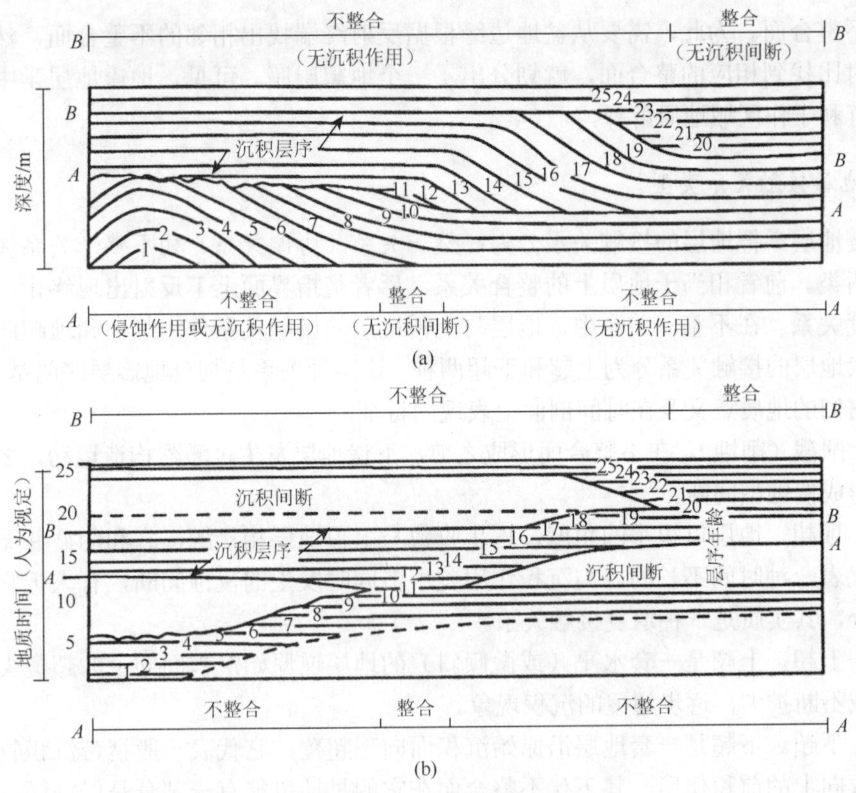

图 20.1-1　地震层序

2. *地震层序的空间分布与规模*

一个地震层序的全部地层都是在特定的地质时代内沉积形成的，其成因通常与较大的构造运动有关。因此，一个地震层序往往可以包含若干个岩相，层序空间分布有一定范围，向陆地的一边由于侵蚀或位于沉积基准面之上，而产生沉积物的间断或缺失；向盆地中心的一边，由于沉积物供应不足而造成“饥饿性”间断。每一层序在开始发生时沉积物分布面积都较小，随后逐渐扩大，这意味着大部分沉积物是在沉积基准面不断上升的过程中沉积的。水位上升时，沉积物的分布范围向陆地方向扩展；水位降低时，沉积物向盆地方向转移。

地震层序的厚度一般为几十米至几百米，按层序规模大小可分为3级。

（1）超层序：从水域最高到最低的位置，往往是区域性的，可包括几个层序。

（2）层序：是超层序的次一级单元，由水域相对扩大到缩小引起，可以是局部的或区域的。

（3）亚层序：是层序中最小一级单元，分布上是局部的。

20.1.2　地震层序的划分方法

常规的构造解释选择层位是着眼于反射的连续性，而地震地层解释的分层着眼点则是寻找不整合面。为此，需要从盆地边缘根据反射终端找出相邻的不整合面，然后向盆地中部对比找到相应的整合面，就划分出了一个地震层序。可见，地震地层学中的层序分界面有利于作区域地质解释。

1. 地层接触关系类型

地震地层学把地层的接触关系分为：整一关系（协调关系）和不整一关系（不协调关系）两类。前者相当于地质上的整合关系，后者是指界面上下反射出现终止，并且有一定角度关系。在不整一关系中，地层与上覆地层的接触关系分为削截和顶超两种；地层与下伏地层的接触关系分为上超和下超两种。这四种关系是划分地震层序的基本标志，下面是它们的地质意义及在时间剖面上表现的特征。

（1）削截（削蚀）。在不整合面形成之前，下伏地层发生过激烈构造运动，之后遭到剥蚀，形成侵蚀型间断。

（2）顶超。地层以很小的角度，逐步收敛与上覆地层相接触，它和削截并无截然界线。它代表一种时间不长的，与沉积作用差不多同时发生的侵蚀间断，有人把它叫作冲蚀不整合，其实质是一种退复接触关系。

（3）上超。上超是一套水平（或微倾斜）的地层逆原始沉积面向上的超覆尖灭，它代表水域不断扩大，逐步超覆的沉积现象。

（4）下超。下超是一套地层沿原始沉积面向下超覆，它代表一股携带沉积物的水流在一定方向上的前积作用，其下伏不整合面在它的早期可能有一部分是侵蚀面，或仅是无沉积面，后来又变成携带沉积物的水流的沉积表面。

沉积作用在一个盆地范围内，并不是任何地点都是均匀沉积的：靠岸边接近物源处经常有较多的沉积物输入；离岸较远处，物源供应不足；更远处可能完全没有沉积作用发生，形成“饥饿地带”。因此，上超又可分为近端上超和远端上超［图 20.1-2（a）］。在上超、下超发生尖灭的地方，分别又称为上超点和下超点［图 20.1-2（b）］，它们在空间上的分布即为沉积体的边界。在某些地方，如上超、下超接界处，上超与下超难以区分，这时可统称为底超。

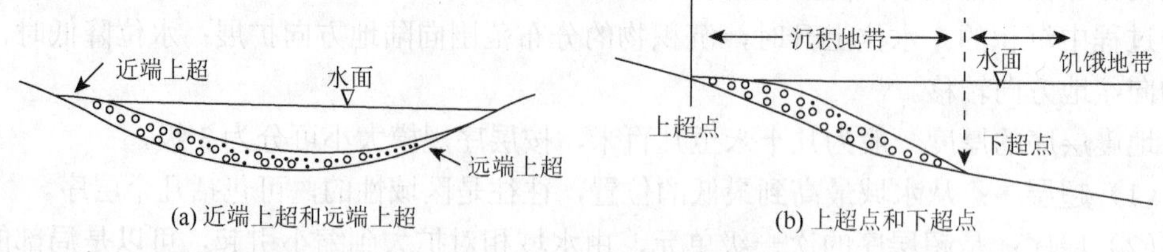

图 20.1-2　上超及下超示意图

2. 地震层序的划分

根据上述四种接触关系的特征，在时间剖面上确定顶底不整合面，从而在剖面上划分出各地震层序。在图 20.1-3 中，*AB* 和 *CD* 分别是从普通地震剖面解释出的地震层序的顶界和底界。在地震层序内部，各地层之间都是互相整合的连续沉积。在地震层序的顶部和底部，可以有三种接触关系。先看顶界 AB，其中 E 处是整合，F 处是顶超，G 处是削截。再看底界 CD，其中 H 处和 I 处是上超，J 处是整合，K 处是下超。图 20.1-4 是我国黄骅拗陷地震层序划分的实例。

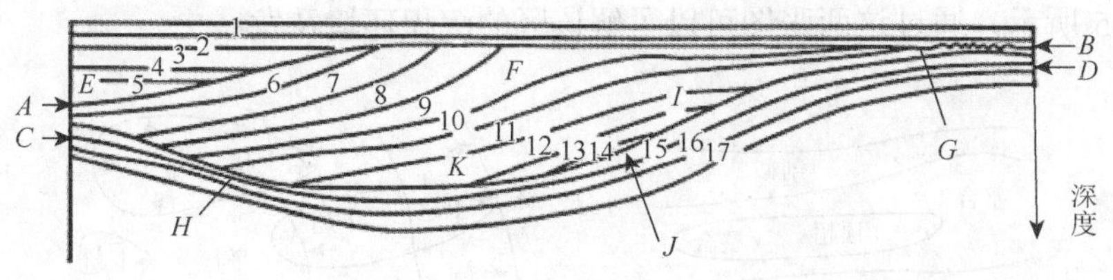

图 20.1-3　地震层序划分示意图

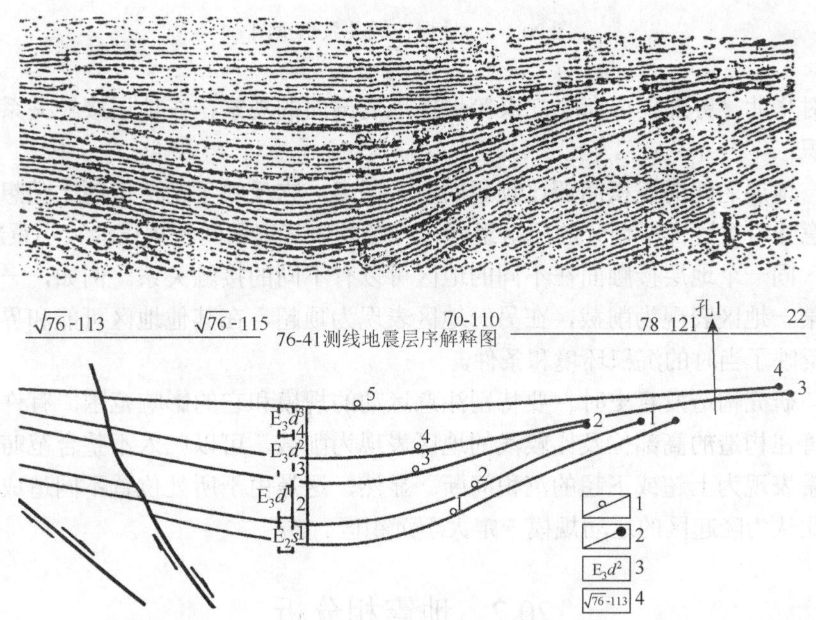

图 20.1-4　黄骅拗陷地震层序划分示意图

1-最低上超点；2-上超点；3-原地层分层，地震层序；4-地震测线号

实际划分地震层序时，除要选择一些典型剖面和建立压缩剖面的骨干测网外，还要做到以下几点：①应从沉积中心向边缘扩展，以比较全面地反映地层接触关系；②应尽可能避开断层，避开沉积过薄的隆起区或剥蚀区；③当有几个沉积中心时，在每个沉积中心选一两条测线进行分析，以查清各拗陷沉积历史的差异；④逐条剖面对比地震层序，并做到交点的闭合。

3. 界面接触关系图的编制

根据反射波的终止可以组合成不同的地震层序，每一个地震层序都代表一定的沉积环境。因此，可采用一定的编码方式，在平面图上标出某一界面的接触关系，对于解释沉积环境具有重要意义。编码方式可以用分式表示，分母代表界面下的接触关系，分子代表界面上的接触关系。例如，$\frac{\text{上超}}{\text{平行}}$、$\frac{\text{上超}}{\text{削截}}$、$\frac{\text{下超}}{\text{平行}}$等。根据各条剖面所划分的地震层序，可把一个层序顶部和底部的各种接触关系的分布范围，分别标在两张平面图上，如图 20.1-5 所示，通过这两张图可以了解该区的沉积环境及发展史。

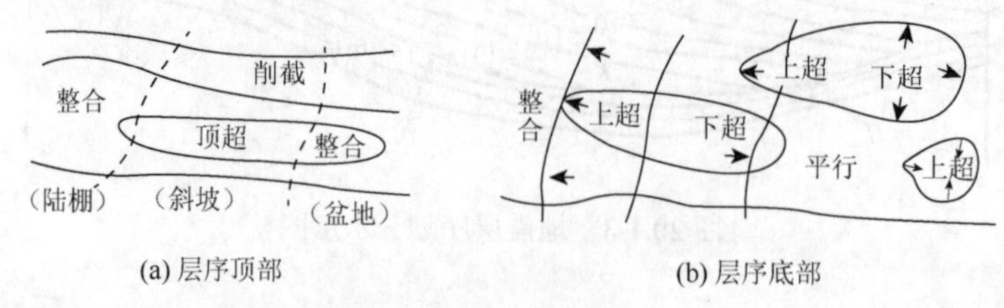

图 20.1-5　地层接触关系示意图

通过对华北、苏北、南海、江汉等地区地震剖面的观察，在地层接触关系方面有以下几点认识。

第一，地层之间的沉积间断比预想的要多得多，它反映了构造运动比预想的要频繁得多。这意味着对过去所划分的层组组合，有必要依其沉积间断规模的大小重新调整。

第二，同一个地层接触面在不同的地区可以有不同的接触关系。例如，一个地层的顶面，在某一地区表现为削截，在另一地区表现为顶超，在其他地区可能和界面平行。这种变化反映了当时的沉积环境和条件。

第三，研究构造发育史时，要特别注意运动的规模和它的影响范围。有许多不协调关系，尽管在构造的高部位及比较浅的地区表现为削截，可以归入不整合范畴，但在拗陷区则通常表现为上超或下超的沉积间断。显然，这是由于所处位置不同造成的结果，而不能由此认为隆起区的运动规模一定大于沉积区。

20.2　地震相分析

20 世纪 90 年代以来，基于神经网络的地震相分析技术逐渐成熟并形成相应的商业软件，在实际生产中应用广泛。其基本方法就是对地震波的分类，因为在不同的沉积环境下会形成不同的沉积体，而这些沉积体在岩性、物性、含油气性等方面都会存在一定的差异，这些差异反映在地震信息上就是地震波振幅、频率、相位的变化，也就是地震波形的变化。人工神经网络地震相检测技术就是通过对不同的波形进行分类，达到区分不同沉积体的目的。

20.2.1　地震相分析概述

1. 地震相的概念

在一定的沉积环境里会形成一定的沉积物，沉积物的特征反映了沉积环境的变化，地质上把沉积物特征的总和称为沉积相。本书把沉积物在地震反射剖面上所反映的主要特征的总和叫作地震相。岩相变化会引起反射波的一些物理参数的改变。因此，地震相可在一定程度上表征岩相的特征，从而把同一地震层序中具有相似地震地层参数的单元划分为同一地震相。

必须指出，地震相单元和地质相的单元可以一致，也可以不同，其原因如下。

（1）地震记录受分辨率的限制，往往不能像地质上那样分辨出过细的变化特征。

（2）地质上相的变化因素，有些在地震上并不能反映出来，如岩石的颜色、所含的化石等。

（3）地震资料还会受到采集、处理和物理等非地质因素的影响，因此，用于地震相分析的地震剖面，还应满足质量高、分辨率高和保真度高等条件。

2. 地震相分析的理论基础

（1）地震地层参数。地质上划分沉积相是根据沉积的物理、生物和化学等特征，而地震相划分主要是根据地震反射的参数。地震相分析就是由测线到平面分析地震地层参数的变化，把同一地震层序中具有相似参数的地层单元连接起来，作出地震相的平面分布图，然后对它进行解释，把它转化成沉积相，从而发现有意义的含油气沉积相带。为了减少人为因素，要全面利用地震地层参数和进行区域测网综合对比，对相交测线进行闭合检查。从常规的地震资料中，可以找到一些地震反射参数，称它们为地震地层参数。这些参数除物理参数外，还包括地震反射外形、内部反射结构、顶底接触关系等几何参数。分析不同沉积相在地震地层参数上的响应，是地震相分析的基础之一，每一种参数都说明几种地质条件（表 20.2-1）。

表 20.2-1　部分地震地层参数的地质解释

地震相标志	地质解释
内部反射结构	层理类型、沉积过程、侵蚀作用及古地理
反射连续性	地层连续性
反射振幅	波阻抗差、地层间距、所含流体
反射频率	地层间距、所含流体
外部几何形态及其伴生关系	总沉积过程、沉积物源、地质背景

（2）沉积体系（岩相的分布关系）。沉积体系是指一个统一水流控制下形成的、物源基本相同、搬运距离和沉积过程不同的一组沉积体，它们的几何形态、内部结构和规模各有差异。沉积体系是划分沉积相的骨架，应根据一些已知的沉积体系规律和本区的沉积特征，建立盆地的沉积模式，进而确定沉积相。图 20.2-1 展示了海洋沉积体系的部分类型。海洋沉积体系类型可以归纳为以下 3 种：①河流-三角洲-沿岸砂坝体系；②陆隆-海底扇体系；③海底峡谷-浊积岩体系。前两种是形成油气藏的砂岩骨架相的沉积体系，尤其是第一种类型，已发现了许多砂岩油藏。在碳酸盐岩中，构成油气藏的主要是礁和滩，它们一般位于陆棚的边缘。当前，可以根据地震地层参数，推测这些沉积体系的类型和沉积相带的分布。

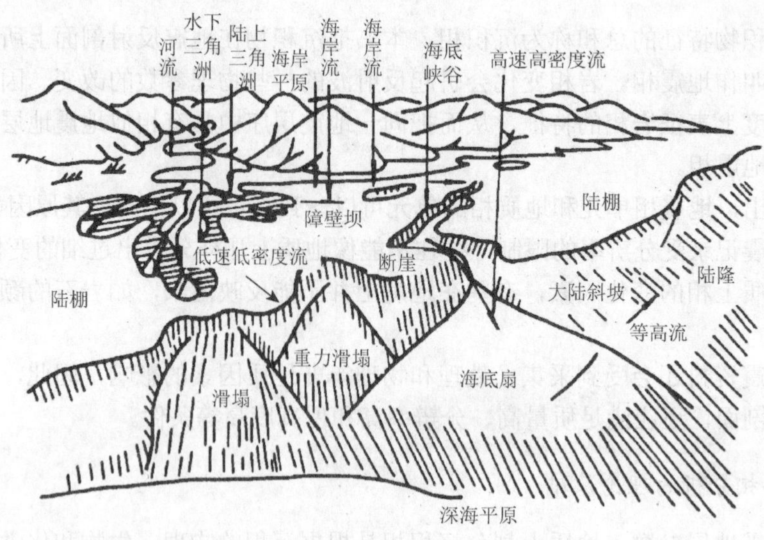

图 20.2-1　海洋沉积体系部分类型

20.2.2　地震相划分标志

地震相的划分主要是依据上述地震地层参数，它们所反映的沉积相特征叙述如下。

1. 几何参数

（1）内部反射结构。把地震剖面上层序内反射波之间的延伸情况和相互关系称为内部反射结构，它是鉴别沉积环境最重要的地震参数。内部反射结构包括平行或亚平行反射结构、发散反射结构、前积反射结构、杂乱状反射结构及无反射结构。平行或亚平行反射结构是指反射层呈水平延伸或微微倾斜，它是在均匀沉降的陆棚或均匀沉降的盆地中，由匀速的沉积作用形成的。发散反射结构往往出现在楔形单元中，相邻两个反射层的间距向同一方向逐渐倾斜，它反映为下陷中的不均衡沉积。前积反射结构反映某种携带沉积物的水流，在向前推进过程中，由前积作用产生的反射结构，一般可分为顶积层、前积层和底积层。前积层上部反射振幅很强，往往由砂岩组成，它的每个反射都随着振幅的改变延伸到中间部分。在前积层的下部，反射振幅较强，呈水平状态或微微下倾。每个反射都代表一个地质年代，并指示了前积的古地形。根据前积结构的内部形态又分为S形结构、斜交结构、S形斜交复合结构，此外还有叠瓦状和乱岗状结构。其中，S形结构代表陆块相或浊积相，叠瓦状结构代表薄的浅水沉积，乱岗状结构由不规则、不连续的反射段组成，出现在前三角洲一带。杂乱状反射结构是不连续、不规则的反射结构，可能是地层受到剧烈变形，破坏了连续性之后造成的，也可能是在变化不定的环境下沉积的，如滑塌岩块、河道切割与充填体、大断裂和地层褶皱等。无反射结构反映了沉积的连续性，如厚度较大、快速和均匀的泥岩沉积，或均质的、无层理高度扭曲的砂岩、泥岩、盐岩、礁和火成岩体等。

（2）外部几何形态。这是指地震相单元的外形，它对了解单元的生成环境、沉积物源、地质背景及成因有着重要意义。外部几何形态可分为以下几种类型（图 20.2-2）：①席状，一般出现在均匀、稳定、广泛的前三角洲、陆坡、半远洋和远洋沉积；②席状披盖，是均一的低能量的、与水底起伏无关的深海沉积作用造成的，一般沉积规模不大，往往出现在礁、盐丘、泥岩刺穿、生长断块或其他古地貌单元之上；③楔形，往往由超覆在海岸、海底峡谷侧壁、大陆斜坡侧壁的三角洲浊积层、海底扇形成；④滩状，一般出现在陆棚边角或地台边缘；⑤透镜状，多为古河床沿岸砂体，在沉积斜坡上也可见到；⑥丘形，绝大多数丘形不是在碎屑或火山沉积过程中形成的，就是在有机物生长过程中形成的；⑦充填型，主要充填在下伏地层的低凹部位，下切或者沿着充填基底的表面削蚀。

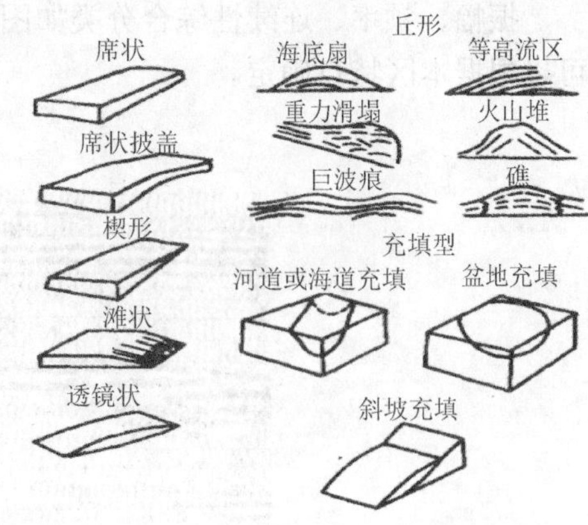

图 20.2-2　地震相单元外部形态

（3）顶界和底界接触关系。地震相在顶界和底界的接触关系，反映了沉积周期和沉积物的流向。上超表示盆地的充填和水面的相对上升，顶超和下超表示推进的层理，说明沉积由浅水区过渡到深水区，同时也表示沉积物的流向，也就是沉积物由粗到细的变化方向。

2. 物理参数

（1）振幅。振幅直接与波阻抗差有关，因此振幅会随波阻抗差的变化而变化。根据振幅的大小可将其分为强、中、弱 3 级。振幅的快速变化说明两组地层之中的一组与另一组的性质发生了变化。它往往发生在高能沉积环境中，相反，振幅在大面积内是稳定的，说明地层和上覆、下伏地层岩性之间连续性良好，往往产生在低能沉积环境中。

（2）连续性。连续性直接与地层本身的连续性有关，连续性越好，沉积环境的能量越低，沉积条件就越稳定。连续性按同相轴连续排列的长短分为好、中等、差 3 类：①连续性好，同相轴连续性长度大于一个叠加段；②连续性中等，同相轴连续性长度接近1/2 叠加段；③连续性差，同相轴连续性长度小于1/3 叠加段。

（3）波形（同相轴的形状）。波形按同相轴排列组合的形状分为杂乱、波状、平行及复合波形。①杂乱波形，同相轴短而无规律；②波状波形，同相轴排列呈波状；③平行波形，相邻同相轴排列接近平行；④复合波形，上部波状，下部平行。波形稳定或变化缓慢，说明地层稳定，往往产生在低能沉积环境中。如果波形快速变化，说明地层变化迅速，往往产生在高能沉积环境中，如河道沉积、夹带“砂坝”和裂隙的三角洲平原沉积及接近于浊流和浊流中间的沉积都可以见到这种情况。

（4）频率。频率按相位排列稀疏程度分高、中、低 3 级。频率横向变化速度快，说明岩性变化大，属于高能沉积环境；频率变化不大，属于低能沉积环境。

振幅、频率、连续性综合分类如图 20.2-3 所示。关于各种参数的分类等级，各地区可以根据本区特点确定。

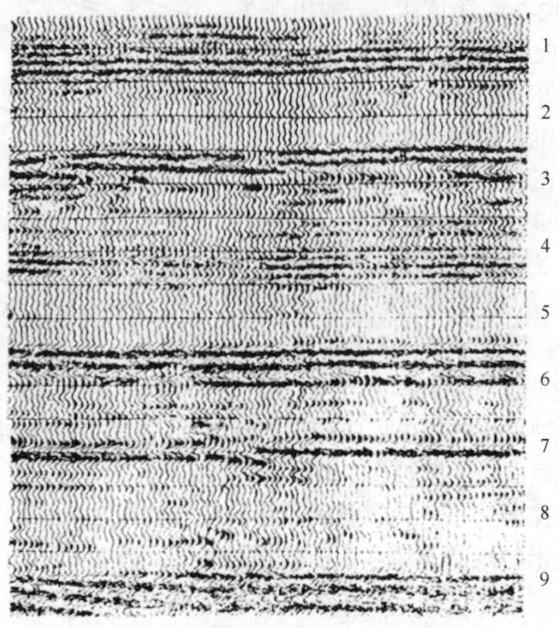

图 20.2-3　振幅、频率、连续性综合分类

1-高频率、极好连续性、中振幅；2-中频率、低连续性、极低振幅；3-中频率、中连续性、高振幅；4-中至高频率、高连续性、中振幅；5-极低振幅；6-中至低频率、高连续性、高振幅；7-中频率、中连续性、低振幅；8-中频率、中至低连续性、偏低可变振幅；9-低频率、高连续性、高振幅

根据以上几种主要标志对所研究的地震相单元命名，命名时为了避免繁杂冗长，一般采用突出主要特征的复合命名法，如强振幅连续反射相、斜层推进相、强振幅丘形地震相等。

上述几何和物理参数在划分地震相中所起的作用在各地区可以是不同的：一般在斜坡和陆棚边缘地区，几何参数起主要作用；在平坦地区，物理参数起主要作用。通常是先分析地震相的几何参数，识别各地震相所处的不同沉积环境，弄清各时期沉积物的来源方向。在这个基础上，进一步分析各地震相的物理参数及其横向变化，把各地震相的具体界限划分出来。地震地层参数之间有一定的内在联系。

20.2.3　地震相图的编绘和解释

1. 编绘地震相图的方法

编绘地震相图的方法通常有以下 3 种。

（1）分别制作出每个地震层序的所有地震相参数图件，如振幅强度变化图、连续性品质图、频率变化图、层速度变化图、内部反射结构类型分区图、顶底界面接触类型图等，然后进行综合分析。

（2）选择最能反映沉积特征的主要参数进行编图，所用参数在同一图面的不同相区中不必统一。

（3）在层序划分基础上，主要用地震相的几何参数分出不同相区。通常采用的地震地层标志方式为$\frac{\text{A-B}}{\text{C}}$，其中：A 代表地震反射的上部边界关系，包括顶超（T_{OP}）、削截（T_r）和整合（C）；B 代表地震反射与下部的边界关系，包括上超（O_n）、下超（D_{wn}）和整合（C）；C 代表地震相单元内的反射结构，包括平行（P）、收敛（D）、杂乱（C_h）、波形（W）、丘形（M）、斜交前积（O_b）、S 形前积（S_g）、无反射（R_f）。

利用上述任何一种方法，都可对每一个地震层序沿水平方向划分出地震相单元。然后沿测网进行对比，在相交的剖面上，地震相单元应做到闭合。最后，将测区内同一地震层序中各地震相单元的界线展布在平面图上，并将相同的地震相单元界线连接起来，即得到地震相平面图。

2. 地震相的地质解释

地震相的地质解释就是解释地震相所反映的沉积环境，把地震相转为沉积相，因此也称为地震相转相，如图 20.2-4 和图 20.2-5 所示。

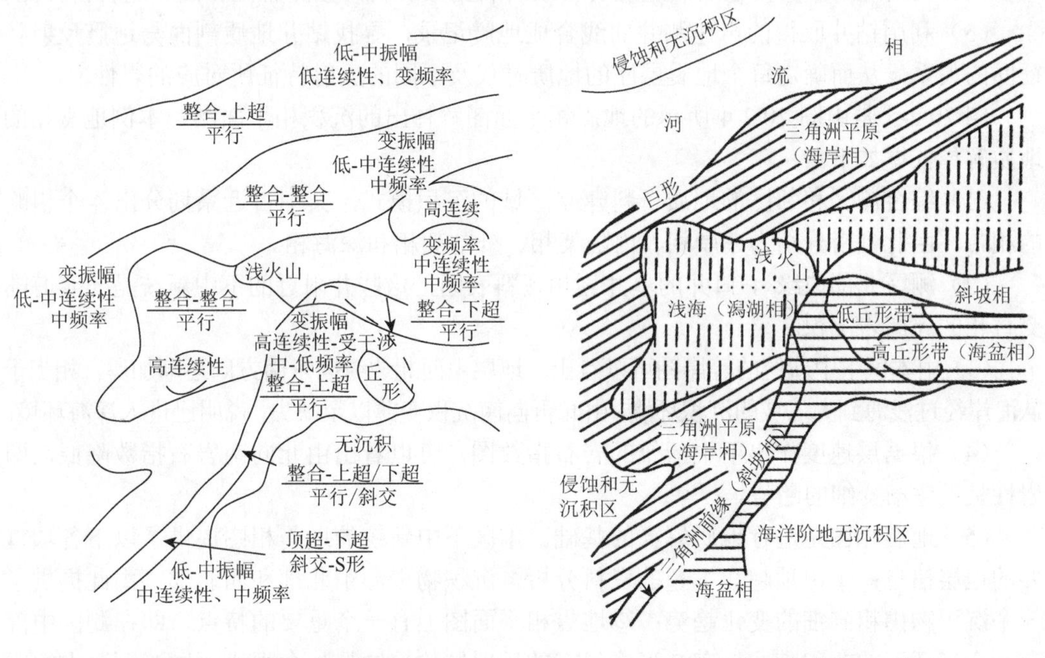

图 20.2-4　地震相平面图　　　图 20.2-5　沉积相平面图

由以上分析可知，从地震相的特点可以直接引出它的地质解释，但为了提高解释的准确性，还需要利用以下一些资料和方法。

（1）利用区域地质资料，建立大区域的沉积模式，作为解释本区地震相的骨架。各地震相单元之间的关系在解释地震剖面中占很重要的地位。成因上有关系的地震相可以组合成一定的沉积体系，反之，一定的地震相单元必然出现在一定的环境和构造背景之中。与各种地质沉积环境相对应的地震相的特点总结如下：①在陆棚上，地层产状一般是平行的，仅反射振幅和连续性有所不同，振幅强且连续性好时，说明岩性的软硬对比度大，灰岩、砂岩和页岩可能都有，为高低能量互层，振幅弱且连续性差则说明对比度小，岩性较单一，如在盆地内大致是页岩，在陆棚高处是砂岩，如果振幅多变，连续性差，一般是陆棚相地层；②在陆棚边缘斜坡，反射倾角变大，沉积地层主要是页岩，在低能情况下，地层呈 S 形向深海推进，在高能情况下，地层较陡，呈倾斜形向深海推进，其内部有交角和反射中断现象；③在深海，低能情况只是一些薄层状的页岩沉积，高能情况可以形成很厚的“山丘状”上倾尖灭砂层堆积在深海处；④陆上地层一般反射较乱，变化多端，在古地貌高处是冲积扇沉积，反射陡而差，到河流蛇曲带含砂量大于 60%，反射仍然很乱，到河流出海处的过渡带是砂、泥岩互层，最后转为海相页岩。

（2）利用盆地内少量钻井取得的地质资料和盆地周围测量的地质剖面，进行单井或剖面划相，确定不同地震层序在钻井或剖面附近的沉积相，以此作为盆地内地震相解释的依据。

（3）绘制与地震相图相应的地震层序的等厚图。地层厚度由沉积时的古地理和沉积物供应强度两个因素确定，而这两个因素都对沉积环境有重要影响。

（4）利用经过压实校正的层速度资料或岩石指数资料，预测岩性和砂、泥岩百分比。

（5）利用钻井取得的声速测井曲线合成地震记录，寻找钻井地质剖面与地震反射特征间的关系，从而确定每个地震层序的地质时代及不同的反射特征所对应的岩性。

图 20.2-5 是由图 20.2-4 所示的地震相平面图解释出的沉积相平面图。本例地震相的地质解释依据如下。

（1）综合测区和邻区的地质资料建立区域的沉积模式，其中古近系划分出 4 个粗略的相带，由北到南分别为近岸相、内陆架相、外陆架相和深海相。

（2）测区北部边缘 4 口井的单井划相资料表明，这些井附近的下中新统是一套海陆交替相的碎屑岩沉积。

（3）由本区下中新统的等厚图可以看出，地层由西北边缘向东南方向逐渐加厚，相当于从海岸经过浅海到大陆坡的沉积环境，由此再向南沉积变薄以至缺失，说明已进入深海环境。

（4）根据层速度作出下中新统的岩石指数图，可以看出由北向南岩石指数降低，即岩性呈现逐渐变细的趋势。

（5）地震相图是进行地质解释的基础。本区下中新统的地震相图提供了以下各项重要的地层信息：①由顶超和下超的资料分析，沉积物来源于北部和西北部，由此提供了一个沉积物由粗到细的变化趋势；②地震相平面图上有一个重要的特点，即在测区中部有一个半环形的前积带，具有 S 形或斜交的反射结构，这是一个由浅水过渡到深水的明确标志，此带以北属于滨海和浅海沉积，此带以南属于半深海和深海沉积；③振幅、连续性等反射特征由北向南呈规律性变化，尤其是连续性由北部的低连续性区经过中部的中连续性区到南部的高连续性区，是划分沉积相的一个重要依据。

3. 生储盖条件的评价

从地震相解释出的沉积相是评价石油地质生储盖条件的一项重要资料。由现代沉积和古代沉积的研究可知，储集体是在一定的沉积环境中形成的。河道、三角洲、深水沟等都是产生储集砂岩体的环境。沉积环境不但控制储集体的走向和形态，而且还控制储集层的质量。例如，沉积在三角洲前缘的河口砂坝，由于受到充分的冲洗和簸选作用，砂子纯净，物性良好，而河道砂岩则分选较差，含有较多的岩石碎屑和细的基质，其物性不如河口砂坝好。

生油条件包括有机质的丰度、类型和成熟度 3 个因素，这 3 个因素都可以用地震资料来预测。有机质的丰度和类型代表生油的质量，它可以用地震相解释出的沉积相来预测，因为通过对大量盆地各种沉积相的地球化学研究，已经总结出沉积相和生油层质量的一般关系。例如，山麓相和河流相的沉积，有机质含量低且都为腐殖型。三角洲沉积的水下部分具有较高的有机质含量和腐泥型或混合型的有机质。湖泊，特别是大面积的深水湖是良好的生油环境。封闭的浅海相，如海湾沉积，由于生物丰富和保存条件良好，是最有利的生油环境，而开阔的海相，因受到氧化作用，保存条件不好，所以不利于生油。

有了沉积相和生储盖条件对比关系后，再根据本区地震相和沉积相的特点，并结合井下资料和速度-岩性资料，就可预测生储盖条件。图 20.2-6～图 20.2-8 分别为图 20.2-5 所示沉积相所对应的生油层质量评价图、储层条件评价图及盖层条件评价图。

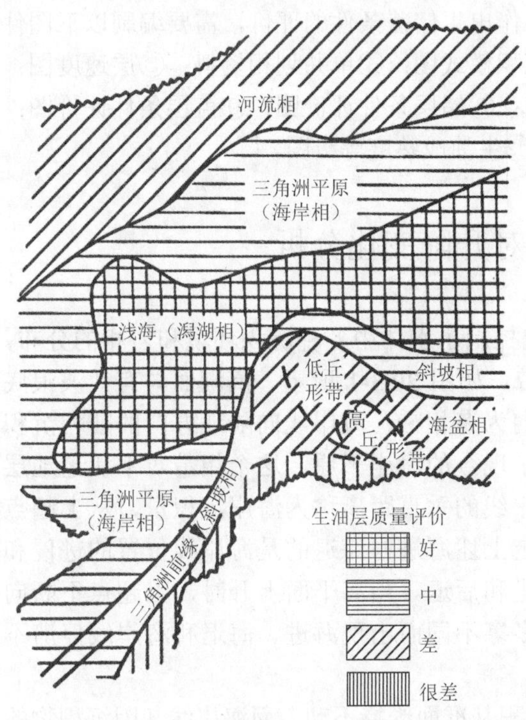

图 20.2-6　沉积相解释的生油层质量评价图

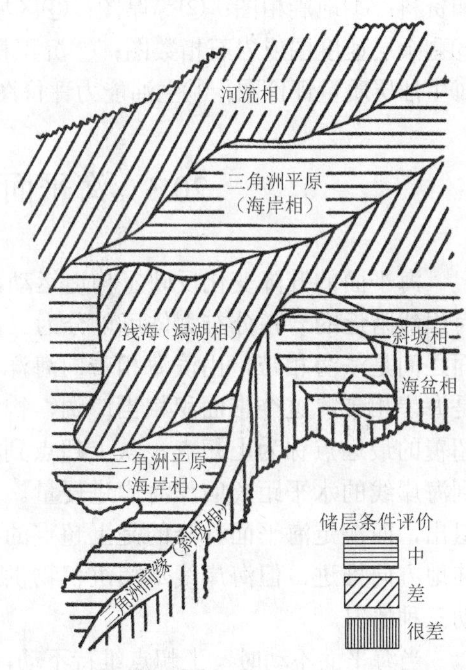

图 20.2-7　沉积相解释的储层条件评价图

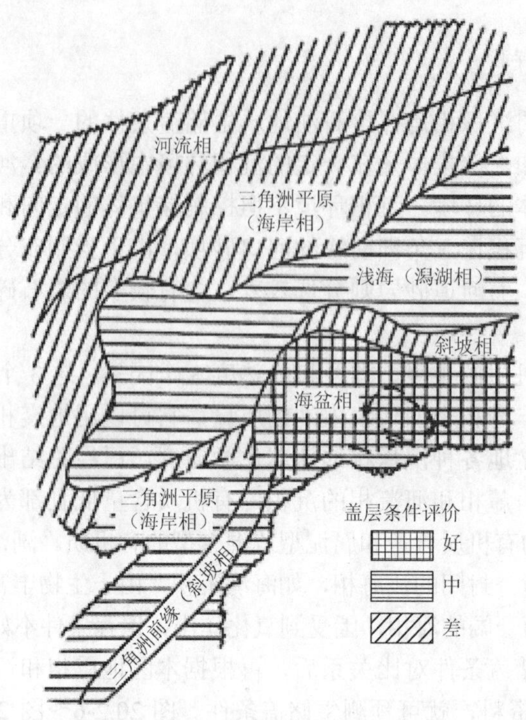

图 20.2-8　沉积相解释的盖层条件评价图

总体来说，从地震相分析开始，到最终作出生储盖条件的评价，需要编制以下图件和资料：①地震相图；②等厚图；③区域沉积模式图；④单井划相资料；⑤层速度图；⑥剩余层速度图或岩石指数图；⑦沉积相图；⑧储层条件评价图；⑨盖层条件评价图；⑩生油层质量评价图；⑪生油能力评价图；⑫生油成熟度等级图。

20.3　海平面相对升降变化分析

海平面的升降变化反映了构造运动，也控制了水体中各种沉积环境和岩相的分布。海岸线附近的岩相分布大体可以分为三个带，如图 20.3-1 所示。高潮面与有效波浪底面之间是滨海相带，由滨海相带向海洋方向为海相带，海岸线向陆地方向的陆相沉积是海岸相带。这个带面积相当广阔，构成了现今的海岸平原。这个相带对下伏老地层超覆的最远点称为上超点，从上超点到海岸线的垂直距离称为海岸沉积量，从上超点到海岸线的水平距离叫作海岸进侵量。决定上述海进与海退的是海岸线位置的进侵和退出，而决定海平面升降的是上超点的前进和后退。当海平面上升时，上超点不断向陆地方向推进，但海岸线却随沉积物供应多寡不同而出现海进、海退和海岸线停滞不动三种情况。

当海平面不动时，上超点维持不动，沉积基准面维持不动，而海岸线却因沉积物的不断补充而海退，在不同时期沉积的地层顶部，出现一个水平的顶超现象。

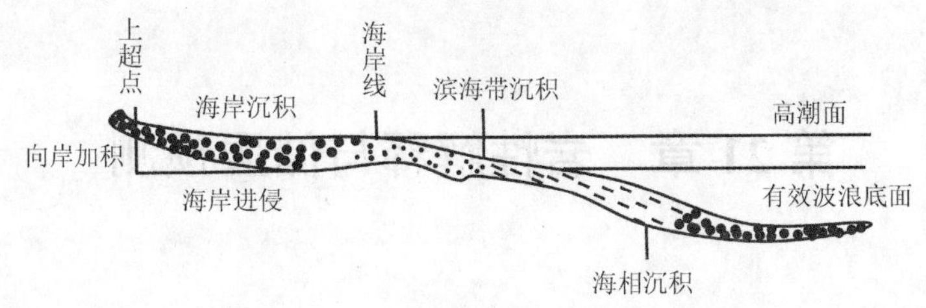

图 20.3-1　海岸线附近的岩相分布

当海平面下降时，可能出现两种情况。一种是海平面迅速下降，老的沉积物来不及全部侵蚀，从而出现上超点的向下转移。另一种是海平面下降缓慢，处于新海平面以上的沉积物全部遭到侵蚀，则可能出现斜坡型削蚀的地层模式。实际资料表明，海平面的上升一般是渐进的，而海平面的下降一般是快速的。因此，在海平面迅速下降前后新老地层的上超点，一般都可以保留下来。只要在地震剖面上找出海平面下降前老地层的最高上超点，并找出下降后新地层的最初上超点，这两个上超点的高差就相当于海平面的下降幅度。以各地层的绝对年龄为纵坐标，以海平面升降幅度值为横坐标，取现代海平面、现代或老的陆棚边角作零线，可画出海平面相对变化曲线。韦尔（Vail）等发现海平面的升降变化是全球性的，因此，利用已知区的海平面升降变化特征，根据地震资料可推断未知区的地层时代。

我国的石油勘探部门近几年做了大量研究工作，对地震地层学的应用取得了不少成果，如在黄骅拗陷，利用地震地层学方法对古近系沉积环境得出了新的看法。首先根据反射波组间的相互关系（上超、下超、顶超、削截）在地震剖面上划分地层，建立地震层序；然后编制海平面升降周期曲线，再根据地震相分析研究古水流方向；最后明确了各层组间的接触关系，调整了某些层组的界线，明确了东营组、沙一段及沙二段三角洲沉积的物源，指出了找油的有利部位。三角洲沉积环境是油气形成和储集的有利环境，通过地震相的解释识别三角洲沉积有重要意义，这样的工作在海南岛西南的莺歌海西部拗陷也已开展。

中国石化集团华东石油局第六物探大队利用地震地层学对苏北陆相沉积盆地的新生代地层作了初步应用，也是按上述类似步骤进行地震层序划分和沉积特征的分析；研究水体变化，得出这个陆相盆地的水体升降可与全球性海平面升降相对比的结论；根据地震相分析，指出浊流河道、三角洲、水下冲积扇、礁滩、地层岩性尖灭和砂岩透镜体等的发育位置，明确了古水系的分布、流向和沉积相的时空关系，指出可能的油气藏类型。

在勘探程度低的地区，地震地层学的研究工作仍可进行，人们从了解区域构造背景入手，利用边缘露头和钻井资料建立起沉积模式；同时，根据区域反射层顶底不整一现象和反射波特征确定地震层序、划分地震相。然后，通过各地震相的地质解释，把地震相转换为沉积相。最后，从沉积相分析推算出缓坡三角洲、滩相、斜坡浊积岩、生物礁、岩隆及扇三角洲前缘是较有利的油气储集相带。

第 21 章　岩性解释与储层预测

21.1　多属性的提取与优化

21.1.1　属性的概念、分类与提取方式

1. 属性的概念及分类

地震属性可分为狭义地震属性和广义地震属性。狭义地震属性是指那些由地震数据或者由地震数据产生的其他数据（如波阻抗）经过数学变换而导出的能够反映地震波几何学、动力学、运动学及统计学特征信息的综合特征参数，其中没有其他类型数据的介入。广义地震属性则指有测井等数据参与的地震属性。广义地震属性使地震属性对储层的预测走向定量化。通过属性解释能够获得许多有关地层、断层、裂缝、岩性和相带变化的重要特征信息，可广泛应用于地震构造解释、地层分析、油藏特征描述及油藏动态监测等领域。

对于地震属性的分类，目前还没有公认的方法，很难建立一个完整的地震属性列表。但是很多学者对地震属性进行了归纳，Taner（1999）将其划分为几何属性与物理属性两大类。其中，几何属性或反射特征，用于地震地层学、层序地层学及断层与构造解释，物理属性用于岩性及储层特征解释。Brown（2005）将地震属性分为四类：时间属性、振幅属性、频率属性和吸收衰减属性。其中，源于时间的属性提供构造信息；源于振幅的属性提供地层与储层信息；源于频率的属性提供储层信息；吸收衰减属性提供渗透率信息。Chen 和 Sideny（1997）则以运动学与动力学为基础把地震属性分成振幅、频率、相位、能量波形、衰减、相关、比值等几类。此外他还提出了按地震属性功能分类的方案，即把地震属性分为与亮点和暗点、不整合圈闭和断块隆起、油气方位异常、薄储层、地层不连续、石灰岩储层与碎屑岩储层、构造不连续、岩性尖灭有关的属性。此外，为便于地震属性计算，按属性目标进行分类，可分为剖面属性、层位属性与数据体属性。剖面属性通常是瞬时属性或某些特殊处理结果，如速度或波阻抗反演结果等。层位属性是沿层面求取的，它提供了层位界面或两个界面之间的信息变化。基于数据体的地震属性是从三维地震数据体推导出的属性体。

2. 属性的提取方式

1）属性体、属性剖面

这类属性是按剖面（或体）处理的，是一个剖面文件（或体文件）。属性值对应空间位置，即（x、y、t_0、属性值），可以用于常规地震剖面的方式显示与使用。常用的属性有相干体（方差体、相似体等）、波阻抗、道积分数据体，经希尔伯特变换得到的瞬时属

性体、倾角、倾向数据体等，可以直接应用于岩性解释，也可以用解释层位提取出来转变为属性层。

2）沿层地震属性

沿层地震属性是以解释层位为基础，在地震数据体（剖面）中提取的属性，它的数值对应一个层位或一套地层，每个属性值对应一个 x、y 坐标。提取方式有两类：①沿一个解释层开一个常数时窗，在此时窗内提取地震属性，提取方式有 4 种［图 21.1-1（a）］。②用两个解释层位提取某一段地层对应的地震属性，提取方式也有 4 种［图 21.1-1（b）］。

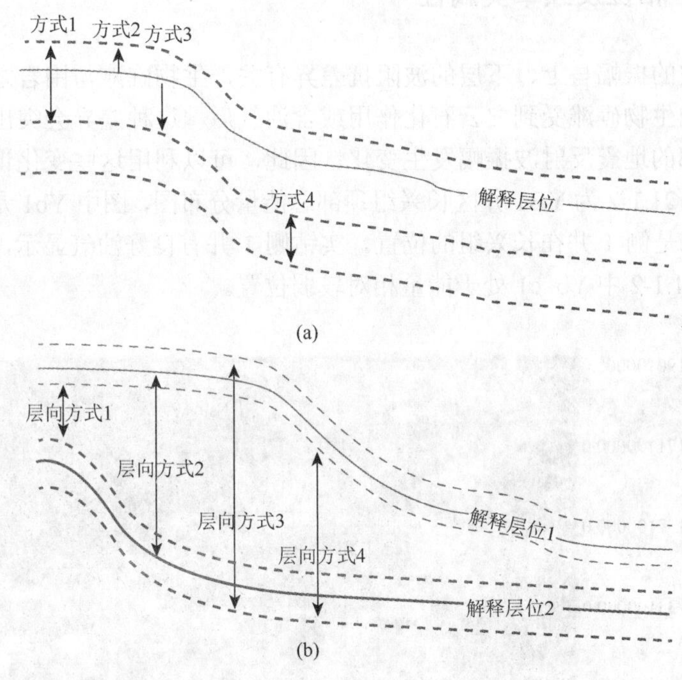

图 21.1-1　沿层地震属性提取方式示意图

沿层地震属性提取时要注意选取合理的时窗，时窗开得过大，则包含不必要的信息；时窗开得过小，则会出现截断现象，丢失有效成分。一般来说，时窗选取应遵循以下准则。

（1）当目的层段厚度较大时：①如果能够准确追踪顶底界面，则用顶底界面限定时窗，提取层间各种地震信息。②如果只能准确追踪顶界面，则以顶界面限定时窗上限（作为时窗的起点），以目的层时间厚度作为时窗长度，以各道均包含目的层又尽可能少包含非目的层信息为准。③如果只能准确追踪底界面，则以底界面限定时窗下限，以目的层时间厚度作为时窗长度，以各道均包含目的层又尽可能少包含非目的层信息为准。④如果不能准确追踪顶底界面，可以以某一标准层的走势为约束，在有钻探的地区，可将井对应的目的层的顶、底时间作为时窗起点和终点，以时间厚度作为时窗长度；在没有钻探的新区，时窗的选取凭借解释人员的经验，以尽可能少包含非目的层信息为准。

（2）当目的层为薄层时：因目的层的各种地质信息基本上集中反映在目的层顶界面的地震响应中，因此，时窗的选取应以目的层顶界面限定时窗上限，时窗长度尽可能小。

（3）在微断层解释中，主要是利用目的层顶界面地震信息，因此，应以提取目的层顶界面地震信息为主，时窗长度尽可能小，以尽可能少包含非目的层信息为准。

另外在沿层地震属性提取时，由于可用于隐蔽油气藏预测的地震属性类型多、数据量大、属性之间量纲不一、数值量级差别大（数值量小的地震属性往往被数值量大的地震属性淹没），以及存在一些离群的异常数值等问题，在做属性分析之前，必须对地震属性参数进行规格化、平滑等预处理。

21.1.2　振幅、相位及频率类属性

地震反射波的振幅与上、下层的波阻抗差异有关，生物礁滩与围岩之间存在速度、密度的差异。当生物礁滩受到白云石化作用或含油气后，这种差异会突出或减弱，使得礁滩顶部或内部的地震反射波振幅发生变化。因此，可以利用这些变化识别生物礁滩的含油气情况。图 21.1-2 为 YB1 井区长兴组顶部总能量分布图，图中 Yb1 是直井在长兴组的位置，Yb_c1 是侧 1 井在长兴组的位置。实钻侧 1 井有良好油气显示，而直井油气显示较差。在图 21.1-2 中 Yb_c1 处于能量相对较弱位置。

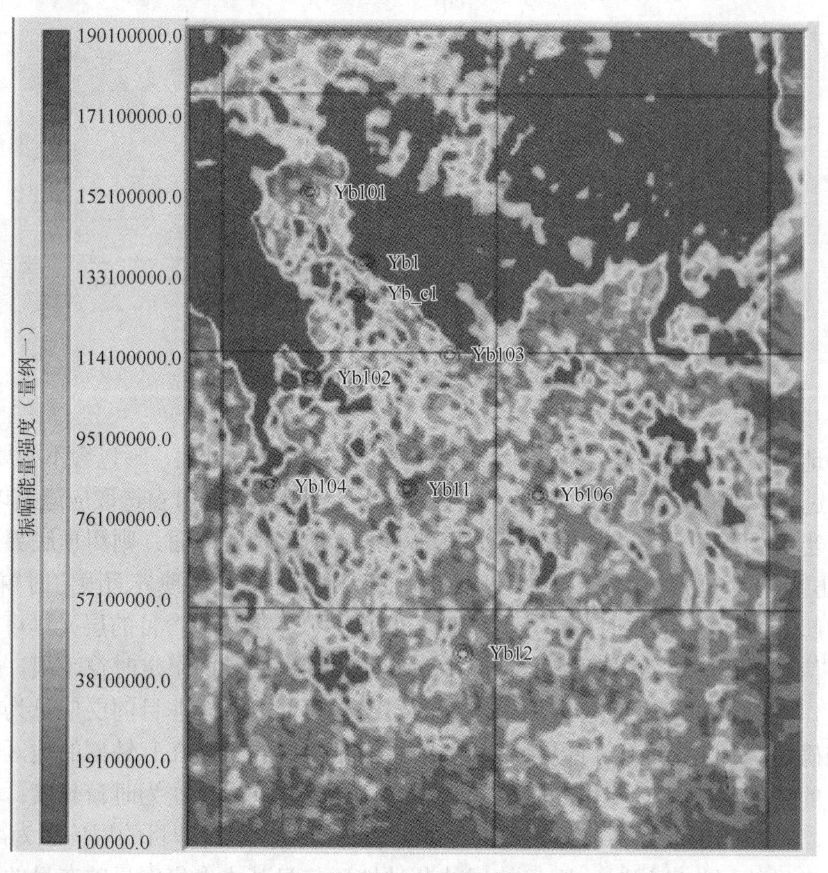

图 21.1-2　YB1 井区长兴组顶部总能量分布图

地震波的频率是反映油气的一个重要标志。由于地层的吸收作用，地震波的频谱随着传播距离的增大，低频成分相对丰富。储集层孔隙中充填了流体或气体，会增大地层的衰减系数。因此当地震波通过含油气储层后，地震波主频往往会有更加明显的降低。地震波的瞬时频率、平均频率、中心频率、全频谱等信息可用来判断岩性变化及油气的存在，通常反映在频率类属性上为负异常属性。这种频率在空间的变化是指示油气藏存在的重要地震属性。相位与油气无直接关系，但相位的突然变化往往反映了异常带的边界，因此相位可用来指示相变线或礁滩复合体的边界。

图 21.1-3 为 YB1 井区长兴组地层顶面的沿层主相位图，图中较好地显示了礁滩复合体的边界（图中箭头所示）。

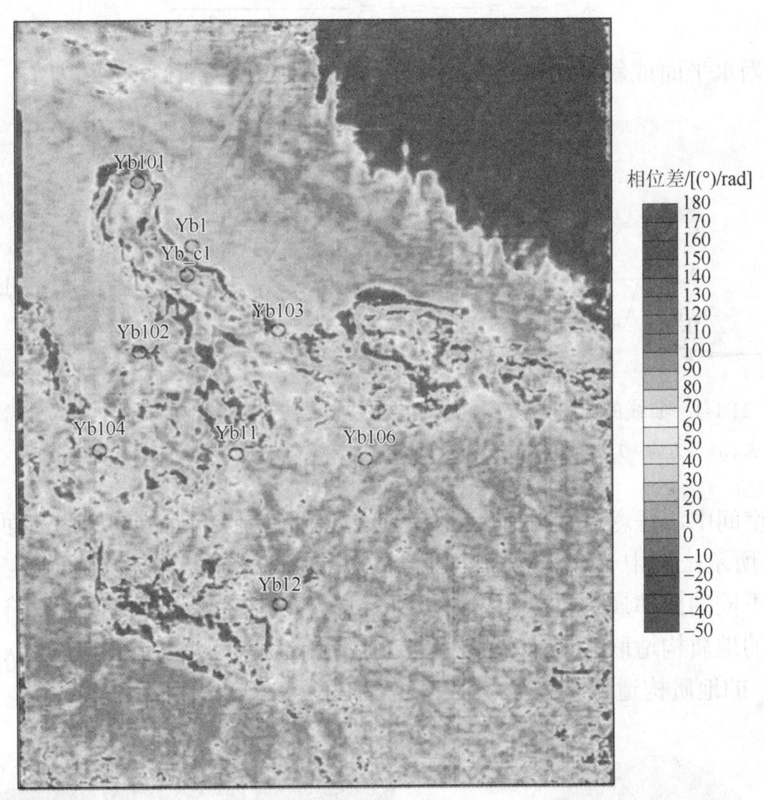

图 21.1-3 YB1 井区长兴组地层顶面的沿层主相位图

21.1.3 曲率属性

从数学意义上看，地震属性是对地震资料的几何学、运动学、动力学及统计学特征的一种测量和描述；从地震属性的提取过程来看，地震属性的提取是对地震数据进行分解，每一个地震属性都是地震数据的一个子集；从地球物理学的角度看，地震属性是地震数据中反映不同地质信息的子集，是刻画、描述地层结构、岩性及物性等地质信息的地震特征量，因此地震属性在油藏识别和储层预测中扮演着重要的角色。曲率属性作为地震属性中几何属性的一种，近年来在构造识别和解释上得到了迅速的发展和应用。曲率属性描述的是地震数据体的几何变化，与地震反射体的弯曲程度相对应，对地层弯曲、褶皱和裂缝、断层等反应敏感，是用于寻找地质体构造特征的有效手段。礁滩储层尤其是生物礁储层因具有独特的几何外形，使得曲率属性在礁滩储层的检测中有一定的作用。

1. 曲率属性的概念及物理意义

曲率是曲线的二维性质，用于描述曲线上任意一点的弯曲程度，其在数学上可表示为曲线上某点的角度（α）与弧长（s）变化率之比，也可表示成该点的二阶微分形式，如式（21.1-1）和图 21.1-4 所示。

$$\kappa = \frac{\mathrm{d}\alpha}{\mathrm{d}s} = \frac{2\pi}{2\pi R} = \frac{1}{R} = \frac{|\,\mathrm{d}^2 y / \mathrm{d}^2 x\,|}{[1+(\mathrm{d}y/\mathrm{d}x)^2]^{3/2}} \tag{21.1-1}$$

当地层为水平面或斜平面时定义曲率为零，背斜时为正，向斜时为负，如图 21.1-5 所示。

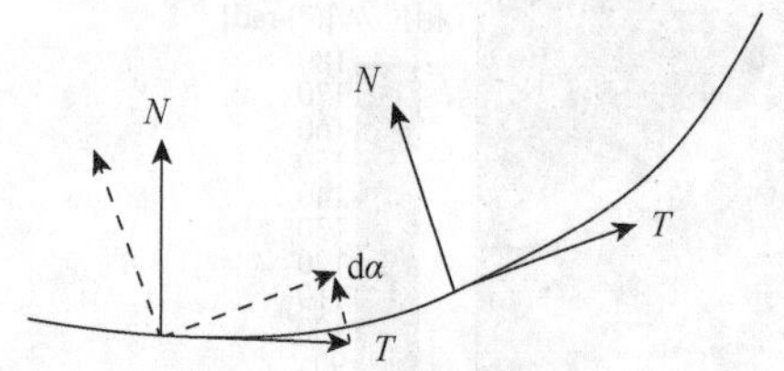

图 21.1-4　曲线的曲率图

注：N 表示法线方向；T 表示切线方向

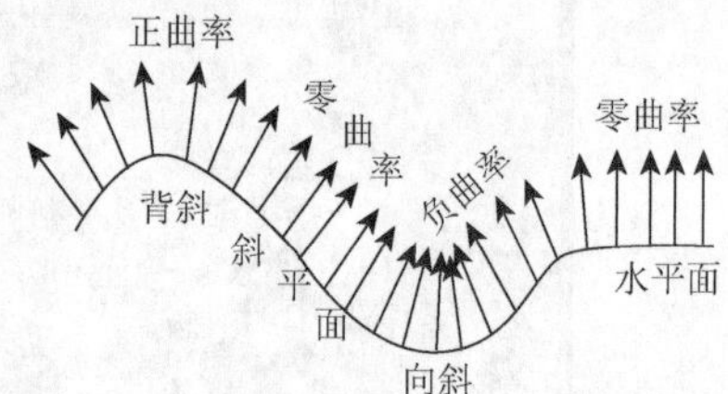

图 21.1-5　地层几何结构与曲率的关系

在三维空间中，任意点 P 的曲率可以通过周围各点拟合而成的空间曲面计算出来，如图 21.1-6 所示，其中 κ_1、κ_2 为相互正交的法曲率。在同一曲面上可以定义不同的曲率属性，将不同的曲率属性进行组合可以进行局部形态检测，由此便可以将曲率的数学概念与实际的地质构造联系起来。如图 21.1-7 所示为基于最大正曲率属性 κ_{pos} 与最小负曲率属性 κ_{neg} 的地质构造形态分类。

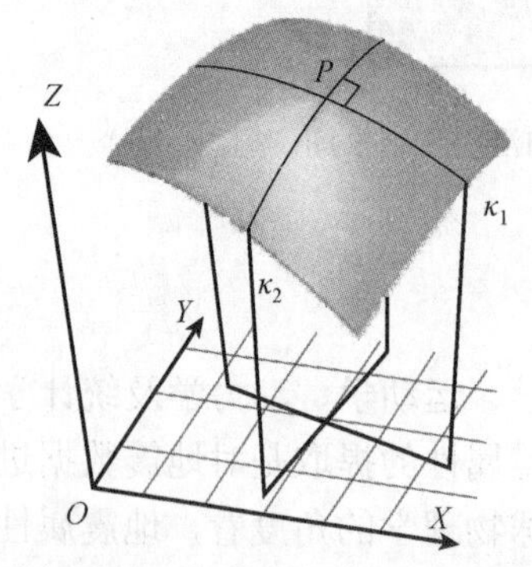

图 21.1-6　三维空间中某点的曲率

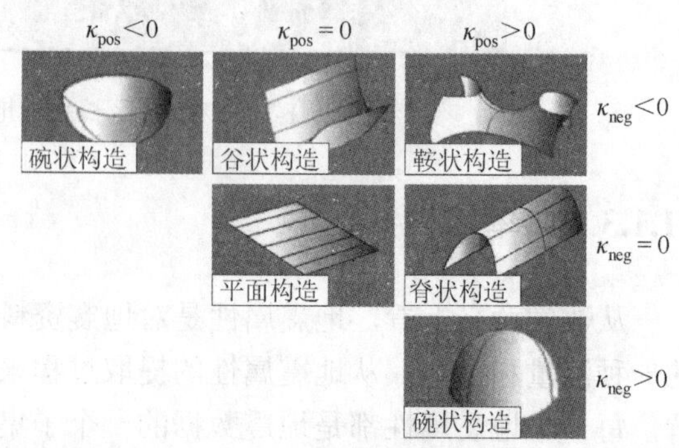

图 21.1-7　基于最大正曲率属性 κ_{pos} 与最小负曲率属性 κ_{neg} 的地质构造形态分类

空间中的任意曲面可由二维趋势面方程近似表示为

$$f(x,y)=ax^2+by^2+cxy+dx+ey+f \tag{21.1-2}$$

与曲线曲率的定义类似，可通过趋势面方程计算出曲面上任意一点的曲率。当构造曲面的弯曲程度很小时，构造面上各点的切平面近似为水平，一阶微分趋近于零，因此，式（21.1-2）可近似简化为

$$\kappa=\frac{|f''(x,y)|}{[1+f'^2(x,y)]^{3/2}}\approx|f''(x,y)| \tag{21.1-3}$$

上式便为曲率属性计算的数学基础。

2. *体曲率分析原理*

根据所计算的数据源，曲率属性可分为（二维）层面曲率属性和（三维）体曲率属性。层面曲率属性的提取基于目标层位等时构造图，计算较为简便，但是由于缺失地质体的空间分布信息使其不能真实反映地下构造形态，而且等时构造图的拾取受人工解释的影响较大，精度难以保证；体曲率属性则通过计算三维地震数据体中任意点及其周边道和采样点的视倾角值获得空间方位信息，再拟合出趋势面方程，从而得到曲面上该点的曲率属性，可以获得更加精确的地质构造，并可按照所解释的层位、时间或深度得到所需的切片信息，有利于资料的精细解释。

在几何地震学中，三维地震反射体在空间上的任意反射点 $r(x,z,y)$ 可以认为是时间标量 $u(t,x,y)$，那么梯度 $\mathrm{grad}(u)$ 反映的是反射面沿着不同方向的变化率，即反射面沿着方向矢量所在的法截面截取曲线的一阶导数，其结果为该反射点的视倾角向量。

$$\mathrm{grad}(u)=\frac{\partial u}{\partial x}\boldsymbol{l}+\frac{\partial u}{\partial y}\boldsymbol{j}+\frac{\partial u}{\partial z}\boldsymbol{k}=p\boldsymbol{l}+q\boldsymbol{j}+r\boldsymbol{k} \tag{21.1-4}$$

式中，p、q、r 分别为沿 x、y 和 t 方向的视倾角分量。

将视倾角 p、q 代入式（21.1-3）中，得到沿 x 方向和 y 方向的曲率分量为

$$\begin{cases}\kappa_x=\dfrac{\partial^2 u(t,x,y)}{\partial x^2}\Bigg/\left[1+\left[\dfrac{\partial u(t,x,y)}{\partial x}\right]^2\right]^{3/2}=\dfrac{\partial p}{\partial x}\Big/(1+p^2)^{3/2}\\ \kappa_y=\dfrac{\partial^2 u(t,x,y)}{\partial y^2}\Bigg/\left[1+\left[\dfrac{\partial u(t,x,y)}{\partial y}\right]^2\right]^{3/2}=\dfrac{\partial p}{\partial y}\Big/(1+p^2)^{3/2}\end{cases} \tag{21.1-5}$$

可见，一个三维地震数据体可以先转化为倾角数据体，然后计算其中任意点的曲率。

关于倾角数据体的计算，采用 Barnes（2007）提出的复地震道分析方法。该方法将地震信号看成包含复地震道的解析信号，形如：

$$Z(t)=x(t)+\mathrm{i}y(t) \tag{21.1-6}$$

式中，$x(t)$ 为实地震道；$y(t)$ 为虚地震道。虚地震道的构成方法多样，常取 $y(t)$ 为 $x(t)$ 的希尔伯特变换，与 $x(t)$ 正交、相移 90°。将信号写成三维的形式：$u(t,x,y)$ 为输入的地震数据，$u^{\mathrm{H}}(t,x,y)$ 为关于时间 t 的希尔伯特变换。利用复地震道分析方法可以获得用于描述地震道中谱信息随时间变化的“三瞬”参数，即瞬时振幅、瞬时相位和瞬时频率。

瞬时振幅反映了地震波能量的瞬时变化情况，与地震相位无关，可用于判断与岩性有关的地质体。

$$A(t)=\sqrt{[u(t)]^2+[u^{\mathrm{H}}(t)]^2} \tag{21.1-7}$$

瞬时相位与瞬时振幅无关，可追踪连续性差的弱反射波及极性变化的反射波。在实际工作中，也常用瞬时余弦相位进行相关地震属性的提取与计算。瞬时相位的定义为

$$\phi(t)=\tan^{-1}\left[\frac{u^{\mathrm{H}}(t)}{u(t)}\right] \tag{21.1-8}$$

瞬时频率为瞬时相位随时间的变化率，是地震波传播效应和沉积特征的响应，反映了地震道信号的频率分量随时间的变化。利用瞬时频率可以进行低频异常的烃类检测、断裂区域的识别和地层厚度的指示。瞬时频率的定义为

$$\omega(t)=\frac{\mathrm{d}\phi(t)}{\mathrm{d}t} \tag{21.1-9}$$

可进一步表示为

$$\omega(t)=\frac{\partial\phi(t)}{\partial t}=\frac{u(t)\dfrac{\partial u^{\mathrm{H}}(t)}{\partial t}-u^{\mathrm{H}}(t)\dfrac{\partial u(t)}{\partial t}}{[u(t)]^2+[u^{\mathrm{H}}(t)]^2} \tag{21.1-10}$$

视倾角 $\mathrm{dip}(p,q)$ 可由瞬时频率 ω 和瞬时波数 k_x、 k_y 计算出：

$$\begin{cases} p=k_x/\omega \\ q=k_y/\omega \end{cases} \tag{21.1-11}$$

式中，p、q 分别为 x 方向和 y 方向的视倾角分量。

与层面曲率属性相比，体曲率属性通过计算数据体中任意点及其周边道和采样点的视倾角值获取空间方位信息，获得的地质构造更加精确。图 21.1-8（a）为长兴组底部最小负曲率切片，图 21.1-8（b）为对应图 21.1-8（a）中横线的地震剖面。从图中可以看出，最小负曲率中的小值（图中深色）正好对应同相轴下凹部位。因此，最小负曲率对于精确识别潮道有重要作用。由于常规地震剖面反映的是假构造，因此若在底拉平数据体中进行最小负曲率处理则更能反映潮道的分布。

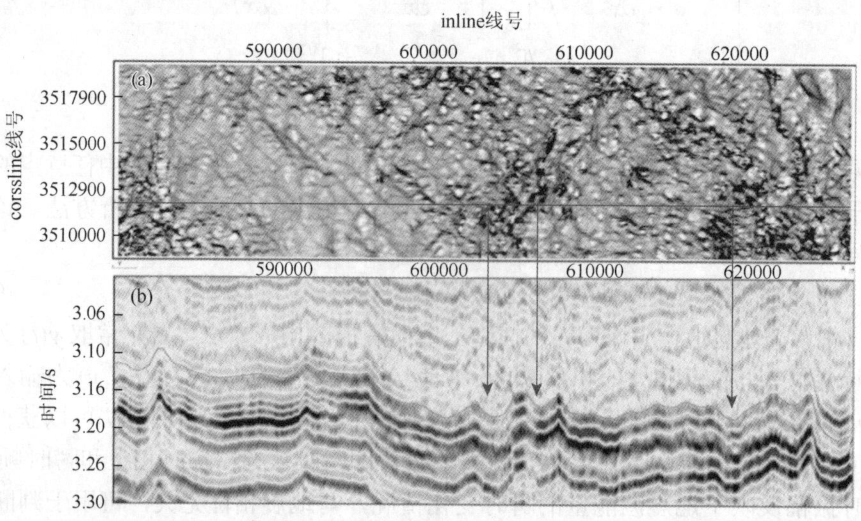

图 21.1-8　长兴组底部最小负曲率切片（a）及对应横线的地震剖面（b）

21.2　地震波阻抗反演基本理论

21.2.1　地震反演概述

地震反演就是利用地表所观测到的地震资料，以已知的地质规律和测井资料为约束，对地下岩层的空间结构及物理性质进行反推、成像的过程。波阻抗反演通常指的是利用叠后地震资料反演出地层波阻抗的一种特殊的地震资料处理解释技术。与其他的储层预测方法相比，如地震模式识别预测油气、神经网络预测地层参数、振幅拟合预测地层厚度等统计性方法，波阻抗反演具有比较明确的物理意义，因而应该作为储层岩性预测及油气特征描述的确定性方法，而且在实际资料的应用中也取得了较为显著的地质效果。它将地震资料、地质解释及测井数据相结合，充分利用了测井资料较高的垂向分辨率和地震资料较好的横向连续性的特点，将地震剖面转换成波阻抗剖面，这样不仅可以将地震资料与测井资料联系起来对比，而且便于研究储层物性参数的变化，从而可以将物性参数在空间上的分布规律展现出来，指导油气田的勘探和开发。随着反演技术的不断发展，波阻抗反演方法也越来越多，不过这些方法都具有不同的适用条件。利用波阻抗反演方法进行储层预测的前提是：如何根据研究区的特点正确地应用这些方法，并在解释中合理地认识这些方法的结果。根据研究区储层特征，以及该区三维地震资料的分辨率和信噪比等，再结合钻井结果，针对目前油气勘探领域中用于储层预测的多种反演方法（如基于模型的反演、约束反演、稀疏脉冲反演等），对研究区储层进行试验，比较得出了每种地震反演方法的适用条件及优缺点。

21.2.2　地震波阻抗反演的基本原理与假设条件

测井资料和钻井资料具有较高的垂向分辨率，而横向分辨率比较低，所以利用井上的数据只能得到储层模型中小尺寸结构的变化。地震资料则是垂向分辨率低，横向分辨率比较高，因此利用地震数据可以对井间大尺寸的结构进行预测。地震反演就是利用地表观测的地震资料，以宏观的地质规律和测井资料及钻井资料为约束，对地下岩层的空间结构及其物理性质进行成像的过程。实际上，地震资料中就包含着丰富的岩性和物性信息，经过地震波阻抗反演后，可以把界面型的地震资料转换成岩层型的模拟测井资料，使其能够与钻井和测井资料直接进行对比，从而可以以岩层为单位进行地质解释，充分发挥地震横向资料密集的优势来研究储层特征的空间变化情况。

1. 地震波阻抗反演的基本原理

设地震记录为

$$S(t) = R(t) * W(t) + N(t) \tag{21.2-1}$$

式中，$S(t)$ 为地震记录；$R(t)$ 为地下分界面的反射系数；$W(t)$ 为地震子波；$N(t)$ 为噪声。这便是传统的鲁滨逊（Robinson）褶积模型。

地震反演（反褶积）的任务就是从地震记录 $S(t)$ 中设法将地震子波 $W(t)$ 和噪声 $N(t)$ 消除，得到仅反映地下界面变化的反射系数序列 $R(t)$，进而求出各层的速度和密度参数，依此推断地下介质分布情况。

地震反射产生的条件：在速度和密度有差异（即波阻抗有差异）的界面上才产生地震反射。若已知密度 ρ 和速度 V，则第 i 个界面上的反射系数为

$$R_i = (\rho_{i+1}V_{i+1} - \rho_i V_i)/(\rho_{i+1}V_{i+1} + \rho_i V_i) \tag{21.2-2}$$

密度和速度的乘积 ρV 即为波阻抗。密度的变化通常很小，并且密度与速度接近线性关系，所以当缺乏密度信息时，一般只用速度来计算反射系数。因此，式（21.2-2）的合理近似式为

$$R_i = (V_{i+1} - V_i)/(V_{i+1} + V_i) \tag{21.2-3}$$

得到了反射系数之后就可以实现反演过程，通过采用不同的算法，由地震反射系数数据得出波阻抗数据，从而可以将界面型的地震剖面转换成岩层型的波阻抗剖面，使得地震资料转换成能直接与钻井、测井资料对比的形式（图 21.2-1）。

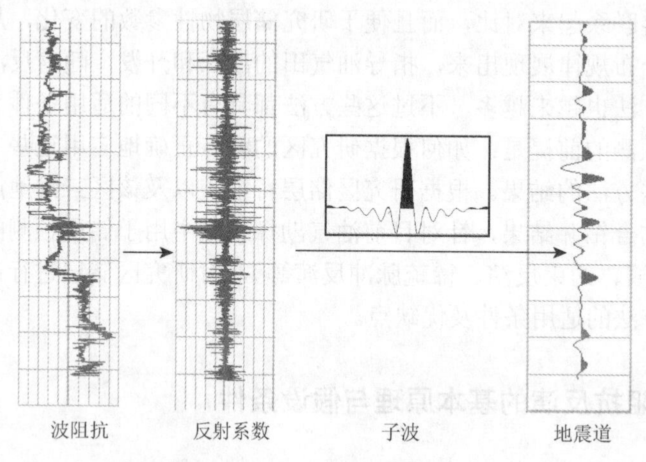

图 21.2-1　波阻抗反演基本原理

2. 地震波阻抗反演的假设条件

目前，比较常用的一些地震波阻抗反演软件所采用的方法基本上都是基于褶积模型建立的，因此，对于要求做反演的地震资料都要满足褶积模型的假设前提，可概括为以下的四个方面。

（1）地震模型：假设地层是水平层状介质、地震波为平面波法向入射，其地震剖面为正入射剖面，并且假设地震道为地震子波与地层反射系数的褶积。

（2）反射系数序列：不同反演方法的假设略有不同。在普通递推反演中，假设反射系数为完全随机的序列，而在约束稀疏脉冲反演中，反射系数由一些强值以及一些满足高斯分布的弱值构成。

（3）地震子波：假设反射系数剖面中的每一个地震道都可以看作地下反射系数与一个零相位子波的褶积。但是实际情况中的地震子波往往是复合子波，需要对地震剖面进行相位校正处理。

（4）噪声分量：通常假设波阻抗反演输入的地震数据其振幅信息反映了地下波阻抗变化情况，地震剖面没有多次波和绕射波等规则干扰与随机噪声。所以，在处理资料的时候，可以考虑反褶积和噪声切除，尤其是多次波。处理的最终目标是得到真振幅。类似于二维滤波和多道混波，改变地震振幅和特征的处理模块应当避免使用。

地震反演通常分为叠前反演和叠后反演两大类。按照不同的划分选用原则又可以进行不同的分类。其中，按测井资料在反演中所起作用大小可分为四类：①地震直接反演；②测井控制下的地震反演；③测井-地震联合反演；④地震控制下的测井内插外推。这四类方法分别用于油气勘探开发的不同阶段。从反演实现方法上可分为三大类：①递推反演；②基于模型的反演；③地震属性反演。根据所应用数学算法的不同可分为两大类：①线性反演；②非线性反演。按参与反演属性的多少也可分为两大类：①波阻抗反演；②多参数地震反演。本书案例研究以波阻抗反演为主。

21.2.3 递推反演方法

1. 递推反演基本原理

递推反演也称为带限反演，它是在反褶积的基础上发展起来的，是最早也是最简单的一种反演方法。它是一种基于反射系数递推计算地层波阻抗（速度）的地震反演方法。

离散的反射系数计算公式：

$$R_i = \frac{\rho_{i+1}V_{i+1} - \rho_i V_i}{\rho_{i+1}V_{i+1} + \rho_i V_i} = \frac{Z_{i+1} - Z_i}{Z_{i+1} + Z_i} \tag{21.2-4}$$

式中，ρ 为密度；Z_i 为第 i 层的波阻抗；Z_{i+1} 为第 $i+1$ 层的波阻抗；V_i 为第 i 层的层速度；V_{i+1} 为第 $i+1$ 层的层速度。如果反射系数是已知的，就可以根据上述公式得到波阻抗的递推公式为

$$Z_{i+1} = Z_0 \prod_{i=1}^{i} \left(\frac{1+r_i}{1-r_i} \right) \tag{21.2-5}$$

由式（21.2-5）可以看出，递推波阻抗主要涉及两个参数，即反射系数 r_i 和初始波阻抗 Z_0，其中反射系数 r_i 可由地震记录经子波反褶积求得，Z_0 由测井资料或根据井眼给定。

递推反演方法的关键点在于通过地震记录进行地层反射系数的估算，进一步得到能与已知钻井最佳吻合的波阻抗信息。测井资料主要起标定和质量控制的作用，所以又称直接反演。

2. 递推反演方法的优缺点

1）优点

递推反演方法是地震资料的直接转换，因此能够比较完整地保留地震反射的基本特征（如断层、产状等），不存在像基于模型方法的多解性，在岩性相对稳定的条件下，能够较好地反映储层的物性变化。其优点主要体现在两方面：①可以完全使用地震数据进行波阻抗反演；②计算速度快，在井很少和没有井的情况下，都可以使用。

2）缺点

递推反演方法在处理过程中，由于地质或测井资料均没有参与反演约束，导致其结果比较粗略，对于薄储层的研究很难满足，因此存在一些问题：①低频分量的损失。由波阻抗原理可知，地震记录是由地震子波和反射系数的褶积，再附加一定的噪声构成的。褶积是子波对每一个变化的反射系数加权后的叠加，这样就改变了反射系数序列的品质，降低了分辨率，使反射系数的带限非常严重，低频和高频分量都损失了，所以递推反演面临的最严重的问题是低频分量的损失。②误差积累问题。地震道包含相干或随机噪声会使反射系数的估算结果偏离真实的反射系数，并且误差随深度的增加而越来越大。

21.2.4 约束稀疏脉冲反演方法

1. 稀疏脉冲反演基本原理

稀疏脉冲反演（sparse spike inversion，SSI）是基于稀疏脉冲反褶积的递推反演方法，该方法针对地震记录的欠定问题，假设地层的波阻抗模型所对应的反射系数序列模型是稀疏分布的，即由起主导作用的主要（强）反射系数序列与具高斯背景的弱反射系数序列叠加组成。从地震道中根据稀疏的原则提取反射系数，与子波褶积后生成合成地震记录；利用合成地震记录与原始地震道残差的大小修改参与褶积的反射系数的个数，再作合成地震记录，如此迭代，最终得到一个能最佳逼近原始地震道的反射系数序列。该方法适合井数较少的地区，主要优点是能获得宽频带的反射系数，能较好地解决地震记录的多解性问题，从而使反演得到的波阻抗模型更趋于真实。稀疏脉冲反演的主要过程如下。

1）最大似然反褶积

最大似然反褶积（maximum likelihood deconvolution，MLD）是利用概率论的算法，对子波相位特性不需加任何假设，用 ARMA（auto-regressive and moving average，自回归滑动平均）模型描述子波，用状态空间模型求解反射系数。该方法对地层的假设为：地层的反射系数是由较大的反射界面的反射系数和具高斯背景的小反射系数叠加组成的。根据这种假设导出一个最小的目标函数：

$$J=\sum_{K=1}^{L}\frac{R^2(K)}{R^2}+\sum_{K=1}^{L}\frac{n^2(K)}{N^2}-2MLn(\lambda)-2(L-M)Ln(1-\lambda) \tag{21.2-6}$$

式中，J 为目标函数；$R(K)$ 为第 K 个采样点的反射系数；M 为反射层数；L 为采样总数；N 为噪声变量的平方根；$n(K)$ 为第 K 个采样点的噪声值；λ 为给定反射系数的似然值。依据目标函数，对每一道，从上到下推测反射系数的位置点，判断反射系数的幅值大小。如此，反复迭代修改每个反射系数的位置和幅度，直到最后的修改误差最小满足似然比值的判别标准，即完成一道的反褶积，得到反射系数的分布。

2）最大似然反演

最大似然反演是转换反射系数，导出宽带波阻抗。如果从最大似然反褶积中求得的反射系数是 $R(t)$，则在上述过程中为了得到可靠的反射系数估计值，可以单独输入波阻抗信息作为约束条件，从而求得最合理的波阻抗模型：

$$Z(i)=Z(i-1)\frac{1+r(i)}{1-r(i)} \tag{21.2-7}$$

约束稀疏脉冲反演（constrained sparse spike inversion，CSSI）是用地震道的振幅产生波阻抗模型，采用一个快速的趋势约束脉冲反演算法，用地震解释层位和测井约束控制波阻抗的趋势和幅值范围，脉冲算法产生了宽带结果，恢复了缺失的部分低频和高频成分。约束稀疏脉冲反演最小误差函数（目标函数）为

$$J=\sum|r_i|^p+\lambda^q\sum(d_i-s_i)^q+\alpha^2\sum(t_i-z_i)^2 \tag{21.2-8}$$

式中，J 为目标函数；r_i 为反射系数采样；λ 为实际地震与合成地震记录残差权重因子；d_i 为地震道数据采样；s_i 为合成地震道数据采样；α 为趋势权重因子，一般取 $\alpha=1$；t_i 为根据测井资料定义的波阻抗趋势采样；z_i 为介于测井约束最大和最小波阻抗之间的波阻抗采样；p、q 为 L 模因子，一般情况下取 $p=1$，$q=2$；i 为地震道采样点序号；右边第一项为反射系数绝对值求和，第二项为实际地震道与合成地震道之差的平方和，第三项为定义的趋势约束与波阻抗之差的平方和。

从式（21.2-8）可以看出，在约束稀疏脉冲反演中，反射系数的稀疏、合成记录与原始地震道的残差最小这两项是互相矛盾的，λ 值的大小反映了波阻抗值和子波褶积产生的合成地震道与实际地震道匹配程度的好坏。低的 λ 值着重强调反射系数之和最小，即强调稀疏性，约束稀疏脉冲反演剖面细节少，分辨率低，残差较大。如果 λ 值太大，过分强调残差值最小，而一味地使合成记录与原始地震记录吻合，结果会使一些噪声也加到了反演剖面中，同时忽略了波阻抗变化的低频背景。因此，在约束稀疏脉冲反演中重要的一步就是寻找一个合适的 λ 值。

反演的主要约束条件是波阻抗趋势约束和地震控制，其作用是恢复地震数据中缺少的低频信息。波阻抗趋势由地震层位和测井曲线产生，对时窗内波阻抗的取值范围起约束作用。

2. 反演过程中的重要环节处理

1）建立低频模型

由于地震资料采集系统的限制，地震直接反演结果中不包含 10Hz 以下的低频成分，须从其他资料中提取予以补偿。从地震资料出发，以测井资料和钻井数据为基础，建立基本反映沉积体地质特征的低频初始模型。地质模型中的地层模型是根据精细的层位解释结果建立地层框架表，地层框架表定义测井或速度数据在每个地层中如何进行内插。地层框架表对反演目的层段的地层特征应具有代表性，建立合适的地层框架表是测井或速度数据进行内插的关键。

2）子波提取及精细层位标定

在地震反演、横向预测时，最基础的工作就是从已知井出发识别地震资料上的储层。测井、地质、钻井的信息是以深度为标准计算的，而地震信息是以时间为标准计算的，在已知井比较少的情况下，储层预测工作成功的关键就是对地震信息的充分利用。而如何建立深度域的测井、地质、钻井资料与时间域的地震资料之间的关系则更为关键。建立它们之间关系的桥梁是合成地震记录。制作高精度的合成地震记录，对储层进行精细标定，才能为进一步的储层预测工作打下良好的基础。在层位标定的过程中，有斜井的地区还要考虑井斜的因素，从而提高标定的精度。

3. 适用条件及局限性

约束稀疏脉冲反演（CSSI）方法具有一般递推反演方法所有的特点，即反演结果较忠实于原始地震资料，能够反映储层的横向变化。而且，在迭代过程中引入地质和测井资料参与反演约束，增加了部分低频和高频的成分，在一定程度上拓宽了反演的频带。由于该方法对初始模型的依赖较小，因此不存在多解性的问题，反演结果的唯一性比较好，不容易出现假象。如果所选择的反演参数和波阻抗趋势及约束比较合理，最终得到的反演带限波阻抗的结果也就比较合理。

约束稀疏脉冲反演方法的应用领域比较宽。在勘探初期只有很少钻井的情况下，通过反演资料的岩相分析可以确定地层的沉积体系，根据钻井资料所揭示的储层特征进行储层横向与侧向确定评价井位。到了开发前期，在储层较厚的情况下，可为地质建模提供可靠的构造、厚度及物性信息，优化设计方案。在油藏监测阶段，通过时移地震反演速度差异分析，可帮助确定储层压力、物性的空间变化，进而推断油气前缘。

约束稀疏脉冲反演方法的局限性在于假定条件的限制。该方法的假定条件是地下强反射系数是稀疏的，但实际的地震道反射一般都是稠密的。若地下地层不满足假定条件，则得不到较好的符合实际情况的反演效果。

总之，无论是简单的递推反演还是约束稀疏脉冲反演都是基于地震道，以地震频带为主的反演方法。反演结果的分辨率、信噪比和可靠程度完全依赖于地震资料本身的品质，地震噪声对反演结果比较敏感，影响也比较大；地震宽带相对较窄，导致了分辨率的相对较低，因此难以满足对薄层储层描述的要求。

4. 实际数据的应用

为了便于直观反映本区整体效果和趋势，将约束稀疏脉冲反演方法应用于某工区，图 21.2-2 为实际数据约束稀疏脉冲反演结果。从图中可以看出，反演所得到的波阻抗在纵向上的分布趋势大体一致，具有明显的分带性。约束稀疏脉冲反演利用地质构造框架和测井进行约束，对初始模型依赖性较小，但是在储层的细微变化处反映较差。

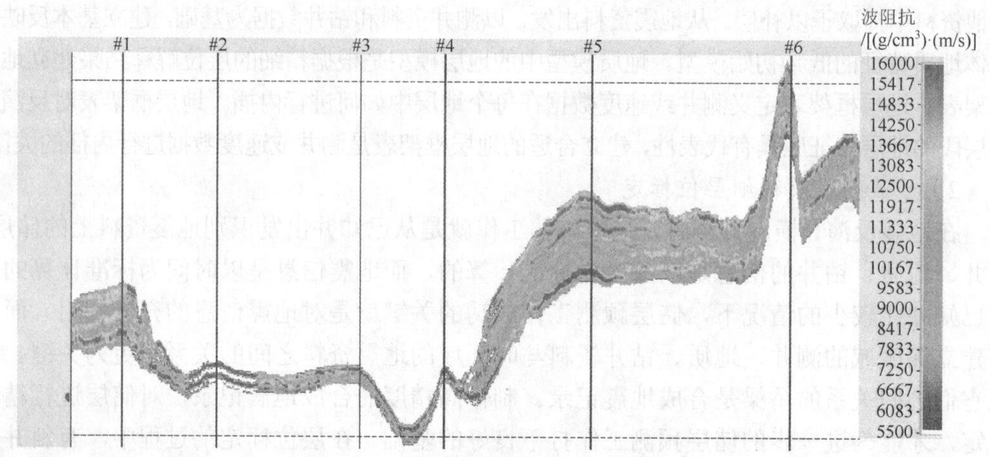

图 21.2-2 约束稀疏脉冲反演连井剖面图

第 22 章　机器学习在地震资料解释中的应用

22.1　机器学习在断层识别中的应用

断层在地震剖面上一般表现为同相轴错断、波阻与波系错断等形式。传统的断层解释由于人为因素可能导致解释结果不准确，为了提高断层解释的准确性，研究人员提出了各种各样的地震属性分析方法，即从地震数据中导出能表征地震波动力学和运动学特征的特殊度量值（黄诚等，2016）。在三维地震资料解释中，倾角和方位角起着至关重要的作用，地层倾角和方位角能突出反映地下那些断距小于 10ms 的断层。随着算法的开发，现在可以在不拾取层位的情况下计算三维反射层的倾角和方位角，目前主要应用于对局部反射面的不连续性估计，同时倾角和方位角也是计算体曲率、相干等属性的基础。第一代相干技术是利用每条道及其直线和交叉邻线的归一化互相关来计算地震相干性（Bahorich and Farmer，1995），其缺点是稳定性差且受噪声影响较大；第二代相干技术是通过计算相邻地震道的相似系数来计算地震相干性（Marfurt et al.，1998）；基于特征值算法的第三代相干技术和前两代相干技术相比，进行相干体计算时能去除高于高斯噪声的信号，从而提供最佳的横向分辨率（Gersztenkorn，2012），但是计算量比第二代相干技术大得多（程明等，2021）。还有许多其他算法，如通过计算三维体曲率属性来识别断层（杨威等，2011），使用改进的 3D Sobel 滤波器对叠后地震进行边缘检测（沈德海等，2015）。随着组合优化算法的发展，蚂蚁算法也被应用于断层识别工作中（陈志刚等，2017）。虽然断层常被认为是横向不连续的反射，理论上可以通过检测不连续点来确定断层位置，但由于这些地震属性对噪声和地层特征很敏感（Bi et al.，2020），以至于难以处理地震图像中不同类型的不连续断层面和逐渐变化的断层，即仅靠测量地震反射的连续性或不连续面不足以探测断层（Hale，2013）。

近年来，机器学习领域迎来蓬勃的发展，越来越多的机器学习方法被应用到地震资料处理和解释中（王文强等，2019；郑浩和张兵，2020；杨冠雨等，2020），地球物理数据分析开始进入人工智能时代。研究人员将深度学习方法用在断层智能识别方面，为了增强断层特征，同时抑制无关断层特征，可以将相干体属性制作成断层标签，训练深度学习模型来预测断层（Xiong et al.，2018），但其预测结果与相干体属性结果相似，精度并未明显提高。也有其他复杂卷积神经网络模型在断层检测方面取得了一些进展。例如，三维图像处理方法（Wu and Hale，2016），自动计算断层相邻的图像样本的断层面和倾斜滑动矢量，随后使用正演合成地震数据，利用卷积神经网络方法估算断层倾角，进而计算出断层概率图像，最后将断层方位的刻画转化为图像分类问题（Wu et al.，2018）；有研究对 U-Net 网络进行改进以自动拾取，提高算法的鲁棒性（陈德武等，2021）；还有研究利用支持向量机的方法考虑多种属性来识别断层（Di et al.，2017）。利用神经网络识别断层本质上是构建一个神经网络分类器，利用大量的断层样本训练网络，使网络能够将输入的断层准确分类。但由于断层点的类别占比远小于非断层点，容易出现类别不均衡现象。该方法识别的断层细化程度不够高，仍存在改进的空间。

22.1.1 3D U-Net++L^{3}卷积神经网络断层识别原理

神经网络模型是以具有一定尺寸的三维数据体为输入，对数据体的每一个像素点进行语义判断，判断其是否为断层。通过学习大量的理论数据样本可以实现对实际工区断层分布的预测。

1. 样本数据集准备

本方法所使用的训练数据样本是公开数据集（Wu et al.，2018），数据集采用地震正演模拟的方法得到。该方法使用了经典的褶积理论，由地震子波与地质模型的反射系数做褶积操作得到地震记录，如下式：

$$f(t)=S(t)*R(t)=\int_0^T S(\tau)R(t-\tau)\mathrm{d}\tau \tag{22.1-1}$$

式中，$S(t)$为地震子波；$R(t)$为反射系数；t为时间。

合成断层地震图像的方法为首先从地震图像中提取小图像块，并从中估计断层方向（倾角和走向）。根据估计的断层方位，构造各向异性高斯函数，主要沿估计的断层倾角和走向延伸，最后将所有面向断层的局部高斯函数叠加生成断层概率图像。

图像增强能够有效增强图像中有价值的信息，改善图像质量，使其满足一些特征分析的需求，常用于图像视觉数据预处理中。图像增强可以分为频域法和空间域法两类。频域法是利用傅里叶变换、小波变换等算法把图像从空间域转化为频域，即把图像矩阵转化为二维信号，进而使用高通滤波器或低通滤波器对信号进行过滤。低通滤波器只让低频信号通过，可以去掉图像中的噪声；高通滤波器可以增强边缘高频信号，使图片变得更加清晰，能够有效地改善图像的质量，进而提升断层识别的精度。首先对数据进行构造导向滤波处理（尹川等，2014；刘洋等，2014），对比结果如图 22.1-1 所示。

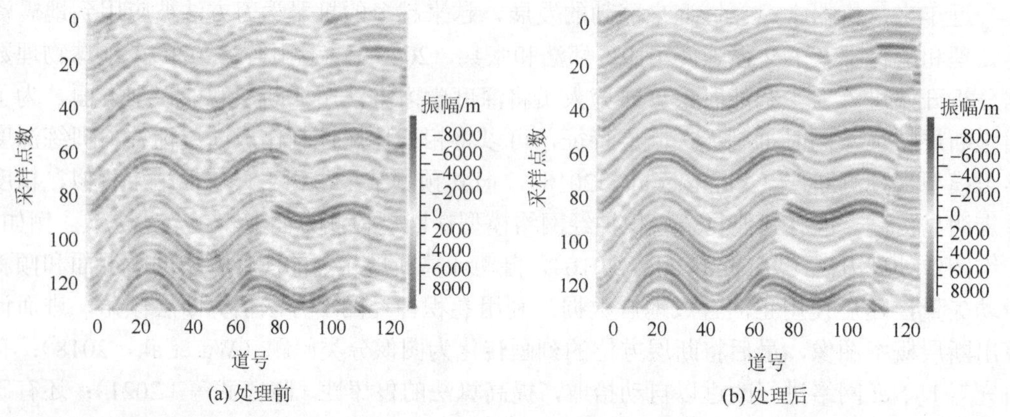

图 22.1-1 构造导向滤波处理

2. U-Net++L^3 卷积神经网络结构

在 U-Net 卷积神经网络结构中前半部分的作用是特征提取，后半部分的作用是上采样，也就是编码器-解码器结构。虽然 U-Net 网络结构可以很容易地识别出大断层，但是在实际分割中，在经过深层神经网络一次次的降采样和一次次的升采样后，一些大断层的边缘信息和一些小断层的位置信息极难准确地显示出来。U-Net++L^3 卷积神经网络通过在编码器和解码器之间加入密集块（dense block）和卷积层来提高分割精度。U-Net++L^3 卷积神经网络的第一个特点是可以获取不同层次的特征，并将它们通过特征叠加的方式整合在一起；第二个特点是在网络结构中配置了深度监督，使参数量在可接受的精度范围内大幅度地缩减，解决包含很高噪声或稀疏梯度的问题。

本书在 3D U-Net 卷积神经网络结构基础上添加了如下四个结构，将其改进为 3D U-Net++L^3 卷积神经网络模型，结构如图 22.1-2 所示。

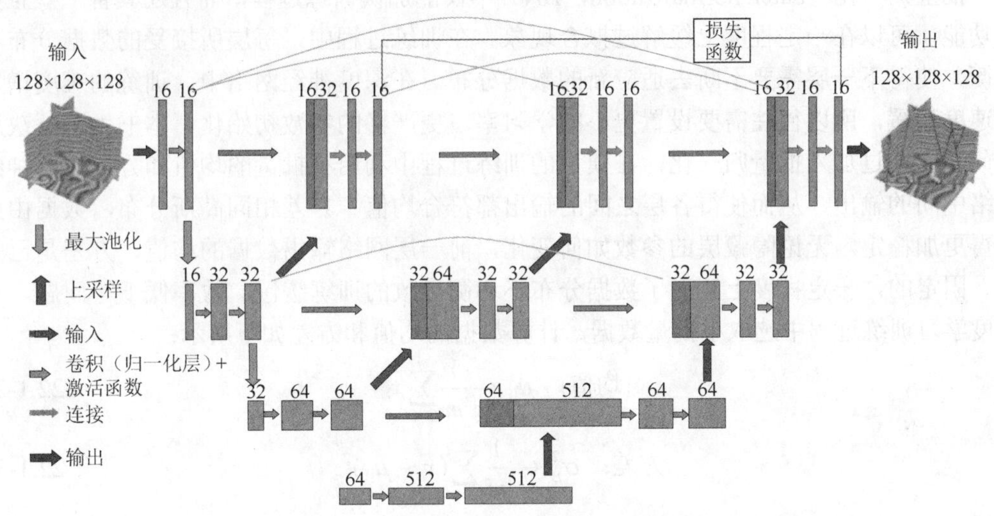

图 22.1-2　3D U-Net++L^3 卷积神经网络模型结构

1）引入新的跳跃路径

设计卷积层的目的是减少编码器和解码器子网络之间特征映射时产生的语义差别，对于优化器来讲，这是一个更直接的优化问题。3D U-Net++L^3 卷积神经网络模型采用跳跃连接，连接编码器和解码器之间的特征映射，以此达到融合语义上不相似特征的目的。在网络中，将相同密集块的前一个卷积层的输出与较低层密集块对应的上采样输出进行融合。可以让已编码特征的语义级别更接近于等待在解码器中的特征映射的语义级别，因此，在接收到语义上相似的特征映射时，更容易被优化。本书选用跳跃路径上的所有卷积层使用大小为 3×3×3 的卷积核。

2）密集跳跃连接

在 3D U-Net++L^3 卷积神经网络模型中，密集跳跃连接实现了编码器和解码器之间的跳跃路径。这些密集块是受到 DenseNet 的启发，目的是提高分割精度和改善梯度流。密集跳跃连接确保所有先验特征图都被累积，并通过每个跳跃路径上的密集块而到达当前节点。这将在多个语义级别中生成较高分辨率的特征映射，使用网格状的密集跳跃路径可以提升分割的准确性。

3）深度监督

深度监督又称中继监督（intermediate supervision），是通过修剪模型结构来调整模型的复杂性，在运算深度和精度之间达到平衡。具体的操作就是在卷积块 $X^{0,1}$、$X^{0,2}$、$X^{0,3}$ 后面加一个 1×1 的卷积核，在深度监督的过程中，每个子网络的输出已经是图像的分割结果，当子网络的输出结果已经足够好，就可以剪掉剩余的网络结构。

由于本书选用的模型有多个输出，在测试阶段，如果前面输出的精度足够高，网络就不会进入下一层运行，虽然可以考虑降低小部分精度来实现模型参数的大幅度减少，但是在训练阶段还是要用完整的模型来训练。

4）引入批量归一化

批量归一化（batch normalization，BN）不仅能加快训练过程，而且还具备一些正则化功能，可以在一定程度上缓解过拟合现象。在训练过程中，每层所接受的数据分布不均衡，使得下一层需要不断去适应新的数据分布。在深度神经网络中，训练的难度增加且速度变缓，所以往往需要设置更小的学习率，更严格的参数初始化。本书为了解决这一问题，通过加入批量归一化，在模型的训练过程中利用小批量的均值和方差调整神经网络中间的输出，从而使得各层之间的输出都符合均值、方差相同高斯分布，数据由此变得更加稳定。无论隐藏层的参数如何变化，前一层网络输出数据的均值、方差是已知的、固定的，一定程度上解决了数据分布不均衡导致的训练缓慢、效率低下等问题。在深度学习训练过程中选取小批量数据，计算数据的均值和方差如下所示：

$$\text{均值：}\ \mu_{\mathrm{B}} \leftarrow \frac{1}{m}\sum_{i=1}^{m} x_i \tag{22.1-2}$$

$$\text{方差：}\ \sigma_{\mathrm{B}}^2 \leftarrow \frac{1}{m}\sum_{i=1}^{m} (x_i - \mu_{\mathrm{B}})^2 \tag{22.1-3}$$

然后，对数据进行归一化处理：

$$\hat{x}_i \leftarrow \frac{x_i - \mu_{\mathrm{B}}}{\sqrt{\sigma_{\mathrm{B}}^2 + \varepsilon}} \tag{22.1-4}$$

以上计算可以使数据被严格地限制为均值为 0、方差为 1 的正态分布，随后加入拉伸系数 γ 和偏移系数 β 两个参数，从而增强网络的表达能力。经过处理后，可以使数据符合均值为 μ_{B}、方差为 σ_{B}^2 的高斯分布，输入的数据分布自由度更高，拉伸和偏移系数公式如下：

$$y_i \leftarrow \gamma \hat{x}_i + \beta \equiv \mathrm{BN}_{\gamma,\beta(x_i)} \tag{22.1-5}$$

5）Focal Tversky 损失函数

利用卷积神经网络处理高度不平衡的数据时，为了降低假负类和假正类的比例，本书提出了一种基于 Tversky 指数的损失函数，该损失函数可以大大降低损失率。Focal Tversky 损失函数值随着 Tversky 指数变化的情况如图 22.1-3 所示。Focal Tversky 损失函数的提出是为了解决目标检测中正负样本比例严重失衡和前后景难分的问题，如果把断层视作目标检测对象，把非断层视作背景，那么断层边缘出现模糊现象可以被视为目标检测中前后景难分的问题。

$$\mathrm{TI}_c = \frac{\sum_{i=1}^{N} p_{ic} g_{ic} + \varepsilon}{\sum_{i=1}^{N} p_{ic} g_{ic} + \alpha \sum_{i=1}^{N} p_{i\bar{c}} g_{ic} + \beta \sum_{i=1}^{N} p_{ic} g_{i\bar{c}} + \varepsilon} \tag{22.1-6}$$

式中，p_{ic} 为像素点 i 是断层的概率；$p_{i\bar{c}}$ 为像素点 i 不是断层的概率；是断层 g_{ic} 取 1，非断层 $g_{i\bar{c}}$ 取 0；α 和 β 分别控制假阴性和假阳性。通过调整 α 和 β 的值，从而控制假阳性和假阴性之间的平衡，本书中 $\alpha = 0.7$，$\beta = 0.3$。

得到损失函数如下：

$$\mathrm{FTL}_c = \sum_c (1 - \mathrm{TI}_c)^{1/\gamma} \tag{22.1-7}$$

式中，系数 γ 的大小可以改变损失函数变化趋势，本书中 $\gamma = 4/3$。

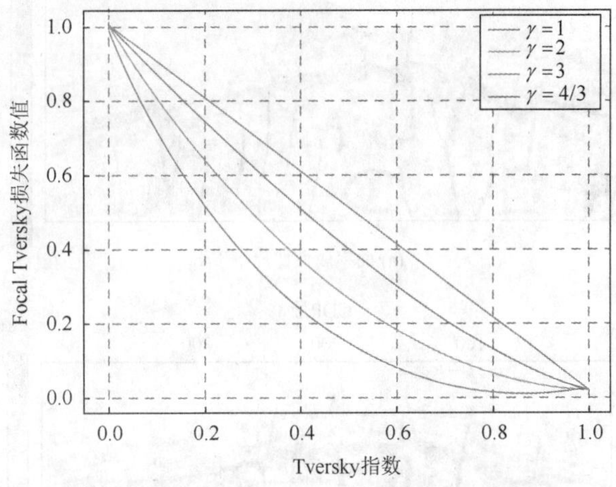

图 22.1-3　γ 值对 Focal Tversky 损失函数值的影响曲线

22.1.2　断层识别方法应用实例

为了验证该方法对断层识别的效果，本书使用 F3 地震数据进行测试。F3 是北海位于荷兰部分的一个区块，由荷兰应用科学组织（TNO）和 dGB Earth Sciences 公司提供。这个区块做过三维地震资料采集，目的是进行上侏罗统一下白垩统地层的油气勘探。本书所选用的 F3 地震数据工区共有 512 条测线，每条测线 384 道，采样间隔为 4ms，采样点数为 128，工区面积为 122.9km^2（图 22.1-4）。

根据数据实际情况选择合适的时窗大小、最大倾角和水平半径参数，并且对比了曲率属性、3D U-Net 卷积神经网络和本书选用的 3D U-Net++L^3 卷积神经网络等方法的断层预测结果（图 22.1-5）。从对比结果可以看出，曲率属性虽然能反映断层构造样式，但是无法准确刻画断层的结构，识别效果不如卷积神经网络方法。3D U-Net 卷积神经网络虽然可以识别断层的空间结构及一定弯曲度的断层，但是在断层连续性及边界的刻画上不如本书选用的 3D U-Net++L^3 卷积神经网络。

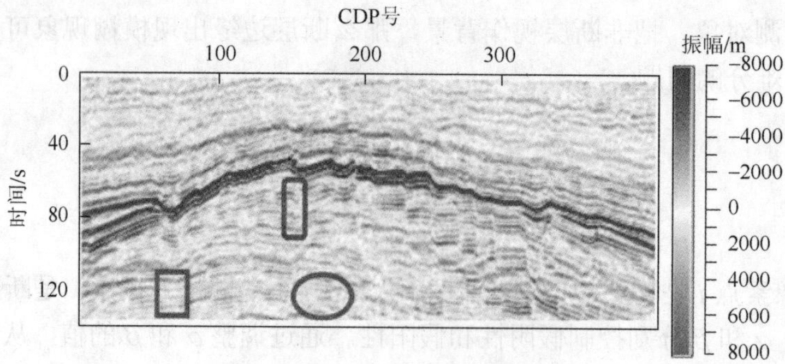

图 22.1-4 F3 区块 inline 线原始地震剖面

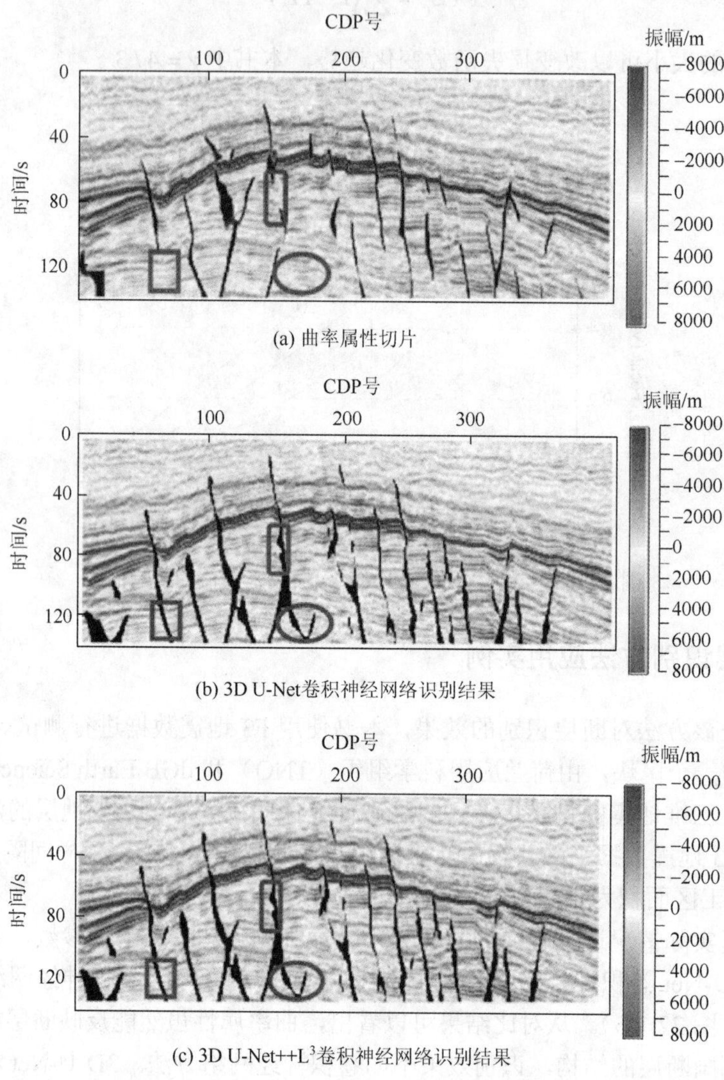

图 22.1-5 三种方法的断层预测效果对比

22.2　机器学习在裂缝预测中的应用

叠后地震属性是常用的裂缝带预测方法，但仅用单一叠后地震属性进行裂缝带预测会存在多解性。通常，研究者依据多种叠后地震属性进行裂缝带的定性分析。但是用这种解释方式解释全工区目的层裂缝带发育情况，工作量巨大且多解性强。极限学习机（extreme learning machine，ELM）算法属于机器学习中的监督学习（Huang and Zhu，2006），它是由单隐层前馈神经网络构建而来的，在数据分类和回归方面应用广泛（Huang et al.，2019）。相较于其他一些算法，极限学习机算法在不失一定学习精度的前提下，具有快速学习、泛化能力强、人为干预少的优点（江沸菠等，2015）。将该算法应用于尺度大、数据多的地震勘探中，具有较强的实用价值。本节利用极限学习机算法进行裂缝发育带的预测，以相干、曲率和 Q 值等叠后地震属性作为输入，进行多属性融合，实现对顺北地区裂缝带发育情况的自动判别。

22.2.1　基于极限学习机算法的裂缝带预测原理

极限学习机算法是架构在单隐层前馈神经网络基础上的算法，神经网络的输入权值和偏置均采取随机赋值的方式，以最小二乘准则为框架，采用穆尔-彭罗斯（Moore-Penrose）广义逆矩阵计算得到输出权值。相较于传统梯度下降学习理论，极限学习机算法的网络结构有快速收敛、不易陷入局部极值等优点。极限学习机算法的原理如下。

现有给定包含 N 个任意样本 (x_i,t_i) 的数据集，输入层节点数为 n，输出层节点数为 m，其中 $\boldsymbol{x}_i=[x_{i1},x_{i2},\cdots,x_{in}]\in\mathbf{R}^n$，$\boldsymbol{t}_i=[t_{i1},t_{i2},\cdots t_{im}]\in\mathbf{R}^m$。对于一个激励函数为 $g(x)$，且有 K 个隐藏节点的单隐层神经网络：

$$\sum_{i=1}^{K}\boldsymbol{\beta}_i g(\boldsymbol{w}_i\cdot\boldsymbol{x}_j+\boldsymbol{b}_i)=\boldsymbol{o}_j,\ j=1,2,\cdots,N \tag{22.2-1}$$

式中，$g(x)$ 可选用 S 型函数（sigmoid function）、高斯函数（gaussian function）等；$\boldsymbol{w}_i=[w_{i,1},w_{i,2},\cdots,w_{i,n}]^{\mathrm{T}}$ 为第 i 个隐藏节点与输入节点间的权值向量；$\boldsymbol{\beta}_i=[\beta_{i,1},\beta_{i,2},\cdots,\beta_{i,m}]^{\mathrm{T}}$ 为第 i 个隐藏节点与输出节点间的权值向量；$\boldsymbol{b}_i$ 是第 i 个隐藏节点的偏置；$\boldsymbol{w}_i\cdot\boldsymbol{x}_j$ 表示 $\boldsymbol{w}_i$ 和 $\boldsymbol{x}_j$ 的内积；$\boldsymbol{o}_j$ 为输出值。极限学习机算法的网络结构如图 22.2-1 所示。

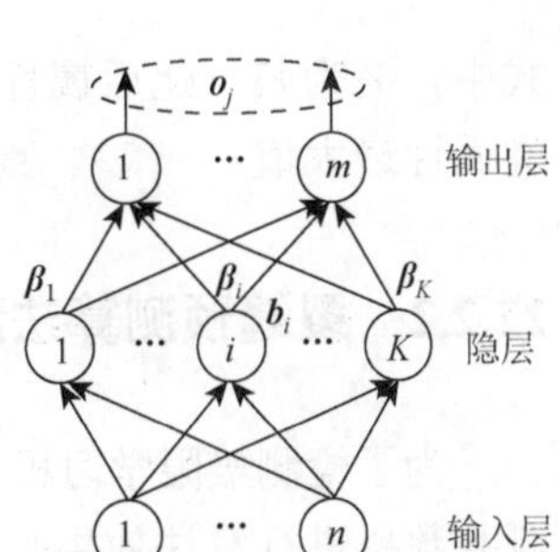

图 22.2-1　极限学习机算法网络结构

单隐层神经网络的学习目标是获得最小的输出误差，即存在 $\boldsymbol{\beta}_i$ 和 $\boldsymbol{w}_i$ 使得

$$\sum_{i=1}^{K}\boldsymbol{\beta}_i g(\boldsymbol{w}_i\cdot\boldsymbol{x}_j+\boldsymbol{b}_i)=\boldsymbol{t}_j,\ j=1,2,\cdots,N \tag{22.2-2}$$

用矩阵可表示为

$$\boldsymbol{H\beta}=\boldsymbol{T} \tag{22.2-3}$$

式中，$\boldsymbol{H}$ 为隐层输出矩阵；$\boldsymbol{\beta}$ 为输出权重矩阵；$\boldsymbol{T}$ 为期望输出矩阵。

$$
\begin{aligned}
&\boldsymbol{H}(\boldsymbol{w}_1,\cdots,\boldsymbol{w}_K,\boldsymbol{b}_1,\cdots,\boldsymbol{b}_K,\boldsymbol{x}_1,\cdots,\boldsymbol{x}_N) \\
&=\begin{bmatrix} g(\boldsymbol{w}_1\cdot\boldsymbol{x}_1+\boldsymbol{b}_1) & \cdots & g(\boldsymbol{w}_K\cdot\boldsymbol{x}_1+\boldsymbol{b}_K) \\ \vdots & & \vdots \\ g(\boldsymbol{w}_1\cdot\boldsymbol{x}_N+\boldsymbol{b}_1) & \cdots & g(\boldsymbol{w}_K\cdot\boldsymbol{x}_N+\boldsymbol{b}_K) \end{bmatrix}_{N\times K}
\end{aligned}
\tag{22.2-4}
$$

通常，期望找到 $\hat{w}_i$、$\hat{b}_i$ 和 $\hat{\beta}_i$，从而实现训练单隐层神经网络的目的，以使得

$$\|\boldsymbol{H}(\hat{w}_i,\hat{b}_i)\hat{\beta}_i-\boldsymbol{T}\|=\min_{\boldsymbol{w},\boldsymbol{b},\boldsymbol{\beta}}\|\boldsymbol{H}(\boldsymbol{w}_i,\boldsymbol{b}_i)\boldsymbol{\beta}_i-\boldsymbol{T}\|,\quad i=1,2,\cdots,K \tag{22.2-5}$$

这等价于求解最小化损失函数：

$$E=\sum_{j=1}^{N}\left(\sum_{i=1}^{K}\boldsymbol{\beta}_i g(\boldsymbol{w}_i\cdot\boldsymbol{x}_j+\boldsymbol{b}_i)-\boldsymbol{t}_j\right)^2 \tag{22.2-6}$$

传统基于梯度下降算法的神经网络可以解决这类问题，不过这些算法需要在迭代过程中不断调整参数。根据极限学习机算法理论，输入权值 $\boldsymbol{w}_i$ 和隐层偏置 $\boldsymbol{b}_i$ 一经随机确定后，隐层输出矩阵 $\boldsymbol{H}$ 就不会再变化，恒为常数矩阵。这时，极限学习机算法的训练过程等效为求解 $\boldsymbol{H\beta}=\boldsymbol{T}$ 的最小二乘解。如果隐层节点数 K 等于训练样本数 N，则矩阵 $\boldsymbol{H}$ 是方阵而且可逆。当输入权值和隐层偏置随机赋值时，极限学习机算法以零误差逼近训练样本，则 $\boldsymbol{H\beta}=\boldsymbol{T}$ 的最小范数二乘解为

$$\hat{\boldsymbol{\beta}}=\boldsymbol{H}^{\dagger}\boldsymbol{T} \tag{22.2-7}$$

式中，$\boldsymbol{H}^{\dagger}$ 为隐层输出矩阵 $\boldsymbol{H}$ 的 Moore-Penrose 广义逆矩阵。求得 $\hat{\boldsymbol{\beta}}$ 后，即完成对极限学习机算法网络的构建。

利用极限学习机算法训练网络时，为了避免输入数据单位不一、数据范围差异大，从而导致神经网络训练时间长、收敛慢，影响训练结果，一般需要将网络训练的目标数据映射到激活函数值域。本算法将属性值归一化到[−1, 1]。归一化公式为

$$Y=2\times\frac{X-x_{\min}}{x_{\max}-x_{\min}}-1 \tag{22.2-8}$$

式中，Y 为归一化后属性值；X 为归一化前属性值；$x_{\min}$ 为该类属性最小值；$x_{\max}$ 为该类属性最大值。

22.2.2　裂缝预测算法测试与验证

为了检测极限学习机算法对裂缝带的识别能力，本书使用顺北地区两组（1 井和 2 井）测井数据进行算法效果验证。采用图 22.2-2 所示的基于极限学习机算法的裂缝划分测试流程。

在 1 井和 2 井油气储层裂缝发育区、较发育区和欠发育区分别选取自然伽马（GR）、声波时差（AC）、补偿中子（CNL）、冲洗带地层电阻率（RXO）、地层真电阻率（RT）五种测井数据制作训练数据集和预测数据集。这五种测井参数的数值在裂缝发育区和裂缝欠发育区有较为明显的差异，可以较好地区分裂缝发育程度。1 井数据制作成为训练数据集，2 井数据则为预测数据集。

基于测井解释结果及测井曲线，挑选 1 井裂缝区域测井数据，并将裂缝发育状况按裂缝欠发育、裂缝较发育和裂缝发育分别附上 1 类、2 类和 3 类标签作为训练数据集。再依据 2 井测井解释结果及数据制作预测数据集并附上标签。将训练数据集与预测数据集作为输入，运用极限学习机算法进行分类计算，得到分类结果。

基于实测数据的分类效果主要是由分类正确率和计算用时来衡量。分类正确率即此类样本数据划分正确的数量与此类样本总数的比值。制作的训练数据集由 719 个裂缝欠发育带样本数据、481 个裂缝较发育带样本数据和 300 个裂缝发育带样本数据组成；预测数据集包含 312 个裂缝欠发育带样本数据、210 个裂缝较发育带样本数据和 178 个裂缝发育带样本数据。将训练数据集和预测数据集作为输入使用极限学习机算法进行分类。预测结果见表 22.2-1。

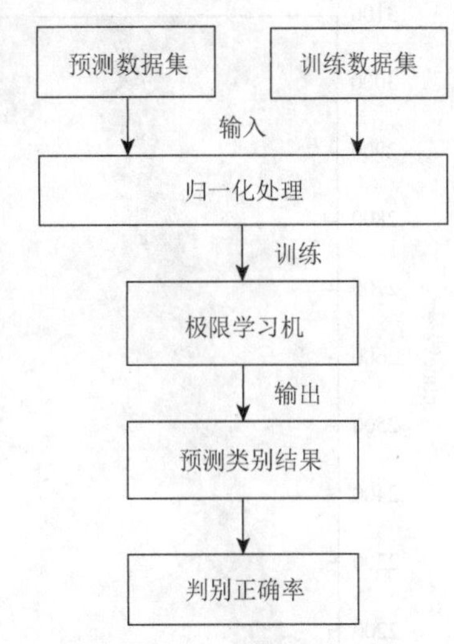

图 22.2-2　基于极限学习机算法的裂缝划分测试流程示意图

表 22.2-1　极限学习机算法预测结果

隐层节点/个	正确率/%	极限学习机计算耗时/s
10	85.71	0.084
20	87.14	0.117
30	91.42	0.149
50	93.29	0.213
100	94.14	0.305
200	93.14	0.361
300	92.71	0.432

从表 22.2-1 中可以看出，耗时与隐层节点设置数量有直接联系，隐层节点数设置越多，算法耗时越长。在一定范围内，随着隐层节点数量增加，预测正确率增高。实验表明，隐层节点数设置为 100 时，预测数据集正确率能达到 94.14%，已经满足了分类预测的要求。

22.2.3　基于极限学习机算法的裂缝带预测结果

将极限学习机算法引入顺北研究区裂缝带预测中，提取相干体、体曲率和品质因子 Q 值等叠后地震属性的井旁道数据作为输入，对研究区裂缝带发育情况做综合判别。首先根据测井解释报告等资料将工区大致划分成裂缝欠发育区、裂缝较发育区和裂缝发育区三部分。再把这三种属性数据按划分区域分别制作成训练样本，处于裂缝欠发育区域

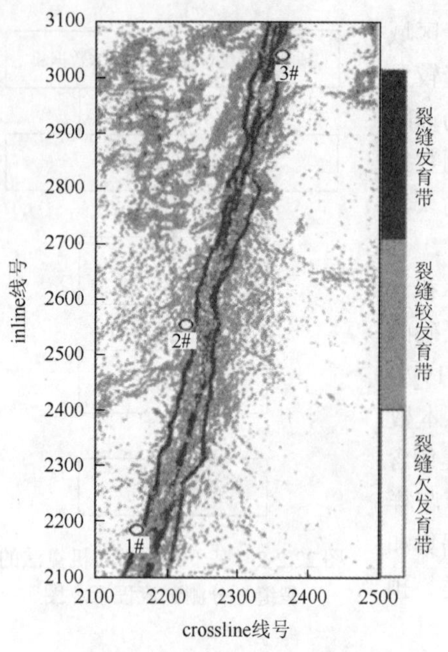

图 22.2-3　极限学习机算法裂缝带预测结果

样本视为第 1 类样本，裂缝较发育区域样本视为第 2 类样本，裂缝发育区域样本视为第 3 类样本，以此构建一个三分类问题，利用极限学习机算法学习出网络模型，判别由目的层全部区域内相干体、体曲率和品质因子 Q 值属性制成的预测集，最终实现裂缝带预测。

极限学习机算法裂缝带预测结果如图 22.2-3 所示，从图中可知，预测的结果能够较为清晰地反映顺北地区 T_7^4 层的主断裂的空间展布情况，与单一叠后属性相比，对主断裂内部的细节刻画更丰富，也在一定程度上避免了多解性问题。研究区内 3 口井均位于裂缝发育带或较发育带上，与钻探结果相吻合，说明利用极限学习机算法进行裂缝带的综合预测能够较好反映储层实际的裂缝带情况。

结合实际勘探开发状况，划定 3 号井区作为重点研究区域，主要包含以下三方面原因。

（1）预测结果表明 3 口井均位于主干断裂带附近。

（2）3 号井已完钻测井且水平钻井钻透主干断裂带，并获得高产工业油气流，该区域附近裂缝发育状况具有较高研究价值。

（3）目前仅 3 号井区开展“两宽一高”（即宽方位、宽频带和高密度）地震数据采集。高精度地震勘探数据有利于进一步开展叠前各向异性裂缝预测研究。

参考文献

布朗，1996. 三维地震资料解释[M]. 张孚善，译. 北京：石油工业出版社.

长春地质学院，成都地质学院，武汉地质学院，1980. 地震勘探：原理和方法[M]. 北京：地质出版社.

陈德武，杨午阳，魏新建，等，2021. 一种基于改进的 U-Net 网络的初至自动拾取研究[J]. 地球物理学进展，36（4）：1493-1503.

陈芊澍，文晓涛，何健，等，2021. 基于极限学习机的裂缝带预测[J]. 石油物探，60（1）：149-156，174.

陈小宏，李国发，刘洋，等，2021. 地震数据处理方法：富媒体[M]. 2 版. 北京：石油工业出版社.

陈志刚，吴瑞坤，孙星，等，2017. 基于反射强度交流分量滤波的蚂蚁追踪断层识别技术改进及应用[J]. 地球物理学进展，32（5）：1973-1977.

程明，曹俊兴，尤加春，等，2021. 基于图像语义分割的层位自动追踪方法[J]. 地球物理学进展，36（4）：1504-1511.

程乾生，1979. 信号数字处理的数学原理[M]. 北京：石油工业出版社.

何樵登，1986. 地震勘探原理和方法[M]. 北京：地质出版社.

何樵登，熊维纲，1991. 应用地球物理教程：地震勘探[M]. 北京：地质出版社.

何易龙，文晓涛，王锦涛，等，2022. 基于 3D U-Net++L^3 卷积神经网络的断层识别[J]. 地球物理学进展，37（2）：607-616.

贺振华，1989. 反射地震资料偏移处理与反演方法[M]. 重庆：重庆大学出版社.

胡德绥，1989. 弹性波动力学[M]. 北京：地质出版社.

黄诚，李鹏飞，王腾宇，等，2016. 地震属性分析技术在小断层识别中的应用[J]. 工程地球物理学报，13（1）：41-45.

黄德济，贺振华，包吉山，1990. 地震勘探资料数字处理[M]. 北京：地质出版社.

江沸菠，戴前伟，董莉，2015. 基于主成分-正则化极限学习机的超高密度电法非线性反演[J]. 地球物理学报，58（9）：3356-3369.

李录明，罗省贤，1997. 多波多分量地震勘探原理及数据处理方法[M]. 成都：成都科技大学出版社.

李录明，李正文，2007. 地震勘探原理、方法和解释[M]. 北京：地质出版社.

李正文，赵志超，1988. 地震勘探资料解释[M]. 北京：地质出版社.

李正文，李琼，吴朝容，2002. 沉积盆地有效储集层综合识别技术[M]. 成都：四川科学技术出版社.

刘洋，王典，刘财，等，2014. 基于非平稳相似性系数的构造导向滤波及断层检测方法[J]. 地球物理学报，57（4）：1177-1187.

陆基孟，王永刚，2011. 地震勘探原理[M]. 3 版. 东营：中国石油大学出版社.

麦克奎林，培根，巴克利，1985. 地震解释概论[M]. 范伟粹，胡泉山，译. 北京：石油工业出版社.

牟永光，陈小宏，李国发，等，2007. 地震数据处理方法[M]. 北京：石油工业出版社.

聂勋碧，钱宗良，1990. 地震勘探原理和野外工作方法[M]. 北京：地质出版社.

沈德海，张龙昌，鄂旭，2015. 一种 Sobel 算子的抗噪型边缘检测算法[J].信息技术，39（5）：81-84，90.

特尔福德，吉尔达特，谢里夫，等，1982. 应用地球物理学[M]. 吴荣祥，译. 北京：地质出版社.

王强，李玲，1995. 地震资料人机交互解释[M]. 北京：石油工业出版社.

王文强，孟凡顺，孙文亮，2019. 优化卷积神经网络在道编辑中的应用[J]. 地球物理学进展，34（1）：214-220.

谢里夫，吉尔达特，1999. 勘探地震学[M]. 2 版. 初英，李承楚，译. 北京：石油工业出版社.
杨冠雨，王璐，孟凡顺，2020. 基于深度卷积神经网络的地震数据重建[J]. 地球物理学进展，35（4）：1497-1506.
杨金华，朱桂清，张焕芝，等，2014a. 影响未来油气勘探开发的前沿技术（Ⅰ）[J]. 石油科技论坛，33（2）：47-55.
杨金华，朱桂清，张焕芝，等，2014b. 影响未来油气勘探开发的前沿技术（Ⅱ）[J]. 石油科技论坛，33（4）：51-59，69.
杨绍国，周熙襄，1994. Zoeppritz 方程的级数表达式及近似[J]. 石油地球物理勘探，29（4）：399-412，534.
杨威，贺振华，陈学华，2011. 三维体曲率属性在断层识别中的应用[J]. 地球物理学进展，26（1）：110-115.
尹川，杜向东，赵汝敏，等，2014. 基于倾角控制的构造导向滤波及其应用[J]. 地球物理学进展，29（6）：2818-2822.
郑浩，张兵，2020. 基于卷积神经网络的智能化地震数据插值技术[J]. 地球物理学进展，35（2）：721-727.
郑晓东，1991. Zoeppritz 方程的近似及其应用[J]. 石油地球物理勘探，26（2）：129-144，266.
Bahorich M，Farmer S，1995. 3-D seismic discontinuity for faults and stratigraphic features：The coherence cube[J]. The Leading Edge，14（10）：1053-1058.
Barnes A E，1996. Theory of 2-D complex seismic trace analysis[J]. Geophysics，61（1）：264-272.
Barnes A E，2007. A tutorial on complex seismic trace analysis[J]. Geophysics，72（6）：W33-W43.
Bi H Y，Zheng W J，Lei Q Y，et al.，2020. Surface slip distribution along the west Helanshan fault，Northern China，and its implications for fault behavior[J]. Journal of Geophysical Research：Solid Earth，125（7）：e2020JB019983.
Bi Z F，Wu X M，2021. Improving fault surface construction with inversion-based methods[J]. Geophysics，86（1）：IM1-IM14.
Bortfeld R，1961. Approximations to the reflection and transmission coefficients of plane longitudinal and transverse waves[J]. Geophysical Prospecting，9（4）：485-502.
Brown A R，2005. Pitfalls in 3D seismic interpretation[J]. The Leading Edge，24（7）：716-717.
Cao J W，Lin Z P，Huang G B，et al.，2012. Voting based extreme learning machine[J]. Information Sciences，185（1）：66-77.
Chen Q，Sidney S，1997. Advances in seismic attribute technology[J/OL]. SEG Technical Program Expanded Abstracts. [2023-11-20]. https://doi.org/10.1190/1.1886114.
Di H B，Shafiq M A，AlRegib G，2017. Seismic-fault detection based on multiattribute support vector machine analysis[J/OL]. SEG Technical Program Expanded Abstracts. [2023-11-20]. https://doi.org/10.1190/segam2017-17748277.1.
Fatti J L，Smith G C，Vail P J，et al.，1994. Detection of gas in sandstone reservoirs using AVO analysis：A 3-D seismic case history using the Geostack technique[J]. Geophysics，59（9）：1362-1376.
Gersztenkorn A，2012. A new approach for detecting topographic and geologic information in seismic data[J]. Geophysics，77（2）：V81-V90.
Gersztenkorn A，Marfurt K J，1999. Eigenstructure-based coherence computations as an aid to 3-D structural and stratigraphic mapping[J]. Geophysics，64（5）：1468-1479.
Gray P，1999. Psychology[M]. 3rd ed. Basingstoke：Worth Publishers.
Hale D，2013. Methods to compute fault images，extract fault surfaces，and estimate fault throws from 3D seismic images[J]. Geophysics，78（2）：O33-O43.
Hilterman F J，Verm R J，Wilson M，et al.，1999. Calibration of rock properties for deepwater seismic[J/OL].

SEG Technical Program Expanded Abstracts. [2023-11-20]. https://doi.org/10.1190/1.1821109.

Huang F，Lu J，Tao J，et al.，2019. Research on optimization methods of ELM classification algorithm for hyperspectral remote sensing images[J/OL]. IEEE Access. [2023-11-20]. https://ieeexplore.ieee.org/document/8786209.

Huang G B，Zhu Q Y，2006. Siew C K. Extreme learning machine：Theory and applications[J]. Neurocomputing，70（1-3）：489-501.

Koefoed O，1955. On the effect of Poisson's ratios of rock strata on the reflection coefficients of plane waves[J]. Geophysical Prospecting，3（4）：381-387.

Koefoed O，1962. Reflection and transmission coefficients for plane longitudinal incident waves[J]. Geophysical Prospecting，10（3）：304-351.

Luo Y，Al-Dossary S，Marhoon M，et al.，2003. Generalized Hilbert transform and its applications in geophysics[J]. The Leading Edge，22（3）：198-202.

Mallick S，1993. A simple approximation to the P-wave reflection coefficient and its implication in the inversion of amplitude variation with offset data[J]. Geophysics，58（4）：544-552.

Marfurt K J，Kirlin R L，Farmer S L，et al.，1998. 3-D seismic attributes using a semblance-based coherency algorithm[J]. Geophysics，63（4）：1150-1165.

Mayne W H，1962. Common reflection point horizontal data stacking techniques[J]. Geophysics，27（6）：927-938.

Parasnis D S，1986. Principles of applied geophysics[M]. 4th ed. Dordrecht：Springer.

Richards P G，Frasier C W，1976. Scattering of elastic waves from depth-dependent inhomogeneities[J]. Geophysics，41（3）：441-458.

Shuey R T，1985. A simplification of the Zoeppritz equations[J]. Geophysics，50（4）：609-614.

Smith G C，Gidlow P M，1987. Weighted stacking for rock property estimation and detection of gas[J]. Geophysical Prospecting，35（9）：993-1014.

Taner M T，1999. Seismic attributes，their classification and projected utilization[C]//6th International Congress of the Brazilian Geophysical Society. Rio de Janeiro：European Association of Geoscientists & Engineers.

White J E，1980. Quantitative seismology，theory and methods volume Ⅰ and Volume Ⅱ by Keiiti Aki and Paul G. Richards[J]. The Journal of the Acoustical Society of America，68（5）：1546.

Wu X M，Hale D，2016. 3D seismic image processing for faults[J]. Geophysics，81（2）：IM1-IM11.

Wu X M，Shi Y Z，Fomel S，et al.，2018. Convolutional neural networks for fault interpretation in seismic images[J/OL]. SEG Technical Program Expanded Abstracts. [2013-11-21]. https://doi.org/10.1190/segam2018-2995341.1.

Xiong W，Ji X，Ma Y，et al.，2018. Seismic fault detection with convolutional neural network[J]. Geophysics，83（5）：O97-O103.

Xu Y，Bancroft J，1998. Statistical V_P-V_S relationships from well logs in Blackfoo[R]. Calgary：CREWES.

Yilmaz Ö，Doherty S M，2001. Seismic data analysis：Processing，inversion，and interpretation of seismic data[M]. Tulsa：Society of Exploration Geophysicists.